中国水利教育协会　组织

全国水利行业“十三五”规划教材（职工培训）

小型水电站运行与维护

主　编　杨中瑞

主　审　余建军

中国水利水电出版社

www.waterpub.com.cn

·北京·

内 容 提 要

本书以小型水电站运行与维护工作要点为研究对象，适用于小型水电站中从事运行管理与维护的基层水利职工，主要介绍水电站水工建筑物、金属结构、水轮发电机组及辅助设备、调速器、励磁装置、高低压电气设备、直流系统、微机监控系统等设备设施的概论及运行维护要点，以典型案例介绍水电站岗位设置、运行规程、安全管理、应急预案等生产管理基本知识。通过本书，读者可以了解小型水电站设备设施运行维护的基本知识，指导基层水利职工了解水电站生产运行管理的主要工作内容。

本书可作为高等职业院校水利工程专业教材，也可作为水利行业培训教材，还可供相关专业人员参考。

图书在版编目（CIP）数据

小型水电站运行与维护 / 杨中瑞主编. -- 北京 : 中国水利水电出版社, 2018.1
全国水利行业“十三五”规划教材. 职工培训
ISBN 978-7-5170-6246-2

Ⅰ. ①小… Ⅱ. ①杨… Ⅲ. ①小型－水力发电站－电力系统运行－职工培训－教材②小型－水力发电站－维修－职工培训－教材 Ⅳ. ①TV742

中国版本图书馆CIP数据核字(2018)第009046号

书 名	全国水利行业“十三五”规划教材（职工培训） **小型水电站运行与维护** XIAOXING SHUIDIANZHAN YUNXING YU WEIHU
作 者	主 编 杨中瑞 主 审 余建军
出版发行	中国水利水电出版社 （北京市海淀区玉渊潭南路1号D座 100038） 网址：www. waterpub. com. cn E-mail：sales@waterpub. com. cn 电话：（010）68367658（营销中心）
经 售	北京科水图书销售中心（零售） 电话：（010）88383994、63202643、68545874 全国各地新华书店和相关出版物销售网点
排 版	中国水利水电出版社微机排版中心
印 刷	天津嘉恒印务有限公司
规 格	184mm×260mm 16开本 19.5印张 462千字
版 次	2018年1月第1版 2018年1月第1次印刷
印 数	0001—2000册
定 价	**48.00**元

前言

随着改革开放的进一步深入和国家经济社会的快速进步，我国小水电事业也得到了快速发展，尤其是2000年以后，投资主体的多样化使小水电开发出现了井喷式发展，截至目前全国建成农村小水电站4.7万座，总装机容量超过7500万kW，相当于3座三峡电站的装机容量，为我国经济社会发展作出了巨大贡献，尤其是为广大农村偏远地区提供了清洁、廉价的能源，极大地改变了这些地区落后的经济和社会生活状况。“十二五”期间，国家还首次开展了农村水电站增效扩容改造，改造老旧电站4400多座，基本实现了机电设备的更新换代。

小型水电站大多建在农村偏远地区，不易留住生产运行及管理人才，安全生产存在较大隐患。要想提高小型水电站的安全生产管理水平，必须加强对现有生产运行人员的技术培训，提高一线生产管理人员的技术水平。

近十多年来新建或改造后的电站机电设备大多已经采用新技术、新设备，生产运行方式和手段与以前相比较有了很大不同，对生产运行及管理人员的技术要求更高，而许多农村小型水电站生产人员没有经过系统的专业知识学习，专业水平低，大多只能进行简单的操作，当遇到紧急情况时，不能很好地处理应急事故，存在较大的安全生产隐患。本书面向农村小型水电站中从事运行、管理与维护的基层水利职工，旨在通过对小型水电站设备设施基本知识和运行维护要点的介绍，使他们基本建立起小型水电站运行、维护、管理专业知识体系，提高小型水电站安全生产管理水平。

本书从培训和知识体系构建角度出发，内容涵盖小型水电站设备设施概论、运行维护要点及运行管理相关知识体系。考虑到读者大部分是学历水平不高的技术工人，在编写过程，力求结合实际、语言简练、通俗易懂，重在基本概念和基本知识，对于较深的理论知识，通过实际应用去启发读者。对于设备的结构和组成，尽量采用插图，以便于读者阅读。同时，由于教材篇幅有限，建议自学者能根据一些专业关键词，查询相关补充知识的文献，培训老师也可以根据教学需要，补充相应的专业知识点。书中各图尺寸除高程采用m以外，其余尺寸均采用mm。

本书以小型水电站运行与维护工作要点为研究对象，共分十三章，其中，

第一、第二章由河南水利与环境职业学院乔连朋编写，第三章由福建水利电力职业技术学院肖绍文编写，第四章由福建水利电力职业技术学院童文勇编写，第五、第十二章由四川水利职业技术学院杨萍编写，第六、第七章由福建水利电力职业技术学院张云根编写，第八章由四川水利职业技术学院周宏伟编写，第九章由长江工程职业技术学院刘姣姣编写，第十、第十一章由四川水利职业技术学院刘昌军编写，第十三章及前言、附录部分由四川水利职业技术学院杨中瑞编写。全书由杨中瑞担任主编，并承担全书统稿、修订、校对，李爱民承担部分章节的修订、校对，四川水利职业技术学院余建军担任主审。

在全书的编写过程中，查阅了相关文献、资料和引用了有关书籍的部分内容，并且得到了相关单位的指导和大力支持，在此一并表示感谢。

由于编者水平有限，书中难免错漏，敬请广大读者批评指正。

编者

2017年4月

目 录

第一章　水电站及水电站建筑物运行

第一节　水电站概述

一、水力发电原理

电能的产生一般都是由各种原动机带动交流发电机发送出来。根据能量守恒原理，要原动发电机发电，必须有其他形式的能量作为“原料”连续不断地输送到原动机中去。随着“原料”的不同，发电的方式也就不同。如果在天然的河流上，修建不同的水工建筑物来集中水头并引入一定的流量，便取得了水能，将其输送到水轮机中使其旋转做功，带动发电机发电，这种发电方式就称为水力发电，如图 1-1 所示。

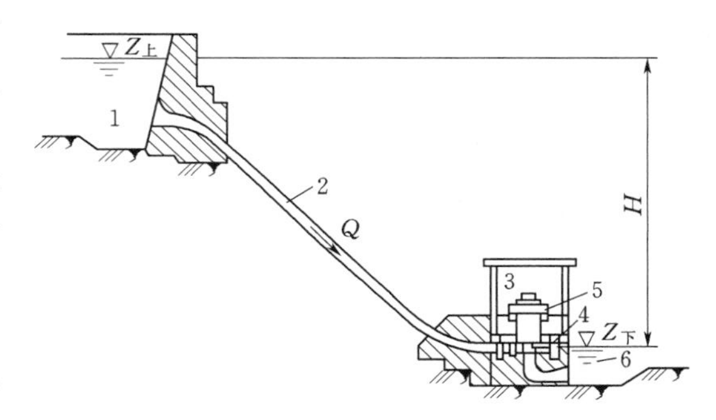

图 1-1　水电站示意图
1—水库；2—引水管道；3—水电站厂房；4—水轮机；5—发电机；6—尾水渠

水库 1 中的水体，具有较大的势能，由引水管道 2 流过水电站厂房 3 内的水轮机 4 而排至水电站下游的尾水渠 6 时，水轮机转轮在水流作用下而旋转，使水能转换为旋转的机械能，水轮机转轮又驱动发电机 5 旋转，发生电磁转换，产生电能，这就是水能转换为机械能然后再转换为电能的生产过程。

二、水电站的开发方式及类型

（一）水能资源的开发方式

1. 按集中水头的方式分类

（1）坝式开发。在河流合适的位置拦河筑坝，坝前壅水而形成集中落差，在坝址处，用输水管或隧洞，引取上游水库中的水流，通过设在水电站厂房内的水轮机带动发电机，发电后将尾水引至坝下游原河道，这种开发方式为坝式开发。

适用于坝式开发的河流条件是河道坡降较缓，流量较大，并易于筑坝建库。

（2）引水式开发。在河道坡降较陡的河段上游，修筑低坝或无坝取水，通过人工建造的引水道（如明渠、隧洞或管道等），引水至河段下游集中落差，再由高压管道引水至厂房进行发电，这种用引水道集中水头的开发方式为引水式开发。

引水式开发又可根据引水道是有压或无压的分为有压引水式开发及无压引水式开发。

（3）混合式开发。在一个河段上，同时采用坝和有压引水道共同集中落差的开发方式，称为混合式开发。在这种开发方式下，先由坝集中一部分落差后，再通过有压引水道（如有压隧洞或有压管道）集中坝后河段上另一部分落差，形成了电站的总水头。

2. 按径流调节的程度分类

（1）径流式开发。在水电站取水口上游没有大的水库，不能对径流进行调节，只能直接引用河中径流发电，这种开发方式称为径流式开发，这种开发方式多在不宜筑坝建库的河段中采用。这类水电站具有工程量小、淹没损失小等优点。

（2）蓄水式开发。在取水口上游有较大的水库，这样就能依靠水库按照用电负荷对径流进行调节，丰水时满足发电所需之外的多余水量存蓄于水库，以补充枯水发电时水量的不足，同时也具有拦蓄洪水的作用，这种开发方式称为蓄水式开发。

（3）集水网道式开发。有些山区地形坡降陡峻，河流小而众多、分散且流量较小，经济上既不允许建造许多分散的小型水电站，又不可能筑高坝来全盘加以开发。因此在这些分散的小河流上根据各自条件选点修筑些小水库，在它们之间用许多引水道来汇集流量，集中水头，形成一个集水网系统，这种开发方式称为集水网道式开发。

（二）水电站的基本类型

水电站的类型按照不同的分类方式，其名称也是不同的，如按调节径流的程度不同分类有径流式水电站、蓄水式水电站及集水网道式水电站。但多数情况下都是按集中落差的方式来分类的。

1. 坝式水电站

坝式水电站就是水能的开发方式为坝式的水电站，即用坝（或闸）来集中水头的水电站。按照坝和水电站厂房相对位置的不同，坝式水电站又可分为河床式和坝后式两种。

（1）河床式水电站。河床式水电站是指水电站厂房修建在河床中或渠道上，与坝（或闸）布置成一条直线或成某一角度，水电站建筑物集中布置在电站坝段上，厂房本身是挡水建筑物的一部分，并承受上下游水压力，如图1-2所示。

图1-2　河床式水电站布置示意图

河床式水电站，一般修建在平原河段上，为避免造成大量淹没而修建低坝，适当抬高水位，由于水头不高，所安装的水轮发电机组的厂房和坝并排建造在河道中。电站建筑物组成包括进水口、引水道及厂房等。我国著名的富春江水电站及葛洲坝水电站都是河床式水电站。

(2) 坝后式水电站。如果水头较高或因河道狭窄而不宜将电站厂房与挡水坝并排布置，常将电站厂房布置在坝的后面，故称为坝后式水电站，如图 1-3 所示。

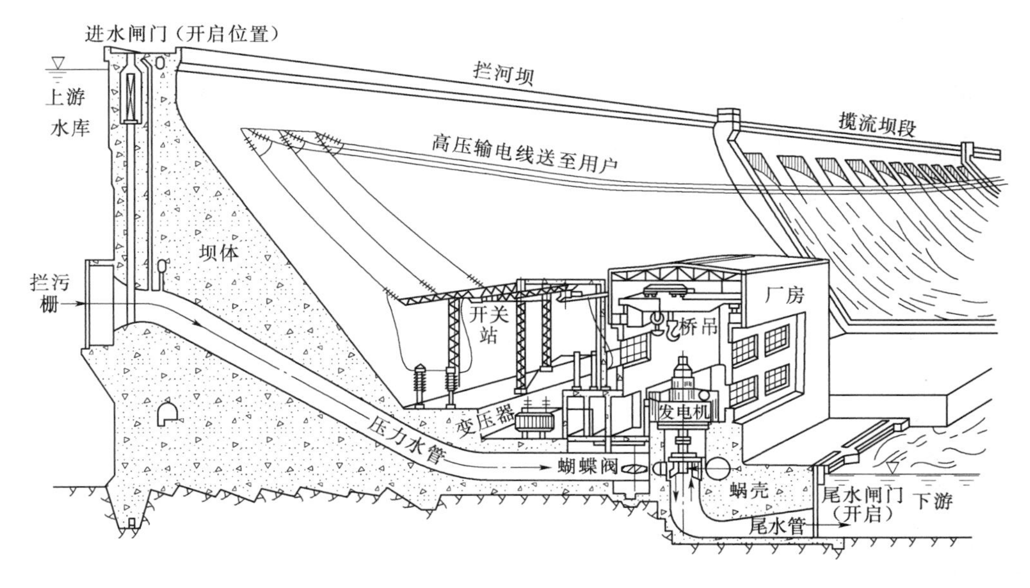

图 1-3 坝后式水电站布置示意图

在坝后式水电站的水利枢纽中，水电站建筑物集中布置在坝段后，大都靠河道其中一岸，综合考虑，以利于布置主变压器场与对外交通等设施。其建筑物组成包括拦河坝、溢洪道、电站进水口及其附属设备、厂房和输变电设施等。坝后式水电站一般宜建在河流中上游的山区峡谷地段，集中落差为中高水头。我国著名的三峡水电站便是坝后式水电站。

2. 引水式水电站

引水式水电站就是水能的开发方式为引水式的水电站，即用引水道集中水头的水电站。

(1) 无压引水式水电站。引水道为无压明渠或无压隧洞的引水式水电站称为无压引水式水电站。

无压引水式水电站水利枢纽的主要特点是：具有较长的渠道、隧洞或渠道与无压隧洞相结合的引水道。图 1-4 为典型山区无压引水式水电站示意图。

图 1-4 无压引水式水电站布置示意图

1—进水口；2—引水渠道；3—压力前池；4—压力管道；5—电站厂房；6—升压站；7—泄水道

(2) 有压引水式水电站。引水道为有压的隧洞、压力管道的引水式水电站称为有压引水式水电站，如图 1-5 所示。

有压引水式水电站水利枢纽的特点是

具有较长的有压引水道，一般为有压隧洞。有压引水式水电站常建于河道坡降较陡或有河湾宜于修建压力水道集中落差的河段。在河湾地段裁弯取直引水，引取高山湖泊的蓄水发电，高差很大的毗邻流域引水等，均可获得相当大的水头，有利于修建有压引水式水电站。

3. 混合式水电站

通过拦河筑坝集中部分落差，再通过引水道集中一部分落差而形成水头的水电站，称为混合式水电站。如图 1-6 所示，由坝 1 集中水头 H_1，然后由隧洞 3 集中水头 H_2，形成总发电水头 $H=H_1+H_2$，压力水流由压力管道 6 引至地下厂房 7 进行发电。

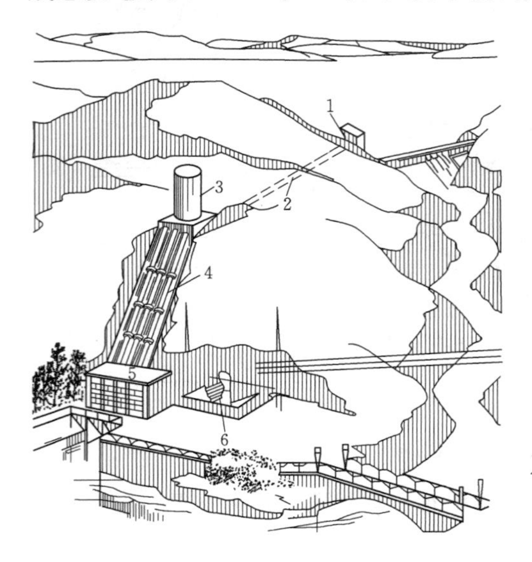

图 1-5　有压引水式水电站

1—有压进水口；2—有压隧洞；3—调压塔；4—压力管道；5—电站厂房；6—升压站

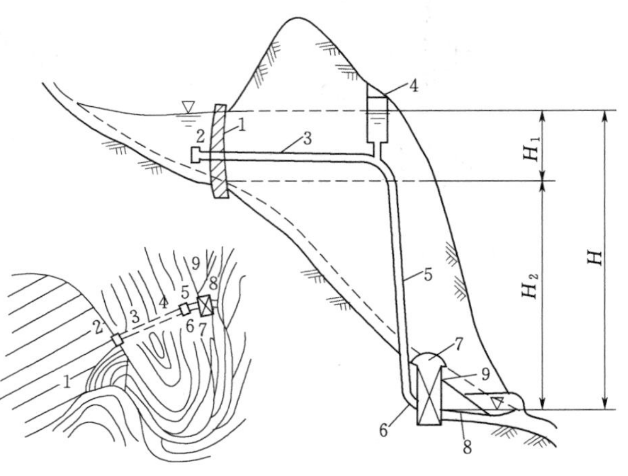

图 1-6　混合式水电站

1—坝；2—进水口；3—隧洞；4—调压井；5—斜井；6—压力管道；7—地下厂房；8—尾水隧洞；9—交通洞

当上游河段有良好筑坝建库条件，下游河段坡降较大时，适于修建混合式水电站。但在工程实际中很少采用混合式水电站这一名称，常将具有一定长度引水建筑物的水电站统称为引水式水电站。

三、水电站建筑物

1. 挡水建筑物

为形成水头集中落差，而修建的拦河坝、闸或河床式水电站的厂房等水工建筑物，如混凝土重力坝、混凝土拱坝、土石坝、拦河闸等。

2. 泄水建筑物

用以下泄多余的水量、放空水库、排泄泥沙等的建筑物，如溢流坝、溢洪道、放空洞、泄洪排沙隧洞、泄水冲沙底孔等。

3. 进水建筑物

用以根据水电站用水的要求将水由水库或河道引进水轮机中的引水道首部建筑物，如

有压进水口、无压进水口等。

4. 引水建筑物

用以将发电用水输送至水轮发电机组的建筑物。根据自然条件和水电站型式的不同，可以采用明渠、隧洞、管道，还包括在引水道上的渡槽、涵洞、倒虹吸、桥梁等交叉建筑物以及将水流自机组排向下流的尾水建筑物。

5. 平水建筑物

当水电站负荷变化时，用以平稳引水建筑物中流量及压力的变化，保证电站调节稳定的建筑物，如有压引水道中的调压室或调压井、无压引水道中的压力前池、溢流堰等。

6. 过坝建筑物

提供船只、木、鱼类等过坝的建筑物，如船闸、过木道、鱼道等。

7. 厂区枢纽建筑物

水电站的主厂房、副厂房、主变压器场、高压开关站、交通道路、尾水渠等建筑物，一般均集中布置在同一局部区域内形成厂区枢纽。厂区枢纽是发电、变电、配电、送电的中心，是电能生产的中枢。

第二节　水工建筑物的运行与维护

一、水工建筑物的检查、观测

水工建筑物的检查与观测主要内容包括：巡视检查（日常巡查、年度详查、定期检查、特种检查四种），检查对象包括所有永久性水工建筑物，如挡水坝、泄水建筑物、主、副厂房，以及这些建筑物的基础和附属设施；大坝变形观测，观测的内容为水平位移观测、垂直位移观测、倾斜观测。常用观测方法分两大类：一类是基准线法，另一类是大地测量方法。

（一）水工建筑物检查

1. 主要建筑物检查

（1）坝身、消力池、海漫、引水渠（隧洞）、尾水渠等重要水工建筑物及结合部要完整牢固、无缺口，无滑动位移现象、无裂缝、渗漏等。

（2）防洪堤砌石部分无裂痕、无崩塌。排水沟应无较大的木、石等物，以免影响水流的畅通。

2. 设施检查

（1）冲砂闸、螺栓、铁件应无严重腐蚀现象；启闭设备要灵活，传动机构要有足够的润滑条件。

（2）进水口拦污栅，网孔无破坏，栅架应牢固，网孔前无堆积过量的漂木、杂草。

（3）进水闸板要完整、平正，螺栓、铁件应无严重腐蚀现象；启闭设备要灵活，螺杆要有足够的润滑。

（二）大坝变形观测

1. 基准线法

通过一条固定的基准线来测定监测点的位移即为基准线法，常用的有视准线法、引张线法、激光准直法、垂线法。

（1）视准线法。通过水准线或经纬仪建立一个平行或通过坝轴线的铅直平面作为基准面，定期观测坝上测点与基准面之间偏离值的大小即为该点的水平位移。适用于直线形混凝土闸坝顶部和土石坝坝面的水平位移观测。

（2）引张线法。利用张紧在两工作基点之间的不锈钢丝作为基准线，测量沿线测点和钢丝之间的相对位移，以确定该点的水平位移。适用于大型直线形混凝土的廊道内测点的水平位移观测。主要用于测定混凝土建筑物垂直于轴线方向的（顺水流方向）水平位移。

（3）激光准直法。利用激光束代替视线进行照准的准直方法，使用的仪器有激光准直仪，波带板激光准直系统和真空管道激光准直系统等。适用于大型直线形混凝土坝观测。

（4）垂线法。以坝体或坝基的铅垂线作为基准线，采用坐标仪测定沿线点位和铅垂线之间的相对水平位移。这种方法适用于各种形式的混凝土坝。

2. 大地测量方法

大地测量方法主要是以外部变形监测控制网点为基准，以大地测量方法测定被监测点的大地坐标，进而计算被监测点的水平位移，常见的有交会法、精密导线法、三角测量法、GPS 观测法等。

（1）交会法。利用三角网或导线测定两个或三个固定基点的坐标，通过基点测定闸坝上位移标点的水平位移。适用于长度超过 500m 的混凝土重力坝和土石坝的水平位移观测，也可用于混凝土拱坝坝顶和下游面的水平位移观测。

（2）导线法。在混凝土拱坝廊道内布置折线形导线，以导线端点的倒垂线作基准，用以测量坝内导线点的水平位移。只适用于大型混凝土厚拱坝或曲线形重力坝。

（3）GPS 测量。GPS 进行水平位移监测应用 GPS 全球卫星定位技术。测站间无需通视，同时提供测点三维位移信息，可以全天候监测、操作简便。

二、主要水工建筑物的检查与维护

1. 水工建筑物检查维护的范围

（1）水工运行班组或检查维护人员应根据本电站相关规程要求，重点检查水电站建筑物，如大坝、泄水设施、主厂房、副厂房、升压站、引水隧洞、压力钢管、渠道及管辖范围内的上下游及护坡、护堤。

（2）水工建筑物的管理包括正常管理、安全监测、安全检查、维护修复、加固改善以及险情预计和险情处理。

2. 水工建筑物的检查

（1）对水工建筑物应按照相关规范进行经常性的巡视检查，以便及时发现问题，清除隐患，保证建筑物安全运行。

（2）汛期应对主要建筑物加强巡回检查，做好记录，对原有缺陷的发展情况要特别注

意检查，对必须维修的项目和内容及较大缺陷及时汇报。

（3）汛前、汛后应组织对所有水工建筑物及附属设施进行全面检查，做好详细记录。

（4）发电引水的隧洞及堰坝应在每年枯水期检修期间进行一次彻底检查，清理淤积，处理缺陷，做好相关记录。

（5）每月检查一次压力钢管、伸缩节、阀门等各种金属结构有无锈蚀、损坏和操作失灵的情况，做好记录，发现问题及时处理。

（6）如遇特大洪水、超设计水位、地震、滑坡等特殊事件应立即对水工建筑物进行特别检查。

（7）水工建筑物检查中发现的异常应拍照，对重大缺陷应进行录像，照片存入水工建筑物技术台账，录像交档案存档。

（8）每月检查水工建筑物上有无植物生长对建筑物的损害，拦污栅上若有杂物堵塞，应安排人员及时处理。

（9）大坝的沉降、位移、渗漏等情况进行全面测量检查，做好详细记录。

（10）各项检查记录应有以下内容：

1）检查日期、检查的组织者及参加人员、记录人员的姓名。

2）缺陷部位、缺陷概况，必要时应绘制示意图、照相或录像。

3）对缺陷或隐患的处理意见。

（11）建有水库大坝的巡查周期。

1）非汛期：每七天检查一次。

2）梅汛期：每两天检查一次。

3）主汛期：每天检查一次。

3. 水工建筑物维护

（1）对水工建筑物一般性缺陷应做到及时发现及时消除，重大缺陷应及时报告，视情况停运处理。

（2）对水工建筑物的渗漏水，必须首先查明原因，按照相关程序及时处理。

（3）水工建筑进行改造或改变结构形式时，需经过正规设计单位进行设计，并报主管部门审核通过才能实施。

（4）在水电站水工建筑物附近，禁止进行爆破作业。

（5）涉水建筑处应做各种措施，并维护到位。

第三节　金属结构的运行与维护

一、水电站金属结构概述

水电站金属结构设备主要包括各种闸门、拦污栅、升船机、各类启闭机，以及操作闸门、拦污栅的附属设备等。

闸门一般布置于电站的泄水系统、输水发电系统、航运系统及冲沙系统等部位。闸门按结构特征主要分为平面闸门、弧形闸门、人字闸门、拱形闸门、舌瓣闸门、三角形闸门等；按用途分为工作闸门、事故闸门、检修闸门等。目前水电站中应用最多的是平面闸门、弧形闸门，船闸中的工作闸门通常选用人字闸门和平面闸门。

输水发电系统进水口一般设置拦污栅、检修闸门、事故闸门。当机组或管道要求及时、迅速切断水流时，电站进水口还设置了快速闸门。水电站尾水出口一般设置检修闸门。输水发电系统快速闸门、事故闸门、检修闸门多选用平面闸门。

拦污栅的作用是拦阻水流中所挟带的污物，阻止污物进入引水道，以保护机组、闸门、阀及管道等不受损伤。对污物较多的河流还需要在拦污栅前设置清污设备。

通航河道一般设有船闸，船闸上、下闸首应设置工作闸门和检修闸门。位于大中型工程上的船闸，闸门失事可能引起严重后果，因此，应在上闸首工作闸门上游设置事故闸门。工作闸门的型式有人字闸门、平面闸门等。事故闸门、检修闸门多选用平面闸门。

启闭机是用以操作闸门，使之开启和关闭的机械设备。水电站常用的启闭设备有螺杆式、固定卷扬式、液压式、门式、桥式、台车式、电动葫芦等。

二、金属结构运行监测与保养

（一）闸门

闸门常见问题有表面涂层剥落，门体变形、锈蚀、焊缝开裂或螺栓、铆钉松动、止水装置封水不严、支承行走机构运转不灵活等。为了避免这些问题的出现，首先要定期清除积水、水生物、泥沙和漂浮物等杂物，以便让闸门保持整洁。其次，应保持运转部位加油设施的完好与畅通，并定期加油，尤其是对于难以加油的部位如闸门滚轮、弧形门支铰等应采取适当方法进行润滑。此外对于闸门止水的养护修理，要保持闸门止水装置的密封可靠应从以下几个方面进行保养：

（1）当止水橡皮出现磨损、变形或者自然老化时应及时更换。

（2）当止水压板锈蚀严重时应及时更换。

（3）单独干止水木腐蚀、损坏时应及时予以更换。

（4）对于钢闸门其门叶及梁系结构、杆臂发生局部变形、扭曲、下垂时要核算其强度和稳定性并及时矫正或者更换。

（二）启闭机

启闭机常见问题有启闭机械运转异常、制动失灵、锈蚀和异常声响，设备制造和安装质量达不到相关规范要求，钢丝绳老化、断丝、磨损严重，传动部位变形、腐蚀以及油脂变质或油量不足是引起启闭机异常的主要原因。

为了应对上述问题应从以下几个方面进行养护：

（1）根据启闭机转速或者说明书要求，选用合适的润滑油脂保持减速箱内的油位在上、下限之间，并保证油杯和油道内油量的充足，从而使机械传动装置得到足够的润滑。

（2）对于制动装置，当制动轮出现裂纹、砂眼等隐患的时候应该即补换，当制动带磨损严重或者主弹簧失去弹性时，也应及时更换。

（3）启闭机的连接件应保持紧固，不得有松动现象。

（4）对于注油设施，应保持油路畅通无阻，且应根据启闭频率定期进行检查保养。

（5）滑动轴承的轴瓦、轴颈出现划痕或拉毛时应修刮，当滚动轴承滚子及其配件出现严重的损伤、变形或磨损时应该及时更换。

（三）机电设备

机电设备常见问题有电气设备可靠性和准确性不高，输电线路老化、不正常，变压器故障，防雷设施的设备、线路不正常，接头不牢固等。主要原因可能有制造和安装质量达不到规范要求，电机维护不良，线路老化，操作控制装置不可靠，仪表仪器未进行定期校验。

三、金属结构的运行、维护与管理

（一）闸门的运行、维护与管理

1. 闸门的运行管理

要求工程管理人员必须熟知闸门的结构布置和使用操作方式，了解本工程所有闸门施工质量的优劣、安装误差、缺陷和质量隐患所在，做到心中有数，在实际运行操作过程中，加强管理和观测，对闸门在运行中所暴露和产生的一些现象，加以必要的记录和分析，总结经验，以便在日后的工作中更好避免事故的发生，使闸门正常有序地运行。

闸门的运行，必须根据闸门设计的工作条件，严格执行本单位的规章制度，按操作制度进行启闭，不允许因其他单位或个人进行自行随意变更，进行违章操作。管理单位应制定一整套行之有效的制度加以规范，或配合上级管理部门的调度计划做出相应的安排，做到闸门的操作有章可循，启闭有度。

在接到有关启闭闸门的通知后，工程管理人员及时对操作人员下达任务，明确分工，做好工具材料和劳力的准备。在启闭闸门操作以前，应对闸门及其启闭设备做好检查和准备工作。对远程遥控集中控制的闸门，在一般情况下，管理人员应及时亲临现场，进行检查监护，发现问题时以便及时反映，排除障碍，确保闸门能正常运行。

闸门在启闭时，要观察启闭过程是否运行平稳均匀，支承行走或转动部分是否灵活，有无卡阻现象，有无异常的声响，止水橡胶的走合是否正常，是否有扯裂拉伤等现象，门体吊头及侧轮等部件的工作是否良好，注意门体部分在启闭时是否有明显的振动现象发生。闸门开启后，应观察门底出流情况是否良好，水流是否有偏移回旋等现象，水流的消能作用如何，对下游建筑物是否有冲、淤等不良现象。如发现上述情况危急时，管理人员应及时报告，必要时应及时采取果断措施，停止操作或调节闸门的开度，并立即报告上级，请示处理，找出原因，采取有力措施进行修复，待存在的问题全部处理后方可重新作业。及时总结经验，以便日后工作中避免同类事件的发生。闸门在启闭作业完成后，工程管理人员应将启闭依据、启闭时间、闸门开度、操作程序以及启闭前后水位等变化，闸门、启闭设备和建筑物等有无异常现象以及处理情况等，做好记录，按规定存档。管理单位应做好每次启闭闸门的现场清理和善后处理工作，必要时还要及时向上、下游有关单位或相关部门发出闸门启闭的信号或通知。对通航船闸闸门，由于闸门启闭频繁，而且有严格的次序要求，必须谨慎操作，严禁颠倒次序任意操作，同时须防止在控制台上按钮的失误，导致闸门损坏或建筑物冲毁，在采取自动化程序控制的船闸，要防止设备故障和开关触点失灵等原因而产生的失误，需要工程管理人员随时监护，必要时采取相应的应急措施，随时观察船闸各部位的运行情况，发现异常现象要及时处理，以防事故隐患的存在和事故的发生。对较大工程工作闸门和其他较重要的闸门在特殊情况下的启闭操作，如紧急情况下的超水位启闭，闸门在病理状态下的强迫操作等，必要时最好有上级主管单位和设计部门参加协助，做现场指导工作，以保证闸门在非正常工作情况下顺利启闭。在闸门的运行管理工作中，上级管理部门应组织各项科学研究，提高水文预报和闸门调度的业务水平，做到及时准确；管理单位对于孔口尺寸大、数量多的闸门，要制定和落实各种应急措施和开启方案；对于工程管理人员要加强培训，提供管理水平和工作技能，增进思想认识和业务能力；设计单位要总结经验，认真掌握设计和施工质量，主动了解闸门运行情况，必要时及时提供技术支持。

2. 闸门的维护与检修

钢闸门的门体部分，由于长期或间歇地浸于水中，日晒雨淋，特别是钢材本身质地不纯，在水中易产生电解作用，很容易腐蚀，轻者剥落穿孔，严重的导致闸门报废而不能使用。处在水位以上的闸门门体，受到日光照射，或阴暗潮湿，干湿交替；或者是在水流表面受到漂流物的撞击和大气的侵蚀作用，这些多产生化学腐蚀作用，同时在空气和水中，存在化学活性很强的氧，氧和金属产生化学反应而腐蚀门体。目前防治金属腐蚀的方法主要有以下两种：一是采用表面涂漆，二是阴极保护法。表面涂漆就是在金属表面涂上覆盖层，形成连续而牢固的保护薄膜，隔绝金属与外界的直接接触，从而达到防锈的效果。阴极保护法，就是利用一些比铁电位较高的金属，如锌、铬、铝等，镀在门体表面，使它成为微电池的阳极，铁则成为阴极。在这些镀层受到消耗的同时，铁则受到保护。钢结构或零部件覆盖镀层的方法主要有以下两种：对一些强度要求高的金属零件，如轴类零件，常采用表面镀铬，既防止生锈又可增强其耐磨性；对于一般的金属结构件则采取喷锌法表面镀锌，在喷镀前，表面应进行喷砂除锈处理，镀层一般为0.2～0.3mm，由于锌、铝镀层是一种多孔隙保护层，如有透水通道，镀层与钢就会形成腐蚀电池，镀层呈阴极就会消耗，所以最好在镀层表面涂沥青、氯化橡胶等涂料，以封闭孔隙，延长镀层寿命。表面喷镀法保护的周期长，所需的维护保养的劳力耗用少，这种方法已在实践中大量采用，而且效果显著。

闸门的检修是工程管理中一项重要的工作。闸门经过长时间的工作后，其门体、支承等部分会出现生锈、变形、磨损等不良现象，为不影响正常使用，这就应对其进行检修。闸门的检修应有计划地定期进行，尽可能避免造成运行中的事故，以免形成抢险事故，甚至灾难性损失。闸门的检修应结合经常性的管理和维护工作，在有季节性的、定期的、按规定的检修和保养闸门的时候做到及时地维修和更换，将是最经济有效的。在闸门的门体部分中，止水装置检修的机会比较多，因为止水橡胶常因设计缺陷、安装不善等原因在运行中产生撕裂、折断、翻转、脱落等现象，而且止水长时间使用后会老化而产生永久性变形，有的止水本身强性不够，在一定水位差时会产生漏水，从而引起闸门的有害振动，这些情况都会影响到闸门的正常工作，所以应予以更换或改装。由于经常性的启闭，闸门的支承行走和转动机构会出现变形、磨损等现象，所以这部分机构需要经常观测和检修。特别是闸门的走轮和反向滑块，除经常性的维护外，运行数年后，必须拆卸检修，对磨损较

为严重的轴套及滑块，应进行清理、调整或更换。在设计此类零部件时，应尽量采用新技术、新工艺，以减少这部分易磨损件的检修和更换次数：如滑动轴承，现在在许多情况下都采用耐磨性很强的自润滑轴承，既减少了平时的维护，又不需经常更换；支承行走滑道，现在也出现了许多新的抗磨材料，如增强尼龙滑道、填充四氟乙烯滑道、油尼龙等。这些新工艺、新材料的采用，可很大程度上减少维护检修的劳力物力消耗，争得更多时间和效益。闸门所有的连接螺栓，也是潜在的一种隐患，在运行中都有可能产生松动和脱落等现象，螺栓的松脱会使闸门发生事故，所以也要经常性的维护检修，发现松脱现象要及时处理。在设计和施工时螺栓应采用防松工艺，如增加预应力、加防松垫片等。总之，闸门的维护检修应有计划工地进行，必要时还需做好检修设计和施工安排。

（二）启闭设备的运行、维护与管理

1. 启闭设备的运行管理

启闭设备运行管理的基本任务是保持设备处于完好的工作状态，以使水工建筑物的机械设备能够连续工作，确保工程正常的运作。为此，首先必须对启闭设备及工程管理人员提出如下要求：能够采取预防措施，防止设备在运行中发生故障，消除磨损，并进行设备的修复和更新；操作人员必须详细了解启闭设备的性能和使用条件，严格执行现行技术操作规程、安全技术规范、生产细则和其他有关管理文件；生产细则应根据厂方的单机细则，并结合当地的条件运用情况和设备运行的经验来制定；在组织启闭机的技术管理工作时，应制定一套包括所有设备在内的有计划的检修维护预防措施；同时启闭机的设计应符合规范以及管理文件的要求。

2. 启闭设备的维护与检修

启闭设备的维护与检修在于定期观察、保养和维修。启闭设备的维护与检修，应参照设备厂方的单机说明及要求，并结合当地的实际情况，制定一套维护与检修细则，所做的观察、修理和其他计划预防措施应记录在工作日志上，设备的班养护、例行的、中期的和大修应区别开来。班养护由操作人员在接班时和上班时间内进行。工作前，操作人员必须先了解交班记录，并对启闭设备进行检查，如发现有不妥之处，要记录在工作日志上。在固定式和移动式启闭机上，操作人员要检查金属结构和焊缝有无开裂、变形；检查开式齿轮副的啮合情况，检查齿轮有无断齿和过量磨损情况；检查减速箱、制动器、电动机、轴承、金属外罩和启闭机的框架在基础上的固定情况；检查减速器、轴承内是否有油，是否漏油；在不去掉外罩和不拆除电气设备和电线的情况下，对控制器、配电盘、电阻器、极限开关、接地、进线闸刀、输电电缆、照明和信号器进行外部检查；检查起重机轨道、端头挡板、限位器、夹轨器、歪斜限制器是否完好；检查钢丝绳在卷筒上的固定情况，是否有磨损和松弛现象，若发现问题，及时处理后方可投入工作。在液压启闭机上，操作人员要检查油箱的油位是否在规定范围内，油液在注入油箱前，应先通过离心式分离器和压力过滤器过滤；检查油路和各液压控制元件是否有漏油现象。

为了使设备的运行持久可靠，管理单位要进行有计划的预防性检修，更换或修复那些根据厂家细则和技术规范规定的磨损已达到极限值的零件。一般情况下，启闭设备中最易磨损的零件主要有：开式齿轮、轴类、滑动轴承、滑轮、钢丝绳、制动器闸瓦、吊钩等。

例行维修：在进行例行维修时，要检查所有设备、钢结构、保护装置、附属设备、起吊用索具、电机和电线，检查齿轮副的啮合情况，更换减速器内的润滑油，清洗减速器油箱；检查电动机和减速器的固定情况；检查电刷、拾电器的接触情况；更换所有磨损零件。

中期维修：在进行中期维修时，要比较全面地拆卸启闭机，更换长期运转的磨损零件。如传动齿轮、滚动轴承、钢丝绳等。

大修：大修是启闭设备检修的主要形式，旨在恢复启闭设备完整的工作性能，能否顺利进行取决于准备工作是否做得细致。在大修期间常常进行设备更新，目的是改进设备的性能，提高设备的效率、可靠性、耐久性等。最先进的修理形式是组装法，即改换事先准备好的组件，例如，起重机的吊钩，滑轮组件。这样修理工作就成为更换整套磨损部件，采用这种方法必须有好几套同样的部件。当工地上有相当数量的相同型号的设备时，这种方法尤为适用。机械设备的组装件和零件的标准化，对于这种修理工作具有极其重要的意义，走轮、联轴器、减速器、齿轮副都可以做成这类标准化的组合件。

（三）拦污栅的运行、维护与管理

水电站开机前，应彻底清除拦污栅前的漂浮物及淤积物；运行期间，在交接班时都要做一次认真观测，清除污物，保证发电用水清洁，减少水流过拦污栅的水头损失。特别是低水头水电站及多污物的河流，更应该及时清除污物。当拦污栅被於塞或折断而失去效用时，应停机处理，否则污物进入水轮机室会危及水轮机安全。

一般的小型水电站，拦污栅有铁制栏条，也有铁框栅，容易生锈、腐蚀。所以要经常维护，一般每年进行1～2次除锈、涂漆等，必要时补焊损坏和脱落的栅条。

（四）机电设备的运行、维护与管理

机电设备具体维护处理措施如下：对于电动机，应保持其外壳无尘、无污、无锈和压线螺栓的紧固，保持定子与转子间隙的均匀，并及时更换绝缘老化绕组；对于操作设备，动力柜、照明柜、启闭机操作箱、检修电源箱等应定期清洁，保持箱内干燥整洁，如果发现接触不良或老化，应及时维修或者更换；对于输电线路的各种电气设备应及时检测、维修或更换，防止发生漏电、短路、断路、虚连等线路故障；对于各种开关和继电保护装置，应该保持干净、触点良好、接头牢固，如果发现接触不良应及时维修，如老化、动作失灵，应予更换，对于备用电源的柴汽油发电机组应按有关规定定期养护、检修；对于建筑物防雷设施，应及时更换锈蚀量超过截面30%以上避雷针（线、带）及引下线，并及时补焊或旋紧已脱焊、松动的导电部件的焊接点或螺栓接头；对于电器设备的防雷设施，应按供电部门的有关规定进行定期校验。

第四节　水电站起重机械的基础知识

一、起重机械的分类

起重机械分为轻小型起重设备、起重机、升降机三大类。

（一）轻小型起重设备

主要包括千斤顶、滑车、葫芦、卷扬机、悬挂式单轨系统等。

（二）起重机

起重机包括的品种很多，按起重机的构造分类：桥架型起重机、缆索型起重机、臂架型起重机。按起重机的取物装置和用途分类：吊钩起重机、抓斗起重机、电磁起重机安装起重机等。按起重机的移动方式分类：固定式起重机、运行式起重机、爬升式起重机、便携式起重机等。按起重机工作机构驱动方式分类：手动式起重机、电动起重机、液压起重机、内燃起重机、蒸汽起重机等。按起重机回转能力分类：回转起重机、非回转起重机，回转起重机又有全回转起重机和非全回转起重机两种。按起重机支承方式分类：支承起重机、悬挂起重机。

二、起重机械的结构组成

（一）轻小型起重设备

1．千斤顶

千斤顶采用刚性顶举件作为工作装置，是通过顶部托座或底部托盘，在小行程内顶升重物的轻小型起重设备。

2．滑车

由定滑轮组、动滑轮组以及依次绕过定滑轮和动滑轮的起重承载件组成的轻小型起重设备绕过定滑轮和动滑轮的承载构件有钢丝绳、环链等。

3．葫芦

这是一种应用非常广泛的轻小型起重设备。它是由汇装在公共吊架上的驱动装置、传动装置、制动装置以及挠性件卷放或夹持装置带动取物装置升降的起重设备。

（1）手拉葫芦。由人力通过曳引链条和链轮驱动，通过传动装置驱动卷筒卷放起重链条，以带动取物装置升降的起重葫芦。

（2）手扳葫芦。包括钢丝绳手扳葫芦和环链手扳葫芦 2 种。它是由人力通过扳动手柄驱动钢丝绳夹持器或链轮卷放装置，带动取物装置运动的起重设备。

（3）电动葫芦。由电动机驱动，经过卷筒、星轮、或有链轮卷放起重钢丝绳或起重链条，以带动取物装置升降的设备。

4．卷扬机

卷扬机俗称绞车，它是由动力装置驱动卷筒，通过挠性件如钢丝绳、链条来起升或运移重物的起重装置。

5．悬挂式单轨系统

若干台简易的起重小车沿一条悬挂于空中的轨道行走，进行吊运物品的轻小型起重设备。轨道线路可以是环形的单轨系统，也可以是不封闭的简单线路，还可以从一个主线路分别运移到各分支线路的单轨系统。

（二）起重机

1．概述

小型水电站主厂房内为用于机电设备安装与检修，需要安装起重设备。一般小型水电站常用的起重机为单梁或双梁桥式起重机，其特点是可以使挂在吊钩或其他取物装置上的重物在空间实现垂直升降或水平运移。桥式起重机包括：起升机构，大、小车运行机构。依靠这些机构的配合动作，可使重物在一定的立方形空间内起升和搬运。桥式起重机、龙门起重机、装卸桥、冶金桥式起重机、缆索起重机等都属此类。

臂架式起重机的特点与桥式起重机基本相同。臂架式起重机包括：起升机构、变幅机构、旋转机构。依靠这些机构的配合动作，可使重物在一定的圆柱形空间内起重和搬运。臂架式起重机多装设在车辆上或其他形式的运输（移动）工具上，这样就构成了运行臂架式旋转起重机。如汽车式起重机、轮胎式起重机、塔式起重机、门座式起重机、浮式起重机、铁路起重机等。

升降机的特点是重物或取物装置只能沿导轨升降。升降机虽只有一个升降机构，但在升降机中，还有许多其他附属装置，所以单独构成一类，它包括电梯、货梯、升船机等。除此以外，起重机还有多种分类方法。例如，按取物装置和用途分类，有吊钩起重机、抓斗起重机、电磁起重机、冶金起重机、堆垛起重机、集装箱起重机和援救起重机等；按运移方式分类，有固定式起重机、运行式起重机、自行式起重机、拖引式起重机、爬升式起重机、便携式起重机、随车起重机等；按驱动方式分类，有支撑起重机、悬挂起重机等；按使用场合分类，有车间起重机、机器房起重机、仓库起重机、储料场起重机、建筑起重机、工程起重机、港口起重机、船厂起重机、坝顶起重机、船上起重机等。

2．单双梁门式起重机操作时的注意事项

（1）需要有专业的、考核合格的技术工作操作、使用。

（2）单双梁门式起重机严禁超载、斜拉、重物下站人时作业。

（3）使用单双梁门式起重机之前请确认制动器状况是否可靠，将上、下限位的停止块调整后再起吊物体。

（4）新起重机在磨合期内容易造成零部件（特别是配合表面）的磨损，磨损速度快，应杜绝超负荷作业，否则可能导致零部件损坏，产生早期故障。

（5）起重机要做好定期检测保养，减轻负荷、注意检查、强化润滑。

三、起重机的主要参数

（一）起重量

起重机正常工作时允许一次起升的最大质量称为额定起重量，单位为吨（t）或千克（kg）。起重机的额定起重量不包括吊钩、动滑轮组及不可卸下的起吊横梁等的自重。而抓斗、电磁铁和可卸下的起吊横梁等可从起重机上取下的取物装置的质量要计入额定起重量内。桥架型起重机的额定起重量是定值。臂架型起重机中，有的起重机（如门座起重机、某些塔式起重机）的额定起重量是与幅度无关的定值。有的起重机对应不同的臂架长度和幅度有不同的额定起重量（如轮胎和汽车起重机、履带起重机、铁路起重机）。当额

定起重量不止一个时，通常称最大的一个额定起重量为量大起重量，或简称起重量。

（二）起升高度

起升高度是指从地面或轨道顶面至取物装置最高起升位置的铅垂距离（吊钩取钩环中心，抓斗、起重电磁铁取其最低点），单位为米（m）。如果取物装置能下落到地面或轨面以下，从地面或轨面至取物装置最低下放位置间的铅垂距离称为下放深度。此时总起升高度 H 为轨面以上的起升高度 h_1 和轨面以下的下放深度 h_2 之和，$H=h_1+h_2$。

臂架长度可变的轮胎、汽车、铁路、履带起重机的起升高度随臂架仰角和臂长而变，在各种臂长和不同臂架仰角时可得相应的起升高度曲线。浮式起重机的起升高度是指考虑船体倾斜影响后的实际起升高度。

起升高度的选择按作业要求而定。在确定起升高度时，应考虑配属的吊具、路面基准高度和转运车辆高度，保证起重机能将最大高度的物品装入车内。用于船舶装卸的起重机应考虑潮水涨落的影响。

（三）跨度、轨距和轮距

桥架型起重机大车运行轨道中心线之间的水平距离称为跨度（S），小车运行轨道和轨行式臂架型起重机运行轨道中心线之间的水平距离称为轨距（l），轮胎和汽车起重机同一轴（桥）上左右车轮（或轮组）中心滚动面之间的距离称为轮距。

桥式起重机的跨度小于厂房跨度，要考虑在厂房上方的吊车梁上是否留有安全通道。门式起重机的跨度根据所跨的铁道线路股数、汽车通道及货位要求而定。塔式起重机的轨距由抗倾覆稳定性条件确定。

轮胎起重机的轮距决定于起重机的抗倾覆稳定性，并考虑最小转弯半径和铁路运输限界。

（四）幅度

旋转臂架型起重机处于水平位置时，回转中心线与取物装置中心铅垂线之间的水平距离称为幅度（R）。幅度的最小值 R_{min} 和最大值 R_{max} 根据作业要求而定。在水平固定臂架变幅平面内起重机支撑体的最外边至取物装置中心铅垂线之间的距离称为有效幅度。对于轮胎和汽车起重机，有效幅度通常是指使用支腿工作、臂架位于侧向最小幅度时，取物装置中心铅垂线至该侧两支腿中心连线的水平距离，它表示起重机在最小幅度时工作的可能性。有效幅度可为正值或负值，如取物装置中心铅垂线落在支腿中心连线以内有效幅度为负，反之为正。

（五）机构工作速度

起重机机构工作速度根据作业要求而定。额定起升速度是指起升机构电动机在额定转速或油泵输出额定流量时，取物装置满载起升的速度。多层卷绕的起升速度按钢丝绳在卷筒上第一层卷绕时计算。伸缩臂架型起重机以不同臂长作业时需改变起升滑轮组倍率，因此，起升速度常以单绳速度表示。

额定运行速度是指运行机构电动机在额定转速时，或油泵输出额定流量时，起重机或小车的运行速度。运行速度与起重机类型和用途有关。桥架型起重机运行距离较短，运行速度常用米/秒（m/s）表示。轮胎和汽车起重机需作长距离转移，常与汽车结队行驶，运行速度用公里/小时（km/h）表示。浮式起重机的运行速度常以“节”表示（1节＝1mile/h＝1.85km/h）。浮式起重机的运行速度按空载情况考虑，其他类型起重机按满载确定运行速度。

（六）生产率

起重机在一定作业条件下，单位时间内完成的物品作业量叫生产率。生产率可用小时、工班、天、月、年或用起重机整个使用寿命期间累计完成的物品作业量来表示（质量、体积、件数等）。

生产率分计算生产率（理论生产率）和技术生产率（实际生产率）。按额定起重量、额定工作速度和规范化作业周期算出的生产率为计算生产率。起重机作业时实际达到的生产率叫技术生产率。影响技术生产率的因素很多，一般只能由统计方法得到。

（七）起重力矩

起重力矩是臂架型起重机主要技术参数之一，它等于额定起重量（G）和与其相应的工作幅度（R）的乘积，即$M=GR$。起重力矩一般用kN·m或t·m为单位。起重力矩比起重量能更全面说明臂架型起重机的工作能力。额定起重量随幅度而变的臂架型起重机，在一般情况下，最大起重力矩由最大起重量和与其对应的工作幅度决定。某些起重机（如铁路救援起重机）基于作业要求，在某一中间幅度和与此幅度对应的额定起重量产生最大起重力矩。额定起重量为定值、与幅度无关的起重机，在最大幅度起吊额定起重量物品时产生最大起重力矩。

（八）最大爬坡度

最大爬坡度是汽车、轮胎、履带、铁路等起重机在取物装置无载、运行机构电动机或液压马达输出最大扭矩时，在正常路面或线路上能爬越的最大坡度，以‰或度表示。它是表征起重机行驶能力的参数。决定爬坡度的主要因素是粘着重量、粘着系数和轮周牵引力。

四、电动葫芦

（一）电动葫芦概述

电动葫芦是一种轻小型起重设备，具有体积小，自重轻，操作简单，使用方便等特点，用于工矿企业，仓储码头等场所。起重量一般为0.1～80t，起升高度为3～30m。它由电动机、传动机构和卷筒或链轮组成，分为钢丝绳电动葫芦和环链电动葫芦两种。环链电动葫芦分为进口和国产两种；钢丝绳电动葫芦分CD1型、MD1型；微型电动葫芦、卷扬机、多功能提升机。

（二）电动葫芦的使用要求与注意事项

1. 电动葫芦的使用要求

（1）每次起吊前，应空载是试吊，检查机械运转是否正常，如有异常必须查明原因，待修复后启用。

（2）使用前认真查看钢丝绳、吊钩、吊攀等部件是否完好。

（3）作业时吊钩底下严禁站人，操作者应主动避让并制止无关人员进入工作区。

（4）操作者必须集中思想与搭档人员密切配合，在确保安全状况下起吊，作业时严禁谈笑嬉闹。

（5）对电动葫芦要定期检查、维修、保养，使设备随时处于良好状态，严禁带病作业。

（6）操作由专人操作，严禁无关人员随便开车起吊。每次使用完毕及时切断电源。

2. 电动葫芦的使用注意事项

（1）新安装或经拆检后安装的电动葫芦，首先应进行空车试运转数次。但未安装完毕前，切忌通电试转。

（2）正常使用前应进行以额定负荷125%，起升离地面约100mm，10min的静负荷试验，检查是否正常。

（3）动负荷试验是以额定负荷重量，做反复升降与左右移动试验，试验后检查其机械传动部分，电器部分和连接部分是否正常可靠。

（4）在使用中，绝对禁止在不允许的环境下，及超过额定负荷和每小时额定合闸次数（120次）情况下使用。

（5）安装调试和维护时，必须严格检查限位装置是否灵活可靠，当吊钩升至上极限位置时，吊钩外壳到卷筒外壳之距离必须大于50mm（10t、16t、20t必须大于120mm）。当吊钩降至下极限位置时，应保证卷筒上钢丝绳安全圈，有效安全圈必须在2圈以上。

（6）不允许同时按下两个使电动葫芦按相反方向运动的手电门按钮。

（7）工作完毕后必须把电源的总闸拉开，切断电源。

（8）电动葫芦应由专人操纵，操纵者应充分掌握安全操作规程，严禁歪拉斜吊。

（9）在使用中必须由专门人员定期对电动葫芦进行检查，发现故障及时采取措施，并仔细加以记录。

（10）调整电动葫芦制动下滑量时，应保证额定载荷下，制动下滑量$S \leqslant V/100$（V为负载下1min内稳定起升的距离）。

（11）电动葫芦使用中必须保持足够的润滑油，并保持润滑油的干净，不应含有杂质和污垢。

（12）钢丝绳上油时应该使用硬毛刷或木质小片，严禁直接用手给正在工作的钢丝绳上油。

（13）电动葫芦不工作时，不允许把重物悬于空中，防止零件产生永久变形。

（14）在使用过程中，如果发现故障，应立即切断主电源。

（15）使用中应特别注意易损件情况。

思　考　题

1. 水电开发有哪些方式？

2. 水电站的类型有哪些？

3. 水电站建筑物是什么?

4. 水工建筑物检查与观测的主要内容是什么?

5. 水电站金属结构包括什么?

6. 起重机的主要参数是什么?

7. 电动葫芦使用的要求有哪些?

第二章　水轮机运行与维护

第一节　水轮机概述

一、水轮机的工作参数

当水流通过水轮机时，水流的能量被转换为水轮机的机械能，我们用一些参数来表征能量转换的过程，称为水轮机的基本工作参数，主要有工作水头 H、流量 Q、出力 N、效率 η、转速 n 等。

（一）工作水头 H

如图 2-1 所示，水流从水库进水口经压力管道流入水轮机，在水轮机内进行能量交换后通过尾水管排至下游。

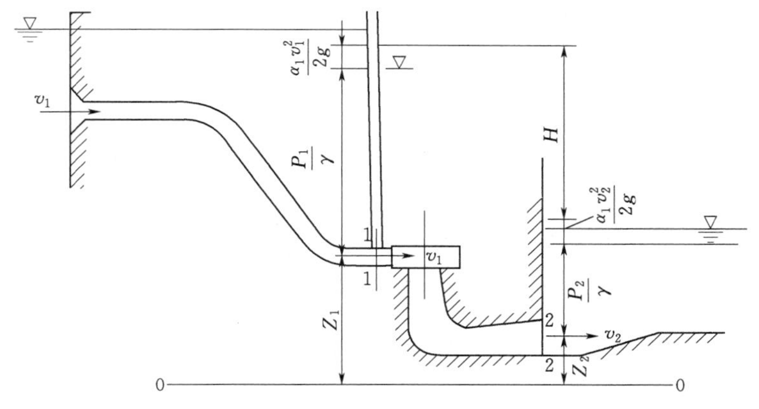

图 2-1　水轮机的工作水头

在水轮机进口断面 1—1 处和出口断面 2—2 处，水流所具有的单位能量为

$$E_1=Z_1+\frac{P_1}{\gamma}+\frac{\alpha_1 v_1^2}{2g} \tag{2-1}$$

$$E_2=Z_2+\frac{P_2}{\gamma}+\frac{\alpha_2 v_2^2}{2g} \tag{2-2}$$

我们把水轮机进口断面（1—1 断面）与出口断面（2—2 断面）的单位能量差，定义为水轮机的工作水头，即

$$H=\left(Z_1+\frac{P_1}{\gamma}+\frac{\alpha_1 v_1^2}{2g}\right)-\left(Z_2+\frac{P_2}{\gamma}+\frac{\alpha_2 v_2^2}{2g}\right) \tag{2-3}$$

式中　H——水轮机的工作水头，m；

v_1——进口断面的平均流速，m/s；

v_2——出口断面的平均流速，m/s；

α_1——进口断面动能不均匀系数；

α_2——出口断面动能不均匀系数；

P_1——进口断面处的压强，Pa；

P_2——出口断面处的压强，Pa；

g——重力加速度，m/s^2；

γ——水的重度，$\gamma=9.81kN/m^3$；

Z_1、Z_2——进、出口断面相对于基准面的位置高度，m。

水电站的装置水头亦称毛水头 H_g，等于电站上、下游水位差。因此水轮机的工作水头（净水头）又等于电站毛水头 H_g 减去引水系统的水头损失 h_w，即：$H=H_g-h_w$，单位为 m。

水轮机的工作水头是水轮机的重要工作参数，它的大小表征水轮机利用水流单位能量的多少，它影响水电站的开发方式、机组类型和经济效益等。在水轮机的工作过程中，工作水头是不断变化的，它有几个特征水头值。

水轮机的额定水头 H_r，是水轮机以额定转速运转时发出额定出力所必需的最小水头。

水轮机的最大水头 H_{max}，是水轮机运行中允许的最大工作水头。

水轮机的最小水头 H_{min}，是保证水轮机稳定运行的最小工作水头。

（二）流量 Q

单位时间内通过水轮机的水流体积称为流量，用 Q 表示，单位为 m^3/s。

（三）出力 N 和效率 η

单位时间内水轮机主轴所输出的功称为水轮机的功率。功率也称出力，用 N 表示，单位为 kW。

具有一定水头和流量的水流通过水轮机时，水流的出力为

$$N_s=9.81QH(\text{kW}) \tag{2-4}$$

水轮机不可能将水流的功率 N_s 全部转换和输出，由于水轮机在能量转换的过程中，会产生一定的损耗，因此水轮机的出力必然小于水流的出力。

水轮机的出力 N 与水流的出力 N_s 之比，称为水轮机的效率，用 η 表示，即

$$\eta=N/N_s(\%) \tag{2-5}$$

水轮机效率 η 由三部分组成，即容积效率 η_v、水力效率 η_s 和机械效率 η_j，而水轮机效率 η 为上述三项效率的乘积。

因此，水轮机的出力可写成

$$N=N_s\eta=9.81QH\eta(\text{kW}) \tag{2-6}$$

效率为小于 1.0 的正系数，它表征水轮机对水流能量的有效利用程度。

（四）转速 n

水轮机的转速是指水轮机转轮在单位时间内旋转的圈数，用 n 表示，单位为 r/min。

当水轮机主轴和发电机主轴采用直接联结时，其同步转速应满足下列关系式：

$$n=\frac{60f}{p}(\mathrm{r/min}) \tag{2-7}$$

式中　f——电流频率，我国规定为50Hz；

p——发电机的磁极对数。

二、水轮机的类型和应用

（一）水轮机的基本类型

水轮机是将水流能量转换成机械能的一种水力原动机，根据水流能量转换特征不同，把水轮机分为反击式和冲击式两大类。

利用水流的势能（位能和压能）和动能的水轮机，称为反击式水轮机；只利用水流动能的水轮机，称为冲击式水轮机。两大类水轮机按水流流经转轮的方向及结构特征不同，又分为若干种型式。

近代水轮机的主要类型见图2－2。

1. 反击式水轮机

反击式水轮机转轮由若干个具有空间三维扭曲面的叶片组成，压力水流充满水轮机的整个流道。当压力水流通过转轮时，受转轮叶片作用使水流的压力、流速大小和方向发生变化，因而水流便以其压能和动能给转轮以反作用力，此反作用力形成旋转力矩使转轮转动。

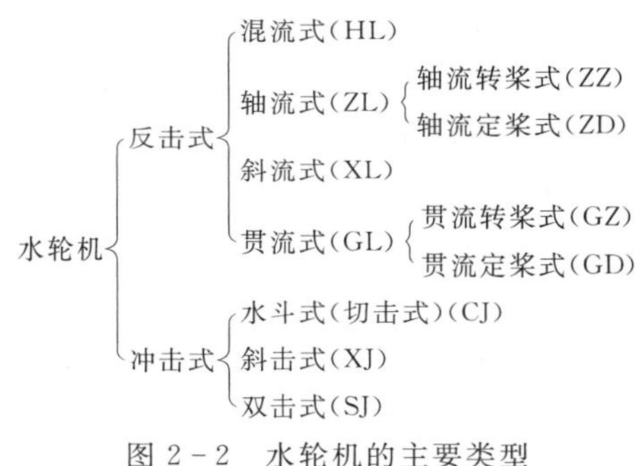

图2－2　水轮机的主要类型

反击式水轮机按水流流入和流出转轮方向的不同，又分为混流式、轴流式、斜流式和贯流式水轮机。

2. 冲击式水轮机

冲击式水轮机是在大气中进行能量交换的，水流能量以动能形态转换为转轮旋转的机械能。有压水流先经过喷嘴形成高速自由射流，将压能转变为动能并冲击转轮旋转，故称为冲击式。在同一时间内水流只冲击部分转轮，水流不充满水轮机的整个流道，转轮只部分进水。根据转轮的进水特征，冲击式水轮机又分为切击式、斜击式和双击式水轮机三种型式。

（二）水轮机的特点及应用范围

1. 混流式水轮机

混流式水轮机又称弗朗西斯式（Francis）水轮机，水流自径向进入转轮，沿轴向流出，故称为混流式，适用范围最广泛，适用水头为20～700m，如图2－3所示。

2. 轴流式水轮机

轴流式水轮机，水流进入和流出这种水轮机的转轮时，都是轴向的，故称轴流式。其应用水头约为3～80m，如图2－4所示。根据转轮叶片在运转中能否转动，又分为轴流定桨式和轴流转桨式两种。轴流转桨式又称为卡普兰（Kaplan）式。

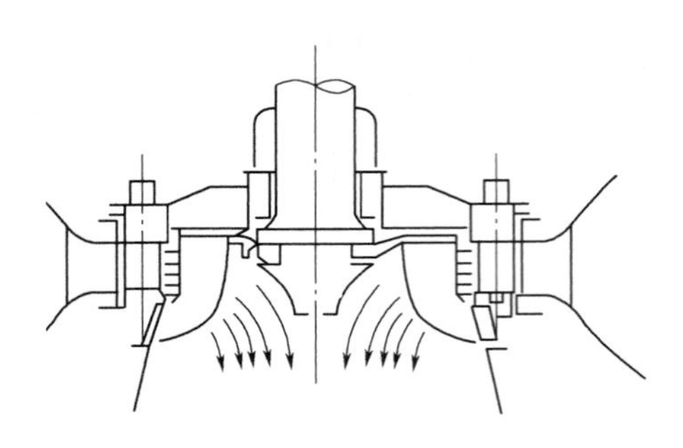

图 2-3　混流式水轮机

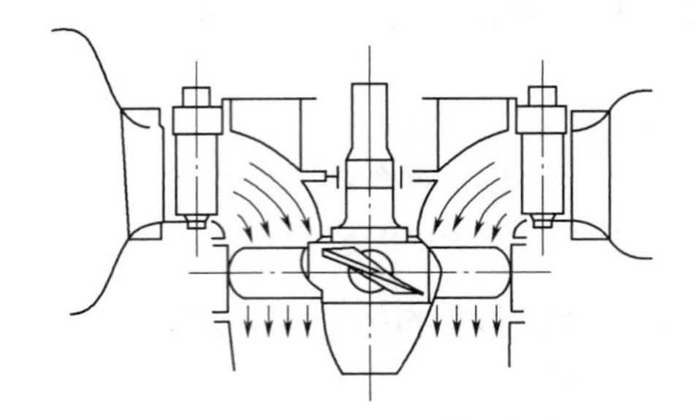

图 2-4　轴流式水轮机

轴流定桨式水轮机的转轮叶片在运行时是固定不动的，因而结构简单。由于叶片固定，当水头及负荷变化时，叶片角度不能迎合水流情况，效率会急剧下降，因此这种水轮机一般用于水头和负荷变化幅度较小的电站。轴流定桨式水轮机的应用水头一般为 3～50m。

3. 斜流式水轮机

水流流经水轮机转轮时，水流方向与轴线呈某一倾斜角度，它是 20 世纪 50 年代发展起来的一种机型，其结构和特性方面，均介于混流式和轴流转桨式之间。斜流式水轮机的叶片角度也可以根据运行需要进行调整，实现导叶与转轮叶片的双重调节。斜流式水轮机有较高的高效率区，且具有可逆性，常作为水泵水轮机用于抽水蓄能电站中。应用水头范围一般为 40～200m，因其结构复杂，造价较高，很少用于小型水电站。

4. 贯流式水轮机

贯流式水轮机，当轴流式水轮机的主轴水平布置，且不设置蜗壳，采用直尾水管，水流一直贯通，这种水轮机称为贯流式水轮机。贯流式水轮机是开发低水头水力资源的一种机型，应用水头通常在 20m 以下。

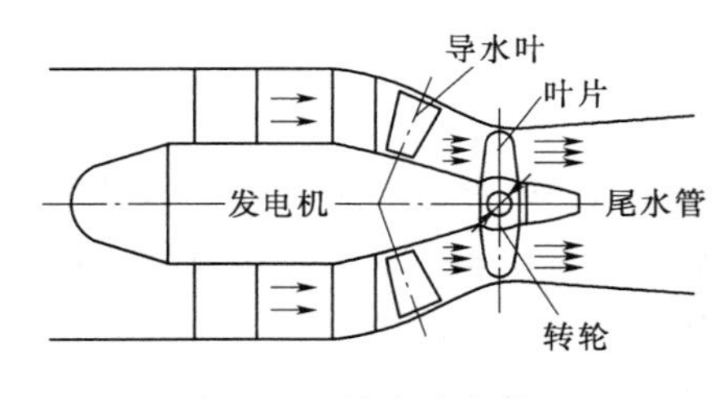

图 2-5　贯流式水轮机

贯流式水轮机也有定桨与转桨之分，由于发电机的装置方式及传动方式不同，这种水轮机又分为全贯流式和半贯流式两类。将发电机转子安装在水轮机转轮外缘的叫全贯流式水轮机，它的优点是流道平直、过流量大、效率高。但由于转轮叶片外缘的线速度大、周线长，因而旋转密封困难。目前这种机型已很少使用。半贯流式水轮机有灯泡式、轴伸式、竖井式和虹吸式等结构型式。目前应用最多的是灯泡贯流式水轮机，如图 2-5 所示，其结构紧凑、稳定性好、效率高，其发电机布置在被水绕流的钢制灯泡体内，水轮机与发电机可直接连接，也可通过增速装置连接。

5. 水斗式水轮机

水斗式水轮机又称切击式水轮机或培尔顿（Pelton）水轮机，如图 2-6 所示。

它是冲击式水轮机中应用最广泛的一种机型，适用于高水头电站，中小型水斗式用于水头 100～800m，大型水斗式一般应用在 400m 水头以上，目前最高应用水头达 1770m。

6. 斜击式水轮机

斜击水轮机，射流与转轮平面夹角约为 22.50°，如图 2-7 所示，这种水轮机用在中

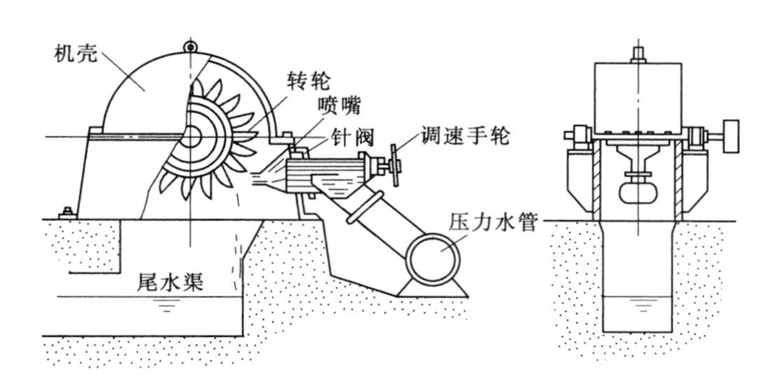

图 2-6　水斗式水轮机

小型水电站，使用水头一般在400m以下，最大单机出力可达4000kW。

7. 双击式水轮机

双击式水轮机，结构简单，制造容易，但效率低，只适应于小水电站，如图2-8所示，应用水头10～150m。

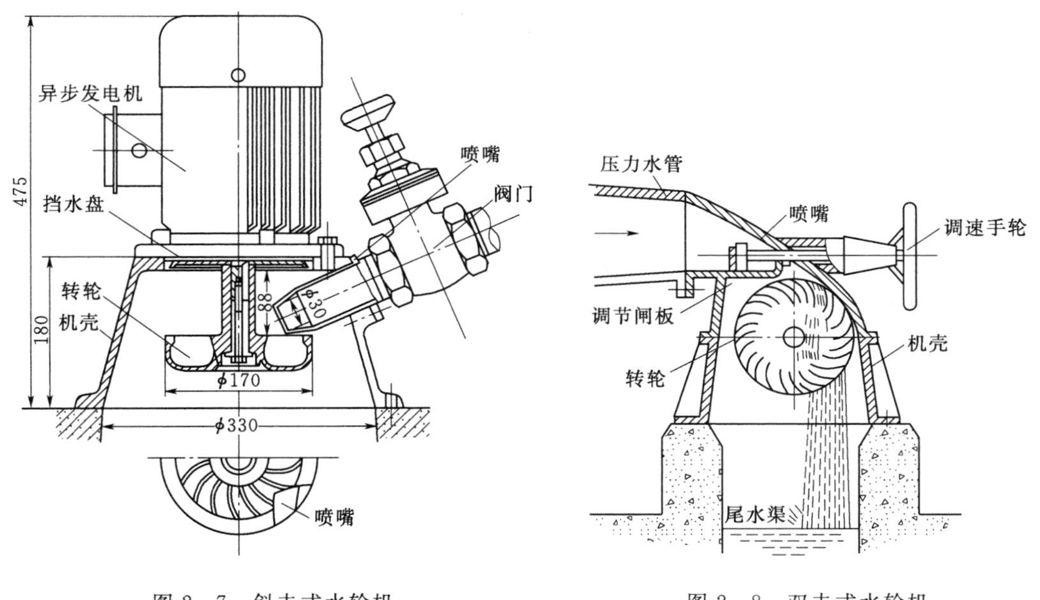

图 2-7　斜击式水轮机

图 2-8　双击式水轮机

三、水轮机的基本结构

水轮机的基本部件较多，这里只简要介绍对水轮机能量转换过程有直接影响的主要过流部件。

（一）反击式水轮机

反击式水轮机一般有四大基本过流部件，即引水部件、导水部件、工作部件和泄水部件。不同型式的反击式水轮机，上述四大部件结构不尽相同。

1. 引水部件

引水部件又称引水室，反击式水轮机引水室的主要作用是以最小的水力损失将水流引向导水机构，尽可能保证水流沿导水机构周围均匀、轴对称的流入；并使水流进入导水机构前形成一定的环量以及保证空气不进入转轮。

为适应不同的条件，引水室有不同的型式，常用的类型有开敞式和封闭式两类。开敞式又称为明槽式；封闭式引水室中水流不具有自由水面，有压力槽式、罐式、蜗壳式三种。

（1）明槽式引水室。明槽式引水室的水面与大气相通。为了减少明槽内的水力损失及保证水流的轴对称，明槽引水室的平面尺寸通常比较大，这种引水室一般用于水头 10m 以下、转轮直径小于 2m 的小型渠道电站，如图 2-9 所示。

（2）压力槽式引水室。压力槽式引水室适用于 8～20m 的小型水轮机，如图 2-10 所示。

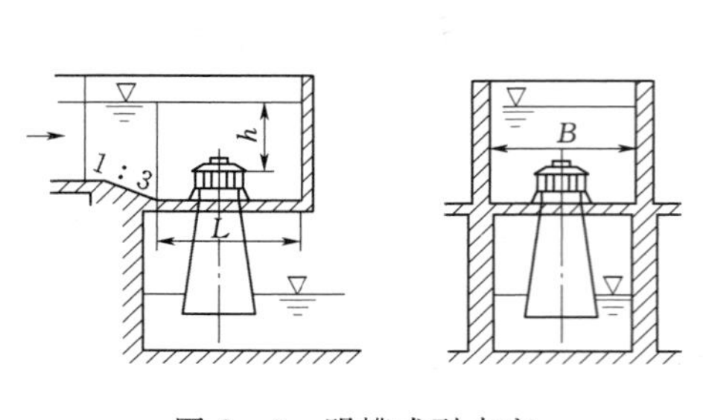

图 2-9　明槽式引水室

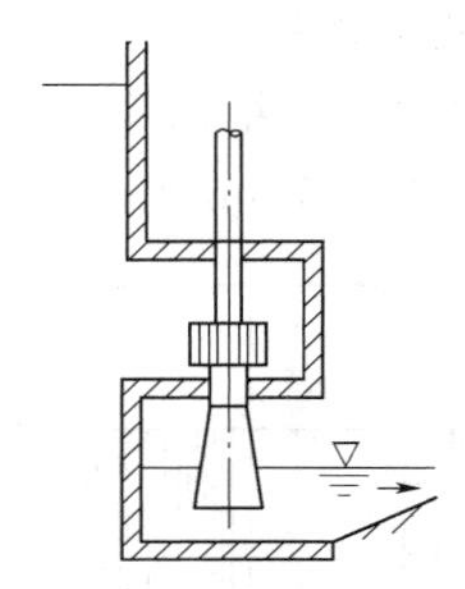
图 2-10　压力槽式引水室

（3）罐式引水室。罐式引水室中的水流具有一定的压力，属于封闭式。它由一个圆锥形金属机壳构成，一端与压力钢管相连，另一端与尾水管连接。这种引水室结构简单，但水力损失大，一般用于 D_1 小于 0.5m、水头 10～35m、容量小于 1000kW 的小型水轮机，如图 2-11 所示。

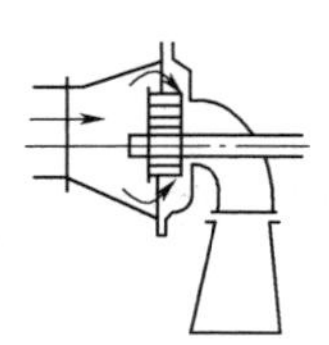
图 2-11　罐式引水室

（4）蜗壳式引水室。蜗壳式引水室俗称蜗壳，其进口与压力引水管相连，沿进口断面向末端，断面面积逐渐缩小，它属于封闭式引水室。

垂直于压力水管来水方向的蜗壳断面，称为蜗壳的进口断面。蜗壳断面面积为零的一端，称为蜗壳的末（鼻）端，由末端到任意断面之间所形成的圆心角称为包角，由末端到进口断面之间所形成的圆心角为最大包角（φ_{max}）。

水轮机的应用水头不同，作用在蜗壳内的水压力不相同。水头高则水压力大，要求蜗壳具有较高的强度，因此采用金属制造；而低水头时压力较小，强度可以降低，故一般采用混凝土制作。

金属蜗壳通常采用铸造或钢板焊接结构，其断面为圆形，过渡为椭圆形断面最大包角接近 360°（通常为 345°）。工作水头在 40m 以上时，一般采用金属蜗壳，如图 2-12 所示。

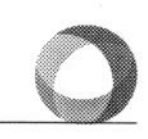

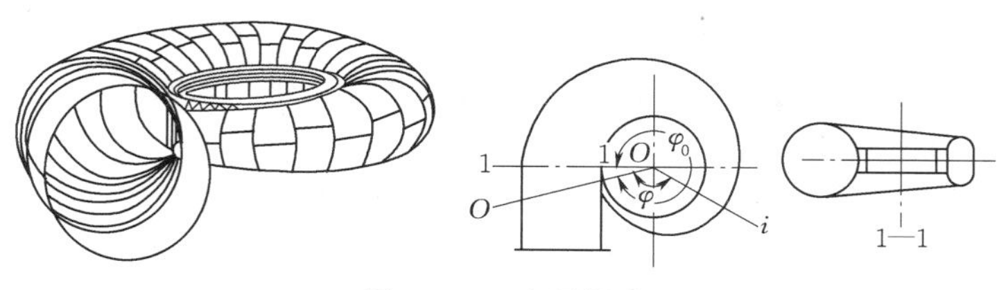

图 2-12　金属蜗壳

混凝土蜗壳在电站施工现场浇筑而成，其断面为梯形断面，做成多边形梯形断面可以减小径向尺寸以及便于制作模板和施工。混凝土蜗壳的最大包角通常为 180°，应用水头在 40m 以下。梯形断面根据厂房设计的要求可能有 4 种形状，如图 2-13 所示。

一般为了布置接力器的方便，多采用平顶 $n=0$ 或 $m>n$ 的蜗壳断面；为了减小进口段的基岩开挖，多采用 $m=n$ 或 $m<n$ 的蜗壳断面。

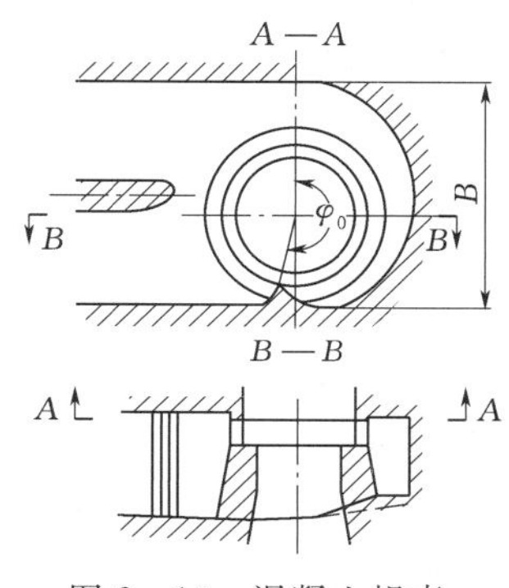

图 2-13　混凝土蜗壳

2. 导水部件

导水部件即导水机构，位于引水室和转轮之间，它的作用是引导水流进入转轮，形成一定的速度矩，并根据机组负荷变化调节水轮机的流量，以达到改变水轮机功率的目的。为达到上述目的，导水机构是由流线形的导叶及其传动机构（包括转臂、连杆、剪断销、控制环等）组成，而控制环的转动是通过调速器控制油压接力器来实现的，其原理如图 2-14 和图 2-15所示。当控制环相连的连杆同时带动所有转臂转动，而转臂又带动导叶以相等的角速度沿同一方向关闭，反之开启。

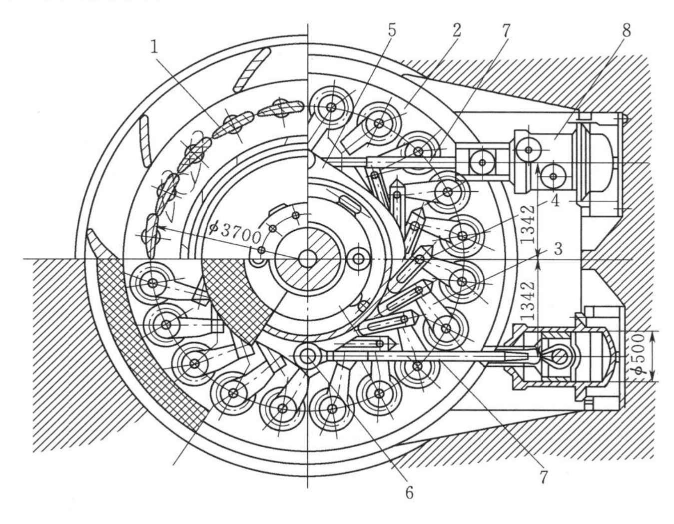

图 2-14　水轮机导水机构

1—导叶；2—顶盖；3—转臂；4—连杆；5—控制环；6—轴销；7—推拉杆；8—接力器

(1) 导叶。导叶均布在转轮的外围，为减少水力损失，其断面设计成翼型，导叶可随其轴转动，称为活动导叶。为保证水轮机在停止运行时，导叶关闭严密，在导叶的上下端面、导叶间隙均设有橡胶或不锈钢的密封装置。

(2) 座环。座环位于引水部件（蜗壳）与导水机构之间，由上环、下环和支柱（也称固定导叶）组成，如图 2-16 所示。其作用是承受水轮发电机转动部分重量、水轮机的轴向水推力、顶盖的重量及部分混凝土重量，并将此荷载通过立柱传给下部基础。同时，座环也是水轮机的过流部件和水轮机安装基准部件。

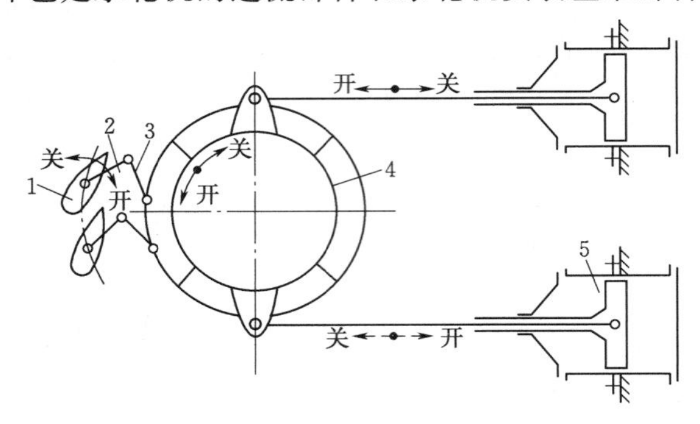

图 2-15　接力器的工作原理图

1—导叶；2—转臂；3—连杆；4—控制环；5—接力器

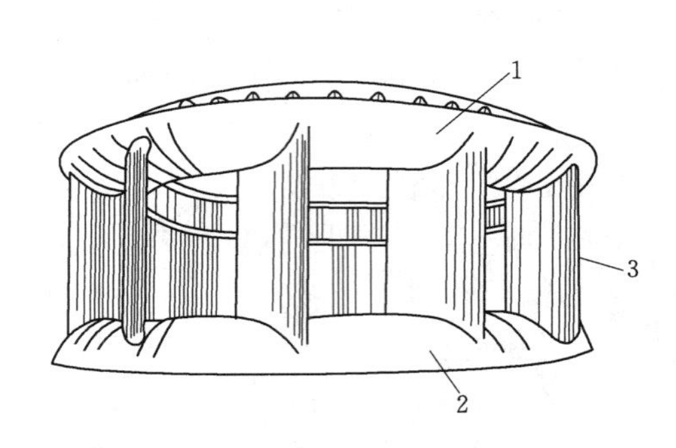

图 2-16　水轮机座环

1—上环；2—下环；3—固定导叶

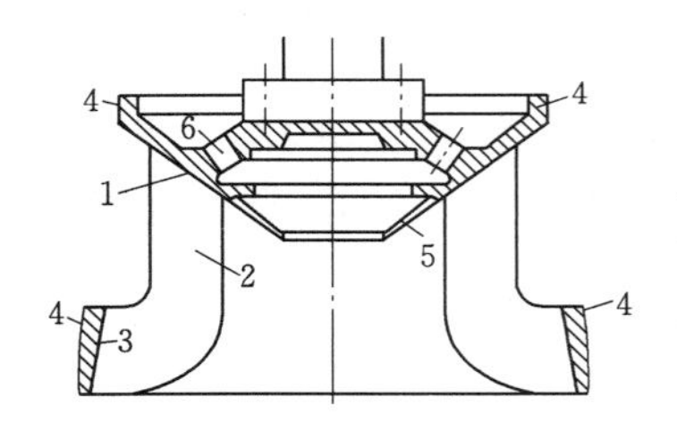

图 2-17　混流式转轮

1—轮毂；2—转轮叶片；3—下环；4—止漏环；5—泄水锥；6—减压孔

3. 工作部件

工作部件即转轮，它的作用是将水能转换为机械能，是实现水流能量转换的核心部件。转轮的形状、制造工艺、轮叶数目对水轮机的性能、结构、尺寸起决定性的作用。

(1) 混流式转轮。如图 2-17 所示，转轮由上冠、下环、叶片和泄水锥四部分组成。

转轮叶片均匀分布在上冠与下环之间，一般轮叶数目为 12～20 片。泄水锥用来引导水流平顺轴向流动，避免出流相互撞击，减少水头损失和振动。

为适应不同水头和流量的要求，转轮形状不同，以 D_1 表示转轮进口边最大直径，D_2 表示出口边最大直径，进口边高度用 b_0 表示，如图 2-18 所示。

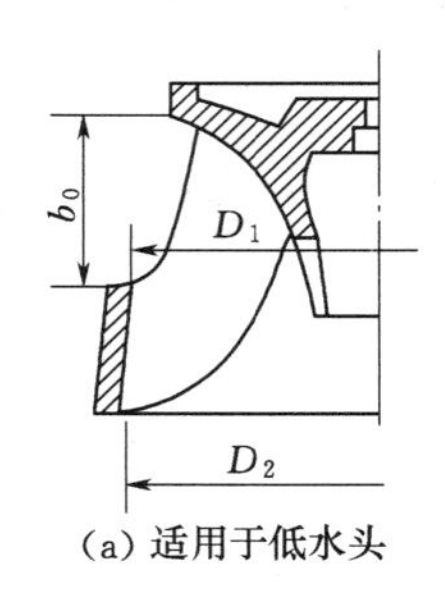

(a) 适用于低水头

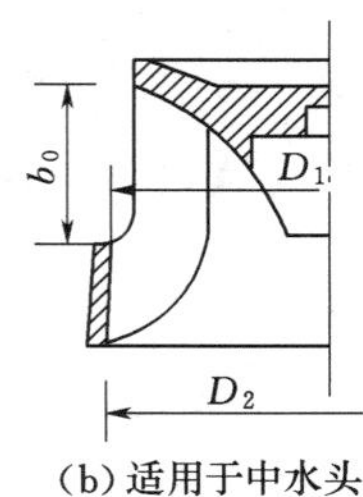

(b) 适用于中水头

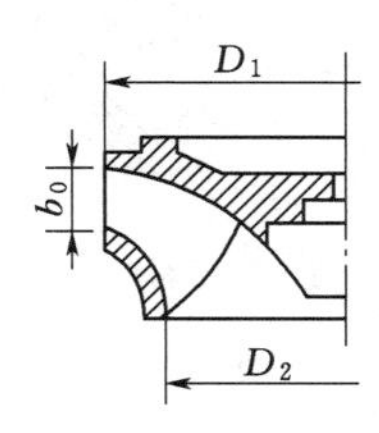

(c) 适用于高水头

图 2-18　混流式转轮剖面图

中、低水头（中、高比转速）混流式转轮的特征：$D_1 \leqslant D_2$，且$\frac{b_0}{D_1}=0.2 \sim 0.39$，数值较大，适用于水头低、流量大的水电站。

高水头（低比转速）混流式转轮的特征：$D_1 > D_2$，且$\frac{b_0}{D_1}<0.2$，数值较小，适用于水头较高、流量相对较小的水电站。

（2）轴流式转轮。轴流式转轮如图 2-19 所示，由轮毂、叶片和泄水锥组成。它分为轴流定桨式转轮和轴流转桨式转轮。轴流定桨式转轮叶片形状类似船舶的螺旋桨，叶片固定，水轮机制造厂通常可提供同一转轮型号及标称直径而叶片装置角 φ 不相同的定桨式转轮，电站依具体情况选择。轴流转桨式转轮叶片在工作过程中可绕自身轴线转动。其工作原理如图 2-20 所示。

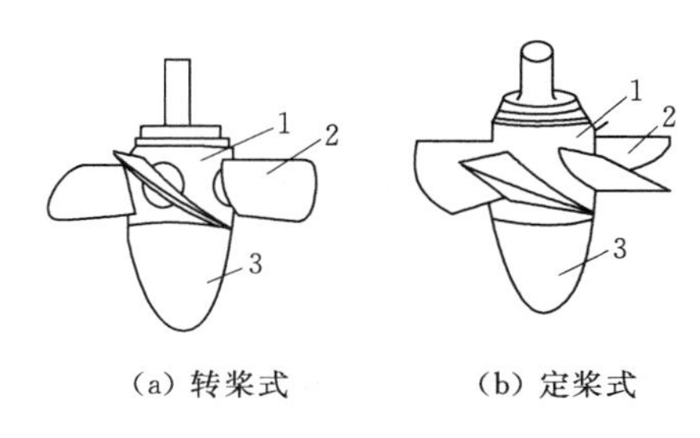

图 2-19　轴流式转轮

1—轮毂；2—转轮叶片；3—泄水锥

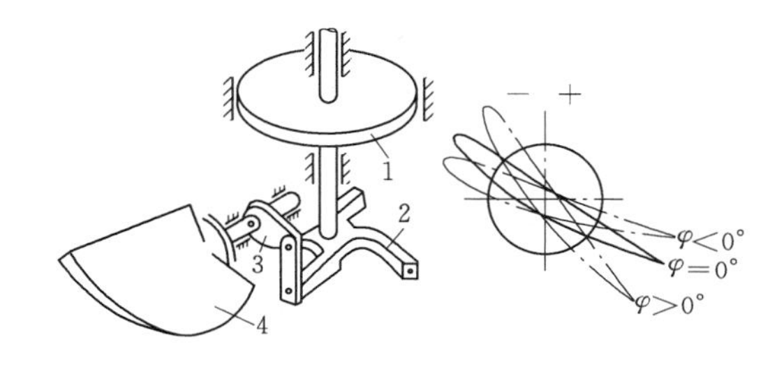

图 2-20　转桨机构原理图

1—活塞；2—操作架；3—转臂；4—叶片

（3）斜流式转轮。斜流式转轮如图 2-21 所示，其结构与轴流式转轮相似，水流流经转轮时与主轴成某一倾斜角度，这种转轮结构复杂，制造工艺要求很高。

（4）贯流式转轮。贯流式转轮与轴流式转轮整体形状类似，相当于水平放置的轴流式水轮机，水流直接贯入，过流能力大，适用于低水头大流量的电站。

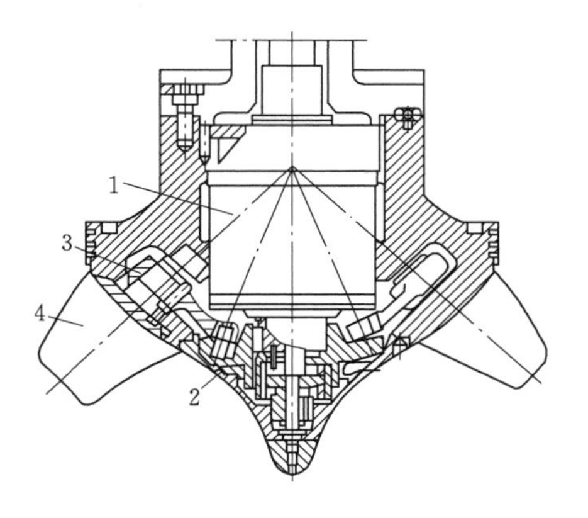

图 2-21　斜流式转轮

1—刮板接力器；2—操作架；3—转臂；4—桨叶

4. 泄水部件

泄水部件即尾水管。它的作用为：将流出转轮的水流平顺地引向下游；回收转轮出口的部分动能（动力真空）及势能（静力真空）。尾水管可分为直尾水管和弯曲形尾水管两类。

（二）冲击式水轮机

冲击式水轮机结构一般比较简单，它的转轮按其结构特点可分为切击式（水斗式）、斜击式和双击式三种。这里着重论述冲击式水轮机中最常用的水斗式水轮机，其装置如图 2-22 所示。可以看出，水斗式水轮机是由引水管、喷管、外调节机构、转轮、机壳及尾水槽等组成。高压水流由引水管引入喷管后，经过喷嘴将水流的势能转变为射流的动能，高速水流冲击做功后，自由落入尾水槽流向下游河道。

水斗式转轮如图 2-23 所示，它是由轮辐、若干呈双碗状的水斗组成。转轮每个斗叶的外缘均有一个缺口，如图 2-24 所示，缺口的作用使其后的斗叶不进入先前射流作用的区域，并且不妨碍先前的水流。承受绕流射流作用的凹面称为斗叶的工作面。斗叶凸起的外侧表面称为斗叶的侧面。位于斗叶背部夹在两水斗之间的表面称为斗叶的背面。两水斗间的工作面的结合处称为斗叶的进水边（又称分水刃）。进水边在斗叶的横剖面上为一锐角。缺口处工作面与背面结合处称为斗叶的切水刃。水斗工作面与侧面间的端面称为斗叶的出水边。

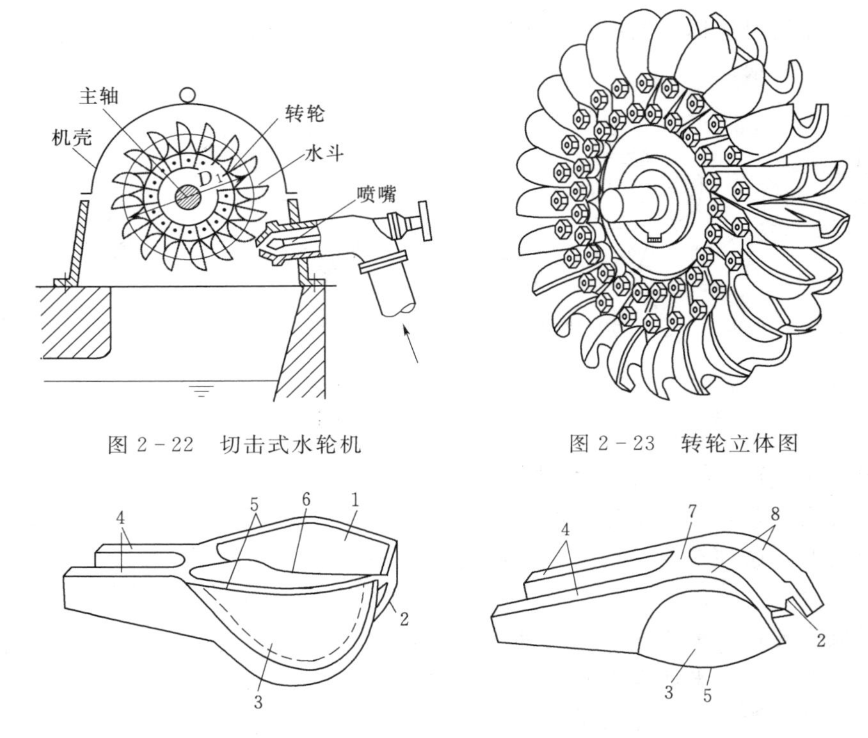

图 2-22　切击式水轮机

图 2-23　转轮立体图

图 2-24　转轮斗叶

1—工作面；2—切水刃；3—侧面；4—尾部；5—出水边；6—进水边；7—横向筋板；8—纵向筋板

图 2-25 是喷管结构图。喷管主要由喷嘴、喷针（又称针阀）和喷针控制机构组成，其作用如下：

（1）将水流的压力势能转换为射流动能，则当水从进水管流进喷管时，在其出口便形成一股冲向转轮的圆柱形自由射流。

（2）起着导水机构的作用。当喷针移动时，即可以渐渐改变喷嘴出口与喷针头之间的环形过水断面面积，因而可平稳地改变喷管的过流量及水轮机的功率。

当机组突然丢弃负荷时，针阀快速关闭会形成管内过大的水锤压力，为此在喷嘴口外装置了可以转动的外调节机构。它的作用是控制离开喷嘴后的射流大小和方向。当机组负荷骤减或甩负荷时，具有双重调节的水轮机调速器，一方面操作喷针接力器，使喷针慢慢

向关闭方向移动；另一方面又操作外调节机构接力器，使外调节机构（折向器或分流器）快速投入，迅速减小或全部截断因针阀不能立即关闭而继续冲向转轮水斗的射流。这样既解决了因针阀快速关闭而在引水压力钢管中产生的较大水锤压力，又解决了因针阀不能及时关闭而使机组转速上升过高的问题。

机壳的作用是将转轮中排出的水平顺引向尾水槽，排往下游而不溅落在转轮和射流上。机壳内的压力要求与大气相当。为此，往往在转轮中心附近的机壳上开设有补气孔，以消除局部真空。机壳的形状应有利于转轮出水流畅，不与射流相干扰。因此在机壳的内部还设置了引水板。喷管也常固定在机壳上，卧式机组的轴承支座也和机壳连在一起，因而要求机壳具有足够的强度、刚度和耐振性能。机壳上一般开有进入门孔，机壳下部应装有静水栅，以消除排水能量。静水栅要求有一定的强度，可作为机组停机观察和检修时的工作平台。

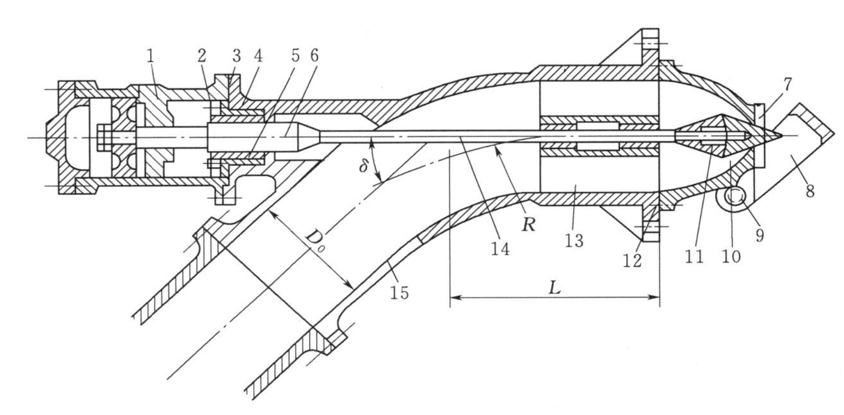

图 2-25　喷管结构

1—缸体；2—填料压盖；3—喷嘴座；4—填料盒；5—填料；6—杠杆；7—喷嘴口环；8—折向器；9—销杆；10—喷针；11—喷针座；12—喷嘴；13—喷管；14—杆体；15—喷管弯管

第二节　水轮机运行

一、水轮机工况及特性曲线

（一）水轮机运行工况

水轮机工作的水头、流量、出力、转速等工作参数，在水轮机的运行过程中随时发生变化，转轮内的水流流态也是不断变化的，我们把水轮机运行中这种不断变化工作状态称为水轮机运行工况。不同的运行工况，对水轮机的性能有很大的影响。其中效率最高的工况，称为最优工况。最优工况以外的工况，称为非最优工况（一般工况）。

水轮机最优工况时，能量转换最充分，水力损失最小。在水轮机的各项损失中，水力损失是最主要的。在水力损失中，局部撞击损失和漩涡、脱流损失的比重很大。水轮机流道设计时，要按水力损失最小的工况作为依据。水轮机最优工况的必要条件，是无撞击进

口和法向出水。

（二）水轮机的特性曲线

表示水轮机各参数之间相互关系的曲线称为水轮机的特性曲线。水轮机的特性曲线可分为线性特性曲线和综合特性曲线两类。

表示两个参数之间关系的特性曲线称为线性特性曲线。线性特性曲线按其所表达的内容不同，又分为转速特性曲线、工作特性曲线和水头特性曲线。其中，工作特性曲线在实际运行中有一定的指导意义。

表示水轮机工作在固定的转速和水头下的特性而绘制的曲线，称为水轮机工作特性曲线，如图 2－26 所示。

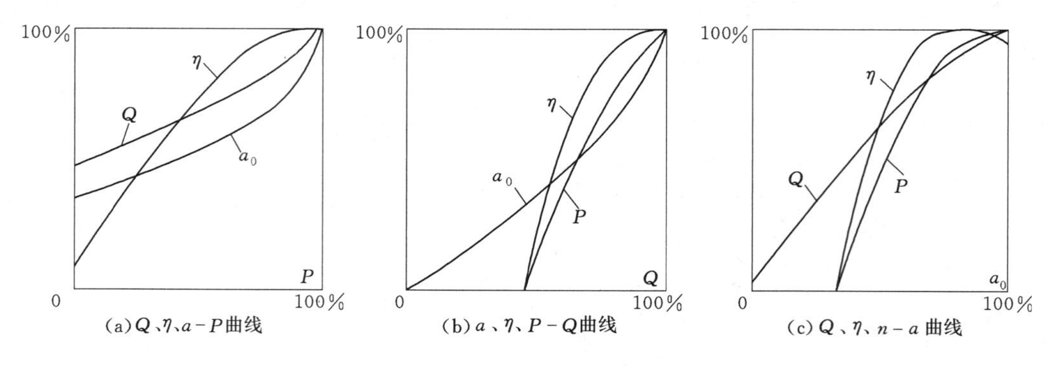

图 2－26　水轮机工作特性曲线

水轮机的工作特性曲线有三个重要的特征点：

（1）当功率为零时，流量不为零，此处的流量 Q 称为空载流量，对应的导叶开度称空载开度。这时的流量很小，水流作用于转轮的力矩仅够克服阻力而维持转轮以额定转速旋转，没有输出功率。

（2）效率最高点对应的流量为最优流量。

（3）功率曲线最高点处的功率，称为极限功率，对应的流量称为极限流量。

三种工作特性曲线可以相互转换，将一种形式变换成任何其他一种形式。从任何一种工作特性曲线上都可以看出水轮机的空载开度及所对应的流量，也可以看出水轮机的最优工况所对应的水轮机导水叶开度、流量与出力。

（三）综合特性曲线

能反映水轮机各参数变化的曲线称为综合特性曲线。综合特性曲线又分为模型（主要）综合特性曲线和运转综合特性曲线。

1. 模型（主要）综合特性曲线

根据水轮机相似理论，在以 n_1' 为纵坐标和以 Q_1' 为横坐标的坐标系中，通过模型试验，计算绘出等效率线 $\eta=f(n_1', Q_1')$、等导叶开度线 $a_0=f(n_1', Q_1')$ 等汽蚀系数线 $\sigma=f(n_1', Q_1')$ 及相应出力限制线。该坐标系中的任意一点就表示了该轮系水轮机的一个工况（工作状态）。由这些曲线所组成的图形就可全面反映该轮系水轮机的特性，这个图形就称为水轮机的模型（主要）综合特性曲线。图 2－27～图 2－30 为不同类型水轮机的模型（主要）

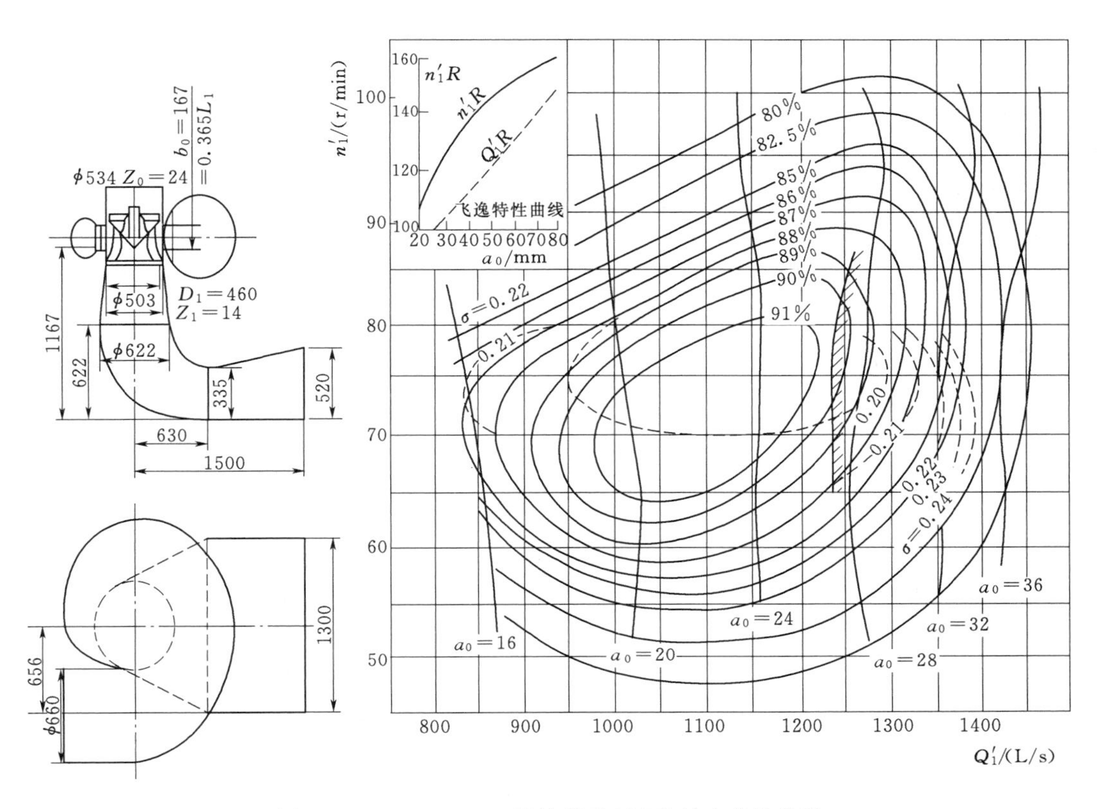

图 2-27 HL240-46 转轮模型(主要)综合特性曲线

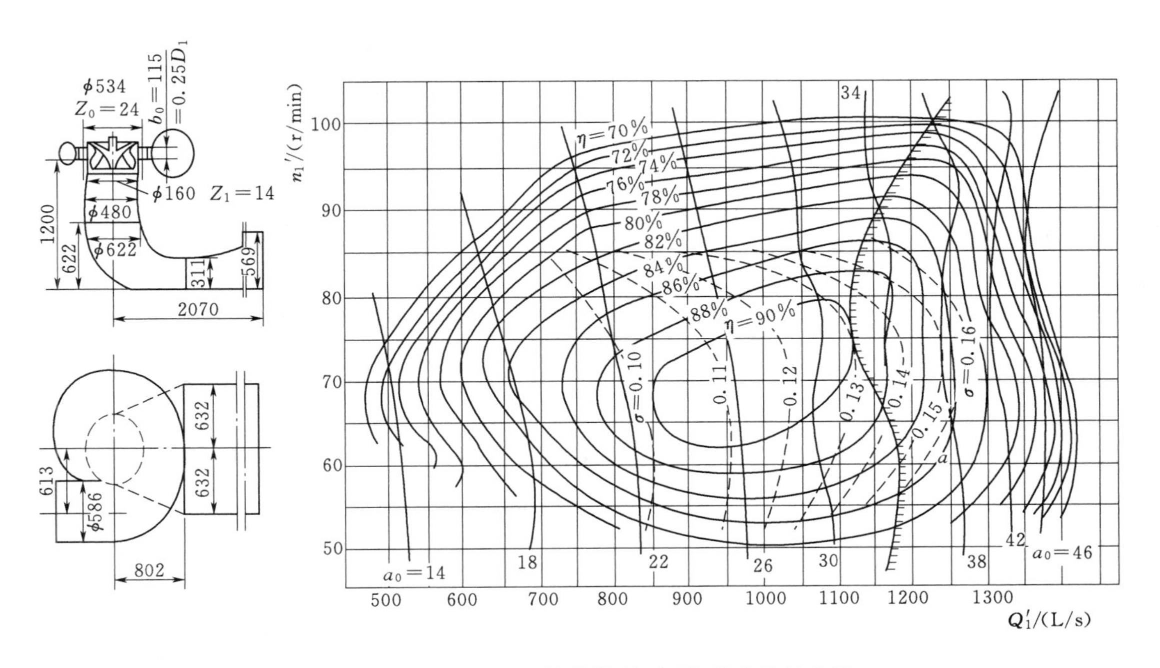

图 2-28 HL220-46 转轮模型(主要)综合特性曲线

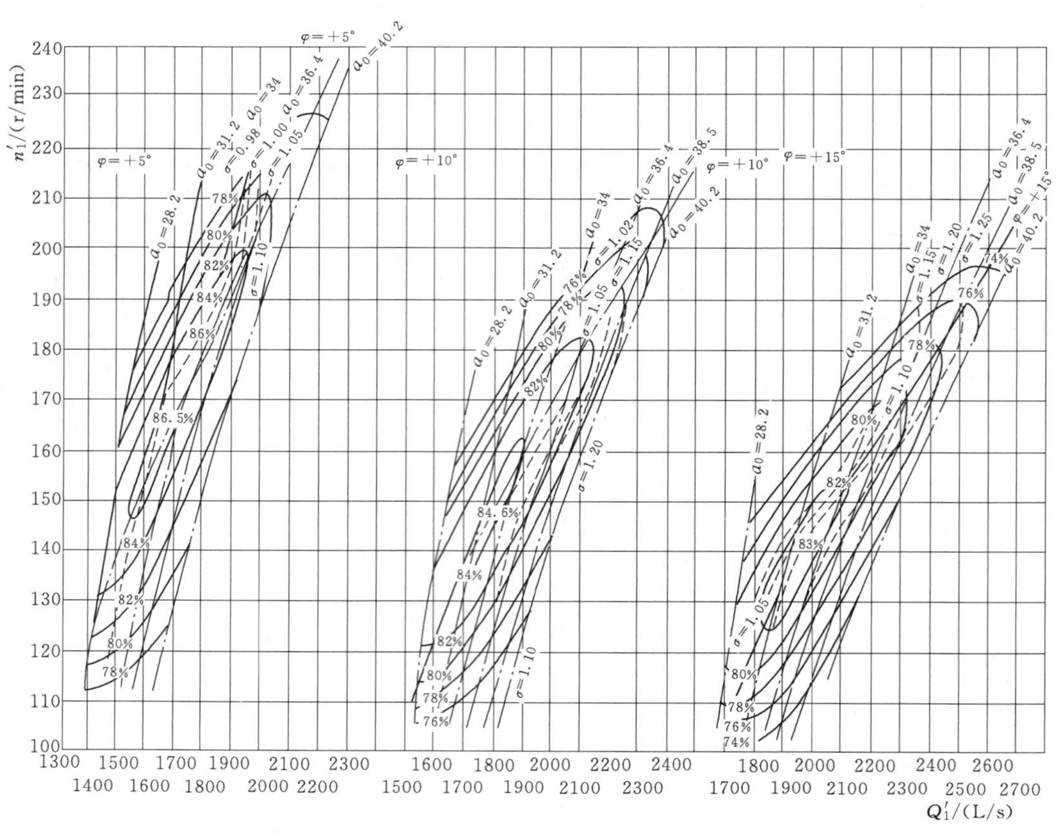

图 2-29　ZD760 转轮模型(主要)综合特性曲线

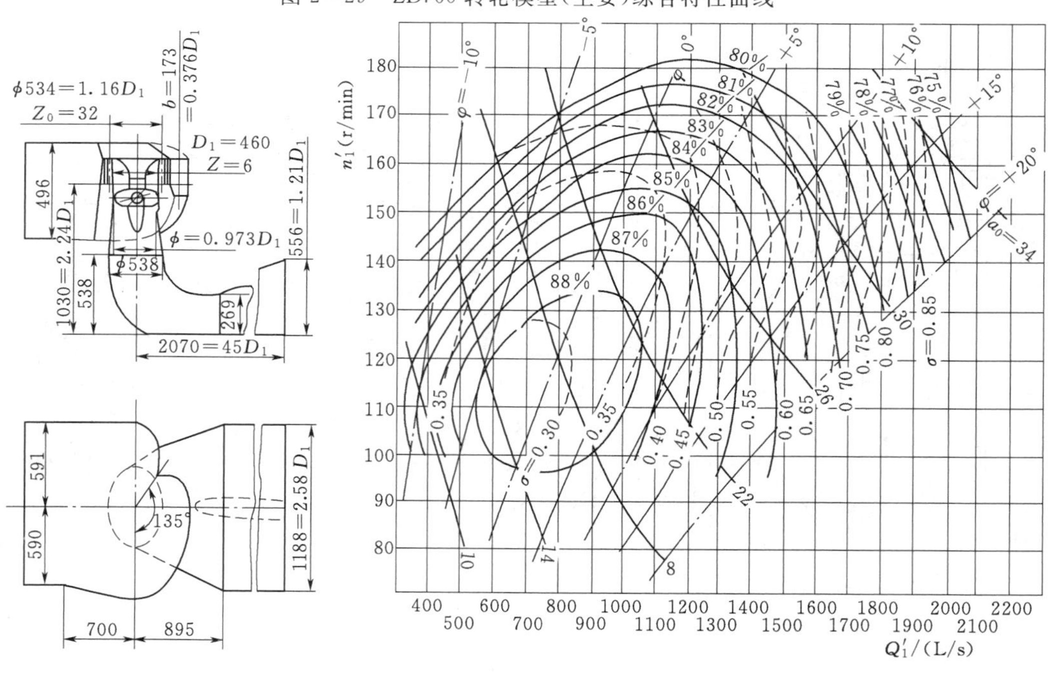

图 2-30　ZZ440 转轮模型(主要)综合特性曲线

综合特性曲线示例。模型（主要）综合特性曲线是由模型试验得出的，反映的是模型水轮机的全面特性，因此，在换算为原型参数时需进行修正。

2. 运转综合特性曲线

模型（主要）综合特性曲线虽然能全面反映水轮机的特性，但只能显示某个水轮机转轮轮系的综合特性，不能直观地反映水电站真实水轮机主要参数之间的关系，查用不便。运转综合特性曲线是表示某一真实运行水轮机（D_1 和 n 为定值）各主要运行参数之间的关系曲线，即在以 H、N 为纵横坐标的坐标系中，绘出等效率曲线、等吸出高度曲线及出力限制线等，如图 2－31 所示。运转综合特性曲线一般由水轮机厂家提供，是由模型（主要）综合特性曲线根据水电站实际运行参数通过水轮机相似理论换算绘出。图中出力限制线受两方面的影响：水头较高时，水轮机出力较大，此时出力受发电机容量限制，其限制线为一条竖直线；水头较低时，水轮机出力较小，达不到发电机额定容量，此时出力受水轮机最大过流能力、抗空蚀性能、效率等限制，限制线近于一条斜直线。所以在运转综合特性曲线上，出力限制线为一折线，折点处对应的水头即为水轮机达到额定出力的最小水头，也就是水轮机的设计水头。混流式水轮机的出力限制线由 5％出力限制线换算而来，而转桨式水轮机则是受空蚀性能的限制。运转综合特性曲线对水轮机的选型，特别是水轮机的经济运行都有着重要意义。

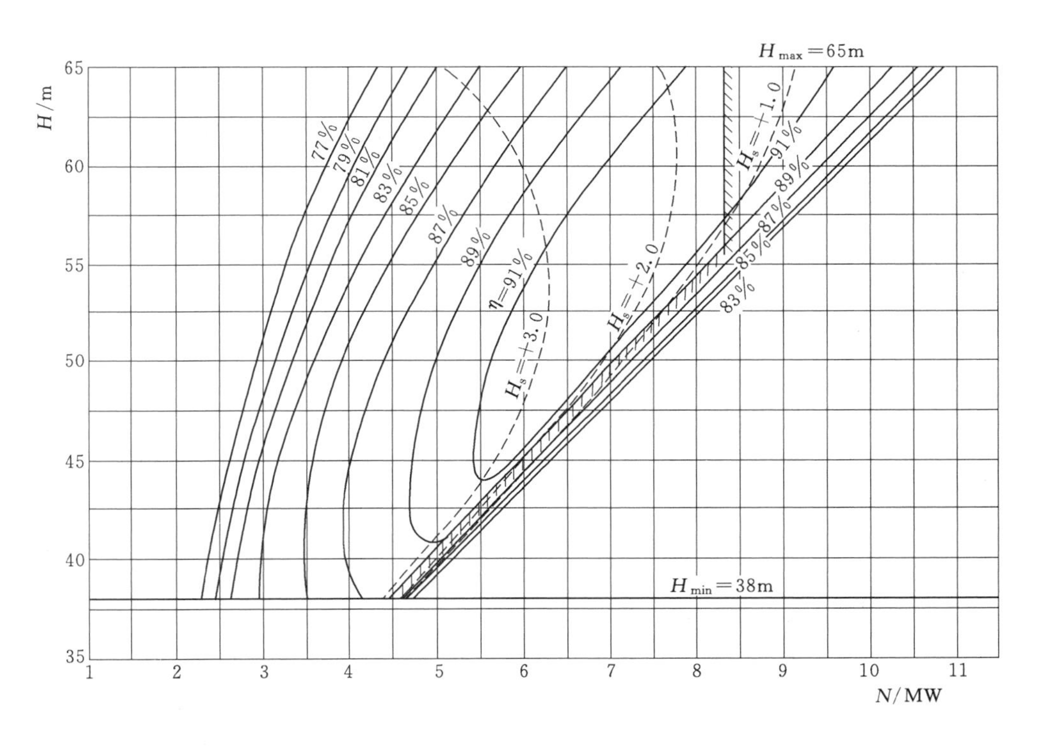

图 2－31　水轮机运转综合特性曲线

特别需要说明的是：运转综合特性曲线是原型水轮机的特性曲线，曲线上的数据均反映真实水轮机在某一工况的实际运行参数。

二、水轮机的空蚀、吸出高度与安装高程

（一）空蚀

1. 空蚀现象

液态水转化为气态水时我们通常称为汽化现象。汽化现象产生既与水温有关也与压力有关，压力越低，水开始汽化的温度越低。水在某一温度下开始汽化的临界压力称为该温度下的汽化压力。水在各种温度下的汽化压力值见表2－1。

表2－1　水的汽化压力值

水温/℃	0	5	10	20	30	40	50	60	70	80	90	100
汽化压力/mH_2O	0.06	0.09	0.12	0.24	0.43	0.72	1.26	2.03	3.18	4.83	7.15	10.33

由上述可见，对于一定温度的水，当压力下降到某一汽化压力时，水就开始产生汽化现象。通过水轮机的水流，如果在某些地方流速增高了，根据水力学的能量方程知道，必然引起该处的局部压力降低，如果该处水流速度增加很大，以致压力降低到在该水温下的汽化压力时，则此低压区的水就开始局部汽化产生大量气泡，同时水体中存在的许多肉眼看不见的气核体积骤然增大也形成可见气泡，这些气泡随着水流进入高压区（压力高于汽化压力）时，气泡瞬时破灭。由于气泡中心压力较低，气泡周围的水质点将以很高的速度向气泡中心撞击形成巨大的压力（可达几百甚至上千个大气压力），并以很高的频率冲击金属表面。在初始阶段，由于金属材料固有的抵御能力，一般表现为表面失去光泽而变暗；而后随着时间的推移，表面变毛糙并逐渐出现麻点；接作表面逐渐形成疏松的海绵蜂窝状，严重时甚至可能造成水轮机叶片的穿孔破坏。上述物理电化学作用破坏现象就称为空蚀现象，简称空蚀。

2. 空蚀的危害

空蚀对水轮机的运行主要有下列危害：

（1）降低水轮机效率，减小出力。

（2）破坏水轮机过流部件，影响机组寿命。

（3）产生强烈的噪声和振动，恶化工作环境，从而影响水轮机的安全稳定运行。

3. 空蚀的主要类型

空蚀是水轮机流道内必然发生的现象，不同部位，不同运行工况产生的空蚀破坏作用不同，主要分为翼型空蚀、间隙空蚀、局部空蚀、空腔空蚀，其常的破坏形式是局部产生麻点、凹坑、蜂窝状穿孔脱落等。

（1）翼型空蚀。翼型空蚀是发生在水轮机转轮上的空蚀，是反击式水轮机转轮空蚀的常见形式，主要发生在叶片背面靠近出水边，或叶片与上冠、下环连接处。

（2）间隙空蚀。间隙空蚀常发生水轮机中产生漏水的部位，如轴流式水轮机叶片与转轮室、叶片根部与轮毂连接处等，还有导叶关闭时止水不严，也会产生导叶出水边的空蚀作用。对于水斗式水轮机，高速射流冲出喷嘴时，出会产生空蚀作用。

（3）局部空蚀。局部空蚀主要发生在水轮机流道内凹凸不平的部位。水轮机流道内，

如加工、装配不良，结构设计不合理等造成流道产生突出或凹陷，水流在流经这些部位，会发生绕流，从而可能产生真空而发生空蚀，这种空蚀称为局部空蚀。

（4）空腔空蚀。空腔空蚀是发生在反击式水轮机尾水管中的空蚀现象。当水轮机偏离最优运行工况时，流出转轮水流还呈高速旋转状态，从而可能就在转轮下方尾水管产生一个旋转的真空涡带，这个真空涡带状态极不稳定，在尾水管中不停地扫动，当其与尾水管壁发生碰撞时，真空涡带破坏而产生空蚀作用，造成尾水管噪声、振动、压力脉动和水轮机出力波动等。

4. 水轮机空蚀的防护

为防止和减轻空蚀对水轮机的危害，一般从以下几个方面来考虑。

（1）水轮机设计制造方面。合理设计叶片形状、数目使叶片具有平滑流线；尽可能使叶片背面压力分布均匀，减小低压区；提高加工工艺水平，减小叶片表面粗糙度。采用耐空蚀性（耐磨、耐蚀）较好的材料。

（2）运行方面。拟定合理的水电站运行方式，尽可能避免在空蚀严重的工况区运行。在发生空腔空蚀时，可采用在尾水管进口补气增压，破坏真空涡带的形成。对于遭受破坏的叶片，及时采用不锈钢焊条补焊，并采用非金属涂层（如环氧树脂、环氧金刚砂、氯丁橡胶等）作为叶片的保护层。

（3）工程措施方面。在进行水电站厂房设计时，合理确定水轮机安装高程，使转轮出口处压力高于汽化压力。多沙河流上设防沙、排沙设施，防止粗粒径泥沙进入水轮机造成过多压力下降和对水轮机部件的磨损。

（二）水轮机的吸出高度

1. 空蚀系数

水轮机转轮运行过程必然会产生空蚀现象，但不同的转轮型式和运行工况，这种空蚀作用强弱不同。那么用什么表达水轮机转轮空蚀特性呢？转轮发生空蚀的原因是产生了空化，也就是在转轮的某些区域产生了动态真空，动态真空的产生与运行工况、转轮型式密切相关，因此，我们用动态真空的相对值来表示，称此相对值为空蚀系数，用σ表示。对于空蚀系数的确定，由于其影响因素较复杂，采用理论计算或直接在叶片流道中测量很困难，目前采用水轮机模型空蚀试验求取。

2. 吸出高度

水轮机的吸出高度是指转轮中压力最低点（k）到下游水面的垂直距离，常用H_s表示。其计算公式为

$$H_s \leqslant \frac{P_a}{\gamma} - \frac{P_{汽}}{\gamma} - \sigma H \tag{2-8}$$

式中　$\frac{P_a}{\gamma}$——水轮机安装地点的大气压力；

$\frac{P_{汽}}{\gamma}$——当时水温下的汽化压力。

海平面标准大气压力为10.33m水柱高，水轮机安装处的大气压随海拔高程升高而降低，在0～3000m范围内，平均海拔高程每升高900m，大气压力就降低1m水柱高，若水

轮机处高程为∇m时，则当地大气压力为

$$\frac{P_a}{\gamma}=10.33-\frac{\nabla}{900}(\mathrm{m}) \tag{2-9}$$

水温在5～20℃时，汽化压力$\frac{P_{汽}}{\gamma}=0.09\sim0.24$m水柱高。为安全和计算的简便，通常取$\frac{P_{汽}}{\gamma}=0.33$m水柱高。所以，满足不产生空蚀的吸出高度为

$$H_s\leqslant 10.0-\frac{\nabla}{900}-\sigma H \tag{2-10}$$

σ由模型空蚀试验得出，因客观因素和主观因素的影响，试验得出的σ与实际的σ存在着一定的差别，所以在计算水轮机的实际吸出高度H_s时，通常引进一个安全裕量$\Delta\sigma$或安全系数k（取1.1～1.2），对σ进行修正。实际计算吸出高度H_s时，采用计算公式如下：

$$H_s=10.0-\frac{\nabla}{900}-(\sigma+\Delta\sigma)H \tag{2-11}$$

或

$$H_s=10.0-\frac{\nabla}{900}-k\sigma H \tag{2-12}$$

$\Delta\sigma$为空蚀系数修正值，$\Delta\sigma$与设计水头有关，可由图2-32查得；H_s有正负之分，当最低压力点位于下游水位以上时H_s为正，最低压力点位于下游水位以下时H_s为负。

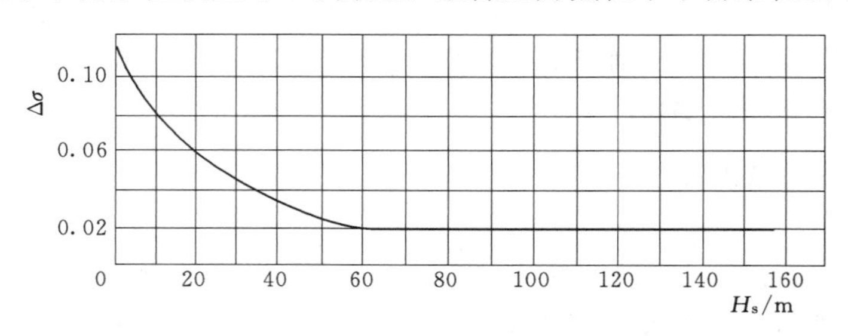

图2-32 $\Delta\sigma$与H_s的关系曲线

吸出高度H_s本应从转轮中压力最低点算起，但在实践中很难确定此点的准确位置，为统一起见，对不同形式水轮机的H_s作如下规定：

（1）立轴轴流式水轮机，H_s为下游水面至叶片转动中心的距离。

（2）立轴混流式水轮机，H_s为下游水面至导叶下部底环平面的垂直高度。

（3）立轴斜流式水轮机，H_s为下游水面至叶片旋转轴线与转轮室内表面相交点的垂直距离。

（4）卧轴混流式、贯流式水轮机，H_s为下游水面至叶片最高点的垂直高度。

（三）水轮机安装高程

水轮机规定作为安装基准的某一平面的高程称为水轮机安装高程，一般情况下，由水轮机各种工况下允许吸出高度值和相应尾水位确定；地下厂房机组的安装高程还取决于水电站水力过渡过程有关的参数，甚至对导叶关闭规律的优化、洞室间距的确定，以及调压井型式和尺寸的选取有着重要的影响。

1. 设计尾水位

确定水轮机安装高程的尾水位通常称为设计尾水位。设计尾水位可根据水轮机的过流量从下游水位与流量关系曲线中查得。

2. 反击式水轮机安装高程确定

(1) 立轴混流式水轮机。

$$Z_s=Z_a+H_s+\frac{b_0}{2} \tag{2-13}$$

式中　Z_s——安装高程，m；

Z_a——下游尾水位，m；

H_s——吸出高度，m；

b_0——导叶高度，m。

(2) 立轴轴流式和斜流式水轮机。

$$Z_s=Z_a+H_s+XD_1 \tag{2-14}$$

式中　X——结构系数，转轮中心与导叶中心之间的距离与 D_1 的比值，一般取 $X=0.38\sim0.46$；

D_1——转轮标称直径，m；

Z_s、Z_a、H_s 意义同上。

(3) 卧轴混流式和贯流式水轮机。

$$Z_s=Z_a+H_s-\frac{D_1}{2} \tag{2-15}$$

3. 冲击式水轮机安装高程确定

冲击式水轮机无尾水管，除喷嘴、针阀和斗叶处可能产生间隙空蚀外，不产生翼型空蚀和空腔空蚀，故其安装高程确定应在充分利用水头又保证通风和落水回溅不妨碍转轮运转的前提下，尽量减小水轮机的排水高度 h_p。

$$Z_s=Z_{amax}+h_p \tag{2-16}$$

式中　Z_{amax}——下游最高水位，采用洪水频率 $p=2\%\sim5\%$洪水相应的下游水位，m；

h_p——泄水高度，取 $h_p\approx(1\sim1.5)D_1$，立轴机组取大值，卧轴机组取小值。

三、水轮机泥沙磨损

水轮机在工作时，如果通过其内的水流含有大量的泥沙，则坚硬的泥沙颗粒将撞击和磨损过流部件的表面，从而使机件发生疲劳甚至损坏，这种现象称为水轮机的磨损。水轮机磨损会产生严重的后果，轻时需检修处理，重时需要更换零部件甚至更换转轮。水轮机磨损还会加剧空蚀破坏，增大水轮机的振动。当水轮机的导水机构磨损严重时，漏水量将增大，从而影响正常停机。由此可见，水轮机泥沙磨损的危害是很大的。

自然界中完全不含有固相介质的水是没有的。但是，只有工作水流中含砂量达到一定数量时，水轮机过流部件才会遭到泥沙磨损而破坏。地处我国华北和西北的广大地区，大多数河流的流域流经黄土高原和黄土丘陵地区，在这些地区的汛期，暴雨频繁且强度大，在水土保持工作尚未完全奏效的情况下，大量的泥沙被汛期的地表径流带走，汇入河流，造成这些河流中含有大量的泥沙。以黄河为例，三门峡上游陕县水文站实测的多年平均输砂量竟高达1.3亿t。水库建成初期，泥沙大部沉积，水轮机的工作水中含有数量不大的、粒径较小的泥沙，水轮机的泥沙磨损并不严重。随着库区逐步的淤积，数量多而粒径较大的泥沙被带入水轮机，从而使水轮机遭到严重的泥沙磨损。

泥沙磨损是一种强烈的破坏形式。水轮机过流部件均会遭到不同程度的破坏，而尤以水轮机的转轮、叶片、转轮室等流速较高的零部件为甚，破坏非常严重的水轮机甚至无法修复。因此，多泥沙河流水电站机组大修周期差不多完全由水轮机泥沙磨损的破坏程度来决定，而检修的工作量是很大的。例如，黄河上某水电站HL123－LH－410型水轮机，大修周期为两年左右，工期30～40天，转轮一次修复补焊耗用电焊条约1t，磨损部件的处理占大修工作量的80%。修复后的转轮经一个汛期的运行，效率明显下降，电能损失巨大。

泥沙磨损的破坏强度与含砂水流的特性、水轮机过流元件的材料特性、水轮机工作条件和运行工况有关。具有很高运动速度的水流夹砂撞击固体壁面，有时一次撞击产生的应力可能超过材料的屈服极限而使材料发生塑性变形，即使产生较小的冲击应力由于作用频繁也会使材料疲劳破坏。有时泥沙磨损和汽蚀同时发生，导致一种更为复杂的联合破坏过程。近些年来，国内外曾对泥沙磨损的机制、各种金属与非金属抗磨材料的抗磨稳定性、防止水轮机泥沙磨损的各种技术措施等进行了大量的实验室和现场的试验研究，取得了很多的成果。我国黄河上的一些水电站也积累了诸如转轮的补焊修复，转轮叶片抗泥沙磨损的非金属材料复涂等方面的成功经验。但是，水轮机泥沙磨损领域存在的问题仍很大，有待进一步的研究。特别是要根除泥沙磨损给水轮机运行带来的严重危害，必须从水库和水电站沉砂设备的合理设计和运用，改善在含砂水流中工作的水轮机抗磨性能，研制抗泥沙磨损稳定性高的金属与非金属材料等方面入手，采取综合技术措施才能达到这一目的。

四、水轮机的过渡过程

（一）水击现象

水轮机调节中突然开关导叶或喷针时，会使压力水管内水流量、流速发生急剧变化，内水压力也将急剧降低或升高。在水流的惯性作用和水体与管壁弹性的影响下，这种降低或升高的压力，以压力波的形式和一定的波速在压力水管中往复传播，形成压力交替升降的波动现象，同时伴有如锤击的声响和振动，这种水力现象称为水击（或水锤），压力波称为水击波。

由水击引起的压力升降数值往往很大，由水击所产生的附加压力与原工作水压叠加到一起作用在压力管道、蜗壳等压力部件上，如果超过这些部件所能承受的极限压力时，就会产生爆裂而发生严重的安全事故。水击压力是波的形式传播，会产负压值，严重时会造成压力部件内水体脱流而产生真空，从而在大气压力作用下发生压力部件被压瘪或破裂。因此，在水轮机运行过程中应避免发生严重的水击作用，确保安全生产。

（二）预防水击的措施

1. 选择合适的导叶或喷针关闭时间

能通过水轮机调节保证计算，初步确定导叶或喷针关闭时间和关闭规律，再进行机组大波动试验，整定调速器最短开关时间，如有分段关闭装置，还应调整调速器的动作规律。机组在大波动时，水击压力上升和转速上升都不超过允许值。

2. 设置调压井或调压室

对于某些有压引水的水电站，不找到一个合适的导叶关闭时间或关闭规律，使水击压力上升和转速同时满足要求时，就必须采取其他措施来防止水击的破坏作用，如在压力引水系统尾端合适的位置设置调压井或调压室，大大缩短水击波的传播路径，从而减小水击压力的上升值。

3. 设置调压阀

对于流量相对较小的长输水管道的混流式机组，受地形条件或投资的限制，不宜采用调压井或调压室，可在压力管道末端设置调压阀，调压阀由水轮机调速器联动控制，当出现大波动时，在关闭导叶的同时，打开调压阀，将压力管道水流直接排至尾水，从而减小水击压力，防止水击事故的发生。

4. 水斗式水轮机设置偏流器

水斗式水轮机常用于高水头、小流量、长输水管道的电站，如果在波动时喷针关闭过快，将产生很高的水击压力，严重时造成爆管危险；如果喷针关闭过慢，又会有飞逸的危险。如何防止呢？在水斗式水轮机喷管操作机机构中，设置有偏流器。当水轮机正常运行时，偏流器靠近射流但不切入射流，不影响射流。当发生机组甩负荷事故时，调速器首先作用于偏流器，以很短的时间将偏流器切入射流，将喷嘴射出的高速水流偏折入尾水道，不再作用于水轮机转轮，机组转速将不再上升，同时在协联装置作用下，调速器作用慢关喷针，这样水击压力就不至于上升过高，从而防止爆管和飞逸事故的发生。

5. 其他措施

（1）在有条件的情况下，缩短压力管道长度或增大压力管道直径，可有效降低水击压力上升。

（2）为减小转速上升，可增加机组的转动惯量。

（3）对于转桨式水轮机，设置制动叶片可降低飞逸转速，也可改善水轮机的过渡过程。

五、水轮机运行参数监测

对水电站来说，需对拦污栅前、后压差，水电站上、下游水位及装置水头，水轮机工作水头和引用流量等水力参数进行测量。

（一）上、下游水位的测量

常用的测量方法有读水尺、液位计。最简单的水位测量装置是直读水尺，直读水尺通常装在上游水库进水口附近（引水式水电站则设在调压井或压力前池）和下游尾水渠附近明显而易于观测的地方。优点是直观而准确，缺点是观测不够方便，故多用于中小型水电

站的水位测量，在大中型电站中，一般作为水位测量的辅助装置。

随着自动化水平的提高和微机监控要求，大多数水电站都应利用自动装置对上、下游水位进行测量，目前常用的测量方法是采用浮标式遥测液位计和声波液位计。

（二）水轮机工作水头的测量

水轮机的工作水头一般由位置水头、压力水头和速度水头三部分组成。

位置水头：实际上是指蜗壳进口和尾管出口处的两压力水头的测量仪表位置之差，一旦测量仪表安装完毕，位置水头即为常数。

压力水头：采用压力表测量蜗壳进口和尾管出口处的压力，两者之差即为压力水头，或采用差压计直接测量蜗壳进口和尾管出口处的差压，该值即为压力水头。

速度水头：根据差压测流原理，在获得蜗壳进口与尾管出口的压差后，即可求得机组的流量，再由相应的断面面积，即可求出相应断面的速度，从而求得速度水头。

毛水头：利用水位信号计自动监测前池或水库与尾水位之差。

（三）水轮机引、排水系统的监测

1. 进水口拦污栅前后压力差监测

拦污栅在清洁状态时，其前后的水位差只有 2～4cm。当被污物堵塞时，其前后压力差会显著增加，轻则会影响机组出力，重则导致拦污栅被压垮的事故。因此，一般水电站要设置拦污栅前后水位差监测设备，以便随时掌握拦污栅的堵塞情况，并及时进行清污，确保水电站的安全和经济运行。拦污栅前后压力差监测设备可选择与装置水头测量相似的设备，并考虑压力差超标时具有自动报警功能。

2. 蜗壳进口压力的测量

在水轮机引水系统中，蜗壳进口断面的特性具有较大的意义。在正常运行时，测量蜗壳进口压力可得到压力钢管末端的实际压力水头值以及在不稳定流作用下的压力波动情况；在机组做甩负荷试验时，可测量水锤压力的上升值及其变化规律；在做机组效率试验时，可测量水轮机工作水头中的压力水头部分；在进行机组过渡过程研究试验中，可用来与导叶后测点压力进行比较，以确定在一定运动规律下导叶的水力损失变化情况，此时蜗壳进口压力相当于导叶前的压力。因此，所有机组都毫不例外的装设蜗壳进口压力测量装置。测量蜗壳进口压力所需的仪表一般选用精度较高的压力表或压力变送器。

3. 水轮机顶盖压力的测量

水轮机顶盖压力测量的目的是了解止漏环的工作情况，为今后改进止漏环的设计提供依据。在正常运行条件下，转轮上止漏环的漏水经由转轮泄水孔和顶盖排水管两路排出。当止漏环工作不正常时泄漏的水量增多，或泄水孔与排水管发生堵塞现象时，均导致顶盖压力增大，从而引起推力轴承负荷的超载，恶化推力轴承运行环境。测量水轮机顶盖压力所需的仪表可选用压力表或压力变送器。

4. 尾水管进口真空的测量

测量尾水管进口断面的真空度及其分布，其目的是分析水轮机发生气蚀和振动的原因，还可检验补气装置的工作效果。由于尾水管的水流具有一定程度的不均匀性，因此要准确地测出尾水管进口断面上的压力分布，就必须沿测压断面半径上的各个点对流速和压

力进行测量。这种测量只能在模型水轮机中可以近似地做到，在原型机组上是不可行的。因此，实际电站在测量尾水管进口真空度及其分布时，只测边界上的平均压力和流速。为了得到压力和流速的平均值，往往在尾水管进口断面上将各测点用均压环管连接起来然后再由导管接至测压仪表。测量尾水管进口真空度所需的仪表可选用压力表或压力变送器，在选择量程时，需考虑尾水管进口断面可能出现的最大真空度以及最高压力值。

第三节　水轮机维护要点

一、过流部件检查维护

（一）转轮叶片空蚀、裂纹处理

当水轮机效率下降2%，叶片局部空蚀面积超过叶片表面积的1%，平均深度在3～5mm，叶片外缘空蚀长度占外缘长度的10%，平均深度在10mm以上，叶片头部有凹坑或转轮室空蚀面积超过0.2m²，平均深度在3～5mm以上时，必须进行叶片空蚀处理。处理前应对过流部空蚀区的面积、深度进行详细测绘并记录，对必须进行处理的部位应做明显的标记。

叶片根部要进行探伤，查明叶片裂纹部位长度、深度，并做好记录。用电弧气刨将空蚀层割去，直至无空蚀损坏的母材为止，再用砂轮机磨平要处理的部位，清除夹渣。对于裂纹，在其两端各钻1小孔，孔深应比裂纹深3～5mm，用电弧气刨刨开裂纹向两边开坡口，用砂轮机磨平，裂纹内部清除干净。

补焊时，应采取对称、分块、分段焊等方法，以防止母体变形。补焊层要高出母体表面2～3mm左右，补焊过高，要用电弧气割去过高部分，再用砂轮机打磨。打磨要顺流型线方向进行，处理部位表面与未处理表面要光滑过渡，磨后无明显的凹坑，高低不平整现象、表面粗糙度不得低于Ra6.3，处理过的部位用样板进行检查，其与样板的间隙均在2～3mm以内，且间隙与间隙长度之比要小于2%。

（二）转轮叶片密封装置处理

转轮叶片密封装置处理的主要内容有：

（1）在转轮室内搭好检修工作平台，并将转轮体内的油排完，在叶片上焊防滑角铁。

（2）打出叶片密封压盖螺丝孔内填充的环氧树脂，拆除压盖螺丝，在转轮体与压盖板上做标记，叶片在全关位置时，先取出上、下部压盖，叶片全开时取出其余压盖。

（3）检查O形密封圈接触面，若有磨损、撕裂、老化等现象应拆除，更换新密封圈。

（4）粘接好的密封圈接缝应平整光滑，无凹凸、无毛刺、无毛边、无高点。

（5）在叶片法兰和密封圈上，涂上黄油，将密封圈推入就位。

（6）压盖清扫后按原编号回装，在叶片全关时装上、下部压盖板，全开时，装其余压盖板，并把紧螺栓。

（三）蜗壳与尾水管检修

蜗壳与尾水管检修的主要内容有：

（1）检查蜗壳与尾水管汽蚀与磨损情况，有无裂纹。

（2）对蜗壳与尾水管裂纹进行补焊处理。

（3）对接焊缝间隙一般为2～4mm，过流面错牙不应超过板厚的10%，但纵缝最大错牙不大于2mm。

（4）坡口局部间隙超过5mm时，其长度不应超过焊缝长度的10%，且应在坡口外做堆焊处理。

（5）所有焊缝应光滑过渡。

（6）对钢管排水阀和尾水排水阀进行检查，其动作应灵活可靠。在全关状态下，密封面用0.05mm塞尺检查应不能通过。若不满足该条件，应拆下其阀盘，检查漏水原因，根据情况进行相应处理。

二、导叶传动机构维护

导叶传动机构维护的主要内容有：

（1）连杆拆装。连杆拆前应做好编号，测量并记录连杆销、叉头销间的距离，松开双连臂背帽，拔出连杆销、叉头销，吊走连杆。回装时，连杆必须保持水平，在全长内偏差应小于1mm，为使连杆保持水平，可调整连杆垫板，以保证连杆动作灵活。根据导叶立面间隙调整连杆长度，调整后记录连杆销、叉头销间的距离。

（2）拔分半键。拆除导叶轴端的盖板与连接板的固定螺栓，拔剪断销，拆摩擦装置及连接板。借助拔分半键的工具，拔出分半键后应立即编号，清扫干净，成对捆好，存放在专用木箱内。检查剪断销有无损坏变形，考虑是否更换。

（3）导叶臂拆除。先编好导叶臂号，拆除限位块沉头螺钉，压板圆柱头内六角螺钉，止推压板螺栓，装上拔导叶臂工具，当把导叶臂顶起一定高度后，用环形吊车吊起，拔出后进行清扫。若过紧可用砂纸刮刀、锉刀进行修刮轴颈和导叶臂内孔。

（4）导叶臂回装。清扫导叶轴颈和导叶臂内孔后涂上黄油，将导叶臂吊起找正，套入导叶轴颈，可通过调整导叶臂垫板保证导叶臂水平。注意保证压板与导叶轴颈的轴向间隙为0.4～0.6mm，径向间隙为1mm，止推压板与导叶的径向间隙大于3mm，轴向间隙0.2～0.6mm，限位块与导叶的轴向间隙为0.1～0.48mm，各间隙间应涂黄油。打入分半键，回装连接板及摩擦装置，摩擦装置每个螺丝把紧力矩调整至230N·m，打入剪断销，最后装好导叶轴颈盖板。

（5）导叶套筒拆除与回装。拆除导叶套筒与外顶盖把合螺栓、锥销，将导叶套筒用顶丝顶起后吊起，清扫套筒内积存的脏物，检查上、中轴套磨损情况，测量内孔尺寸，应符合设计要求，导叶套筒下的止水密封为L形，应无破损老化现象，否则应更换。回装时与拆卸步骤相反。注意保证导叶套筒轴套和底环下轴套同心，以保证导叶转动灵活。

（6）导叶下轴套检查。在外顶盖、内顶盖、导叶全部吊出机坑后，检查下轴套磨损情况，并测量内孔尺寸，应在设计要求范围内，导叶下轴套O形止水密封应完好，无严重磨损和老化，否则应更换。

（7）内顶盖系统（含支持盖、轴承支架、导流锥）及外顶盖拆除。

（8）已先拆除水导轴承、主轴密封、空气围带及导叶传动机构等。

（9）拆除接力器及油管路、扶梯、旋梯等。

（10）拆除支持盖上水、气管路及电气接线等。

（11）拆除控制环及锁锭装配。检查控制环抗磨板，若磨损严重应予以更换。

（12）推力支架以上部分已先拆除（发电机班项目）。

（13）吊出内顶盖系统（一般不分解）。若要分解先拆除轴承支架与内顶盖把合螺栓、锥销，再拆导流锥与内顶盖把合螺栓、螺柱、螺母，更换内顶盖与外顶盖组合面密封橡皮条，更换导流锥与内顶盖组合面密封橡皮条。

三、主轴密封装置维护

主轴密封装置维护的主要内容有：

（1）主轴密封（水压式端面密封）为高分子耐磨材料。

（2）工作密封的拆卸可在机组停机做好防动措施并投入检修密封的情况下进行；在排除机组蜗壳及压力钢管内积水，打开蜗壳盘型阀，关闭机组技术供水、关闭主轴密封供水管路并排空管内积水，可进行工作密封和检修密封的拆卸工作。拆卸主轴密封时与安装主轴密封相反，应按照先上后下的原则进行，即先拆卸工作密封，再拆卸检修密封。拆除主轴密封压力供水管。

（3）拆除主轴密封压力供水管。拆除压盖与密封箱的把合螺栓，用顶丝均匀顶起压盖后吊起。

（4）拉起高分子耐磨材料。

（5）拆除密封箱与密封支座的把合螺栓，吊起密封箱。

（6）检查高分子耐磨材料及转环的磨损情况，高分子耐磨材料无严重磨损、老化，否则给予更换。

（7）视情况分解压盖、密封箱、转环，分解清扫处理后组合，各分半把合面应涂白厚漆，组装后各合缝面允许局部间隙不大于0.1mm。

（8）回装过程与拆卸过程相反，应保证转环安装时，检查分瓣组合面应光洁，用细锉刀或油石将滑环配合面、工作面以及组合面的高点、毛刺清理干净，同时应在转环组合面涂上密封胶。

（9）转动部分的所有螺栓、螺帽应点焊，以防松动。

四、转轮及主轴维护

转轮及主轴维护的主要内容如下：

（1）在发电机与水轮机主轴联轴螺栓拆除，吊出控制环和水导轴承、密封装置的条件下，利用吊轴专用工具将转轮与水轮机主轴整体吊出机坑。

（2）在安装场对称放置6组支墩作为转轮基础。

（3）在转轮上、下止漏环面各装2块百分表，按圆周均布32点，测量并记录转轮上、下止漏环的圆度值。

（4）根据测量数据分析，若圆度不合格，可用锉刀，砂轮机处理，使各点读数与平均

值之差不大于设计间隙的10%。

(5) 将转轮在支墩上调平，使水平度达到0.05mm/m。

(6) 检查转轮叶片、泄水锥汽蚀情况，转轮叶片无裂纹，可做图片记录的应做图片记录。

(7) 检查泄水锥与转轮固定良好，螺帽搭焊点无损伤。

(8) 检查转轮各法兰面、螺孔止口等处，不得有任何杂质和毛刺高点等，其法兰面须用平台进行研磨检查，应有整圆接触点。

(9) 主轴清扫干净后，用平台检查两端法兰面，应有整圆接触点。

(10) 联轴螺栓进行清扫，检查其螺纹应研磨光洁，并试套能用手旋入螺孔。

(11) 装配主轴中心补气装置，清扫后均匀喷涂由转轮厂家提供的摩擦剂。

(12) 将水轮机主轴立放吊起，按标记正确平稳地落在转轮法兰上，注意法兰止口不得碰伤。

第四节 水轮机常见故障与事故

一、水轮机常见故障

(一) 导叶剪断销剪断的故障

导叶剪断销剪断的故障处理措施如下：

(1) 确认剪断销已经剪断，通知检修人员处理。

(2) 若机组振动较大，首先调整导叶开度使水轮机不在振动区运行，再通知检修人员处理。

(3) 多只剪断销剪断无法处理又失去控制时，应立即停机，关闭进水口工作闸门进行处理。

(二) 主轴密封水压异常的故障

主轴密封水压异常的故障处理措施如下：

(1) 检查水轮机主轴密封水压。

(2) 切换到备用一路供水，并调节阀门检查供水系统是否正常。

(3) 分析水压异常原因，同时应检查水轮机主轴密封漏水情况，如漏水增大，应维持顶盖水位正常。

(三) 水轮机顶盖水位升高的故障

水轮机顶盖水位升高的故障处理措施如下：

(1) 检查排水泵排水情况，如排水泵未启动抽水，应检查原因，设法启动排水泵。

(2) 检查自流排水孔是否畅通，如有堵塞，应清理排水口。

(3) 应检查各处漏水量是否增大，如水轮机主轴密封部分漏水较大，及时调整密封水压。

(4) 若漏水过大，处理无效且水位还在上升，应联系停机处理。

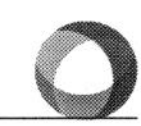

（四）水导轴承油位降低的故障

水导轴承润滑油油位降低的故障处理措施如下：

（1）检查水轮机导轴承油槽密封、漏油和甩油情况。

（2）应对水轮机导轴承油槽补充润滑油，使机组恢复正常运行。

（3）若水轮机导轴瓦温度上升较快，应联系停机处理。

（五）水轮机导轴承润滑油变质和油位异常升高的故障

水轮机导轴承润滑油变质和油位异常升高的故障处理措施如下：

（1）检查油混水信号器是否发出信号，通知检修人员进行油化验。

（2）若油质不合格，应停机查明原因后消除进水缺陷，更换轴承润滑油。

（六）油冷却器冷却水中断或水压降低的故障

水轮机导轴承润滑油变质和油位异常升高的故障处理措施如下：

（1）检查技术供水系统阀门位置是否正常，管道有无漏水。

（2）应设法调整冷却水压，检查轴承温度使轴承温度在正常范围之内。

（七）导轴承温度升高的故障

导轴承温度升高的故障处理措施如下：

（1）进行核对确认并检查轴承温度上升情况，确认测温装置故障或误动，通知检修人员处理。

（2）检查故障轴承油位、油色，必要时进行油质化验。

（3）检查轴承冷却水压、流量，如不正常应及时调整，遇水管堵塞应停机处理。

（4）测量水导轴承摆度，判断轴承内部异常情况。

（5）轴承温度继续急剧上升，应紧急停机处理。

（八）水轮机振动、摆度超过规定值的故障

水轮机振动、摆度超过规定值的故障处理措施如下：

（1）如系在已确定的振动禁区运行，应联系调度调整分配负荷，避开该振动工况区。

（2）分析机组振动、摆度的测量结果。

（3）检查轴承运行情况。

（4）分析振动原因，进行相应处理。

（5）振动严重超过规定值，应手动紧急停机。

二、水轮机常见事故

（一）水轮机事故处理的基本要求

水轮机发生事故处理时应遵循以下基本要求：

（1）根据仪表显示和设备异常现象判断事故确已发生。

（2）进行必要的前期处理，限制事故发展，解除对人身和设备的危害。

（3）在事故保护动作停机过程中，注意监视停机过程，必要时加以帮助使机组解列停

机，防止事故扩大。

（4）分析事故原因，作出相应处理决定。

（二）水轮机常见事故

1. 机组过速事故及其处理

机组过速事故发生的原因如下：

（1）开机时调速器失灵。

（2）机组解列停机时调速器失灵。

（3）机组甩负荷后调速器失灵或调速器动态品质差。

（4）运行人员误操作。

（5）测速装置故障，过速保护误动作。

机组过速事故处理措施如下：

（1）无论何种原因引起的机组过速，必须立即启动关主阀。

（2）机组过速后，由于强大的离心力可能损坏转动部分，必须进行转子检查，无损坏后方可重新开机。

（3）重新选择调速器的调节参数。

（4）如为测速装置故障，必要时暂时退出机组过速保护。

2. 机组异常振动

机组异常振动产生的原因如下：

（1）机械原因，转子动（静）不平衡，轴线不正，轴承间隙过大，碰撞等。

（2）水力原因，涡带，进水不平衡，止漏间隙不均，涡列等。

（3）电磁原因，不对称运行，气隙不均，失磁，转子闸间短路等。

机组异常振动处理措施如下：

（1）避免机组运行与振动区。

（2）减少机组的有、无功负荷。

（3）具有强迫补气时，启动向补气。

（4）剪断销剪断时，按剪断销剪断处理程序处理。

（5）异常振动无法消除威胁机组安全时，停机。

3. 抬机、水击事故

抬机、水击事故产生的原因如下：

紧急刹车时人在惯性作用下的反应。当调速器导叶关闭时间和关闭规律选择不当时，就会出现水击或抬机事故。机组运行中，如遇导叶紧急关闭，在水流惯性力的作用下，在引水系统发生正水击和负水击，关闭速度越快，水击越严重，正水击产生高压，严重时造成引水管路爆裂，负水击引起尾水倒流，与负吸出高度的共同作用下，将机组抬机，称为抬机。

抬机、水击事故处理措施如下：

（1）通过调节保证计算，选择正确的导叶关闭时间和关闭规律。

（2）装设紧急真空破坏阀，防止抬机事故。

（3）设置抬机高度限制装置。

三、多根剪断销剪断故障分析与处理方法实例

在运行时发生了水轮机剪断销被剪断事故，水轮机剪断销发生剪断故障，会造成水轮发电机组被迫减负荷或停机处理。停机过程中遇到的操作风险和技术分析也较复杂，运行人员在紧急停机过程中稍有不慎，很容易造成事故的扩大。云南境内某水电站，总装机容量128MW，年平均发电量5.33亿kW·h。该水电站在运行时发生多根剪断销剪断故障，下面就以此故障为例简单介绍其分析与处理方法。

1. 发生多根剪断销剪断事故下的应急操作步骤

在掌握了水轮机发生多根剪断销剪断事故的运行和操作风险后，操作起来就可以做到处变不惊，得心应手。

（1）判断应迅速准确。在监控系统发出水轮机剪断销剪断信号时，应立即安排人员到现场核实，核实过程中切不可看到一根剪断后，即认为故障已找到。应对所有剪断销快速检查，防止遗漏。检查完毕，现场通过电话立即向控制室汇报。同时应将调速器立即切至手动运行，派专人监护。

（2）立即落下机组进水口工作闸门。现场核实有三根及以上剪断销剪断后，应立即选择落下机组进水口工作闸门。可不用事先缓慢降低负荷，因为水轮机此时工况很差，运转时间越长，损害越大。只要过机水源切断，水轮机失去了紊流冲击，即转至稳定状态，水轮机摆度及振动恢复正常，这是使水轮机脱离异常工况最快速、最有效的方法。但特别注意的是，先行必须将调速器切至手动，防止流量下降造成调速器自动加大导叶开度。

（3）执行停机操作。在落下机组进水口工作闸门后，机组此时显示不定态、有功为负值，相当于调相状态，还应继续操作将机组停机。但如果按正常执行停机流程，调速器会联动使导叶迅速全关。此时，由于调节机构在无水状态下动作导叶全关，接力器及调速环动作虽有不平衡力，但一般不会造成其他剪断销剪断，即使有剪断现象，仅增加了剪断的根数，水轮机在无水的稳定状态，不会增加损坏程度。也可手动将导叶缓慢全关，然后再执行自动停机流程。无论哪种方式停机，都应观察导叶动作过程，以帮助分析事故原因，并在停机后配合检修人员进行全面检查分析、处理更换剪断销。

2. 检修完毕后的恢复操作步骤

（1）调速器无水试验。在机组剪断销全部更换完毕后，应进行调速器无水试验及空载试验。以确认故障已排除，调节机构工作正常。无水试验时，手动操作导叶全关至全开，再全开至全关，反复操作几次，操作过程中监视调节机构动作平衡，剪断销及信号器完好。

（2）调速器空载试验。在做完调速器无水试验后，对压力管道进行充水，然后进行空载试验。空载试验应选择自动开机方式进行。因为自动开机的导叶动作幅度和速度都比手动要大，选择自动开机更符合机组并网运行的要求。在试验前，应做好事故预想，各重要部位留人监视。在空载试验正常后，机组全面恢复备用。

1. 水轮机的主要工作参数是什么？
2. 水轮机的类型有哪些？
3. 泥沙磨损对水轮机的危害是什么？
4. 简述水击的危害与预防措施。
5. 简述过流部件的维护要点。
6. 简述导叶传动机构的维护要点。
7. 水轮机常见故障有哪些？
8. 简述水轮机常见故障的处理措施。

第三章　水轮发电机运行与维护

第一节　发电机概述

一、发电机类型

按照水电站水轮发电机组布置方式的不同，水轮发电机可分为立式（转轴与地面垂直）与卧式（转轴与地面平行）两种，如图 3-1 和图 3-2 所示。

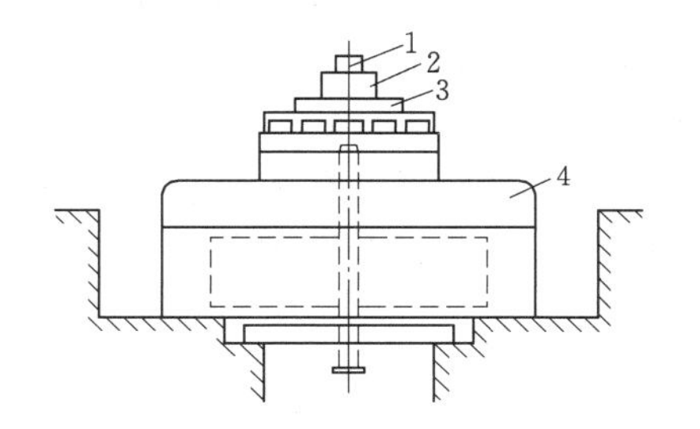

图 3-1　立式布置的水轮发电机
1—永磁发电机；2—副励磁机；
3—主励磁机；4—发电机

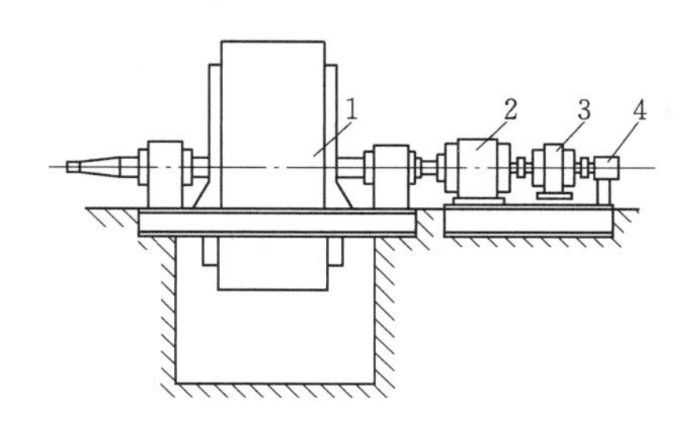

图 3-2　卧式布置的水轮发电机
1—发电机；2—主励磁机；3—副励磁机；
4—永磁发电机

立式主要应用于大、中容量的水轮发电机。卧式一般多用于小容量水轮发电机和高速冲击式或低速贯流式水轮发电机。

立式水轮发电机，根据推力轴承位置又分为悬式和伞式两种。

悬式水轮发电机特点是推力轴承位于转子上面的上机架内或上机架上，如图 3-3 所示。它把整个转动部分悬挂起来，轴向推力通过定子机座传至基础。悬式结构适用于转速较高机组（一般在 150r/min 以上）。它的优点是：由于转子重心在推力轴承下面，机组运行的稳定性较好。因推力轴承在发电机层，因此安排维护等都较方便。悬式水轮发电机的缺点是：推力轴承承受机组转动部分的重量及全部水压力，由于定子机座直径较大，上机架势必增高以便保持一定的强度与刚度，这样，定子机座和上机架所用的钢材增加；另一方面是机组轴向长度增加，机组和厂房高度也需要相应增加。在悬式水轮发电机中，一般选用两个导轴承，如图 3-3（a）、（b）所示，其中一个装在上机架内，称为上导轴承；另一个装在下机架内，称为下导轴承。如运行稳定性许可，悬式也可取消下导轴承，如图 3-3（c）所示。

伞式水轮发电机结构特点是推力轴承位于转子下方，布置在下机架内或水轮机顶盖上，如图 3-4 所示。轴向推力通过下机架或顶盖传至基础。它的优点是结构紧凑，能充

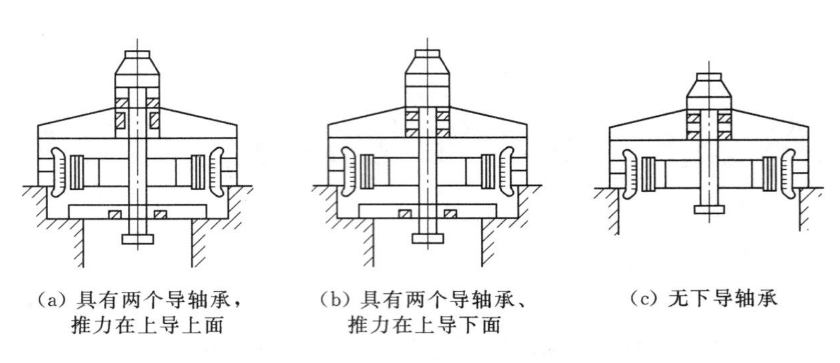

(a) 具有两个导轴承，推力在上导上面　(b) 具有两个导轴承、推力在上导下面　(c) 无下导轴承

图 3-3　悬式水轮发电机

分利用水轮机和发电机之间的有效空间，使机组和厂房高度相应降低。由于推力轴承位于承重的下机架上，且下机架所在机坑直径较小，在满足所需的强度和刚度情况下，下机架不必设计得很高，相应就减轻了机组重量，降低了造价。伞式水轮发电机的缺点是：由于转子重心在推力轴承上方，使机组运行的稳定性降低，所以只能用于较低转速（一般在150r/min以下），另外因机组高度降低使推力轴承的安装、维护等都变得困难。伞式水轮发电机根据轴承布置不同，又分为普通伞式、半伞式和全伞式三种。普通伞式具有上、下导轴承，如图3-4（a）所示；半伞式只有上导轴承而没有下导轴承，如图3-4（c）所示；全伞式只有下导轴承（布置在推力油槽内）而没有上导轴承，如图3-4（b）所示。

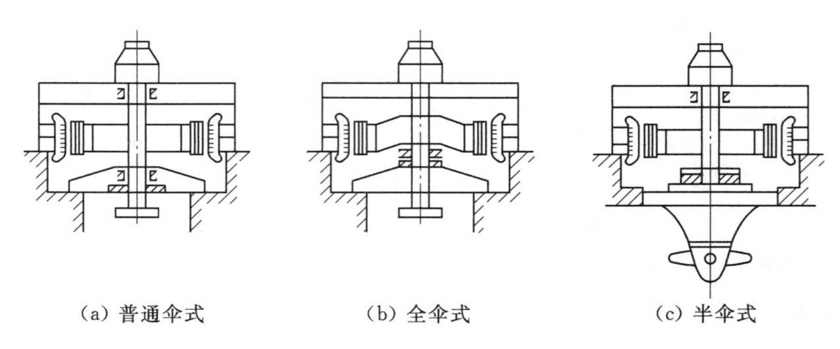

(a) 普通伞式　(b) 全伞式　(c) 半伞式

图 3-4　伞式水轮发电机

二、发电机型号及基本参数

（一）型号

水轮发电机的型号表示和含义如下。

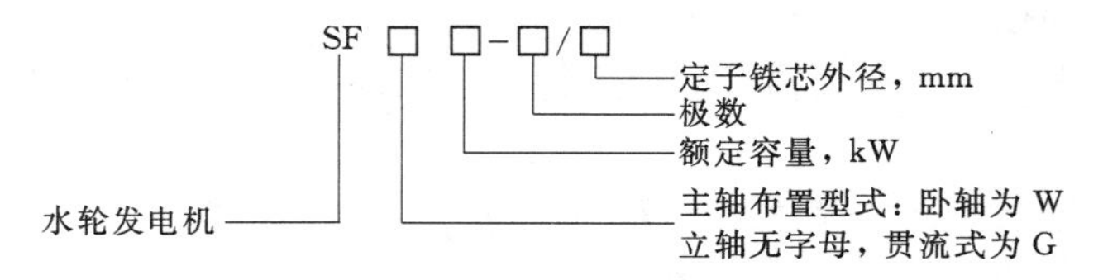

(二) 基本参数

1. 额定电压

额定电压指发电机正常运行时的线电压，单位为kV。发电机的额定电压应比电力网及用电设备的额定电压高5%，以弥补线路上的电压损耗。如果电压过高，会增加发电机和用电设备的实际负荷功率，导致电机绕组和铁芯温度升高，引起绝缘老化，甚至造成绝缘击穿事故；电压过低则会影响供电质量。一般允许电压偏差范围为±5%。

2. 额定电流

额定电流指发电机在额定工况下运行时的线电流，单位为A。要求三相负荷力求平衡，三相不平衡度不超过20%，并且任何一相负荷电流都不能超过额定值。小型水轮发电机一般不要随意过载。在特殊情况下允许短时过载，但发电机温度不能超过限值。

3. 额定功率

额定功率指发电机在额定电压、额定电流和额定功率因数下连续运行时，允许输出的最大有功功率，单位为kW。

4. 额定频率

我国电力工业额定频率为50Hz。频率变化对电动机负载的影响最大，会间接影响工业产品的质量和生产效率。对于电力系统而言，小电网一般允许频率的变化为±0.5Hz，大电网一般允许频率的变化为±0.2Hz。

5. 额定转速

同步发电机在额定工况运行时的转速称为额定转速，单位为r/min。具有不同磁极对数的发电机的额定转速可从以下公式求得。

$$n=\frac{60f}{p} \tag{3-1}$$

式中　n——额定转速；

f——额定频率；

p——磁极对数。

6. 额定励磁电流

额定励磁电流指发电机在额定功率时的转子励磁电流。发电机在额定空载时的励磁电流值称为空载励磁电流。

7. 飞逸转速

飞逸转速指水轮发电机能够承受而又不会造成转子任何部件受损或永久变形的最高转速，单位为r/min。“飞逸”一般发生在机组突然甩全部负荷而水轮机导水机构拒绝动作的情况下。混流式水轮发电机的最大飞逸转速是额定转速的1.8倍，轴流定桨式水轮发电机为2.4倍。

8. 额定温升

额定温升指发电机在额定负载和规定的工作条件下，定子绕组允许的最高温度与电机进风口处风温之差。发电机绕组绝缘采用不同耐热等级的材料，允许有不同的温升，温升超过额定值时会加速绝缘的老化，缩短使用寿命。

9. 绝缘耐热等级

绝缘耐热等级指绝缘材料根据其耐热性能不同，分成若干等级，见表 3－1。

表 3－1　　绝缘耐热等级和最高允许工作温度

绝缘耐热等级	Y	A	E	B	F	H	H 级以上
最高允许工作温度	90[b]	105	120	130	135	180	180 以上

此外，还有相数、额定功率因数、额定励磁电压、定子绕组接线法、重量等。

三、发电机主要结构

水轮发电机普遍采用立式结构。立式水轮发电机主要由定子、转子、上机架、下机架、推力轴承、导轴承等部件组成。

（一）定子

水轮发电机定子由机座、铁芯和绕组等部件组成，其断面图如图 3－5 所示。

1. 机座

定子机座是一个承重和受力部件，承受上机架荷重并传到基础，支承着铁芯、绕组、冷却器和盖板等部件，对悬吊式水轮发电机还承受整个机组转动部分重量（包括水推力），机座还承受径向力（磁拉力和铁芯热膨胀力）和切向力（正常和短路时引起的力）。因此，机座一般采用钢板焊接，须具有足够的刚度，防止定子变形和振动。

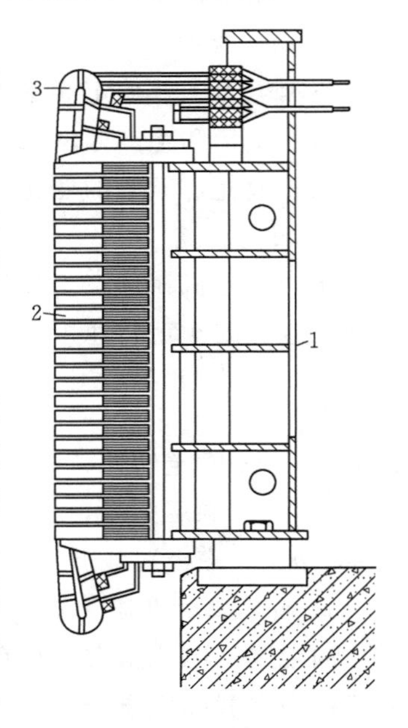

图 3－5　定子断面图
1—机座；2—铁芯；3—绕组

2. 定子铁芯

定子铁芯是定子的一个重要部件。它是磁路的主要组成部分并用以固定绕组。在发电机运行时，铁芯要受到机械力、热应力及电磁力的综合作用。由于铁芯中的磁通量是随着转子的旋转而交变的，为提高效率、减少铁芯涡流损耗，铁芯一般由 0.35～0.5mm 厚的两面涂有绝缘漆的扇形硅钢片叠压而成。空冷式发电机铁芯沿高度方向分成若干段，每段高 40～45mm，段与段间以工字形衬条隔成通风沟，供通风散热之用。铁芯上、下端有齿压板，通过定子拉紧螺杆将叠片压紧。铁芯外圆有鸽尾槽，通过定位筋和托板将整个铁芯固定在机座的内侧。铁芯内圆有矩形嵌线槽，用以嵌放绕组。

3. 定子绕组

定子绕组的主要作用是产生电势和输送电流。定子绕组是用扁铜线绕制而成，然后再在它的外面包上绝缘材料。

（二）转子

水轮发电机转子主要由主轴、转子支架、磁轭和磁极等部件组成，其纵剖面图如图

3-6所示。

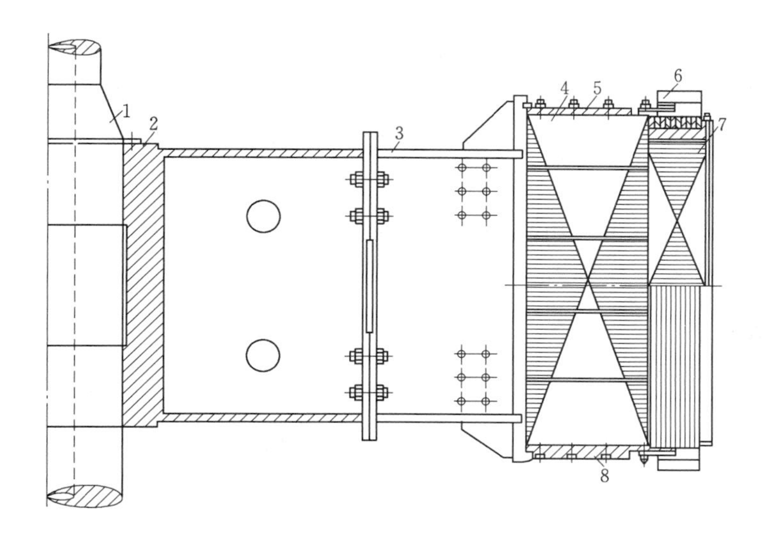

图3-6 转子纵剖面图

1—主轴；2—轮辐；3—支臂；4—磁轭；5—端压板；6—风扇；7—磁极；8—制动板

1. 主轴

它是用来传递转矩，并承受转子部分的轴向力。通常用高强度钢整体锻成；或由铸造的法兰与锻造的轴筒拼焊而成。除小型发电机外，大、中型转子的主轴均作成空心的。

2. 转子支架

转子支架主要用于固定磁轭并传递扭矩。是把磁轭和转轴连接成一体的中间部件。正常运行时，转子支架要承受扭矩、磁极和磁轭的重力矩、自身的离心力以及热打键径向配合力的作用。对于支架与轴热套结构，还要承受热套引起的配合力作用。常用的转子支架有以下四种结构型式：①与磁轭圈合为一体的转子支架；②圆盘式转子支架；③整体铸造转子支架；④组合式转子支架。其中型式①用于中、小容量水轮发电机。这种转子支架由轮毂、辐板和磁轭圈三部分组成。整体铸造或由铸钢磁轭圈、轮毂与钢板组焊成。转子支架与轴之间靠键传递转矩。

3. 磁轭

磁轭也称轮环。它的作用是产生转动惯量和固定磁极，同时也是磁路的一部分。磁轭在运转时承受扭矩和磁极与磁轭本身离心力的作用。

磁轭结构有多种，小容量水轮发电机采用无支架磁轭结构。磁轭通过键或热套等方式与转轴连成一个整体。

4. 磁极

当直流励磁电流通入磁极线圈后就产生发电机磁场，因此磁极是产生磁场的部件。磁极由磁极铁芯、磁极线圈和阻尼绕组三部分组成。

磁极铁芯一般由1.5mm厚钢板冲片叠压而成。两端设有磁极压板，通过拉紧螺杆与冲片紧固成整体。磁极铁芯尾部为T形或鸽尾形，磁极铁芯尾部套入磁轭T形尾槽或鸽尾形槽内，借助于磁极键将磁极固定在磁轭上。

（三）上机架与下机架

上、下机架由于机组的型式不同，可分为荷重机架及非荷重机架两种。悬吊式水轮发电机的荷重机架即为安装在定子上的上机架。而伞式水轮发电机的荷重机架即为安装于定子下面基础上的下机架（或安装在水轮机顶盖上的支持架）上。

（四）推力轴承

推力轴承承受水轮发电机组转动部分全部重量及水推力，并把这些力传递给荷重机架。一般由推力头、镜板、推力瓦、轴承座及油槽等部件组成。

（五）导轴承

导轴承主要由导轴承瓦、导轴承支柱螺栓、套筒、座圈和轴领等组成。

第二节　发电机的运行

一、发电机的正常运行操作

1. 发电机起动前的检查

检修后或停机时间超过半个月的发电机投入运行前，应进行以下项目的检查或检测，情况正常后，方能起动发电机投入运行。

（1）拆除所有检修时临时搭接或搭成的接地线、标示牌、遮拦等，确认全部设备上无人工作、无杂物及工具遗漏。

（2）检测发电机的绝缘电阻。

（3）检查电刷的长度是否够长，弹簧有无退火现象。

（4）检查各载流导体间的连接是否紧固，绝缘有无破损、裂缝及严重老化现象，应做到绝缘件洁净。

2. 发电机的起动

水轮发电机的起动应按下列步骤进行：

（1）确认发电机控制屏上所有送电开关处于分闸位置。

（2）操作励磁回路的磁场变阻器（或励磁调节旋钮）到最大位置（即磁场变阻器阻值最大）。

（3）起动水轮机使发电机转动起来，且当发电机转速达额定转速的一半左右时，检查滑环和整流子上的电刷振动与接触情况，以及发电机各部件声响是否正常，如不正常，应马上停机查清原因加以消除。

（4）当发电机转速基本达到额定转速（额定频率）后，操作磁场变阻器（减小其阻值）开始升压，升压过程中应注意三相定子电流是否为零，如定子回路有电流，应立即跳开励磁开关停机检查，检查定子回路有无短路，接地线有否拆除等。

（5）当发电机转速和端电压都达到额定值时，即可进行投入并联操作（即并车操作）；如只需单台机组发电运行，此时即可合闸送电。送电时应注意由于发电机负载突然增加而使发电机转速和电压急剧下降，须即时调节水轮机导叶开度，以及磁场变阻器，使电压和

频率保持额定值。

3. 发电机的正常运行指标

衡量电能质量主要有两个指标：电压和频率。因此，发电站的主要工作目标是，保证可靠供电基础上，尽可能使电压和频率保持为额定值。

水轮发电机组正常运行时，用户的负荷随时在变化，应及时调节发电机输出功率，使之与用户负荷相适应，保持其电压和频率不变。当发电机有功功率输出低于用户的有功负荷时，则表现出频率会下降，此时应加大水轮机导叶开度，提高发电的有功功率输出，以使频率保持不变；反之，当发电机频率升高时，则应减小水轮机导叶开度。当发电机无功功率输出低于用户无功负荷时，则表现出发电机端电压降低，此时应增加发电机励磁电流（即减小磁场变阻器的电阻或调小励磁调节旋钮），以使电压保持在额定值运行；反之，当发电机端电压升高时，则应减小发电机的励磁电流。

几台发电机并联运行时，应根据具体情况，合理分配负荷，使每台发电机尽量在高效率区运行。

发电机正常运行时，不允许过负荷，如果出现过负荷现象，应采取措施降低负荷，如拉掉部分不重要负荷，或适当降低发电电压以降低负荷；特殊情况下允许发电机短时过负荷，过负荷允许时间和数值规定见表 3－2。

表 3－2　　发电机过负荷允许时间和数值

定子电流/额定电流	1.10	1.12	1.15	1.25	1.50
过负荷持续时间/min	60	30	15	15	2

过负荷运行时，应严格监视发电机的各项参数和各轴承温度，并做好记录。

4. 发电机的解列和停机

发电机的解列和停机应按下列步骤进行。

（1）接受上级值班调度员的解列停机命令。

（2）操作磁场变阻器（或励磁调节旋钮）和调小水轮机导叶开度，使发电机的定子电流和有功功率输出缓慢降至零值，然后断开发电机送电主开关。

（3）继续操作磁场变阻器（或励磁调节旋钮）使其阻值达最大值；且继续调小水轮机导叶开度，使发电机停止转动，关闭冷却水。

（4）断开发电机隔离开关。

二、发电机运行监视

运行中的水轮发电机必须定期进行巡回检查（一般是 1 次/h），监视发电机运行情况，记录各仪表指示，填好运行日志。巡视中要精力集中，仔细观察，及时发现问题，以保证机组安全发电。

1. 温度监视

应经常监视发电机的绕组、铁芯和轴承的温度变化，其值不能超过规定的数值，如果温度发生迅速或倾向性的变化（局部过热或突然升高），应及时停机检查并找出原因进行处理。

2. 轴承油面监视

轴承油面应定期检查、经常监视，如油面高出正常油面，可能是由于油冷却器漏水引起；如果油面低于正常油面，可能是油槽漏油或是管路阀门没有关好引起。

3. 振动与音响监视

发电机在运行中应定期测量振动和音响，所测数值应不超过规定数值，如果振动和音响发生变化（强烈振动，噪声和摆度显著加大）应停机检查并处理。

4. 绝缘监视

应定期检查发电机绕组的绝缘电阻，如果发电机绝缘电阻发生显著变化，如异常下降转子一点接地时，应停机检查和修理。

5. 电流引出装置监视

应经常查看刷下火花、电刷工作情况（电刷和集电环接触情况、磨损量、电刷在刷握内移动灵活情况）和集电环的表面情况（有无烧伤、磨出沟槽、锈蚀或积垢等情况），如发现异常情况应及时处理。

电刷磨损后应换同样牌号和同样尺寸的新电刷，为了使集电环的磨损程度均衡，每年应调换一两次集电环的极性。

6. 冷却器监视

冷却器应经常检查，如发现冷却器流量减少或堵塞，冷却后的空气或油温明显升高应及时处理。发电机在运行中，推力轴承的油温应为20～40℃，导轴承的油温允许至45℃，对于温度过高，应用调节冷却水流量的办法使轴承各轴瓦和油的温差保持在20℃左右，当发电机起动时，应注意轴承油槽内的温度不低于10℃，以免引起不容许的轴瓦热变形。停机时应关闭冷却器的进水阀门，对油冷却器而言是为避免引起轴瓦过分变形；对空气冷却器而言是为避免引起空气冷却器过分结露。

7. 制动系统监视

经常检查制动器，尤其在每次启动前必须检查制动器系统是否正常，当制动系统不正常或在升起情况下（有压力），不允许启动发电机。在停机24h以上再启动机组前，一般须用制动器顶起转子5～10mm，然后将制动器压力去掉使制动器的制动块返回到原来位置后再启动。

第三节　发电机的维护

对运行中的发电机必须经常进行检查、维护，便于及时发现异常情况，消除设备的缺陷，保证发电机长期安全地运行。

一、发电机运行中的检查

发电机运行时，值班人员应进行检查，检查的主要项目为：

(1) 检查发电机有无异音（发电机正常运行声音是均匀的“嗡嗡”声），有无异味（如焦臭味），有无剧烈振动。

(2) 检查发电机各部分如线圈、铁芯及轴承的温度。

(3) 检查定子端部绕组有无异常振动、磨损、漏胶、发热变色等现象。

(4) 采用直流发电机励磁的同步发电机的励磁系统在运行中最容易发生故障，发生故障后，轻则限制出力，重则必须停机修理，甚至造成严重事故，因此必须进行认真细致的检查。检查的主要内容如下：

1) 检查直流发电机整流子表面和滑环表面是否有电刷粉和油垢积聚，刷架及刷握上是否积灰。

2) 检查整流子表面的颜色是否为古铜色。表面呈黑色或其他颜色均为不正常，往往是由于电刷冒火或整流子过热而引起的。

3) 检查电刷边缘是否碎裂和冒火，电刷是否磨损到最低限度。

4) 检查电刷的刷辫是否完整，有无断裂或断股的情况，它与刷架的连接是否良好，有无因刷辫碰触机壳而引起短路或接地的情况。

5) 检查是否有个别电刷和刷辫因过热而引起变色，这是因为电刷间电流分布不均匀而产生的。

6) 检查电刷在刷握内是否有摇摆或卡住的情况。

7) 检查有无因整流子磨损不均匀、换向片间云母凸出或机组振动等原因而引起的电刷跳动和由此产生的电刷冒火。

(5) 对采用静止半导体励磁系统的发电机，主要检查硅元件外壳及接线有无过热变色的现象，整流柜内的支架、支持绝缘子有无碎裂、缺损；熔丝及其熔断指示器是否正常，有无过热现象；电阻电容接线是否良好；母线及母线的接头处有无过热变色现象。

(6) 对采用无刷励磁系统的发电机，主要检查各个硅元件有无过热变色和积灰现象；硅元件的软线有无断股甩出，否则可能引起短路，造成发电机事故。

二、发电机运行中的维护

水轮发电机维护包括日常维护和停机后维护。

（一）日常维护

日常维护分为常规维护和主要部件维护。维护的项目和质量标准，见表3-3。

表3-3　发电机维护项目及质量标准

编号	项　目	质量标准
1	各部轴承检查	油面合格，油色正常，轴承无异声，瓦温正常，无漏油甩油
2	机组外观检查	振动，声响无异常
3	测量导轴承摆度	符合规定标准，无异常增大
4	制动器外观检查	无异状，无漏油
5	表计检查	指示正确，无渗漏
6	发电机冷却水管预备水源检查	各阀位置正确，无漏水现象

1. 常规维护

常规维护的主要内容和要求如下：

（1）做好记录。对所有安装在发电机仪表盘上的电气指示仪表，发电机定子绕组、定子铁芯、进出风，发电机各部轴承的温度及润滑系统、冷却系统的油位、油压、水压等应进行检查和记录。检查与记录的间隔时间应根据设备运行状况、机组运行年限、记录仪表和计算机配置等具体情况在现场运行规程中明确。除上述外，还应记录运行中的干扰、故障和修理故障的措施说明。

（2）水轮发电机的运行必须符合 GB/T 7894—2009《水轮发电机基本技术条件》。

（3）发电机在运行中盖板应保持密闭，防止外部灰尘、潮气进入发电机内部。

（4）发电机的冷却水应清洁，不能有泥沙、杂草或其他污物存在。

（5）轴承油槽的初始油温不能低于 10℃。

（6）轴承润滑油的参数应符合有关规程要求。

（7）发电机发生过速或飞逸转速后，应检查发电机转动部件是否松动或被损坏。

（8）制动器顶起转子的最大行程不能超过 20mm。

（9）制动器发生故障时发电机不能启动。

（10）厂房内不得有危害发电机绝缘的酸、碱性气体。

（11）停机 3～5d 以上的发电机，在启动前应测量其绝缘电阻，其值不得小于规定数值，否则，应进行烘干处理，达到要求后才可投入运行。

（12）当出现下列情况之一时，运行中的水轮发电机应立刻停机：

1）发电机发生异常声响和剧烈振动。

2）发电机飞逸，电压急剧上升。

3）发电机定、转子或其他电气设备冒烟起火。

4）发电机电刷或滑环处产生强烈火花，经处理无效。

5）推力轴承或导轴承瓦温突然上升发生烧瓦事故。

水轮发电机紧急停机后，要及时将事故情况做好记录并报告。同时要迅速查明原因，以消除故障，待一切正常后，方可重新开机。

（13）经常保持厂房和发电机的清洁，定期擦抹各部件表面灰尘。对发电机外露的金属加工面，应经常涂抹黄油，以防锈蚀。

（14）发电机及其附属设备，除进行定期巡视和检查外，在发电机发生外部短路后，也应对发电机进行外部检查。

2. 主要部件的维护

（1）定子。

1）定子绕组的检查与维护。

a. 检查定子绕组端部是否发生变形，并清扫绕组上的灰尘和污物。

b. 检查端箍的绑扎是否发生松动。

c. 检查槽楔是否松动。

d. 检查定子绕组绝缘老化情况。检查绝缘是否有损伤，如果有损伤应予以修理。

2）定子铁芯的检查与维护。

a. 检查定子通风沟内是否有灰尘、污物等，并用干燥的压缩空气吹干净。

b. 检查齿压片、齿压板与铁芯间有无松动锈蚀；如果压指与压板为点焊结构，应检查焊点是否开裂，压指是否歪斜或突出；还要检查压指的颜色，是否有因温度过高形成的蓝色。

（2）转子。

1）检查转子零部件固定情况。

a. 转子上所有固定螺母是否紧固并锁定。如果松动，应查明原因并紧固锁定。

b. 检查磁轭键、磁极键是否松动，如松动应打紧并点焊锁定。

c. 转子上所有焊缝有无开裂现象。

2）检查磁极绕组。

a. 绕组间的磁极连接线和转子引线的连接是否完好。

b. 检查匝间及对地绝缘，如果磁极绕组的对地绝缘电阻低于 0.5MΩ，应找出原因并修理。

c. 清扫磁极绕组上面的灰尘和污物，保持磁极绕组清洁干燥。

3）检查制动环的摩擦面是否有损害。

4）检查风扇应牢固无松动及变形。

5）检查转子与定子铁芯之间的间隙应均匀符合规定要求。

（3）滑环和励磁机整流子电刷。

1）定期检查整流子和滑环时，应检查下列各点：

a. 整流子和滑环上电刷的冒火情况。

b. 电刷在刷框内应能自由上下活动（一般间隙为 0.1～0.2mm），并检查电刷有无摇动、跳动或卡住的情形，电刷是否过热；同一电刷应与相应整流子片对正。

c. 电刷连接软线是否完整、接触是否紧密良好、弹簧压力是否正常、有无发垫、有无碰机壳的情况。

d. 电刷与整流子接触面不应小于电刷截面的 75%。

e. 电刷的磨损程度（允许程度应订入现场运行规程中）。

f. 刷框和刷架上有无灰尘积垢。

g. 整流子或滑环表面应无变色、过热现象，其温度应不大于 120℃。

2）检查电刷时，可顺序将其由刷框内抽出。如需更换电刷时，在同一时间内，每个刷架上只许换一个电刷。换上的电刷必须研磨良好并与整流子、滑环表面吻合，且新旧牌号必须一致。

3）对滑环和励磁机整流子维护的时间和次数，应按现场运行规程的规定进行。工作中，应采取防止短路及接地的安全措施。

使用压缩空气吹扫时，压力不应超过 0.3MPa，压缩空气应无水分和油（可用手试）。

4）机组运行中，由于滑环、整流子或电刷表面不清洁造成电刷冒火时，可用擦拭方法进行处理。

（4）推力轴承。

1）检查推力轴承瓦面，如果发现瓦面有明显的磨损，应及时修理并找出原因。

2）测量轴承绝缘电阻，其值不应小于0.2MΩ（油槽充油后）。

3）检查镜板摩擦面应无划痕及其他缺陷，并检查与推力头组合面的质量。

4）用反光镜检查推力头表面的质量。

（5）导轴承。

1）检查导轴承瓦面，如果发现瓦面有明显的磨损，应及时修理并找出原因。

2）测量导轴承绝缘电阻，其值不应小于4MΩ。

3）测量导轴承瓦与滑转子之间的间隙是否符合要求，支柱螺栓第一次运行三个月后必须紧固一次，并调整好间隙。

（6）润滑油。润滑油应该定期抽样检查，一般是每年检查一次。润滑油的质量可以通过颜色、气味、混浊度、泡沫和水分含量等方面来检查。清洁的油应该是清的、透明的。油的颜色除了稍有一点加深外，应无其他变化，颜色的加深不能再发展下去。油的气味不应有腐败或烧焦味。

润滑油使用一定时间后会发生老化面逐渐变质，一般经过5000h后必须更换新油。

（7）冷却器。

1）所有冷却器必须定期清洁。一般用1.2倍额定工作水压反向冲洗或用压缩空气吹干净管内的泥沙杂物，对于直管的空气冷却器最好在铁丝上捆绑布条来回拉动将管内壁黏附物清除掉。在来回拉动捆绑布条时要防止铁丝拉断将布条留在管内使管子堵塞。

2）所有冷却器管内的水垢应及时清洗以免影响冷却效果。

（8）滑环和电刷。

1）滑环外表应保持干净。如出现不圆、偏心、粗糙或烧灼现象时应及时处理；应定期测量滑环绝缘电阻，其值不应小于1MΩ。为了避免滑环不均匀磨损，应该经常倒换滑环的极性。

2）经常检查电刷弹簧的压力，可采用平衡弹簧来测量，其电刷表面压强应为15～20kPa。如果不符，应仔细调整电刷弹簧的压力。

3）检查刷盒的底边离集电环表面的距离，一般为3～4mm；如果不符，应调整刷握。

4）电刷在刷盒内应能自由移动，电刷必须保持清洁以免电刷下产生火花。更换新电刷时应使用相同牌号和尺寸的电刷，并将细砂布放在电刷和滑环中间反复摩擦电刷表面，使电刷磨成圆弧形，达到电刷底面全部与滑环良好接触。

（9）制动器及管路。

1）经常检查制动器及所有管路是否漏油和漏气。

2）检查制动器活塞是否在汽缸内自由移动；如果发现卡死，应及时处理。

3）检查制动器的制动块厚度，如果制动块的厚度小于15mm时，就必须更换新的制动块。

4）制动器将转子顶起后应加以锁定，防止水轮机导叶漏水使水轮发电机组转动面造成事故。

（10）上盖板和上挡风板。检查上盖板和上挡风板的全部螺栓、螺母是否松动，如果松动应重新紧固，以防止松动掉下造成事故。

检查挡风圈与风扇之间的距离，其值应大于顶起转子的高度。

(二) 停机维护

水轮发电机停机维护的内容如下。

(1) 发电机每次停机后，应检查绕组、轴承冷却供水是否已停止。全部制动装置均已复归，为下一次开机做好准备。

(2) 检查发电机轴承外壳、发电机绕组、整流子及电刷接线柱等部件有无过热现象；检查整流子和电刷接触处有无火花灼伤痕迹。

当发电机长期停机时，必须使用电加热器来维持发电机内部温度不低于5℃。还应在电刷与整流子之间垫以干净的纸条；在滑环上涂以凡士林，以防锈蚀。

处于停机状态的发电机，应保持干燥、清洁、完好，随时可以启动，重新启动前，应进行发电机断路器及自动灭磁开关的分、合闸试验（包括两者间的连锁）和电气及水轮机保护联动发电机断路器的动作试验。

三、水轮发电机绝缘电阻和吸收比的测量

1. 测量绝缘电阻和吸收比的意义

被测物的绝缘电阻指的是被测物与绕组之间、绕组对地之间被加压一定时间的绝缘电阻值；吸收比指的是测量时间为60s和15s时的绝缘电阻值的比值，即$R_{60''}/R_{15''}$。

发电机绝缘电阻及吸收比的测量是发电机绝缘状态的一种基本辅助性的检查，可以发现发电机是否受潮、内部有无缺陷等情况，以确定发电机是否可以投入运行或下一步试验方法。

2. 测量绝缘电阻和吸收比的方法

目前广泛采用的是兆欧表（摇表）法，具体测量操作步骤为：

(1) 拆除与被测物的一切连线，并将其表面的灰尘及污垢擦净（必要时可蘸少许汽油清洗）；将被测物接地放电，放电时间至少1min，电容量较大的设备，放电至少5min。

(2) 检查兆欧表的好坏，方法为：将兆欧表平放，二根测量线即“线路L”和“接地E”分开，摇动手柄至额定转速（约120r/min），此时指针应指在“∞”位置；再把二根测量线短接，轻轻摇手柄，此时指针应指在“0”位置。

(3) 将被测物的地线接于兆欧表的“接地E”端子（如被测物无专门接地，可将其外壳及非测量部分一起接至兆欧表的“接地E”端）。

(4) 将兆欧表摇至额定转速后，将其“线路L”端子接于被测物上，待指针稳定后，记录其读数，该数值即为所测物的绝缘电阻值。

(5) 测量吸收比时，按要求先将兆欧表的“接地E”端子接好，摇动兆欧表手柄至额定转速，再将其“线路L”端接于被测物；以接触被测物瞬间开始计算时间，15s时读出此时的绝缘电阻值$R_{15''}$，60s时再读一次绝缘电阻值$R_{60''}$（注意：15s时兆欧表不能停止转动）；然后计算出$R_{60''}/R_{15''}$；该比值就是所测出的吸收比。

(6) 测量完毕，兆欧表应保持转速，将“线路L”端子与被测物断开后，才能停止转

动，以防被测物反馈充电造成兆欧表的损坏。

（7）测量结束或需进行重复试验时，必须将被测物充分放电 1～5min。

（8）记录下测量时被测物的温度和空气湿度。

3. 测量绝缘电阻和吸收比的注意事项

测量发电机绝缘电阻和吸收比时，应注意以下几点事项：

（1）兆欧表的选择应与发电机额定电压相适应。发电机额定电压在 1000V 及以下者，可用 1000V 兆欧表；额定电压在 1000V 以上者，应用 2500V 兆欧表。测转子绕组时，转子绕组额定电压在 200V 以上者，应用 2500V 兆欧表；额定电压为 200V 及以下者，可用 1000V 兆欧表。

（2）测量三相绕组时，除被测相外，其他二相均应接地。

（3）绝缘电阻随温度变化而差异很大。对 B 级绝缘的发电机，一般应将所测绝缘电阻值换算至接近运行状态温度 75℃的数值。

（4）同一被测物的测量结果与前一次比较时，应用同一电压等级的兆欧表和同一温度、湿度。

4. 绝缘电阻和吸收比的要求

发电机绝缘电阻的要求为：每“千伏（kV）”应等于或大于“1 兆欧（MΩ）”（例如，额定电压为 6.3kV 的发电机，其最低绝缘电阻为 63MΩ）；而且与上次所测结果进行比较，其绝缘值不应低于上次的 1/3，如低于上次的 1/3，即使满足大于每“kV”“1MΩ”要求，也应认为发电机绝缘不良。

低压发电机（额定电压为 400V）以及转子励磁绕组的绝缘电阻，应大于 0.5MΩ。

发电机吸收比的要求为：$R_{60''}/R_{15''}$；应大于 1.3；如低于 1.3，则表明发电机已受潮，应进行干燥。

发电机定子三相间的绝缘电阻应比较接近。其相互比值为发电机绝缘电阻平衡系数，要求平衡系数小于 2。

四、水轮发电机干燥方法

水轮发电机受潮或在检修中更换局部或全部绕组后，一般需要进行干燥。常用的干燥方法如下：

1. 定子铁损干燥法

定子铁损干燥法是现场干燥发电机的定子时优先选用的一种方法，这种方法比较安全、方便和经济。定子铁损干燥法是在定子铁芯上缠绕励磁绕组，接通交流 380V 电源，使定子产生磁通，依靠其铁损来干燥定子，一般在检修中抽出转子后进行。

2. 直流电源加热法

直流电源加热法是将直流电流（如利用直流电焊机等）通入定、转子绕组，利用铜损耗所产生的热量进行加热干燥。但是，由于发电机定子的体积较大，干燥时发热较慢，所以定子的干燥不单独采用此法，而仅作为铁损干燥时的辅助加热方法。转子干燥时多采用这种方法，通过转子的电流不应超过转子的额定电流。通常开始时不应超过转子额定电流

的50%，最大不应超过额定电流的80%。

使用直流电源加热法干燥时，加热温度应缓慢升高，对转子绕组温度的监视，可利用嵌在转子两端和中部通风孔内的三支酒精温度计进行，转子温度不应超过100℃。对定子绕组温度的监视，可利用绕组中埋置的测温电阻元件进行，定子温度不应超过75℃。如果温度超过规定值，则应暂时断开电源。接通或断开电流回路时，应使用磁力启动器，不能采用刀闸操作。

3. 三相短路干燥法

当机组全部检修、安装完毕，具有开机条件时，若有必要，需进行一次交直流耐压试验。耐压试验或开机之前，若绝缘电阻及吸收比不符合要求，发电机应进行干燥。通常采用定子绕组三相短路干燥法。

三相短路干燥法是将发电机定子绕组三相短路，短路点可以直接选在发电机的出口处，也可选在出口断路器的外侧。机组以额定转速运转，转子绕组加励磁电流，定子绕组电流随之上升，利用发电机自身电流所产生的热量，对绕组进行干燥。为了升温的需要，空气冷却器不应供给冷却水。

发电机开始升流加温时，起始电流以不超过定子额定电流的50%为宜，最大短路电流不要超过定子绕组的额定电流。

在加温过程中，绕组的最高温度以酒精温度计测量时，不应超过70℃；以检温计测量时，不应超过85℃。温度应逐步升高，在40℃以下，每1h升温不超过5℃；40℃以上，每1h升温8～10℃。温度的测量，以酒精温度计测绕组及铁芯表面温度，以检温计测铁芯槽内温度，两种测量可以互相校对，取多个测温点的平均值。

在加温过程中，每4～8h需用兆欧表测三相绕组对机壳的总绝缘电阻一次，读取$R_{15''}$及$R_{60''}$，算出吸收比，并根据当时的温度折算成75℃的绝缘电阻值。测量绝缘电阻时，应停止外加电源。

采用上述方法干燥时的注意事项如下：

（1）温度限额。干燥时发电机各部位的温度应不超过下列数值：定子膛内的空气温度80℃（用温度计测量），定子绕组表面温度85℃（用温度计测量），定子铁芯温度90℃（在最热点用温度计测量），转子绕组平均温度120℃（用电阻法测量）。

（2）干燥时间。发电机的干燥时间由受潮程度、干燥方法、机组容量和现场具体条件等来决定。预热到65～70℃的时间，一般不得少于15～30h，全部干燥时间一般在72h以上。

第四节　发电机的常见故障与典型事故分析

一、小型水轮发电机常见故障分析与处理方法

水轮发电机在运行中，会产生各种各样的故障。值班人员对发生的故障，应及时找出故障产生的原因和部位，采用正确的方法，予以排除。小型水轮发电机常见故障的分析与处理方法见表3-4。

表 3-4 小型水轮发电机常见故障的分析与处理方法一览表

故障现象	产生原因	处理方法
1. 发电机发不出电	(1) 接线错误; (2) 转速太低; (3) 定子绕组到发电机配电设备间的接线有油泥或被氧化;接线螺丝松脱;连接线断线; (4) 励磁回路断线或接触不良; (5) 励磁整流管损坏; (6) 电刷与滑环接触不良或电刷压力不够; (7) 刷握生锈,电刷不能上下滑动; (8) 励磁机电刷位置不正确,电刷损坏或压力不够; (9) 励磁机的绕组接线错误,极性接反; (10) 励磁机剩磁消失或剩磁太小(正常剩磁电压为:$U_{剩磁线}>10V$,$U_{剩磁相}>6V$)	(1) 按系统接线图检查纠正; (2) 测量转速,使之达额定值; (3) 用万用表查明断线处;检查各接线螺丝接触情况,查明后修复; (4) 用万用表查明断线处,将断处焊牢,包扎绝缘; (5) 调换同规格整流管; (6) 清洁滑环表面,打磨电刷,增加电刷压力(硬电刷为 $0.2\sim0.3kg/cm^2$,软电刷为 $0.15\sim0.2kg/cm^2$); (7) 用"00"号砂布擦净刷握内表面,如损坏,应更换; (8) 将电刷调至正确位置,或更换电刷,或调整弹簧压力; (9) 改正绕组接线,并按其正确极性重新充磁; (10) 对励磁机重新充磁
2. 发电机电压太低	(1) 发电机转速太低; (2) 水量不足和超负荷; (3) 励磁回路电阻太大; (4) 励磁机电刷位置不正确或电刷弹簧压力太小; (5) 部分整流二极管被击穿; (6) 定子绕组或励磁绕组中有短路或接地故障	(1) 调节水轮机进水量,提高发电机转速; (2) 切除部分负荷; (3) 减小励磁回路电阻值; (4) 将电刷调至正确位置,或更换电刷,或调整弹簧压力; (5) 检查,更换同规格二极管; (6) 检查短路或接地部位,予以消除
3. 相复励发电机电压不正常	(1) 电抗器、电流互感器线圈断路或短路,不发电; (2) 整定电阻太小,电压低; (3) 电抗器铁芯气隙过小或过大,电压低或偏高	(1) 找出断路或短路处,或更换线圈; (2) 调整整定电阻; (3) 重新调整电抗器气隙,保持额定电压
4. 晶闸管励磁发电机电压不正常	(1) 晶闸管控制极被击穿或开路,不发电; (2) 晶闸管开放时间太迟,电压低; (3) 触发环节被损坏,不发电	(1) 检查晶闸管如被击穿,更换同规格晶闸管; (2) 调整晶闸管的开放角; (3) 拆下触发环节,检查故障,予以消除
5. 发电机电压过高	(1) 转速过高; (2) 分流电抗器铁芯气隙大; (3) 磁场变阻器短路,调压失灵; (4) 发电机发生飞逸	(1) 调小水轮机进水量,降低转速; (2) 改变电抗器铁芯垫片厚度,调整气隙; (3) 找出短路点,予以消除; (4) 作紧急事故处理
6. 发电机三相电压不平衡	(1) 定子绕组某一相或两相接线头松动,或开关中有一相或两相触头接触不良; (2) 定子绕组某一相或两相断路或短路; (3) 外电路三相负荷不平衡	(1) 将接线头拧紧,检查三相开关触头,用"00"号砂布擦净接触面;如损坏,应更换; (2) 查明断路或短路处,予以消除; (3) 调整三相负荷,使之基本平衡
7. 发电机温度过高	(1) 发电机超负荷运行,且超出允许过负荷运行时间; (2) 外电路三相负荷严重不平衡; (3) 通风冷却系统不良,如通风边堵塞,风扇损坏或内部绕组灰尘堆积等; (4) 定子绕组有短路或漏电; (5) 发电机受潮	(1) 减负荷运行; (2) 调整三相负荷,使之基本平衡; (3) 查明原因,排除故障,改善通风条件; (4) 检查定子绕组; (5) 发电机进行干燥处理

续表

故障现象	产　生　原　因	处　理　方　法
8. 发电机轴承温度过高	（1）主轴弯曲，中心线不准； （2）地脚螺栓松动； （3）轴承中润滑油过多或不足，油质变坏或有其他杂物； （4）轴承中滚珠或滚柱损坏	（1）重新校正中心线； （2）拧紧地脚螺丝； （3）使油量适中，或更换润滑油； （4）更换轴承
9. 发电机运行时发出噪声	（1）轴承磨损，转子与定子摩擦； （2）换向器铜片凹凸不平或云母片凸出； （3）电刷太硬； （4）电刷压力太强	（1）更换轴承； （2）用“00”号砂布磨光换向器表面，并锯凹云母片； （3）换以质软的电刷； （4）调整电刷压紧弹簧的压力
10. 发电机内部冒烟、冒火花，并有烧焦气味	（1）定子绕组匝间或相间短路； （2）电刷下火花过大； （3）发电机过负荷严重； （4）励磁回路断线； （5）发电机飞逸，电压过高，绝缘被损坏； （6）误操作而非同期并车	（1）立即停机检查处理； （2）检查电刷、滑环（或换向器），加以调整； （3）减轻负荷； （4）立即停机，检查励磁回路各引线的连接并接好； （5）立即紧急事故停机，检查处理； （6）立即解列，停机检查处理
11. 发电机振动过大	（1）发电机转轴与水轮机主轴中心不重合； （2）地脚螺栓松动，或地基不坚实，发生不均匀沉陷； （3）轴颈弯曲； （4）转子绕组局部短路，接地或接线错误； （5）定子绕组短路或接地； （6）误操作非同期并车； （7）外部故障或雷击	（1）重新校正同心度； （2）拧紧螺丝，加固地基，重新调整； （3）运输或起吊过程中不慎而造成损伤，用百分表检查轴的弯曲或不圆，然后修直或车圆； （4）检查滑环及转子绕组对地绝缘，或通直流电检查各线圈压降、绕线方向和接线方法，查明故障，加以消除； （5）停机检查处理； （6）立即解列，停机检查处理； （7）如振动时间过长，应停机检查
12. 电压振荡不稳定	（1）接线松动，或电刷松动； （2）自动电压调整器故障或局部接线不当； （3）电力网不稳定； （4）换向器云母凸起，电刷跳动； （5）水轮机转速不稳定	（1）拧紧接线头，调整好电刷； （2）检查自动调压器加以消除； （3）电网恢复后会随即消逝； （4）锯凹凸起的云母； （5）调整水轮机，稳定转速
13. 发电机带负荷需要太大励磁电流	（1）负载功率因数太低； （2）转速太低	（1）调整负载，或进行无功补偿； （2）调整水轮机，使转速至额定转速
14. 发电机起动正常，但接通外电路时，开关跳闸	（1）外电路短路； （2）负荷太重	（1）检查外电路短路点，加以修复； （2）减轻负荷
15. 磁场变阻器被烧红	（1）励磁回路固定电阻短路； （2）并联磁场变阻器错接成串联	（1）重新在励磁回路接入固定电阻，除去损坏电阻； （2）改正接线

续表

故障现象	产生原因	处理方法
16. 电刷发生较大火花	（1）电刷与换向器接触不良； （2）电刷与换向器接触面积太小，压力不足； （3）电刷位置不正确； （4）电刷型号不符； （5）换向器铜片后面连线有短路或断路； （6）换向器铜片间有金属末、毛刺或石墨等导电粉末，或云母片短路； （7）转子绕组有短路； （8）换向器磨损； （9）发电机振动过大； （10）励磁机电枢与主磁极间气隙不均匀	（1）将换向器磨光、平整，用干净布蘸少量汽油洗掉油污； （2）改换电刷，调整弹簧压力； （3）调整电刷位置； （4）更换合格电刷； （5）查明短路、断路点，重焊； （6）刷清铜片间杂物，修理换向器； （7）查明短路点，加以消除； （8）考虑更换新的换向器； （9）找出振动原因加以消除； （10）用塞尺检查间隙，并进行适当调整

二、典型事故分析

（一）某水电站4号机定子线棒烧损

1. 事故前运行方式

4号机带有功负荷87MW、无功负荷48Mvar。

2. 事故现象

4号机在运行中跳闸，灭磁开关同时动作跳闸，停机后检查，纵差、横差、转子一点接地保护均动作，强减动作，发电机上风洞冒烟。

3. 处理过程

立即进行发电机消防水灭火，约3～4min，灭火后进入风洞检查，发现下部支持环上的绝缘仍在燃烧，立即用干式灭火器将余火熄灭。从事故发生到处理事故结束，共计8min。

4. 损毁情况

4号机定子线棒下端并头套187号下（A248、3191V）、188号下（A2、1197V）、189号下（A2108、7179V）、190号下（B277、5118V）均烧坏，其中190号下芯线已烧断，靠近上述四槽的下部水平挡风板烧了一个直径约130mm的大洞，故障线棒附近的其他线棒表面漆膜烧枯。为了防止发电机严重受潮，当即决定启动4号机空转干燥，检查还发现：①励磁机回路强行减磁电阻，阻容吸收装置中的压敏电阻对电屏铁架放电，电阻全部烧坏；②转子电压表保险座烧坏；③转子磁极接头对固定夹板的螺丝与铁芯放电，共烧坏6个磁极（1号、17号、19号、35号、23号、25号）的软连接铜片，其中1号磁极软连接片烧坏一大块（可能是灭磁过程中造成转子过压）；④4号机主断路器342号A、B相油桶向外喷油冒烟。

5. 原因分析

4号发电机8台空气冷却器严重漏水，其中2号冷却器漏出的水，流到定子线棒下端187号、188号、189号、190号并头套上，造成放电短路。

6. 防范措施

(1) 4号机8台空气冷却器全部换新，并组织人力物力，自制冷却器，解决1号、2号、3号机备品。

(2) 在没有备品前，发现冷却器漏水，应该采取临时堵漏措施或人为改变漏水方向，使其不射到发电机定子上。

(3) 加强缺陷管理，定期巡回检查，发现缺陷及时消除，提高设备的健康水平。

(二) 某水电站1号机转子磁极绝缘损坏

1. 事故前运行方式

定期工作，开1号机至空载。

2. 事故现象

1号机至空载后，3min内连续出现转子一点接地告警信号，停机进行检查，遥测转子绝缘电阻为0.3MΩ，故将机组开启进行空转干燥，机组停转后再次遥测绝缘电阻为18MΩ。

针对以上情况，初步认为系转子受潮引起，决定进行短路干燥，定子电流从500A逐步升至1000A，温升控制在8～10℃/h，最高温度达到100.8℃，运行时间为22h，停机后，当温度降至65℃时，用万用表测量转子绝缘电阻只有1000Ω。后进行动态测试，电气绝缘随转速的上升而下降，从而确定转子接地，且接地故障点在磁极极靴处。经维护人员仔细查找，发现17号磁极靠16号磁极侧连接处环氧树脂绝缘板碳化、击穿。

3. 处理过程

查找到原因后，将磁极吊出进行检查，发现绝缘板已被击穿、烧断。维护人员将碳化部分切除，加补一块环氧树脂板，用AB胶粘牢。处理完后，因停机时间太长，发电机已受潮，故开机进行短路干燥。经过12h运转，摇测转子绝缘电阻为200MΩ。对1号机转子进行直流耐压试验，电压为1350V，顺利通过，于当日开启1号机，投入并网运行。

4. 损毁情况

17号磁极靠16号磁极侧连接处绝缘板烧坏。

5. 原因分析

造成此绝缘板碳化、击穿的主要原因是上年度发电机被水淹后，磁极绝缘板与磁极线圈夹缝处污物清洗不彻底，上面附油污、杂质产生电腐蚀所引起。也可能是环氧板材中有杂质所致。

6. 防范措施

所有机组在大修中仔细检查水淹后发电机内部附着物情况，彻底清除；检查所有机组该类环氧树脂板的运行状况，发现问题及时更换。

思　考　题

1. 水轮发电机有哪些类型？

2. 发电机的主要参数有哪些？请解释发电机SF1250－24/2600型号的含义。

3. 立轴发电机的结构组成有哪些?
4. 发电机正常起动检查有哪些工作内容?
5. 发电机运行监视主要有哪些内容?
6. 发电机日常维护工作有哪些?
7. 发电机常见故障有哪些?

第四章 调速器运行与维护

第一节 调速器概述

一、水轮机调节的任务及基本原理

1. 水轮机调节的任务

如图 4-1 所示，在水电站中，水轮机将水能转变为机械能，再由发电机将机械能转变为电能，然后经电力网将电能输送给用户使用。用户除要求供电安全、可靠和经济外，还对供电的频率和电压等指标有着严格的要求，因为电流频率和电压对其额定值的偏差将影响用户的生产与工作。我国对电能的质量标准规定，电力系统的频率应保持在 50Hz，其允许偏差对电力网容量在 3000MW 及以上者为±0.2Hz，对容量在 3000MW 以下的地方电力网为±0.5Hz；用户端电压变动幅值的允许范围是，35kV 及其以上的用户为额定电压的±5%；10kV 及以下的用户为额定电压的±7%；低压照明用户为额定电压的+5%～－10%。

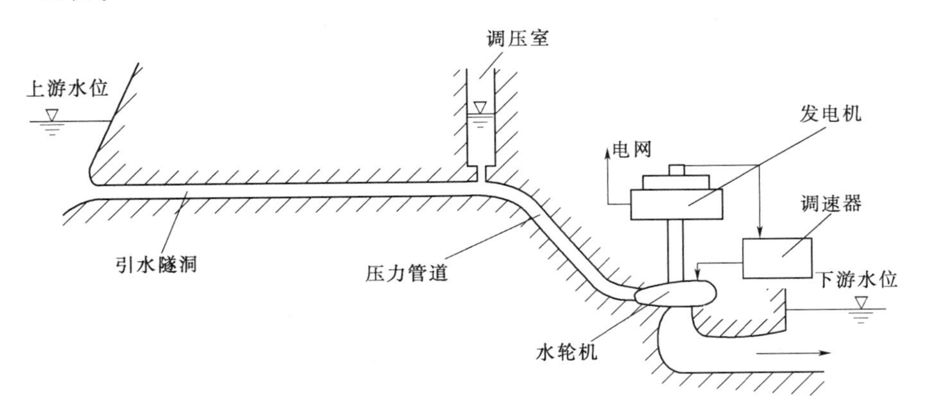

图 4-1 水电厂电能生产过程示意图

发电机的频率与转速、磁极对数有以下关系

$$f=\frac{pn}{60} \tag{4-1}$$

式中 f——发电机的频率，Hz；

p——发电机的磁极对数；

n——发电机的转速，r/min。

磁极对数由发电机结构确定，发电机确定后磁极对数为常数。因此，频率仅与机组转

速有关。要保证频率在一定范围内稳定不变，就必须保持水轮发电机组转速稳定不变。水轮机调速器除了完成调节机组频率这一任务外，还负有多种控制功能，如机组启动、停机、工况转换、增减负荷等。

电力系统的频率稳定主要取决于其有功功率的平衡，即系统内的有功功率与有功负荷的平衡，而电力系统的有功负荷是不断变化的。水轮机调节的基本任务就是，按照用户有功负荷的变化所引起机组转速变化的偏差，不断调节水轮发电机组的有功功率输出，使之与用户的有功负荷平衡，并维持机组转速（频率）在规定范围内。供电电压的稳定是通过发电机的励磁装置来调节，即调节水轮发电机组的无功功率输出，使之与用户的无功负荷平衡，以保持发电机的端电压变幅在允许范围内。必须指出，频率变化与电压变化可以相互影响。在一般情况下，频率变化1%可引起电压变化1%～2%，而电压变化也会引起频率不稳定，所以发电机励磁系统不稳定也会影响水轮机调节工况。

由上可见，供电频率的稳定是通过发电机的有功调整，即由调速器来调节；而供电电压的稳定是通过发电机的无功调整，即由励磁装置来调节。

由水轮机原理可知，水轮机转矩由水流对水轮机转轮叶片的作用力而形成，由表达式$M_t=\frac{9.81QH\eta}{\omega}$可知，调节水轮机流量$Q$可以改变水轮机动力矩$M_t$。水轮机调节的途径就是改变进入水轮机的流量，以维持机组转速在额定值。对于不同类型的水轮机，其流量调节方式及流量调节机构又各有不同。

（1）混流式、定桨式水轮机的流量调节方式为单一调节，其流量调节机构是导叶。

（2）转桨式水轮机的流量调节方式为双重调节，其流量调节机构是导叶、轮叶。

（3）冲击式水轮机的流量调节方式为双重调节，其流量调节机构是针阀（由喷针、喷嘴组成）、折向器（或称偏流器）。

2. 水轮机调节的工作原理

图4-2为水轮机调节工作原理图，从图中可见，水轮机调节系统由引水系统、水轮发电机组、电力系统、调速器等四个部分组成，并构成了一个封闭的调节系统。引水系统的作用是将上游水库或河道中的以水能的形式水引入水轮机，作功后再排至下游；水轮发电机组的作用是由水轮机将水流能量转化为旋转的机械能，再经发电机将机械能转换为电能并输送到电力系统；电力系统也称电网，其作用是将发电机输出的电能输送给用户；调速器的作用是根据电网频率的变化和用户的给定值调整进入水轮机的水能。其中水轮发电机组的运行调节、工况变化和操作，是在具有相应功能的调速器控制下实现的。在用户负荷变化时，导水机构随之按给定规律或要求改变水轮机流量，恢复力矩平衡和转速稳定。形成无差或有差调节特性等等，都是由自动调速器完成的。可见，自动调速器是水轮机调节系统个的控制核心，占有极为重要的地位。

调速器由自动调节机构、操作控制机构和指示仪表等组成，而自动调节机构是调速器的核心部分，它由测频元件、放大元件、反馈元件和执行元件等组成，其作用分述如下：

（1）测频元件，即图4-2中所示的测速装置——离心摆，它利用机械部件转动的方式检测转速偏差，并将其转变成相应机件位移输出，控制下一级元件工作。

（2）放大元件，分为第一级液压放大机构和第二级液压放大机构，是将测频元件来的

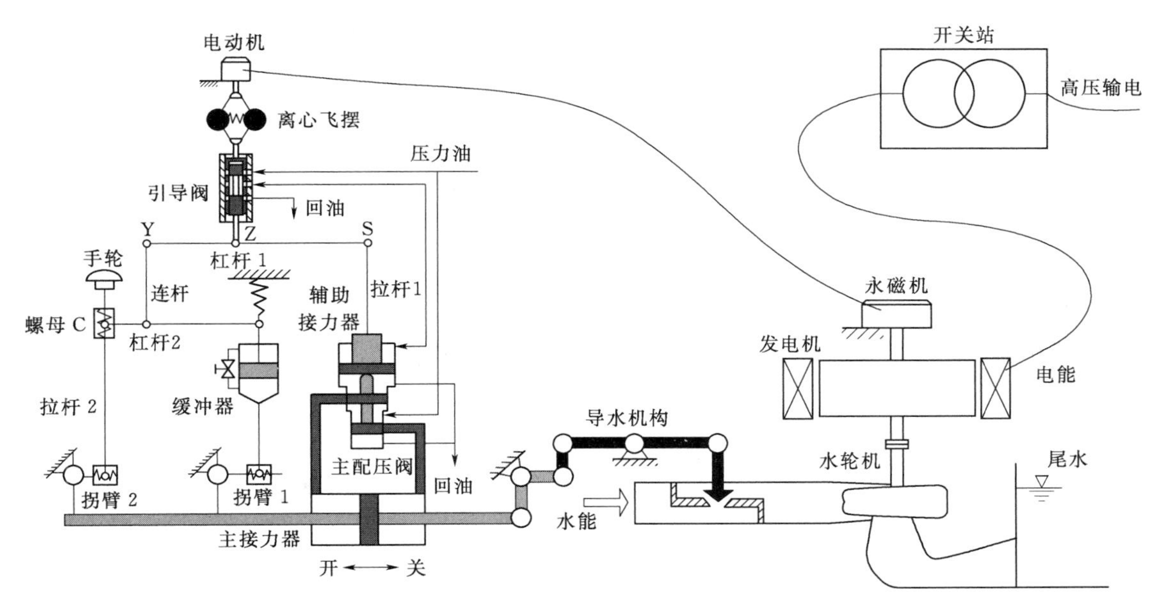

图4-2 水轮机调节工作原理图

频差信号和反馈元件来的反馈信号综合后进行放大，以推动下级元件工作。

(3) 反馈元件，起校正作用，包括硬反馈（杠杆1和杠杆2）和软反馈元件（缓冲器）。反馈一般采用负反馈形式，反馈信号的方向与输入信号的方向相反，起到削弱输入信号作用的目的。其中硬反馈元件属于起定量作用的校正元件，它将执行元件（接力器）输出信号按比例地引回输入端，以实现预计的调节规律；软反馈元件属于起稳定作用的校正元件，它将执行元件（接力器）输出信号的微分值引回输入端，以确保调节的稳定性和调节品质。

(4) 执行元件，是调速器的输出接力器，它接受放大后的调节信号，并通过控制水轮机导水机构，调整进入水轮机的水流量。

此外，还有操作控制机构和指示仪表等。操作控制机构：主要有转速调整机构、开度限制机构、手自动切换装置、紧急停机电磁阀和手动操作机构等，以便调整机组转速、增减负荷、开机、停机和手动控制运行等。指示仪表：为了便于监控调速器的运行状况，对运行中出现的问题能及时了解和处理，在调速器上安装有油压表、转速表、开度表等。

二、调速器分类及型号

1. 调速器的分类

调速器的分类方法较多，可按以下方式进行分类。

(1) 按照组成元件结构分类。可分为机械液压调速器和电气液压调速器，前者由机械元件和液压元件构成，后者由电气元件和液压元件构成。

(2) 按照调速器容量的大小分类。可分为特小型、小型、中型、大型调速器，特小型、小型和中型调速器容量是指接力器的工作容量，单位为N·m，当接力器工作容量大于30000N·m时属于大型调速器，其容量用主配压阀直径的大小表示，单位为mm。

（3）按照调速器执行机构的数量分类。可分为单调节调速器、双调节调速器。

（4）按照调速器调节规律分类。可分为 PI 型（比例-积分规律）调速器、PID 型（比例-积分-微分规律）调速器。

（5）按照调速器所用油压装置和接力器是否单独设置分类。可分为整体式和分离式。整体式一般用于中小型调速器，它将机械液压柜、油压装置、接力器做成一个整体；分离式用于大型调速器，机械液压柜、油压装置、接力器均单独设置。

2. 调速器的型号编制说明

我国机械行业标准 JB/T 2832—2004《水轮机调速器及油压装置型号编制方法》规定，调速器产品型号编制由产品基本代号、规格代号、额定油压代号、制造厂及产品特征代号四部分组成，如图 4-3（a）所示。

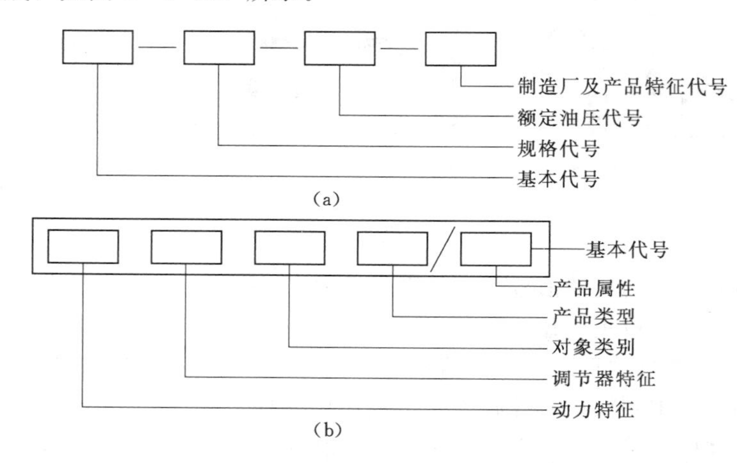

图 4-3　调速器型号编制说明

其中基本代号又由动力特征等五个部分组成，如图 4-3（b）所示，具体为：

（1）动力特征：Y—带有接力器及压力罐的调速器；T—通流式调速器；D—电动式调速器。对不带有接力器和压力罐的调速器，此项省略。

（2）调节器特征：W—微机电液调速器。对机械调速器，此项省略。

（3）对象类别：C—冲击式水轮机调速器；Z—转桨式水轮机调速器。对于单调速水轮机调速器，此项省略。

（4）产品类型：T—调速器；C—操作器；F—负荷调节器。

（5）产品属性：D—电气液压调速器的电气柜；J—电气液压调速器的机械柜。对电气柜与机械柜为合体结构的电气液压调速器，此项省略。

规格代号为表示产品主要技术参数的数字。对带接力器和压力罐的调速器，表示接力器容量（N·m）；对不带接力器和压力罐的调速器，表示导叶主配压阀直径（mm）。对冲击式水轮机调速器，表示喷针配压阀直径（mm）×喷针配压阀数量/折向器配压阀直径（mm）×折向器配压阀数量，如数量为 1 则省略。

额定油压代号以额定油压 MPa 值表示。制造厂及产品代号依次表示制造厂代号和产品特征代号，产品特征代号可采用字母或数字，制造厂代号和产品特征代号之间须留一

空格。

3. 型号示例

(1) YDT-18000-4.0-SK05A。表示带压力罐的模拟式电气液压调速器，接力器容量为18000N·m，额定油压为4.0MPa，为天津水电控制设备厂05系列第一次改型产品。

(2) TDBWST-100-4.0。表示不带压力罐的步进电机微机双调节调速器，天津电气传动设计研究所产品，其主配压阀直径为ϕ100mm，额定的工作油压为4.0MPa，为统一设计产品。

4. 调速器的系列型谱

根据我国机械行业标准JB/T 7072—2004《水轮机调速器及油压装置系列型谱》的规定，调速器型谱按容量可分为大型、中型、小型和特小型四个基本系列，具体见表4-1。

表4-1　调速器容量划分系列

类别	不带压力罐及接力器的调速器①	带压力罐及接力器的调速器	通流式调速器	液压操作器	电动操作器	电子负荷调节器
系列	接力器容量范围/(N·m)					配套机组功率/kW
大型	>50000					
中型	>10000～50000②	>10000～50000		>10000～50000	>10000～50000	
小型	>3000～10000②	>1500～10000		>3000～10000	>3000～10000	40，75，100
特小型	170～3000②	170～1500	170～3000	170～3000	350～3000	3，8，18

① 指调速器能配置的接力器容量。

② 指单喷嘴冲击式水轮机调速器。

三、中小型调速器的应用与发展

水轮机调速器产生于19世纪末期，经历了机械液压调速器向电气液压型调速器、微机型调速器发展的漫长历程，伴随着控制技术、电子技术、液压技术的发展而不断完善。对于中小型水电站，目前采用的调速器种类很多，但概括起来主要有机械液压型、模拟电气液压型、微机电气液压型调速器等。

对于目前广泛采用电气液压型调速器，其电气部分由于及时应用电子工业的新技术、新产品，几乎与电子技术同步发展，先后经历了电子管、晶体管、集成电路、单片机、可编程控制器（PLC）、可编程计算机控制器（PCC）等技术，目前应用最广泛的是可编程控制微机调速器。

对于调速器的机械液压部分的技术改进一直发展较慢，与现代液压技术存在巨大差距。原液压元件常采用单件、小批量生产模式，元件结构复杂，加工工艺复杂，成本高，储能的压力油罐采用油气混合，不利于调速器液压元件生产的标准化、系列化。

经过近20年的研制与应用，高油压微机型水轮机调速器逐步被用户和行业主管部门认可，广泛应用于新建、改造的中小型水电站中。

四、自动调速器的基本组成结构

目前新建的水电站一般采用微机液压调速器，但许多农村小水电仍在沿用机械液压调速器，其工作原理基本相似的。但无论现有调速器多么先进和复杂，其基本结构和控制理论也是在机械液压调速器基础上发展起来的。

一台完整的自动调速器，其基本结构主要由三个部分构成。

1. 自动调速系统

能自动跟随负荷（频率）的变化，不断调整水轮机的输入功率，以维持水轮发电机组能量转换的平衡，稳定机组的转速，从而达到自动调速的目的。这个系统是自动调速器的基本组成，也是核心组成部分，能完成调速器的自动调节功能。而自动调速系统由自动测速系统、放大执行机构、反馈元件等构成，不同类型调速器，其组成部分的结构形式不一样，但其控制原理是一致的。

2. 操作控制系统

自动调速系统虽然能够按照设定的参数完成自动调节，但不能实现人为控制，在实际运行中，机组控制还需要人为去控制，如开机、停机、负荷增减、紧急停机等，因此，自动调速器需要设置人为操作控制的系统。

3. 油压装置

调速器通过改变水轮机导叶或喷针开度来改变进行水轮机流量，从而达到调节的目的，需要克服巨大水压力和其他机械阻力，如果单纯依靠调节系统输出的机械或电气调节信号，是不能完成调节动作，必须将调节系统输出的调节信号进行放大，目前最常用的方法就是进行液压放大。因此，需要一套产生压力油源的装置为调速器提供压力油源，也就是调速器油压装置。

第二节 高油压调速器概述

一、高油压调速器的发展历程

水轮机电液调速器的技术基础是电子技术和液压技术。纵观我国电调的发展过程，可以发现其电气部分善于及时应用电子行业的新技术、新产品。计算机和可编程控制器刚刚问世，就在电调上得到应用，有力地推动了水轮机调节技术的发展。然而，电调的机械液压部分却与数十年前的机调无明显差别，工作油压仍维持在 2.5MPa 或 4.0MPa 的水平上，与现代液压技术存在着巨大差距。对于一些中小型水电站来说，常规油压的调速器油压装置要得到压力油，一般都需要一套单独的压缩空气系统作支撑，结构复杂，维护工作量大。另外，由于操作压力较低，调速器及油压装置和元件的结构复杂、尺寸大，造价高，检修维护工作量大，空间占用大，调速器现场布置不灵活。

现代液压技术拥有大量先进而成熟的技术成果，系统而完备的理论体系和计算方法；液压件为大批量工业化生产，品种齐全，标准化、系列化、集成化程度高，工作油压早已达到 16～31.5MPa。在冶金、矿山、起重、运输及工程机械等行业中得到广泛的应用。因而及时采用液压行业的新技术、新产品，是调速器机械液压部分加快技术进步、实现产品更新换代的正确途径。

正是基于这样的认识，在科技人员的不懈努力下，1997 年初，第一台操作功为

50000N·m的高油压电液调速器在四川都江堰双柏电站投入运行。短短20年时间，操作功自3000N·m到50000N·m的中小型高油压调速器，已在全国投产2万余台。因其运行性能优良，受到各类小型水电站、设计单位及安装单位的广泛好评，成为现代调速器小型化的一种发展趋势。

二、高油压调速器的技术经济优势

与传统的低油压调速器及油压装置相比，高油压调速器具有显著的技术经济优势：

（1）采用了电液比例阀、高速开关阀（即数字阀）等现代电液控制技术，减少了液压放大环节，结构简单，工作可靠，具有优良的速动性及稳定性。

（2）采用囊式蓄能器储能，胶囊内所充氮气与液压油不接触，油质不易劣化；胶囊密封可靠，长期运行亦不需补气，电站还可省去高压气系统及相应的副厂房。

（3）液压件为大批量工业化生产，标准化、系列化、集成化程度高，质量可靠，性价比高。

（4）接力器一般采用分离式，取消调速轴，且工作油压高，因而体积小，重量轻，用油量少，电站布置方便、美观。

（5）便于采用先进的调节控制技术，从而保证水轮机调速系统具有优良的静、动态特性。不仅可实现PID调节规律，还可以实现前馈控制、预测控制、模糊控制和自适应控制等复杂规律，从而可得到更好的动态调节品质。也便利用通信功能直接与厂级或系统级上位机连接，实现全厂的综合控制，提高自动化水平。

基于以上技术经济优势，高油压水轮机调速器在中小型水电站得到了广泛应用，在国家新技术规范和全国农村水电站增效扩容改造项目机电设备选型导则中都作了明确建议，在新建、改建、扩建的中小型水电站中推广作用高油压水轮机调速器，既是水电站控制的需要，也可起到节能降耗的作用。

三、高油压调速器的主要功能及特点

（1）测量机组和电网频率，实现机组空载及孤立运行时的频率调节。

（2）空载时机组频率自动跟踪电网频率，便于快速自动准同期。

（3）手动开停机、增减负荷及带负荷运行。

（4）自动开停机，并网后根据永态转差率（b_p）自动调整机组出力。

（5）无条件、无扰动地进行自动和手动的相互切换。

（6）采集机频、网频、导叶开度、手动、自动等调速器的主要参数及运行状态，并在触摸屏（或液晶屏）上显示。

（7）能通过触摸屏（或液晶屏）整定调速器的运行参数。

（8）检测到电气故障时，能自动地切为手动，并将负荷固定于故障前的状态。

（9）采用高可靠性可编程控制器（PLC），体积小，抗干扰能力强，平均无故障时间达30万h以上。

（10）采用软件测频，可满足测频适时性和测频精度的要求。

（11）采用PID智能控制，具有良好的稳定性及调节品质。

（12）具有可扩展通信接口，便于与上位机通信。

四、高油压调速器的主要技术参数和技术指标

（1）比例系数 P：0.5～20。

（2）积分系数 I：0.05～10 1/s。

（3）微分系数 D：0～5s。

（4）频率给定 F_G：45～55Hz，可简称为频给。

（5）功率给定 P_G：0～100%。

（6）永态转差系数 b_p：1%～10%。

（7）人工死区 E：0～1%。

（8）机频、网频信号电压：AC 0.3～110V。

（9）交流电源：AC 200V。

（10）直流电源：DC 220V 或 DC 110V。

（11）最大工作油压：16MPa。

（12）转速死区 i_x：≤0.04%（大），≤0.08%（中），≤0.10%（小）。

（13）自动空载 3min 转速摆动相对值：≤±0.15%（大），≤±0.25%（中、小）。

（14）接力器不动时间 T_q：≤0.2s。

（15）平均故障间隔时间：≥8000h。

五、高油压调速器的组成

高油压调速器主要由三部分组成：①电气控制部分；②液压阀组部分；③油压装置部分。

（一）电气控制部分

电气控制部分主要包括测频部分、PLC（PCC）控制器、综合放大部分、触摸屏、电气操作回路等。

1. 测频部分

（1）测频原理。微机调速器一般采用测周法测量机组频率，测周法是测量频率信号的周期的倒数，即可得到被测信号的频率。数字测频，通过测频模块将机组频率转换成具有一定周期的脉冲数字信号，脉冲信号周期倒数即为机组频率。电液调速器的测频信号源大多采用机端电压互感器输出的电压信号，也有采用残压与齿盘脉冲测频互为备用的双信号方案，如图 4-4 所示。

（2）测频特点。残压信号的有效电压范围为 0.3～160V，可测出的频率范围为 5～99.99Hz，齿盘测速的电压峰值范围为 4.5～24V，可测出的频率范围为 0.5～99.99Hz。

作为微机调速器的控制核心——微机控制器，随着计算机技术的不断发展，经历了单片机、单板机到工业控制计算机、可编程控制器和可编程计算机的阶段。

2. 控制器

（1）可编程控制器 PLC。可编程控制器（Programmable Logic Controller，PLC），

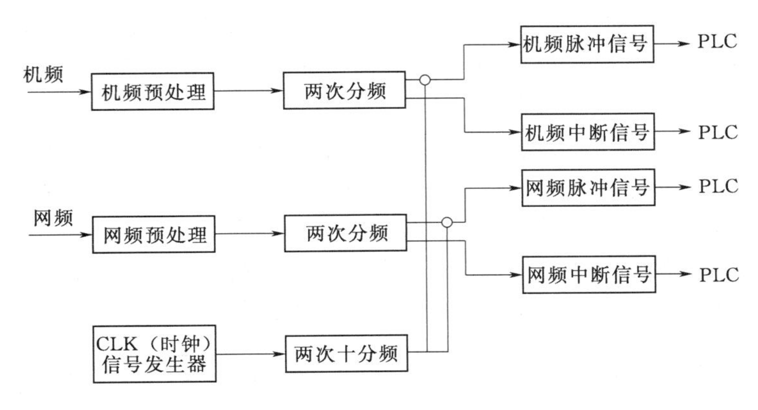

图 4-4　微机调速器测频原理图

PLC 作为一种新型的工业控制装置，它是适应现代工业生产要求控制方案能随生产品种灵活改变的需要研制出来的，其主要功能是实现逻辑控制，从而取代传统继电器的硬接线控制逻辑，克服传统继电器触点控制故障率高、系统维护量大、容易出现触点竞争和时序失配等问题。目前 PLC 的功能日益增强，不仅能进行一般的逻辑控制，还具备了数据运算、传送和处理的功能，可以进行模拟量控制、位置控制和实现远程通信，PLC 已成为现代工业控制的主要设备之一。目前，微机调速器常用 PLC 一般采用西门子、三菱、欧姆龙、莫迪康等公司产品，不同调速器厂家选择不一样。

（2）可编程计算机控制器 PCC。可编程计算机控制器（Programmable Logic Controller Computer，PCC）是 PLC 的升级产品，PCC 可实现多任务操作系统，这是 PCC 与 PLC 的一大区别；并且支持梯形图、C 语言等各种高低级编程语言，它采用 B&R 高级语言，是基于 Windows 操作系统的一种高级语言，更易于编程；此外，它还可以支持多个主 CPU 同时工作，具有智能处理器，如专门的时间处理单元（Time Processor Unit，TPU）。可以看出，PCC 不是简单对 PLC 的更新换代，它在很多方面突破了传统做法，在可编程控制器中引入新的控制思想和编程思想，更易于实现越来越复杂的控制要求，同时性能比 PLC 更强大、更稳定。目前，PCC 产品由奥地利贝加莱公司一家生产。

3. 综合放大部分

综合放大板主要作用是对输入的液压缸位移反馈信号进行调零调幅处理；对输入的调节器信号进行缓冲处理；将两信号进行比较；将比较后的信号放大整形，进行脉冲宽度调制；再将调制后的脉冲信号用 MOS 功率管进行功率放大，以便驱动比例阀或数字开关阀的线圈。

（1）信号要求。

1）对输入的接力器反馈信号进行处理。

2）对输入放大板的调节信号进行缓冲综合处理。

3）将调节信号与反馈信号进行比较叠加。

4）将叠加后的信号放大整形，进行脉冲带宽调制。

5）将调制后脉冲信号用 MOS 管功率放大，驱动比例阀或数字开关阀线圈。

（2）功能要求。

1）具有死区补偿功能，应设有专门的死区补偿电路，用以抵消机构死区。

2）应具有振动分量，具有三角波振荡电路，使调节信号为零时，三角波信号使比例阀芯产生一定频率微振，减小机械死区。

3）调制及功率放大，增大操作力，驱动电磁阀芯移动，给接力器配压。

（3）系统原理。调节器的输出信号经过缓冲电路处理后，与经过调零、调幅电路处理的导叶接力器反馈信号比较，其差值信号经过放大后分为两路：一路调制为开关信号并经过功率放大，推动并联阀组中的大波动开关阀；另一路被三角波调制为脉宽信号，经过功率放大后推动并联阀组中的小波动比例阀。综合放大部分系统原理如图 4－5 所示。

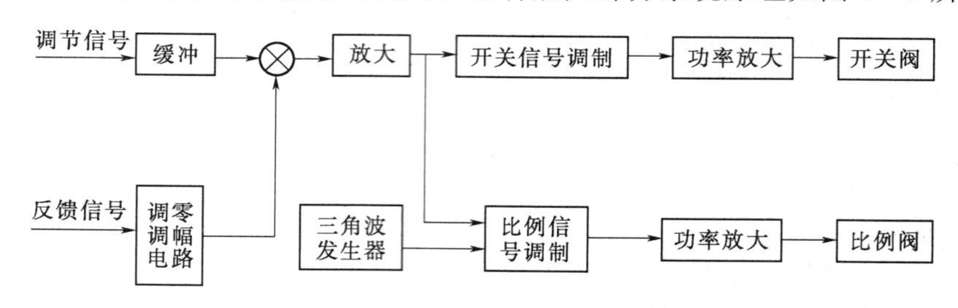

图 4－5 综合放大部分系统原理

4. 触摸屏

触摸屏一般配置原则是大型调速器采用大尺寸彩色触摸屏，中型调速器采用较小尺寸的彩色触摸屏，小型调速器采用文本型显示器，也可采用触摸屏，显示调速器各项性能参数，并可通过触摸屏进行调速器参数调整、试验等操作。

5. 电气操作回路

电气操作回路由相应的继电器、按钮、指示灯等组成，与显示器共同实现调速器的人机对话功能。

（1）采用厂用直流操作电源的操作回路有紧急停机回路、手动按钮切换回路；采用开关电源的操作操作回路有增、减给定回路。

（2）电气柜面板上按钮有增、减给定，手自动切换按钮，在自动调节状态下，并网时增、减给定，将使功率给定相应增加或减少，空载时增、减给定，频率将增加或减少。

（3）电气柜面一般还应有交、直流电源指示灯，紧急停机及电气故障指示灯等。

（4）大、中型调速器一般还应有液压锁定装置，操作回路中相应有锁定投入和锁定拔出回路及对应的控制阀，锁定回路的电源一般也同厂用直流电供电。

6. 电气反馈装置

微机调速器的电气反馈装置的作用是将接力器的位移信号转换成反馈回路的电压变化信号（0～10V），反馈至电气部分，以构成闭环调节。主要有精密绕线旋转电位器、绕线式直线位移传感器、磁致伸缩式直线位移传感器。

7. 电源系统

（1）电源的构成。开关电源、变压器、电源转换模块、空气开关及指示灯。交直流电源经过电源转换模块再送给开关电源，向可编程控制器提供电源，交直流电源可实现无中断、无扰动切换，如图 4－6 所示。

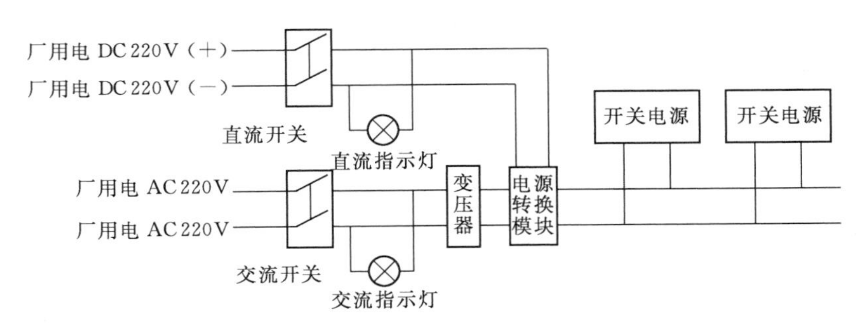

图 4-6　电源的构成

（2）开关电源。开关电源具有体积小、重量轻、效率高等优点，当输入电压波动较大时，输出电压比较稳定，在微机监控系统中得到普遍采用。常用品牌是台湾明纬。

（3）电源过压保护。调速器开关电源可以经受电源线输入的最大值为 1kV，但如遇强雷击时仍可能损坏。应在厂用变低压侧就近装入三相第一级电涌保护装置，在交流电源屏上装置第二级电涌保护装置。当电源电压大于 264V 的过压持续数秒以上将损坏电子元件，如电容爆裂、压敏电阻烧裂、电路板烧毁。

（二）液压阀组部分

高油压调速器的液压阀组主要包括小波动调节阀、大波动开关阀、手自动切换阀、手动操作阀、锁锭阀、紧急停机阀、液压缸（接力器）等。

1. 小波动调节阀

一般采用直动式三位四通比例换向阀，是调速器电液转换的核心元件，它是在机组正常工作时小波动调节时工作，它根据电气部分输出的电气调节信号按比例控制接力器动作。

2. 大波动开关阀

一般采用直流湿式弹簧复位式三位四通开关阀，它是在机组大波动，如正常开机、停机、负荷增减较大时工作。大波动开关阀与小波动调节阀何时启动，将由 PLC 根据调节信号的强弱和类别而发出指令。

3. 手动操作阀

手动操作阀是一个三位四通的手动换向阀，可在手动工况或调速器电气部分故障情况下，人为手动操作该阀，实现接力器的开关机或负荷调整动作。

4. 手自动切换阀

手自动切换阀是一个二位四通电磁换向阀，自动工况下该阀是一个通路，在手动或紧急停机时切断比例阀供油油路。该阀有三种控制方式，一是电气部分故障或事故停机时，由电控柜自动将该阀由自动切为手动，二是通过电控柜按钮，人为进行手动、自动相互切换，三是该阀两端有手动应急按钮，在无直流电源时，可直接进行手动、自动相互切换。

5. 紧急停机阀

紧急停机阀采用二位四通电磁换向阀。正常情况下，紧急停机阀处于复归状态，油路不通；当发生紧急停机事故时，紧急停机阀动作，控制接力器紧急停机。该阀两端有手动应急按钮，在无直流电源的情况下，可直接用手操作。

6. 双液控单向阀（液压锁）

双液控单向阀安装在调节阀之后，在手自动切换阀处于手动位置时，能可靠切断比例至接力器油路。

7. 单向节流阀

安装在调节阀通往接力器的油管上，用于调整接力器的开、关机时间。

8. 接力器（液压缸）

液压缸，也叫接力器，是调速器输出动作的执行元件，接力器活塞杆在液压的作用下发生移动，通过水轮机导叶传动机构，控制导叶的开度，从而调节水轮机的输入流量。

9. 液压锁锭装置

液压锁锭装置由锁锭电磁阀及液压锁锭阀组成。锁锭电磁阀解除时，液压锁锭阀为一通路，不影响液压缸动作；在每一次停机完成后，微机监控系统或人为会向调速器发出锁锭信号，由于锁锭电磁阀是一单向阀，投入后，不影响接力器的关机动作，但接力器全关后即不可再开机，起到锁锭作用，保证停机后的安全。下次开机时，应先退出液压锁锭，才能开机。

（三）油压装置部分

油压装置是给调速器提供压力油源的设备，分为组合式和分离式。组合式油压装置是将调速器电气控制柜、液控阀组等直接安装油压装置上，中小型高油压调速器一般采用这种型式。分离式油压装置一般用于大中型高油压调速器，调速功大，蓄能器多，尤其是双调节的转桨式水轮机调速器，调速器分成三部分，一是标准尺寸电气控制柜，可布置在机旁屏位置，二是液控柜，由液控阀组和油压装置回油箱组成，一般布置在机组旁，三是蓄能器组，根据容量液压等级，集中布置若干个蓄能器，可灵活布置，用管路与液控柜连接。

无论是分离式还是组合式油压装置，其组成部分是基本一致的，主要由回油箱、油泵组、安全阀、滤油器、供油阀、单向阀、蓄能器、监测仪表等组成。

1. 高压油压装置

高压液压装置用于向调速器、操作器及阀门控制柜等提供清洁、可靠而稳定的高压油。它由回油箱、电机泵组、油源阀组、囊式蓄能器和压力定计等部分构成。回油箱用于储存液压油，并作为电机泵组、油源阀组、压力表计、控制阀组等的安装机体。电机泵组由电机、高压齿轮泵、吸油滤油器等组成，用于产生压力油。囊式蓄能器是一种油气隔离的压力容器，钢瓶上部有一只充有压缩氮气的丁腈橡胶囊，压力油从下部输入钢瓶后，压缩囊内的氮气，从而存储能量。压力表用于指示油源压力，电接点压力表用于控制油泵电机的启停。

图 4-7 为高压油压装置系统图，该系统由回油箱、两套电动机泵组及油源阀组、两个 100L 蓄能器及一组接点压力表构成。电动机为油压装置的动力源，当蓄能器和系统的油压降至工作压力的下限时，电接点压力表动作，通过控制电路使电动机启动运转，经

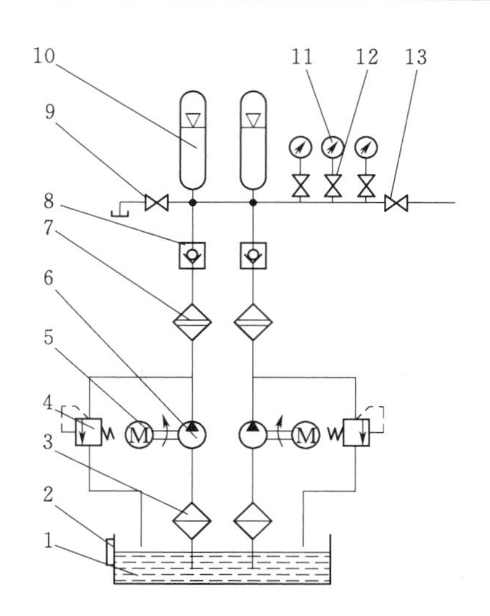

图 4-7　GY-200 高压油压装置系统原理图
1—油箱；2—液位计；3—吸油滤油器；4—安全阀；5—电机；6—油泵；7—滤油器；8—单身阀；9—放油阀；10—囊式蓄能器；11—电接点压力表；12—压力表开关；13—主供油阀

传动装置带动油泵开始工作，自回油箱内吸油。

液压油经吸油滤油器滤去较大颗粒的机械杂质，经油泵获得能量成为压力油，再经滤油器精滤成为清洁的压力油。压力油经单身阀和高压管路向蓄能器中充油，压缩气囊而储能、升压，当蓄能器和系统的油压升至工作压力的上限时，电接点压力表动作，通过控制电路使电动机泵组停止工作。

单向阀隔在蓄能器和滤油器之间，既可防止电动机停转时压力油倒流导致电动机泵组反转，又使得蓄能器保持油压的条件下，可以进行滤油器清洗等工作。安全阀的整定压力稍高于工作压力上限，如果电接点压力表或控制电路出现故障，造成油压升至工作压力上限后电动机泵组仍不能停止工作，安全阀即开启泄油，确保系统压力不会过度升高而导致事故。

2. 囊式蓄能器

囊式蓄能器是高压油压装量的重要组成部分，它具有储存能量、稳定压力、吸收冲击和消除振动等作用。囊式蓄能器是利用气体（氮气）的可压缩性来储存能量的。在使用前，首先经顶部的充气阀向蓄能器中的气囊充以预定压力的氮气，然后用液压泵经底部的油口向蓄能器充油。在压力油的作用下，顶开菌形阀，油进入容器内，压缩气囊，当气腔和液腔的压力相等时，气囊处于平衡状态。当系统需要用油时，在气体压力作用下，气囊膨胀，输出压力油。

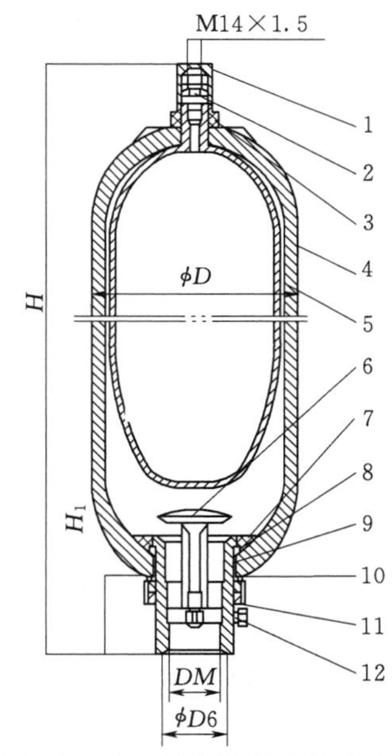

图 4-8　囊式蓄能器的典型结构图
1—阀防护罩；2—充气阀；3—止动螺母；4—壳体；5—胶囊；6—菌形阀；7—橡胶托环；8—支承环；9—密封环；10—压环；11—阀体座；12—螺堵

囊式蓄能器的典型结构如图 4-8 所示，它是由上部的充气阀、壳体、胶囊和下部的菌形阀总成等组成。壳体是均质无缝的调制压力容器，形状为两端呈球形的圆柱体。其上端有个容纳充气阀的开口。由合成橡胶制成的完全封闭的梨形气囊模压在气门嘴上，形成一个封闭的空间。气囊经壳体下端开口置入后，借助于止动螺母固定在壳体的上部。菌形阀总成由阀体座、菌形阀及其下面的弹簧组成，其作用是防止油液全部排出时，气囊膨胀出壳体之外。该阀用一对半圆支承环卡住阀体座的台肩，装在壳体的下部。橡胶托环和

密封环构成阀体座与壳体的密封，用壳体外面的螺母经压环拧紧固定。

六、高油压调速器典型的机械液压系统

1. 系统组成

如图 4－9 所示为 GKT 系列高油压调速器的机械液压系统原理。该电液比例伺服系统主要由比例换向阀 16、手/自动切换阀 17、紧急停机电磁阀 20、单向节流阀 21、液压缸 23、电气反馈装置 24、液控单向阀 25 及两段关闭装置 22 等构成。左侧为高油压装置部分，右侧为机械液压部分，来自囊式蓄能器输送来的压力油，经过压力表后分为上、下两条油路。

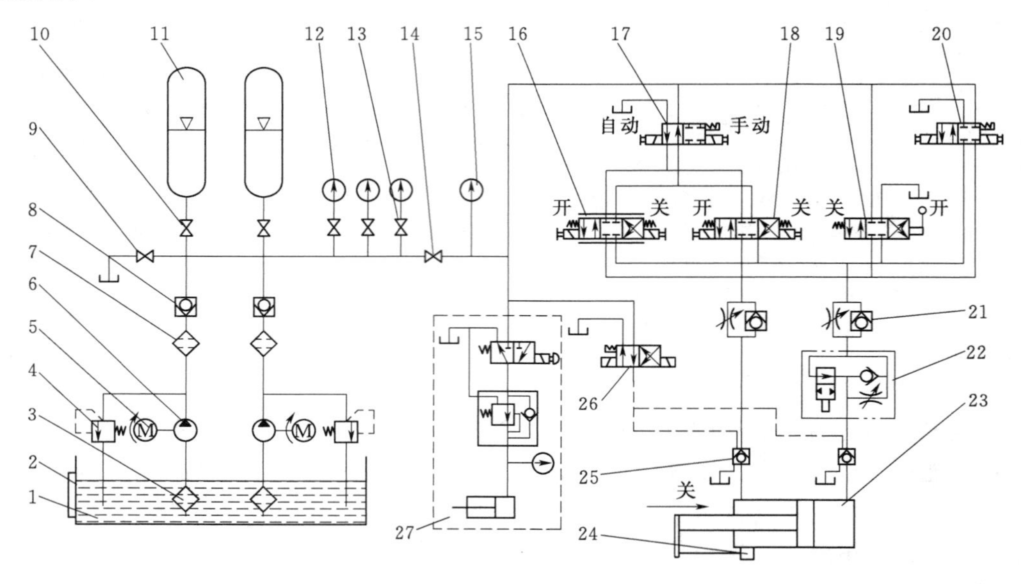

图 4－9　GKT－80 型高油压调速器机械液压系统原理图

1—油箱；2—油位计；3—吸油滤油器；4—安全阀；5—电动机；6—油泵；7—滤油器；8—单向阀；9—放油阀；10—截止阀；11—囊式蓄能器；12—电接点压力表；13—压力表开关；14—主供油阀；15—压力表；16—比例换向阀；17—手/自动切换阀；18—开关换向阀；19—手动换向阀；20—紧急停机电磁阀；21—单向节流阀；22—两段关闭装置；23—液压缸；24—位移反馈装置；25—液控单向阀；26—锁定电磁阀；27—刹车控制回路

上面一路油管到高油压调速器液压控制回路，该控制回路由左、中、右三条并联的油路构成。左边油路是自动调节回路，由手自动切换阀 17、小波动阀（即比例换向阀）、大波动阀（即开关换向阀）构成，其中大波动阀与小波动阀互相并联，手自动切换阀 17 则是与大、小波动阀相串联；右边油路是由紧急停机电磁阀 20 构成的紧急停机回路；中间油路是由手动换向阀 19 构成的手动操作回路。上述三条并联油路的控制阀各自有两个输出工作油口，所有控制液压缸开启的油口并为一条油管，经单向节流阀 21，两段关闭装置 22 及液控单向阀 25 与液压缸 23 的开启腔相连；所有控制液压缸关闭的油口并联，经一条油管、单向节流阀、液控单向阀与液压缸的关闭腔相连。另一路压力油向锁定电磁阀及刹车电磁阀供油。锁定电磁阀 26 用以控制由液控单向阀构成的液压锁定阀组；虚线框

内为刹车控制回路，压力油经减压后用以控制刹车液压缸。位移反馈装置 24 用于向调速器电气部分反馈液压缸的位移信号。

2. 系统调节控制原理

GKT－80 型调速器的高油压系统的自动调节功能由大波动阀与小波动阀并联构成的自动调节阀组实现，简称大小阀调节模式，此种调节模式调节性能好。大波动时大小阀同时动作，液压缸按整定的最大速度运动，以保证系统的速动性；小波动时仅小波动阀动作，液压缸以较慢的速度运动，以保证系统的稳定性，使调速器同时具有良好的速动性与稳定性。

在 GKT－80 型高油压调速器中，大波动阀采用电磁换向阀或电液换向阀，小波动阀则采用电液比例换向阀或数字开关阀。

自动运行时，手动换向阀 19 处于中位，紧急停机电磁阀 20 复归（在右位），切断了各自的油路。手/自动切换阀 17 的阀芯处于左位，即自动位置，接通了自动调节阀组的供、排油路，使调速器处于自动运行工况。在小波动工况下，当机组增负荷时，根据控制信号比例换向阀 16 的阀芯处于左位，向液压缸开启腔提供压力油，导叶开度增大；反之，机组减负荷时，比例换向阀 16 的阀芯处于右位，液压缸开启腔排油，关闭腔进压力油，导叶开度减小。在大波动工况下，当机组增大负荷时，比例换向阀 16 和开关换向阀 18 的阀芯同时处于左位，压力油可迅速进入液压缸开启腔，使水轮机导叶迅速开大；反之，当机组甩负荷时，阀 16 和阀 18 的阀芯同时在右位，压力油可迅速进入液压缸关闭腔，导叶迅速关闭。

手动运行时，先将手/自动切换阀 17 切换至右位，即手动位置，切断自动调节阀组的供、排油路；紧急停机电磁阀仍处于复归状态，这时操作手动换向阀 19 即可控制液压缸开关动作。

当机组事故需紧急停机时，紧急停机电磁阀 20 动作，手动换向阀 19 处于中位，手/自动切换阀 17 同时切换为手动工况，切断自动调节阀组的供、排油路；液压缸即在紧急停机电磁阀 20 控制下紧急关机。

3. 开关机时间调整及两段关闭装置

高油压调速器的开关机时间调整，通常用调整液压缸油路上的单向节流阀（又称调速阀）实现。串联于液压缸开启油路上的单向节流阀用于调整液压缸的关闭时间；串联于液压缸关闭油路上的单向节流阀则用于调整液压缸的开启时间，开关机时间连续可调。

4. 液压锁及低压油源

液压锁定可在机组停机后投入，以防止液压缸向开机侧爬行而导致机组误开机。由 GKT－80 型高油压调速器的系统原理图可知，正常运行时，锁定电磁阀 26 输出的压力油进入液控单向阀 25 的控制腔，将液控单向阀打开，使之成为通路，不影响液压缸的正常动作。机组停机后，锁定电磁阀 26 动作，液控单向阀 25 的控制油路接通排油，这时液控单向阀的机能与单向阀相同，因而液压缸便被锁住。

手动操作时，为防止液压缸爬行导致溜负荷，也可在操作后投入液压锁定。如果在手动操作时接到紧急停机令，紧急停机令将会首先解除液压锁定，以保证液压缸迅速关机。

机组紧急停机后，液压锁定将自动投入。另外，有些机组要求高油压调速器提供刹车控制装置及某些自动化元件所需的低压油源。由于所需油量较少，通常采用设置减压阀的方法满足上述要求。

第三节 微机调速器调整、运行与维护

根据机组的不同运行方式，要求调速器亦有相应的运行方式，甚至改变某些运行参数，以便合理、优化地对机组进行调节和控制。电力系统（电网）中并列运行的发电机组，均应在相同的频率下工作，称为同步运行。发电机在向电网并列之前，其频率必须与网频相同或者在允许的频率偏差范围之内。在并网瞬间不应对发电机产生太大的冲击，以免引起电网电压波动或损坏发电设备。对发电机并网要求操作简单，并网迅速、准确而且冲击小。在发电机并网过程调速器是关键的控制设备。所以，在并网过程要求调速器具有优良的性能，即可靠性、稳定性、速动性要好，转速死区要小等。

一、微机调速器的调整

1. 开关机时间的调整

整定关机时间时，手动将液压缸开到全开，然后通过应急按钮手动操作紧急用阀，使液压缸全速向关机侧运动，用秒表记下接力器从75%开度关至25%的时间，取其至两倍作为接力器的关机时间。根据测量结果，相应调整与液压缸开机腔相连的单向节流阀，使关机时间达到要求值。

整定开机时间时，手动将液压缸全关，然后切自动；不输入机组频率信号，在显示屏上设置开限值为99.99%，发开机令，此时液压缸将全速向开机侧运动。用秒表记下接力器从25%开度开至75%的时间，取其两倍作为接力器的开机时间。根据测量结果，相应调整与液压缸关机腔相连的单向节流阀，使开机时间达到要求值。调整完成后将开限恢复至原值。

2. 两段关闭装置的调整

如调速器具有两段关闭装置，则应在上述调整完成之后投入并进行调整。拐点位置由可调撞杆位置整定，第二段关闭由单向节流阀调整，逆时针旋转旋钮，可开大节流阀，缩短关机时间；反之则延长关机时间。

3. 电气反馈装置的调整

电气反馈装置是调速器的关键部件之一，其安装、调整质量直接影响调速的调节品质和该装置的使用寿命。

常见的电气反馈装置有旋转式和直线位移式两种。旋转式反馈装置常用钢丝绳传递位移。安装时应使钢丝绳与液压缸相连的一段与活塞杆运行轨迹平行或一致；转向滑轮应尽量少；转向滑轮的安装应保证钢丝绳处于滑轮槽的正中间；反馈装置本身的钢丝绳在运动过程中不与其外壳产生摩擦。直线位移式反馈装置安装时应使其传动杆的运动轨迹与活塞杆的运动轨迹完全平行或一致；传动杆与活塞杆的连接应平顺、无别劲、无间隙。

二、微机调速器运行与操作

1. 自动运行

调速器在自动运行时，可根据机组的不同工况，由软件（即程序）自动改变控制规律和调节参数。

自动开机时，频率给定等于50Hz，机组频率与频率给定的差值转换成开关信号，控制液压缸开、关，直至机组频率等于频率给定。并网前的调节参数为空载参数，以保证机组空载运行的稳定性。空载运行时，若频率调节方式处于"不跟踪"，则频率给定值默认为50Hz，如需改变频率给定值，可通过电控柜上的显示屏或增、减给定按钮进行整定，也可通过上位机或自动准同期装置的指令增、减；若频率调节方式处于"跟踪"，则频率给定自动跟踪网频。

并网后，频率给定自动整定为50Hz，b_p 值置于整定值以实现有差调节。此时液压缸开度将随着频差而变化，并入同一电网的机组将按各自的 b_p 值自动分配负荷。当上位机或电控柜上的增、减给定按钮发出增、减负荷命令时，功率给定值相应改变。并网后如需改变频率给定，可通过显示屏修改。

自动停机时，给定频率将自动置于零，机组频率与频率给定的差值转换成关机信号，控制液压缸快速关闭，直至机组频率为零。

2. 手动操作

手动操作一般在调试、首次开机和电气故障时采用。此时，调速器切为手动工况，用手动操作阀即可控制机组开、停或增、减负荷。

手动开机时，先用手动操作阀使导叶开至启动开度；待转速升至80%后，将导叶关至空载开度附近，并根据机组转速用手动操作阀细心调节导叶开度，使机组稳定于额定转速。并网后，用手动操作阀即可增减负荷。

手动停机时，用手动操作阀使导叶关至空载开度；与电网解列后，继续用手动操作阀关闭导叶，直至停机。

3. 紧急停机

自动工况下紧急停机时，紧停阀、手/自动切换阀同时动作，紧停阀向液压缸关机侧配油，使其快速全关；手自动切换阀切断自动调节阀组的压力油路，即使自动调节阀组万一卡在开机侧，也不影响紧急停机。手动工况下紧急停机时，手/自动切换阀已将自动调节阀组的压力油路切断，紧停阀动作后即可紧急停机。

三、高压油压装置调整与运行

1. 油泵的启动

油泵首次启动前，应先确认蓄能器内的氮气已达到规定的充气压力；主供油阀及放油阀均已关闭；溢流阀手轮逆时针旋转退出，溢流压力降至最低；电机电源和油泵控制回路已全部接好。

将油泵切为手动控制，用点动的方式启动油泵电机，同时观察电机旋转方向。如旋转方向有误，将电机电源线的任意两相对换，即可改变电机旋转方向。

手动启动油泵电机后，溢流阀应很快开始溢流。顺时针旋转溢流阀手轮，溢流阀之溢流压力逐渐升高，电接点压力表开始指示油压。将溢流阀调整到在规定溢流压力值下开始溢流。然后手动关停油泵电机。

2. 电接点压力表的整定

用螺丝刀推入电接点压力表中心的调节针杆，拨动表针来整定其动作压力。各压力整定值按照表 4-2 要求确定。整定时须注意，只有停泵压力为上限控制，其余压力整定值均为下限控制。

表 4-2　　高压油压装置特征压力值　　单位：MPa

P	4.0	6.3	8.0	10.0	12.5	16
P_{omax}	4.0	6.3	8.0	10.0	12.5	16
P_{omin}	3.5	5.5	7.0	8.8	11	14
P_T	2.8	4.4	5.6	7.0	8.8	11.2
P_R	2.4	3.8	4.8	6.0	7.5	9.6
P_o	2.2	3.5	4.5	5.6	7.0	9.0
P_y	4.2	6.7	8.5	10.6	13.2	17.0

3. 油压装置的自动运行

电接点压力表整定完成后，用模拟试验确认油泵自动控制装置动作无误。然后将油泵切为自动控制，用开、关放油阀的方法使电机泵组自动启停。油泵自动控制装置应能使高压油压装置的油压自动保持在正常操作压力范围之内。这时，高压油压装置已具备正常供油条件，需要时即可打开主供油阀供油。

四、调速器的检查与维护

加强调速器运行中的检查与维护是保障调运器正常工作，预防故障产生的重要措施。

1. 运行中检查的主要内容

(1) 观察调速器运行是否稳定，有无异常摆动、跳动现象。

(2) 检查各部件工作位置、各表计指示是否正确；油压、油位是否正常，应无漏油现象。

(3) 检查反馈传动机构是否完好，杠杆应无弯曲变形、销子应无松脱、钢丝绳应无断股或松脱现象。

(4) 检查各调节参数是否在整定位置；功率给定指示是否与负荷相适应；协联装置水头指示是否与实际水头相符合。

2. 运行维护应注意的事项

(1) 定期检查接线是否松动并消除积尘。

(2) 调速器用油应每年更换或处理一次。新安装或大修后两个月内应更换或处理1～2次。滤油器应每周切换清扫一次。当滤油器前后压差超过 0.25MPa 时，应立即切换清扫。

(3) 工作油泵与备用油泵应每周倒换一次，倒换应在泵停状态下进行，倒换后应监视

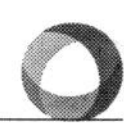

新的工作油泵启、停情况。油泵停止时应无反转现象。

(4) 在水头变化较大的电站，应随时注意调整空载开度接点位置，以保持机组有良好的启动特性，同时可防止甩负荷时机组过速。

(5) 定期测量电气调节器及微机调节器的各种参数，将其与厂内试验数据相比较，以便判断其工作是否正常或故障将会发生。以便及时防止。

(6) 定期每月检查一次事故停机电磁阀动作情况，防止因长期不用而动作失灵。

(7) 定期检查蓄能器密封性，查看是否漏气。如若有漏气现象，需及时进行检修和补气。

3. 运行操作中应注意的问题

(1) 如果电接点压力表的接点用久后易氧化发黑，为避免产生故障，应及时予以更换。

(2) 油泵长期停止运转后再需启动时，应先拆下阀盖加油润滑泵杆，然后装好阀盖再启动油泵。

(3) 调速器正常运行时，各调整螺钉及可调电位器均不允许随意调整，以免引起故障。

(4) 电液调速器或微机调速器的工作电源与备用电源需要切换时，应将调速器切至手动状态下进行。

(5) 检测电液调速器或微机调速器调节器的参数时，有备用者应切至备用再进行，无备用者应切至手动再进行。

第四节　微机调速器常见故障与处理

一、调速器常见故障

常见故障指调速器投运前或大修后经过调整、试验合格，在正常运行中，由于部件存有质量缺陷，机构松脱变位、机械杂质堵塞、参数设置改变等原因引起的故障。特列举可编程调速器运行时可能发生的故障及处理措施。

1. 上电后出现电气故障，无法开机

(1) 可编程控制器的运行开关未置于“RUN”位置，“RUN”灯未亮，可编程没有投入运行，可能导致电气故障灯亮。

(2) 可编程控制器故障，可编程故障灯亮。主要是模块故障，程序运行超时，状态RAM故障，时钟故障等。此时应先切手动，暂停运行，过一会儿再重新启动，一般可恢复正常。如果是常驻性故障，应检查相关模块运行指示灯是否正常，对不正常的模块应予更换。

(3) 继电器接点粘连或继电器损坏，可检查可编程控制器“电气故障”端子是否有信号输出，观察可编程对应输出端口指示灯是否亮，判断是否继电器损坏。

(4) 测频故障导致“电气故障”灯亮，观察显示屏是否显示“机频故障”。

2. 手动开机并网，切至自动后导叶全关

(1) 水机自动屏/LCU 的停机令未复归。

(2) 电气部分连线接触不良、元件损坏。如 PLC 的调节输出电压未送至综合放大板，功率管损坏短路，或调节阀的线圈与控制信号线接触不良等。

(3) 若调节器输出有开机信号，则可能是电液转换部件卡在关机侧，应清除电液转换部件。

3. 发开机令后调速器不响应

(1) 调速器没有切为自动状态。手动状态时，切除了电气部分对机械部分的控制，上位机指令不起作用。

(2) 紧急停机电磁阀没有复归。由于采用具有定位功能的两位置电磁换向阀，紧急停机信号解除后，电磁换向阀保持在原紧停位置，必须在复位线圈通电后，紧急停机功能才能解除。

(3) 水机自动屏/LCU 的停机令未复归。水电站试验、事故检查后，易发生停机令未解除的情况，停机令级别高于开机令，调速器执行停机令。

(4) 电液转换部件被机械杂质卡住。在机组运行初期易出现。

4. 开机后，机组频率稳定值小于 50Hz

(1) 调速器未投入跟踪网频，频率给定值小于 50Hz。可人工调整（增加）按频率给定值调节机组频率；若自动准同期装置投入也会增减频率给定。

(2) 空载开限值小于实际所需空载开度，故机组频率小于 50Hz，应适当调大空载开度限制值。

(3) 人工给定水头信号，可能水头给定值偏小，导致空载开限低，调整水头值。

(4) 进水闸门或阀门未全开。

5. 机组自动空载频率摆动值过大

(1) 如果手动空载频率摆动值过大。例如，在 0.5～1.0Hz，而自动空载频率摆动在 0.5Hz 以上，这是由于机组结构和水流等因素造成，调整参数 K_P、K_I 和 K_D 有可能使空摆减小，调整原则是使调速器动作加快。即适当增大 K_P 和 K_I 整定值，增大 K_D 效果比较明显。若摆动值偏大而且等幅摆动，周期短，可能是调节参数设置不当，适当减少 K_I；若摆动值偏大，而摆动周期长，可能是随动系统放大系数偏小所至，适当增大随动系统中的放大系数。

(2) 调节参数设置不当。积分系数偏大表现为系统有较大的滞后特性。机组频率可能出现较大的等幅振荡；比例系数偏大意味着较小的频率偏差也会有较大的调节信号输出，过调节而造成机频多次振荡。

(3) 随动系统放大倍数偏小，死区补偿不足。由于中位密封的需要，各种液压滑阀处于中位时有一定的搭叠量，控制时需由电气部分进行死区补偿。较大的死区会使得机组频率等幅振荡，死区越大，振荡幅值越大。

(4) 机组频率信号源受到干扰，导致机频无规则的摆动。常见的问题有：频率线未用屏蔽线或屏蔽线接地不良，或一根频率线悬空；频率信号线与动力线近距离并行；在机组首次开机时残压太低；大功率电气设备启停、直流继电器或电磁铁吸/断造成的强脉冲电

磁干扰等。

(5) 接力器与导水机构间有过大的机械死区。这种情况下，调速器手动时机组频率摆动可达 0.3Hz 甚至更大，自动时机组频率摆动则大于或等于上述值，调节 PID 参数也无明显效果，应停机检查并处理。

(6) 导叶位移传感器松动或在某区域接触不良，使得反馈信号不是随接力器的行程线性变化，甚至造成反馈信号无规则的跳动。

(7) 调速器至接力器的油管路中存在空气，导致接力器的不规则抽动。

二、机组带负荷运行时的常见故障

1. 溜负荷

系统频率稳定，也没有进行减负荷操作的情况下，机组负荷全部或部分自行卸掉，可能原因包括以下几点。

(1) 电液转换部件卡在偏关侧，此时开机侧线圈虽有电压，而接力器却一直向关机方向运动，导致机组负荷全部卸掉。

(2) 综合放大板开启方向功率放大管损坏，调速器只能关，不能开。当系统频率稍高时，调速器会不断自行关小导叶，使机组卸掉部分负荷；但当系统频率稍低时，它又不能开大导叶，增加负荷。对此情况，人为增减功率给定，检查接力器开度能否随之增大减少，就可作出判断。

(3) 导叶位移传感器定位螺钉松动，传动部分移位，致使传感器输出的反馈值大于实际导叶开度。此时并网机组将自行卸掉部分负荷。

(4) 因干扰或其他原因导致机频的测频出错。若瞬时的干扰使调速器测得一个较高频率，则调速器因频率升高而关闭导叶，由于功给仍保持原值，导叶又会慢慢恢复到原有开度。

(5) 与溜负荷相对应的是自行增负荷故障，其原因与上述分析类似，但方向相反。

2. 接力器抽动

其可能原因包括以下几点。

(1) 位移传感器松动或在某区域接触不良，使得反馈信号时有时无，引起接力器的抽动。

(2) 随动系统死区补偿过大，使接力器在调节时出现过调，导致抽动。

3. 负荷突减至零并能稳定运行

可能原因包括以下几点。

(1) 断路器辅助接点接触不良。

(2) 断路器位置信号回路断开。

4. 调速器不能紧急停机

其可能原因包括以下几点。

(1) 紧急停机令没有送到调速器相应输入端。可观察紧停指示灯是否亮或用万用表测量。

(2) 紧急停机信号未送达紧急停机电磁阀线圈。可测量紧急停机电磁阀线圈插头是否带电。如未带电，可能是相应接线连错或接线松动。

（3）紧急停机电磁阀线圈插头有电，接力器不关机。可能是紧急停机电磁阀故障或损坏。应检测线圈电阻判断线圈是否断线。如线圈正常，检查电磁阀芯是否卡死，液压系统有无故障。

三、甩负荷及停机过程中的不正常现象

（1）甩负荷时机组转速上升过大，超过调保计算给定值。可能是调整关闭时间的限位机构松动，使接力器关闭过慢，重新调整接力器关闭时间。

（2）甩负荷时蜗壳压力上升过大，超过调保计算值，可能是调整接力器关闭时间的限位机构松动。使接力器关闭过快。重新调整接力器关闭时间。

（3）甩负荷过程中，超过3%的波峰多于两次且转速波动大，调节时间长，可能由空载转速摆动值偏大引起。

四、水轮机微机调速器自检发现的故障及处理原则

现代水轮机微机调速器，大都设置有故障自诊断功能，大型调速器一般设置的检测项目多一些，灵敏度和准确率可能高一些，中小型水轮机微机调速器设置的自检项目数少，各调速器厂生产的产品还不尽相同，一般设置如下故障自诊断项目。

（1）机频和网频信号输出突然消失或变化。

（2）导叶位置传感器输出突变或消失。

（3）水头信号突变或消失。

（4）主配压阀卡阻。

（5）电液随动系统故障（包括电液转换部件故障）。

（6）计算机主要模块故障。

微机调速器检测到故障后，会自动转入手动运行并发出故障报警信号。生产厂家的产品说明书会介绍相应处理措施。故障报警信号送到中控室或上位机，运行人员接到报警后，必须迅速检查故障是否排除，如未排除应立即处理。

五、水轮机调速系统故障分析与处理实例

位于四川省境内某水电站，总装机容量105MW，年平均发电量4.51亿kW·h。由于运行多年，机组水轮机调速系统出现了油压装置油泵启动较频繁、调速系统耗油量增大、油温偏高等现象。其中2#机组的运行情况较为严重，在夏季时段负载工况下甚至到了平均约4min就要启动一次油泵，油温升高接近50℃，油液黏度降低，调速系统耗油量、漏油量进一步加大。油压装置油泵启动较频繁会导致油循环加快、油温急剧上升，破坏油泵、组合阀、调速器、机组受油器、操作油管、桨叶等部件的密封，从而造成机组事故。因此，为了确保机组安全、高效运行，有必要全面分析调速系统各个环节，找到解决油泵启动较频繁、耗油量增大、油温偏高等问题的方法。

故障诊断采取了先全面分析调速器各部件的构成及工作原理，然后逐步排查，本着少拆卸多分析、先易后难的原则，列出可能出现的故障疑点，并通过对疑点的分析，最终找

到了故障原因，并确定了故障解决方法。

1. 压力油罐液位计的调整

通过对油压系统原理的分析，首先确定了调整压力油罐液位计的上油泵启停控制油位的检修方法。调整后，油泵启停间隔时间有所改善，但半年后，调速系统油泵启动又变得频繁，说明调节液位计不是彻底解决该电站调速系统故障的方法。

2. 控制阀块及液压元件密封性检查

依据经验，灯泡贯流式机组调速系统耗油量增大及漏油等问题很大比例是由于调速器控制阀块及液压元件密封不严、局部存在漏油造成。因此应仔细检查调速器本体，发现无机械液压漏油现象，就可以排除液压元件密封不严的因素。

3. 导叶接力器和受油器漏油检查

在停机状态，通过对比试验比较关闭及开启调速器本体到导叶接力器和受油器之间的管路阀门时调速系统的整体耗油量，若发现油泵启停间隔时间相差不大，故可以排除因导叶接力器和受油器漏油而引起调速系统耗油量增加这种情况。

4. 调速器控制模块的参数优化

水电站水轮机调速系统控制模式只有自动和电手动，没有配置纯机械手动，调速器在空载和负载情况下，尤其空载状态下，其主配压阀调节较频繁，转速及机组频率摆动较大。经过现场对调速器 PID 参数进行优化设置后，调节品质有所提高，主配压阀动作频率和幅度有了明显改善，但对整个调速系统耗油量减少的作用不明显。

5. 导叶的检查

机组处于停机状态（调速器电气柜未断电）时，空气安全阀压缩空气压力油罐为减小导叶漏水量，设置了一定的导叶接力器压紧行程，调速器电气柜会给伺服比例阀发出一定的偏关信号，让导叶处在偏关位置。此时，调速器一直处于调节状态，存在一定的耗油量。通过观察，该耗油量也较小，不应该是引起油泵频繁启动的主要原因。为进一步排除该因素，对主配压阀偏关信号也进行调整，使导叶偏关量减小，发现油泵启停间隔时间与原来相比变化不大。

6. 伺服比例阀的检查

为了检查伺服比例阀自身的耗油量对调速系统漏油量的影响，对伺服比例阀进行了排查，将伺服比例阀的驱动信号拔出，伺服比例阀主配压阀芯回到安全工位，A、B、P、T四个油口封闭，此时耗油量为伺服比例阀的漏油量，可以观察到比例阀的耗油量很小，说明伺服比例阀工作正常。

7. 对 2# 机组的检修

对调速系统的油管路进行了彻底检查。首先，出于安全的考虑，将调速系统压力油罐压力降低，约 0.3MPa，保持压力油罐内有足够的油量；然后，排空回油箱的油液，将油箱内部清理干净，检查人员做好安全措施进入回油箱进行检查。缓慢开启主供油阀，使压力油罐中的油进入调速系统管路，此时发现调速器控制油管路与主供油管路的连接处有油液喷出，于是迅速关闭主供油阀，切断油源。经检查，发现喷油处的焊缝开裂，压力油主要在此处泄漏，这正是 2# 机组调速系统油泵启停频繁、漏油量大的原因。检修人员排空压力油罐中的油液，释放压力至常压，排空回油箱的油液，将油箱内部清理干净，在作业区域内敷设好石棉垫、准备灭火器等焊接工作的防护措施，对开裂的焊缝进行补焊，检查清理。

思　考　题

1. 水轮机调节的任务是什么？
2. 自动调速器的基本构成是什么？
3. 什么是高油压调速器？它的技术经济优势有哪些？
4. 高油压调速器由哪些部分组成？
5. 高油压调速器常用哪些液压元件？
6. 实际运行中，微机调速器主要应调整哪些内容？
7. 微机调速器的常见故障有哪些？
8. 微机调速器启动自检故障有哪些？

第五章 微机励磁装置运行与维护

第一节 发电机励磁装置概述

一、发电机励磁装置的作用及分类

1. 发电机励磁装置的作用

根据发电机的基本工作原理，发电机在运行时，转子上需要加入直流电流以产生旋转磁场，这个直流电流称为发电机的励磁电流。励磁装置的作用就是为发电机提供一个可调节的励磁电流。

2. 发电机励磁装置的分类

发电机励磁方式分为两大类。

第一类：他励，即发电机设有专门的励磁电源。如直流或交流励磁机。

第二类：自励，即发电机的励磁电源取自发电机本身。采用连接在发电机机端的励磁变压器为发电机提供励磁电源。常用的自励方式有以下两种：

（1）晶闸管（SCR）自并励励磁方式。

（2）直流侧并联晶闸管自复励励磁方式，小水电站一般采用晶闸管自并励励磁方式。

3. 对励磁装置的基本要求

（1）可靠性高。

（2）保证发电机具有足够的励磁容量。

（3）具有足够的强励能力。

（4）保证发电机有足够的调节范围。

（5）保证励磁自动控制系统具有良好的调节性能。

二、励磁系统的组成

发电机励磁系统一般由三大部分组成，如图 5-1 所示，其中虚线框内设备安装于励磁屏内。

第一部分：主电路（晶闸管整流电路）。

第二部分：调节电路（微机励磁调节器）。

第三部分：保护、控制、信号等回路。

具体组成如下：

（1）励磁变压器：提供励磁电源。

（2）晶闸管三相桥式整流电路。

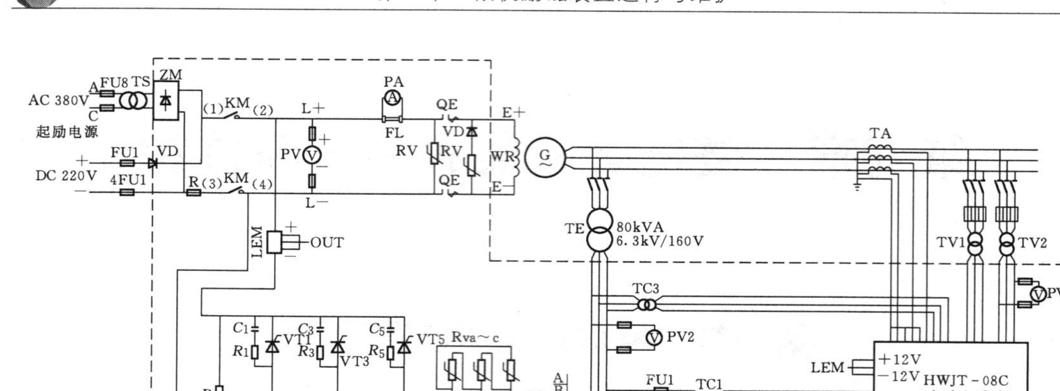

图 5-1　发电机晶闸管励磁系统图

（3）励磁自动调节器。励磁自动调节器是根据发电机机端电压和定子电流的变化，自动调节励磁电流的大小。对单机运行的发电机，通过调整励磁电流，可以保证机端电压不变。对于与系统并列运行的发电机，调节励磁电流可以改变发电机发出的无功功率。

（4）灭磁部分和过电压保护。

（5）灭磁开关。

（6）起励电源。

（7）保护、控制（灭磁开关、起励、风机的控制）、信号回路等。

三、三相桥式晶闸管全控桥整流电路

1. 电路图

在三相桥式全控整流电路中，六个桥臂元件全部采用晶闸管，从而构成了如图 5-2 所示的三相桥式全控整流电路。每只晶闸管配有快速熔断器 FU、阻容吸收 RC 电路、在交流侧和直流侧有过压保护装置。具体接线如图 5-2 所示。

图 5-2 中 SCR1、SCR3、SCR5 晶闸管组成共阴极接线，各晶闸管在各自电源电压为正半周时导通；SCR4、SCR6、SCR2 晶闸管组成共阳极接线，各晶闸管在各自电源电压为负半周时导通。

2. 工作原理

三相桥式全控电路的工作分为整流工作状态和逆变工作状态。前者是将交流转换为直流，供给发电机转子绕组励磁电流。后者是将直流转换为交流，即逆变。在发电机灭磁

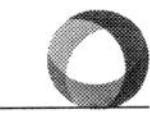

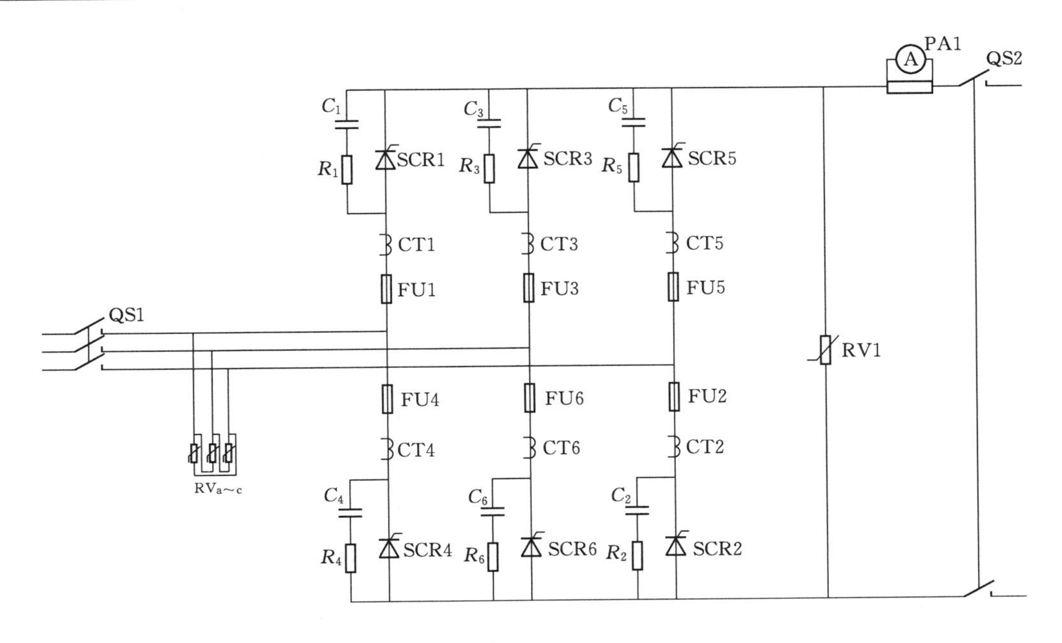

图 5－2　三相桥式晶闸管全控整流电路图

时，利用逆变将储存在发电机转子中的能量转换成交流电能送回电网。

（1）晶闸管的导通和关断条件。导通条件：当晶闸管阳极加正向电压，同时控制极加正向触发脉冲，晶闸管导通。

关断条件：当晶闸管阳极加反向电压，或通过晶闸管的电流小于维持电流，晶闸管关断。

（2）整流工作状态。当晶闸管控制角 $\alpha \leqslant 90°$时，三相桥式全控电路输出平均电压 U_d 为正，电路工作在整流状态，将交流转变为直流。以控制角 $\alpha = 0°$的情况说明，如图 5－3 所示。

1）在 $\omega_{t0} \sim \omega_{t1}$ 段：电源 a 相电位最高，b 相电位最低，在 ω_{t0} 时刻同时发出两个触发脉冲，分别触发 SCR1 和 SCR6 晶闸管使其导通，则形成的电流通路为：U_a→SCR1→R（负载）→SCR6→U_b，输出电压为线电压 U_{ab}。

2）在 $\omega_{t1} \sim \omega_{t2}$ 段：电源 a 相仍然维持高电位，c 相电位最低，在 ω_{t1} 时刻同时发出两个触发脉冲，分别加到 SCR1 和 SCR2 晶闸管控制极，SCR1 继续导通，SCR2 触发导通，此时 SCR6 则因承受反向电压而被迫关断。此时形成的电流通路为：U_a→SCR1→R（负载）→SCR2→U_c，输出电压为线电压 U_{ac}。依次类推，六个晶闸管按两个一组，依次导通。

3）电路输出的平均电压 U_d 与晶闸管控制角 α 的关系如下：

$$U_d = 1.35 U_2 \cos\alpha \tag{5-1}$$

式中　U_2——励磁变压器副边电压。

结论：通过改变晶闸管控制角 α 的大小，即改变触发脉冲发出的时间，就可以改变整

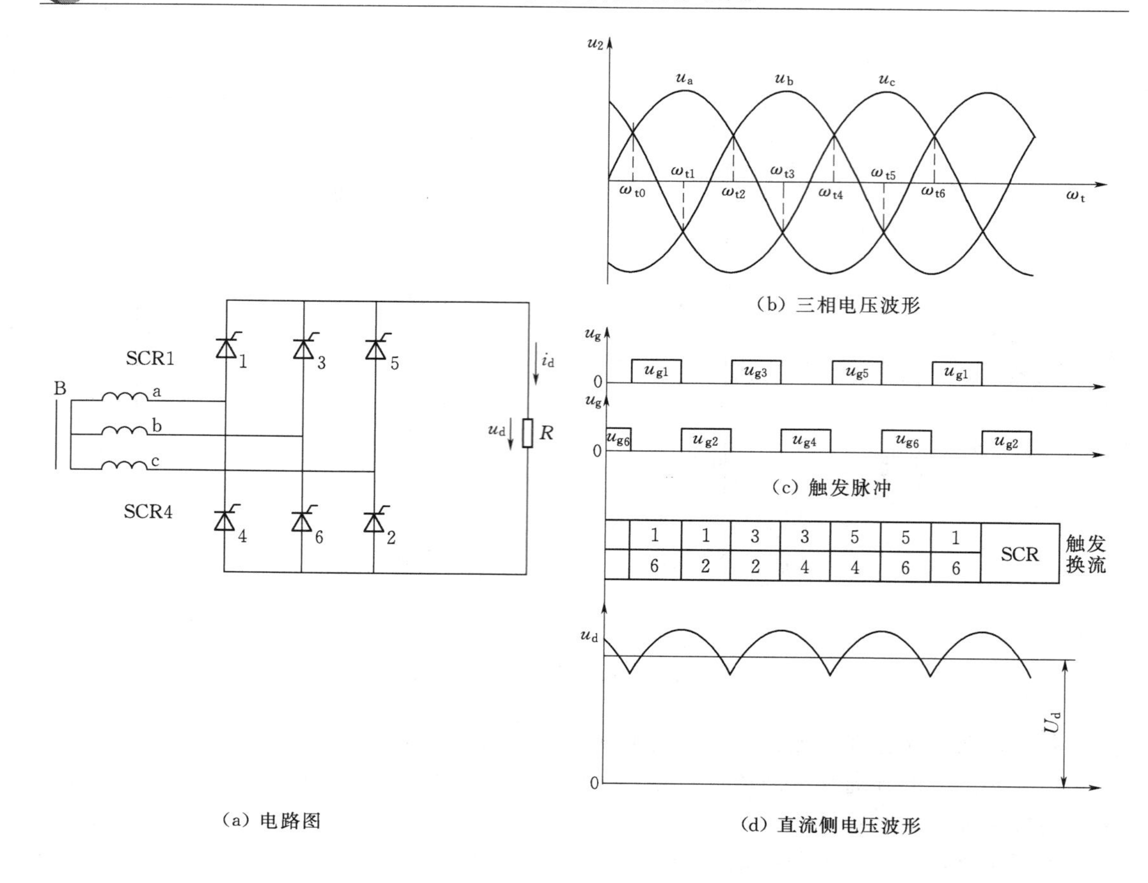

(a) 电路图

(b) 三相电压波形

(c) 触发脉冲

(d) 直流侧电压波形

图 5-3　三相桥式全控整流图（$\alpha=0°$时）

流桥输出直流平均电压 U_d 的大小，即调节了发电机的励磁电流。

（3）逆变工作状态。当 $\alpha>90°$时，三相全控整流桥工作在逆变状态，整流桥输出平均电压 U_d 为负值，即将直流转变为交流。在发电机励磁系统中，如采用三相全控桥式整流电路，当发电机内部发生故障时能进行逆变灭磁，将发电机转子磁场原来储存的能量迅速反馈回交流电源去，以迅速降低发电机定子电势，实现快速灭磁，从而减轻发电机的损坏程度。

此外，在发电机正常停机时，利用逆变进行灭磁，这样正常停机时可以不跳灭磁开关。

四、发电机的灭磁

1. 灭磁的定义

将发电机励磁绕组的剩余磁场尽快减弱到最低程度，称为灭磁。

2. 灭磁的方式

（1）励磁绕组对线性（恒定）电阻放电。

（2）采用氧化锌非线性电阻灭磁。

（3）采用晶闸管全控整流桥的逆变灭磁。

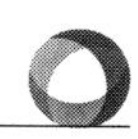

五、励磁装置的保护及控制回路

1. 过电流保护回路

同步发电机励磁系统产生过电流的原因一般有三种：①直流侧短路；②元件本身短路；③发电机过励磁。其中以直流侧短路最为严重。在励磁系统中短路保护元件一般采用快速熔断器。

在图 5-2 中采用 6 只快速熔断器（FU1～FU6）保护晶闸管，快速熔断器还配有快速熔断指示器，当熔体熔断时，发出熔断指示的信号。

2. 过电压保护回路

同步发电机的励磁系统产生过电压的原因，主要有以下四种：

(1) 操作过电压，如过流继电器动作、快速熔断器熔断所引起的过电压。

(2) 换相过电压，整流元件交替地导通和截止所引起的过电压。

(3) 发电机失步、相间短路、相对地短路时在励磁绕组中产生的过电压。

(4) 雷击过电压。

产生过电压的物理本质，是由于电路中积累的电磁能量消散不掉。要保护元件免受过电压的冲击，其实质就是要减少加在元件上的电磁能量。采取的措施是吸收这些能量和降低能量消散速度。

图 5-2 中的压敏电阻 RVa～c 主要用于吸收交流侧过电压；压敏电阻 RV1 用于吸收直流侧的过电压；阻容吸收装置 R1C1～R6C6 吸收晶闸管上的过电压。

3. 信号回路

励磁装置的报警信号一般有以下几种：

(1) 当晶闸管快熔断器熔断时，整流柜上信号灯亮，同时发出“快熔熔断”或“整流桥断臂”信号。

(2) 当励磁风机出现异常时。

(3) 当励磁控制电源消失时。

4. 控制回路

(1) 晶闸管冷却风机控制回路：当采用强迫风冷时，采用低噪声离心风机对晶闸管整流柜散热，电源取厂用交流 380V 电源。

对于出力在 500～1800A 的晶闸管三相整流桥一般采用自冷型的热管散热器。这种装置的特点为结构简单，无噪声，去除了风机及相应的保护系统，在整流柜上装有小型风机作为备用。

(2) 灭磁开关控制回路：对灭磁开关进行合闸、分闸控制。

(3) 起励控制回路：发电机起励时需要外接励磁电流，通过起励接触器动作接通起励电源。

六、微机励磁调节器

1. 励磁调节器的类型

(1) 半导体调节器。

（2）微机调节器（分单通道和双通道）。

2. 对励磁调节器的基本要求

（1）正常运行时，应有足够的调节容量以适应各种运行工况的要求。

（2）具有快速的响应速度和足够大的强励顶值电压。

（3）运行可靠性高，系统简单可靠，调节过程稳定。

3. 微机励磁调节器的构成

微机励磁调节器是由专用的计算机控制系统构成。由硬件（电气元件）和软件（程序）两大部分组成。

这里主要介绍微机励磁调节器的硬件部分。硬件电路由以下元件组成。

（1）主机-微电脑。它是调节器的核心部件。它根据输入通道采集来的发电机运行状态变化的数值进线调节计算和逻辑判断，按照预定的程序进线信息处理求得控制量，通过数字移相脉冲接口电路发出与控制角对应的脉冲信号，以实现对励磁电流的控制。

（2）模拟量输入通道。将发电机运行的机端电压、有功、无功、励磁电流通过接口电路送入主机。

（3）开关量输入、输出通道。将发电机的运行状态信息，如断路器、灭磁开关的状态（位置）信息通过接口电路送入主机。励磁系统运行中的异常情况的告警或保护动作信号从输出通道送出，驱动光和声信号发出。

（4）脉冲输出通道。输出控制脉冲信号，经放大后，去触发可控硅管。

（5）运行操作元件。励磁调节器上还设置了一套供运行人员现场操作的控制元件，如增磁、减磁、灭磁等操作按钮。

4. 微机励磁调节器的主要性能特点

（1）硬件简单，可靠性高。

（2）容易实现复杂的控制方式。

（3）硬件易于实现标准化，便于产品的更新换代。

（4）参数、运行状态显示直观。

（5）通信方便，便于实现电站微机综合自动化。

第二节　微机励磁装置的运行

一、励磁装置的构成

根据发电机容量的大小，发电机励磁屏可以是一面，也可以是两面。发电机容量较小的，励磁装置的整流电路、调节器、灭磁开关以及装置的其他元件安装在一面屏上。发电机容量较大的，励磁装置组两面屏，即整流（功率）屏一面，调节屏一面。

以某公司生产的09A型励磁装置（配置两面屏）说明发电机微机励磁装置的构成及运行。

1. 功率（整流）柜

柜内布置有三相桥式全控整流电路的6只晶闸管，以及相应的快速熔断器、RC阻容

吸收装置，还布置有阳极刀闸、灭磁开关、冷却风机等。如果晶闸管采用自冷型热管散热器（一般500A及以上的晶闸管采用），也需要安装小离心风机作备用。

2. 调节屏柜

由微机调节器（又称控制箱）、输入、输出I/O接口、测量变换电路、电源变压器、同步变压器和其他测量显示回路组成。调节器有单通道和双通道之分。调节柜上安装有状态指示灯、测量表计、控制按钮、双通道控制器。功率柜面上安装有信号灯、灭磁开关的控制开关以及冷却风机的控制开关。

二、励磁调节柜的运行

1. 调节器（控制箱）硬件说明

图5-4为微机励磁调节器控制箱正视图，图5-5为微机励磁调节器控制箱背视图。

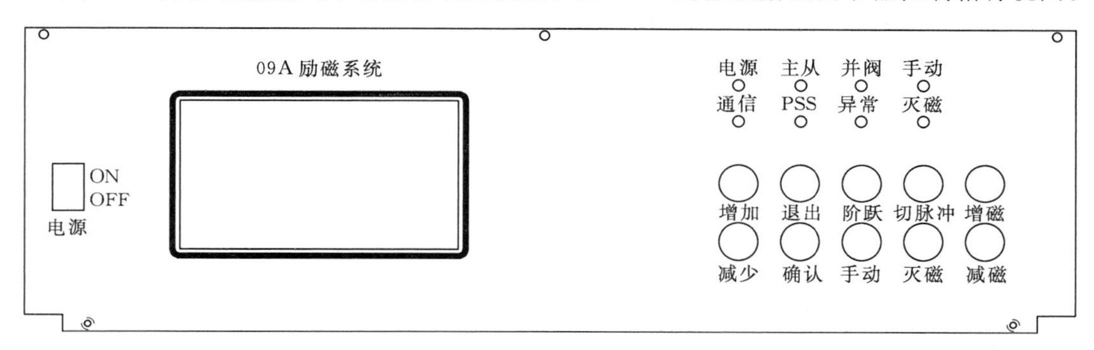

图5-4　09A型励磁调节器控制箱正视图

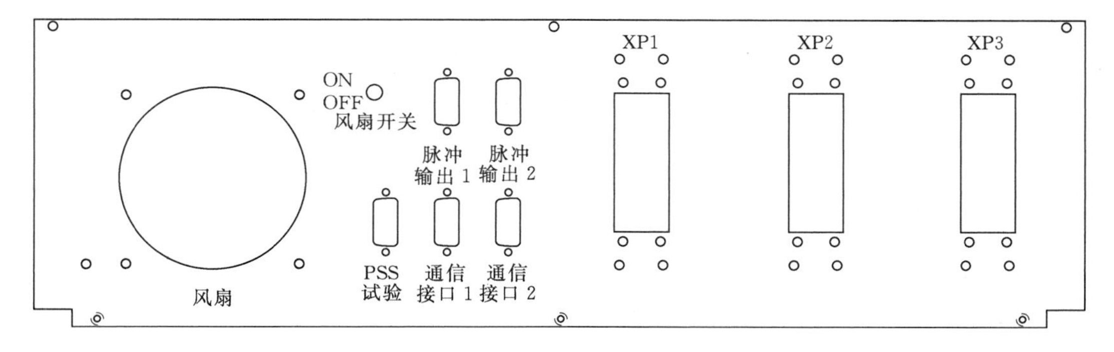

图5-5　09A型励磁调节器控制箱背视图

（1）面板正面上的布置。面板上布置有10个按钮、8个发光二极管、1个开关，分别为：

1）按钮。切脉冲——红色带灯带锁；增磁、减磁、阶跃、增加、减少、确认、退出——红色不带灯不带锁；手动、灭磁——红色带灯带锁。

2）发光二极管。电源、主从、通信、PSS——绿色发光管；并网、手动、异常、灭磁——红色发光管。

3）开关：黑色开关——控制箱工作电源开关。

（2）调节器背板上的布置。在调节器的背板上布置有3个XP插头、5个DB9接口、1个风扇开关、一个风扇，分别为：

1）XP插头：XP1——模拟量输入接口；XP2——开关量输入输出接口；XP3——电源输入接口。

2）DB9接口：脉冲输出1、脉冲输出2——脉冲输出接口；通信接口1、通信接口2——通信接口；PSS试验——PSS试验接口。

3）风扇开关：冷却风扇投入或切除开关。

4）风扇：控制箱散热用。

2. 调节器的输入、输出信号

（1）6路控制箱面板按钮输入：增磁、减磁、手动、灭磁、切脉冲、阶跃。

（2）9路外部接点输入控制信号：

增磁——增加电压给定 U_g 或电流给定 I_g。

减磁——减少电压给定 U_g 或电流给定 I_g。

手动——恒定励磁电流工作方式。

灭磁——①并网：无效；②解列：给定清零，灭磁。

开机——①并网：无效；②解列：当 $U_F<30V$，U_g 置位到设定值或系统TV电压对应值。

并网——发电机出口断路器状态。

排强——功率屏风机状态或功率单元温度状态。

PSS远方投入——远方控制PSS（PSS：电力系统稳定器，用于改善电力系统稳定性的措施，容量较小的发电机可以不投入）功能投入或切除。

备用——备用输入通道。

9路外部信号经过光耦隔离，并经过抗干扰、防误处理后送到主机板。

（3）开关量输出信号：异常、故障、起励、起励失败、风机投入、空载过压、PSS投入、恒PF投入、恒COS投入。

3. 调节器功能说明

（1）技术数据。

1）机端电压测量：电压互感器副边额定值100V或105V。

2）定子电流测量：电流互感器二次额定值5A或1A输入。

3）转子电流测量：4～20mA或0～5V信号输入。

4）输出脉冲：50～500Hz晶闸管触发脉冲。

（2）运行方式。

1）恒发电机机端电压的自动调节功能。

2）恒发电机转子电流的手动调节功能。

3）恒无功调节。

4）恒功率因数调节。

（3）限制功能。

1）V/F（电压/频率）限制。

2）过励限制。

3）欠（低）励限制。

4）定子电流限制。

（4）监测功能。

1）TV 断线。

2）电源故障。

3）调节屏故障。

4）脉冲故障。

5）整流桥故障报警。

6）通信故障报警。

4. *励磁系统操作说明*

（1）发电机运行方式。发电机可以按下述方式运行：

1）空载运行，发电机不带负荷。

2）发电机并网带负荷运行。

3）发电机带厂用电负荷运行。发电机带厂用电负荷运行，加负荷的运行条件基本上与空载运行相同。其唯一的区别是在带厂用电负荷运行时，发电机电压为主要调节变量，而发电机在并网带负荷运行时，以无功功率为主要调节变量。

（2）操作程序。在正常情况下励磁系统由控制室远控操作。直接安装在励磁屏面上的就地操作仅在调试、试验或紧急控制时使用。

励磁系统有两种控制方法：

1）远控——从控制室通过监控系统进行远方控制。

2）近控——就地使用集成在励磁系统中的人机界面和控制柜上的操作开关或按钮。

（3）操作方式及说明。

1）开机前励磁调节屏的操作：检查调节柜状态，调节柜 A 套和 B 套的控制箱面板上“电源”指示灯亮。

2）零起升压。励磁系统正常运行时，默认“零起升压”功能退出，给励磁调节屏发出“开机”命令后，励磁系统自动将电压升到额定值。如果需要将发电机电压从较低点开始上升，需要修改参数中“自动 Ug 置位值”参数。发电机零起建压后，可以通过励磁调节屏上的增磁、减磁按钮调节发电机的机端电压。

3）通道跟踪与切换。励磁系统正常运行时，一般设置 A 通道为主通道，A 通道“面板”中“主从”指示灯亮。B 通道为从通道，B 通道“面板”中“主从”指示灯熄灭。B 通道在运行中跟踪 A 通道的数据。

4）手动运行方式。“自动运行”方式是指按照发电机电压进行调节的运行方式，即恒机端电压运行方式；“手动运行”方式是指按照发电机励磁电流进行调节的运行方式，即恒励磁电流运行方式。A 和 B 通道默认的运行方式是“自动运行”方式。如果需要将励磁调节转为“手动运行”方式，应按励磁装置说明书上的要求进行切换。

5）增磁、减磁操作。增磁、减磁操作可在励磁调节面板上操作或通过远方进行操作。发电机空载时，增磁、减磁操作为调整发电机机端电压；发电机并网运行时，增磁、减磁操作为调整无功功率。

注意：为防止增磁、减磁接点粘连，每次增磁、减磁操作的有效连续时间为5s。

6）逆变灭磁操作。发电机空载运行时，控制通道“主机板”的“运行”指示灯闪烁状态。给励磁调节柜发“灭磁”控制令，励磁调节柜自动实现逆变灭磁。

7）起励及起励失败处理。发电机转速到额定转速后，给励磁调节柜发“开机”控制令，励磁调节柜自动将给定电压设置为“给定电压值”，同时起励接触器动作，自动将发电机电压升到设置值。在自动起励时，如果时间超过5s，电压没有达到30%额定机端电压，则发出“起励失败”信号，5s后该信号自动复归。

（4）自动开机流程。

1）灭磁开关合闸。

2）通过LCU屏或操作励磁调节屏面板上“开机”开关，给励磁调节柜发“开机”控制令；励磁调节柜自动将发电机电压升到额定值，并启动晶闸管整流屏的冷却风机。

3）操作“增磁”“减磁”按钮调节发电机电压。

4）通过同期装置，将发电机并入电网。

5）操作“增磁”“减磁”按钮调节发电机无功功率。

（5）自动停机流程。

1）减少发电机有功功率到零。

2）操作“增磁”“减磁”按钮调节发电机无功功率到零。

3）跳开发电机出口开关，励磁调节屏检测发电机出口开关跳闸后，自动处于空载状态。

4）通过LCU屏或操作励磁调节屏面板上“灭磁”开关，给励磁调节并发“灭磁”控制令。

调节屏检测发电机在空载状态，接收到“灭磁”控制令后，自动逆变灭磁，将发电机电压降为零。

注意：发电机正常停机时，采用逆变灭磁，灭磁开关不跳闸，保持在“合闸”位置；但发电机事故停机时，灭磁开关跳闸。

5. *发电机的起励、灭磁及过电压保护回路*

（1）起励回路是为自并励的发电机提供初始励磁电流的回路。起励电源一般取自电站的220V直流系统，还可以另接一回站用交流电源，经整流后作为起励电源。

在图5-6中，由VD11、R11构成的直流电源起励回路，VD11起电源隔离作用，防止起励电源的+、-极性接反，电阻R11起限流作用，防止起励电流过大。发电机的起励电压只需要额定励磁电压的30%左右。由TC14、VD13构成的交流电源起励回路，380V交流电源经过降压变压器TC14降为发电机可接受的最小起励电压，经过整流模块VD13整流成直流电压供给发电机励磁电流。

（2）由灭磁开关QE11和灭磁电阻RV13构成灭磁及过电压保护的电路。

（3）过电压保护回路。采用氧化锌压敏电阻RV12构成发电机励磁绕组过电压保护，由RV11构成整流桥直流侧过电压保护。

（4）测量及操作回路。图中的电流传感器PDPA11和电压传感器PDPV11将励磁电

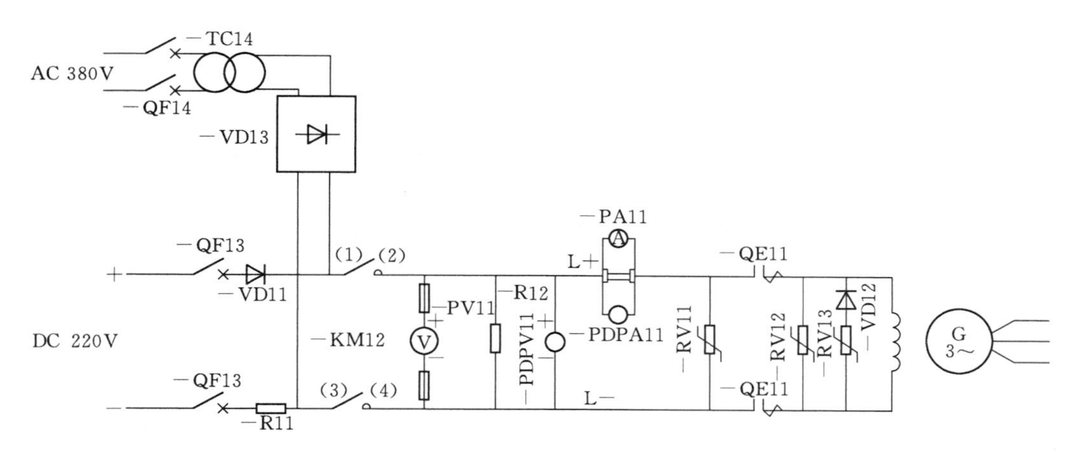

图5-6 发电机起励、灭磁及过电压保护回路图

流、电压转变为4～20mA的电流信号，上传到站控制层，用于远方监测发电机的励磁电流电压。在励磁屏上可以对灭磁开关、起励回路以及励磁风机进行操作。

第三节 励磁装置的维护以及常见故障处理

一、励磁装置的维护

设备运行时，故障检测系统不停地对运行通道及备用通道进行故障检测，甚至故障检测系统本身也会受到监测，但故障监测系统不能保证监测到全部故障，比如切换继电器是否正常等，所以定期检测设备仍然是必需的。

在定期检查中，除了对装置器件进行清洁或者重新装配紧固器件外，还须进行下面描述的功能检查。

功率整流柜中的空气循环使硅组件表面易积聚灰尘，由于空气流通也使其他电路中积聚灰尘。振动可能使端子连接处或其他有螺钉连接的地方松动。

励磁回路中存在高电压和大电流，灰尘附着电器及导电体表面增加了电压闪络导致器件损坏的危险，定期维护，使得这样的危险大大减小。在进行维护工作时，应注意励磁系统所处条件，不同的检查、维护项目在不同的工作条件下进行。具体要求参见生产厂家装置说明书。

1. 三个月一次的维护检查

可在设备在运行中进行，维护检查的内容如下：

（1）励磁变压器。对励磁变压器进行灰尘和噪声检查。

（2）励磁调节柜。调节柜无异常信号发出；屏上显示的数据如励磁电压、励磁电流，发电机有功、发电机无功，发电机电压等模拟量与控制室的其他表计指示的读数应在允许的误差范围内，如果能显示A、B套调节柜的数据时，则两个通道的参数应一致（在误差范围内）。为保证调节柜切换功能正常，应检查两通道间能否正常切换。

人工进行通道切换时，应保证切换通道的控制信号与运行通道一致时才能进行切换。

正常情况下，通道切换后，机端电压或无功应无明显波动，如果波动很大则应迅速切回原运行通道，查找原因。

(3) 晶闸管整流（功率整流）柜。检查风机表面及叶片是否严重污垢，风流是否正常，是否有不正常噪声，因为风机不方便拆开润滑转轴等，噪声明显增大时，可考虑在下次维护时更换。

检查散热器的温度，在一定的输出电压、电流及环境条件下，查看显示器的温度。如果此温度与以前相似的条件下记录的温度有明显差异，则需仔细检查风机、散热器、滤尘器的污垢和灰尘等。检查灭磁电阻、灭磁开关、起励回路的工作状态是否完好。

2. 一年一度的维护检查

水电站在枯水季节或停水期间将对全站设备进行全面维护和检修。励磁装置在一年一度的维护工作中应特别注意灭磁开关的维护。首先应仔细检查灭磁开关外表是否有污垢、外表损伤等。其次应对经常磨损的动触点进行检查。对灭磁开关进行分合操作，检查开关动作是否正常，防止意外卡住。

(1) 励磁变压器。用干布、真空吸尘器或压缩空气（压力不能太大）仔细清除变压器外表及导体连接处的灰尘、污垢等，不要使用任何溶剂型清洁剂。

(2) 励磁调节柜。检查印制线路板是否清洁，用压缩空气（压力不能太高）清洁线路板。

检查线路板上插拔元器件的管脚是否有灰尘，插头连接处是否有灰尘。如果这些地方积聚灰尘、污垢，则可能导致线路板功能失常。用压缩空气（压力不能太大）或真空吸尘器对其进行清洁，切勿使用任何溶剂清洁剂。

(3) 晶闸管整流柜。

1) 对整流元件进行吹扫出尘。

2) 检查风机电机和叶片是否锈蚀，必要时应进行除锈，并给电机加注润滑液。对滤尘网进行清洁或更换。

二、励磁装置常见故障的处理

大部分情况下，励磁系统正常运行时各功能都由励磁故障监测系统进行在线监测，这些功能一旦发生故障，监测系统会发出报警信号，并给出故障信息。下面对几种常见的故障进行分析举例。

1. 起励失败

动作条件：励磁系统在接收到开机令后在起励时限内机端电压仍低于30%额定值。

状态对应：发“起励失败”信号。

可能的原因：

(1) 检查灭磁开关的位置。

(2) 检查是否有近方/远方灭磁命令投入。

(3) 检查功率柜的交直流侧开关是否断开。

(4) 检查功率柜的脉冲投切开关是否是投位。

(5) 检查同步变压器原边的熔断器是否断开。

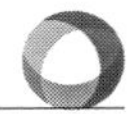

（6）检查起励电源开关是否闭合。

（7）检查起励接触器是否动作。

2. 励磁 TV 断线

动作条件：励磁 TV 测量值与仪表 TV 测量值相差 10%。

状态对应：调节柜发异常信号，同时监控软件显示励磁 TV 断线。

可能的原因：励磁 TV 某相接触不良，或者为断路，则造成 PT 测量值偏小。

3. 过励限制

动作条件：励磁电流大于额定励磁电流的 1.15（或 1.1）倍。

状态对应：调节柜发异常信号，同时监控软件过励限制灯亮；调节柜将输出进行限制，使励磁电流工作在 1.15（或 1.1）倍以下。

可能的原因：误操作，励磁调节柜故障。

4. 低励限制

动作条件：发电机进相运行，且进相无功值超过设置值。

状态对应：调节柜发异常信号，同时监控软件低励限制灯亮。

调节柜将输出进行限制，励磁电流自动增加，直到进相无功值小于设置值，低励状态解除。

5. 脉冲消失

动作条件：脉冲检测继电器动作。

状态对应：脉冲消失灯亮。

可能的原因：

（1）检查同步信号是否正常。

（2）检查脉冲功放电源是否消失。

（3）检查脉冲功放上 6 路脉冲指示灯是否都正常发光。

6. 交流、直流电源消失

可能的原因：检查交流、直流电源断路器是否跳闸。

7. 过励保护

动作条件：调节柜输出角度大于过励限制角度；输出电流大于额定励磁电流；电压给定值小于机端电压值。

状态对应：调节柜发故障信号，同时监控软件过励保护灯亮；调节柜将跳开灭磁开关。

可能的原因：检查转子回路有无短路，检查功率柜内有无短路。

8. 功率柜快熔熔断（整流桥断臂）

动作条件：三相桥式整流电路任一快速熔断器的撞击器（报警）动作。

状态对应：功率柜上快熔熔断信号灯亮。

可能的原因：检查功率柜内的 6 个快速熔断器的撞击器是否动作。

在停机状态做如下检查处理：

（1）检查与熔断的快熔相连的晶闸管是否已损坏，必要时，更换该晶闸管。

（2）更换熔断器。

（3）做开环试验，检查功率柜是否可以正常工作。工作正常后才能投入。

9. 发电机开机无法升压

动作条件：正常开机时，机组转速已经达到额定，发“开机”命令后发电机无机端电压。

可能的原因：

（1）灭磁开关是否合上。

（2）起励失败指示灯亮否，起励回路是否正常，起励电源是否正常。

（3）检查操作回路电源开关是否投入。

（4）励磁调节柜给定电压是否正确。

10. 发电机开机建压后低于额定电压

故障现象：当机组转速升至额定转速附近后，无论手动建压还是自动建压，发电机端电压始终低于额定电压。

故障排查：

初步判断应是三相整流或脉冲回路有故障。

（1）检查调节器空载调节参数是否正常。

（2）检查各整流回路熔断器是否熔断。

（3）检查各整流回路晶闸管是否损坏。

（4）检查各脉冲板是否损坏。

（5）可通过励磁装置的负荷试验，用电子示波器来测量脉冲信号、整流输出信号、机端电压信号的波形，准确判断故障点。

思　考　题

1. 发电机励磁系统（装置）的作用是什么？

2. 自并励励磁的发电机，其励磁系统主要由哪些设备组成？说明各个设备的作用。

3. 说明三相桥式晶闸管整流电路的基本工作原理。

4. 自并励发电机的起励电源的作用是什么？起励电源从哪里取得？

5. 发电机励磁屏上一般设置了哪些操作和信号？

6. 微机励磁调节器有哪些输入信号？

第六章　自动化元件运行与维护

第一节　水电站自动化概述

一、水电站自动化的作用

水电站自动化就是要使水电站生产过程的操作、控制和监视，能够在无人（或少人）直接参与的情况下，按预定的计划或程序自动地进行。水电站自动化程度是水电站现代化水平的重要标志，同时，自动化技术又是水电站安全经济运行必不可少的技术手段。

水电站自动化的作用主要表现在以下几个方面。

1. 提高工作的可靠性

水电站实现自动化后，一方面可通过各种自动装置快速、准确、及时地进行检测、记录和报警，既可防止不正常工作状态发展成事故，又可使发生事故的设备免遭更严重的损坏，从而提高了供电的可靠性。另一方面，通过各种自动装置来完成水电站的各项操作和控制，不仅可以大大减少运行人员误操作的可能，从而也减少了发生事故的机会；而且还可大大加快操作或控制的过程，尤其在发生事故的紧急情况下，保证系统的安全运行和对用户的正常供电，具有非常重大的意义。

2. 提高运行的经济性

水电站实现自动化后，可根据系统分配给电站的负荷和电站的具体条件，合理地进行调度，保持高水头运行，同时合理选择开机台数，使机组在高效率区运行，以获得较好的经济效益。如何实现各电站合理最优调度，避免不必要的弃水，充分利用好水力资源，对于梯级电站来说尤为重要。此外，水电站通常是水力资源综合利用的一部分，要兼顾电力系统、航运、灌溉、防洪等多项要求，经济运行条件复杂，单凭人工控制很难实现，实现自动化以后，将有助于电站经济运行任务的实现。特别是对于具有调节能力的水电站，应用电子计算机不但可对水库来水进行预报计算，还可综合水位、流量、系统负荷和各机组参数等参量，按经济运行程序进行自动控制，大大提高运行的经济性。

3. 保证电能质量

电压和频率作为衡量电能质量好坏两项基本指标。电压正常偏移不超过额定值的±5%，频率正常偏移不超过额定值的±（0.2～0.5）Hz。电压或频率的稳定主要取决于电力系统中无功功率和有功功率的平衡。因此要维持系统电压和频率在规定范围内，就必须迅速而又准确地调节有关发电机组发出的有功和无功功率。特别是在发生事故的情况下，快速的调节或控制对迅速恢复电能质量具有决定性的意义，而这个过程，单纯靠手动操作，无论在速度方面还是在精度方面都是难于实现的，只能借助于自动装置来完成。可见，提高水电站的自动化水平，是保证电力系统电能质量的重要措施之一。

4. 提高劳动生产率、改善劳动条件

小型水电站大多地处偏僻山区，远离城镇，职工长期生活在较差的环境之中。水电站实现自动化后，很多工作都是由各种自动装置按一定的程序自动完成，用计算机监控系统来代替人工操作及定时巡回检查、记录等繁杂劳动，大大改善运行人员的工作和生活环境，减轻了劳动强度，提高了运行管理水平。同时还可减少运行人员，实现无人值班（或少人值守），提高劳动生产率，降低运行费用和电能成本。

二、水电站自动化的内容

水电站自动化就是通过测量元件（显示元件）获得设备工作状态，并根据设备状态作出相应该动作（发信号给执行元件、通过网络把数据传递给厂站处理中心），厂站处理中心接收测量元件数据，并依据给定的电站的运行方式、设备的运行等方式进行处理。

水电站自动化的内容，与水电站的规模及其在电力系统中的地位和重要性、水电站的型式和运行方式、电气主接线和主要机电设备的型式和布置方式等有关。总的来说，水电站自动化包括以下几个方面。

1. 完成对水轮发电机组运行方式的自动控制

一方面，实现开停机和并列、发电转调相和调相转发电等的自动化，使得上述各项操作按设定的程序自动完成；另一方面，自动维持水轮发电机组的经济运行，根据系统要求和电站的具体条件自动选择最佳运行机组数，在机组间实现负荷的经济分配，根据系统负荷变化自动调节机组的有功和无功功率等。此外，在工作机组发生事故或电力系统频率降低时，可自动启动并投入备用机组；系统频率过高时，则可自动切除部分机组。

2. 完成对水轮发电机组及其辅助设备运行工况的监视

如对发电机定子和转子回路各电量的监视，对发动机定子绕组和铁芯以及各部轴承温度的监视，对机组润滑和冷却系统工作的监视，对机组调速系统工作的监视等。出现不正常工作状态或发生事故时，迅速而自动地采取相应的保护措施，如发出信号或紧急停机。

3. 完成对辅助设备的自动控制

包括对各种油泵、水泵和空压机等的控制，并发生事故时自动地投入备用的辅助设备。

4. 完成对主要电气设备监视和保护

如发电机、变压器、母线及输电线路等的控制、监视和保护。

5. 完成对水工建筑物运行工况的控制和监视

如闸门工作状态的控制和监视，拦污栅是否堵塞的监视，上下游水位的测量监视，引水压力管的保护（指引水式电站）等。

三、水电站自动化元件的分类及应用

水电站自动化元件品种多，安装位置分散，按其功用可分为：测量元件（显示元件）和执行元件两大类。测量元件按测量对象可分为：电量测量元件和非电量测量元件；按用途可分为：电流、电压、温度、压力、流量、液位、位移、转速、轴电流、油混水、压力

脉动、水位差等测量传感器、变送器、测量仪表和控制器、开关等。执行元件按用途可分为：调节阀、电动阀、气动阀、电磁阀、执行器等。

水电站常用自动化元件主要应用范围如下：

（1）测温电阻：用于推力、导轴承的瓦温和油温监测，空气冷却器的风温、发电机空气温度和油冷却器进出口水温油温等，发电机定子铁芯、定子线棒、变压器等的温度。

（2）温度监视仪：用于推力、导轴承的瓦温和油温监测，空气冷却器的风温、发电机空气温度和油冷却器进出口水温、油温等，发电机定子铁芯、定子线棒、变压器等的温度。

（3）温度巡检仪：用于电站发电机定子温度，管道风温，水、油温等多通道巡回检测监控。

（4）压力传感器：广泛用于机组油、水、气系统测压。

（5）压力开关及差压开关：广泛用于机组油、水、气系统压差监测。

（6）流量开关（示流信号器）：用于机组润滑油系统和技术供水系统的流量监视和报警。

（7）电磁流量计：用于管道内液体的流量测量。

（8）投入式液位计：用于电站拦污栅前后、尾水及集水井水位测量。

（9）磁翻板液位计：主要用于测量水电站油压装置及回油箱、漏油箱、高位油箱、导油槽的油位测量。

（10）电缆浮球开关：主要用于水电站集水井、顶盖排水、生活水塔、蓄水池、前池水位的报警与控制。

（11）连杆浮球液位开关：主要用于水电站顶盖排水、生活水塔、蓄水池水位及回油箱、漏油箱、高位油箱、导油槽的油位报警与控制。

（12）浮球连续式液位计：主要用于水电站顶盖排水、生活水塔、蓄水池水位及回油箱、漏油箱、高位油箱、导油槽的油位测量。

（13）主令控制器：监测水轮机导叶位置，主要用于水电站反映水轮机导叶开度位置，如全开、全关、空载等，通过装置中的接点与二次回路连接，可实现机组控制自动化。

（14）闸门（导叶）开度传感器：主要用于水电站反映水轮机导叶开度位置，闸门开度的测量，输出4～20mA DC标准信号实现远距离指示、检测、记录与控制。

（15）双路转速测控装置：用于测控水轮发电机组的转速、转速百分比、频率、过速电气保护。

（16）轴电流监测装置：用于发电机轴电流检测，防止轴瓦损坏，保证机组安全运行。

第二节　水电站自动化元件

一、水轮发电机组自动化元件

机组自动化与机组类型有关，与水电站的自动化水平有关，不同电站其机组自动化并不完全相同。总体来说，根据要测量的对象可以分成以下几类。

1. 温度测量

温度测量广泛应用于水轮发电机组推力、导轴承的瓦温和油温监测，空气冷却器的风温、发电机空气温度和油冷却器进出口水温油温监测，发电机定子铁芯、定子线棒、变压器等温度监测。温度测量主要方式有如下几类：

（1）测温电阻（RTD——电阻温度探测）。热电阻的测温原理：热电阻是基于电阻的热效应进行温度测量的即电阻体的阻值随温度的变化而变化的特性。金属热电阻的电阻值和温度一般可以用以下的近似关系式表示：

$$R_t = R_{t_0}[1+\alpha(t-t_0)]$$

式中　R_t——温度 t 时的阻值；

R_{t_0}——温度 t_0（通常 $t_0=0℃$）时对应电阻值；

α——温度系数。

目前，品质较好的常见 PT100 热电阻，热电阻通常为双支配置，有利于检修工作，接线为三线制接线方式，可以较好地消除引线电阻的影响，测量温度范围为 0～150℃，在该范围内测量精度为±1℃。

（2）温度监视仪。温度监视仪工作原理：温度监视仪将外部输入的信号经信号调理电路转换为 0～5V 电压信号送 A/D 回路，CPU 进行信号的采集、运算、线性补偿。输出对应输入通道的开关量和模拟量。信号输入类型的转换由面板键盘设定。

（3）温度巡检仪。温度巡检工作原理：温度巡检仪采用单片机技术，实现仪表智能化。

2. 压力测量

压力是工业过程的重要参数之一，在众多场合需要精确测量压力和控制压力。此外压力测量的意义还不仅局限于起本身，有些非压力参数的测量，如液位、流量密度等也往往是通过测量压力或差压来实现的。近年来，随着微电子技术、微处理器技术以及现场总线技术的发展，出现了以硅微电容作为压力传感器、符合现场总线协议的智能型压力/差压变送器，具有 HART 通信功能，可实现远程设定或修改工程单位、校对、调整零点和测量范围的功能。压力测量广泛用于机组油、水、气系统。压力测量主要方式有如下几类：

（1）压力传感器。力学传感器的种类繁多，如电阻应变片压力传感器、半导体应变片压力传感器、压阻式压力传感器、电感式压力传感器、电容式压力传感器、谐振式压力传感器及电容式加速度传感器等。但应用最为广泛的是压阻式压力传感器，它具有极低的价格和较高的精度以及较好的线性特性。目前常见力学传感器有如下几类：

（2）应变片压力传感器。应变片压力传感器工作原理：将应变片通过特殊的黏合剂紧密的黏合在产生力学应变基体上，当基体受力发生应力变化时，电阻应变片也一起产生形变，使应变片的阻值发生改变，从而使加在电阻上的电压发生变化，再以电压反映压力。这种应变片在受力时产生的阻值变化通常较小，一般这种应变片都组成应变电桥，并通过后续的仪表放大器进行放大，再传输给处理电路（通常是 A/D 转换和 CPU）显示或执行机构。目前有金属和半导体应变片两类。

（3）陶瓷压力传感器。陶瓷压力传感器工作原理：压力直接作用在陶瓷膜片的前表面，使膜片产生微小的形变，厚膜电阻印刷在陶瓷膜片的背面，连接成一个惠斯通电桥

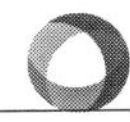

（闭桥），由于压敏电阻的压阻效应，使电桥产生一个与压力成正比的高度线性、与激励电压也成正比的电压信号，用于反映压力。

这类传感器具有高精度、高稳定性，是目前的发展方向。

此外还有扩散硅压力传感器、蓝宝石压力传感器、压电压力传感器等。

（4）压力开关及差压开关。压力开关是与电器开关相结合的装置，当到达预先设定的压力时，开关接点动作。差压开关开关由2个膜盒腔组成，两个腔体分别由两片密封膜片和一片感差压膜片密封。高压和低压分别进入差压开关的高压腔和低压腔，感受到的差压使感压膜片形变，通过栏杆弹簧等机械结构，最终启动最上端的微动开关，使电信号输出。

3. 油混水检测

油混水检测器用来检测各个轴承油箱内油中的水分含量，当油箱水含量超过报警设定值时，发出报警信号，提醒值班人员及时检查系统，确保发电机组安全运行。

油混水检测器的测量原理：油混水控制器由内、外电极（相当于电容两个极板）及电路部分组成。当油中渗入水后，由于二者介电常数相差很大，根据电容值随极间介质变化而改变的特性，电容值变化，通过微电路设定油混水比例定值，在混水比例达到设定值时，控制器输出报警接点信号或模拟量信号。

4. 转速测控

转速测控装置主要用于测控水轮发电机组的转速、转速百分比、频率、过速电气保护。

转速测控装置工作原理：采用单片计算机技术，将采集到的转速信号经整型、放大后，送入MCU处理器，MCU计算出发电机的转速值后，送显示器显示，并将相应的转速值转换成模拟量输出、继电器输出和串行通信输出。通过RAM、E^2PROM、时钟、按键输入等接口电路和电源切换回路组成一个完整的单片计算机系统。

转速控制装置可以同时有两路信号源输入。两路信号源可以是不同传感器的任意组合：即一路可采用电气测速（PT或永磁机测速），另一路采用机械测速（齿盘或钢带测速方式），两路也可同时采用PT测速方式或机械测速方式。当一路信号源断线或出现故障时，装置仍能继续工作。

5. 轴电流监测

轴电流监测装置主要用于发电机轴电流检测置，防止轴瓦损坏，保证机组安全运行。轴电流监测装置是专门检测轴电流大小的设备，装置由传感器和检测显示装置两部分组成。传感器为一个圆形环，可分两瓣或四瓣，套在发电机轴的适当位置，检测显示装置是标准型的二次仪表，可安装于控制柜上，监视、报警或控制停机。

6. 主令控制器

主令控制器是监测水轮机导叶工作位置的开关接点，主要用于水电站反映水轮机导叶开度位置，如全开、全关、空载等位置，是水轮机工作状态的重要监测设备，通过装置中的接点与二次回路连接，可实现机组控制自动化，如中控室发出开机令后，自动控制系统位自动检查水轮机工作状态，如果主令控制器的全关位置接点未闭合，表达导叶未全关，开机条件不满足，就不能正常开机。

主令控制器工作原理：主令控制器主要由接点组、凸轮组、传动装置及接线端子等组成，可根据控制需要，松开顶丝移动凸轮至要求位置锁紧顶丝即可。当主轴传动带动凸轮的内外轮转动使微动开关接点动作，达到开关触点切换的目的，并发出相应的信号，实现自动控制。

7. 剪断销及信号装置

剪断销保护装置是由剪断销及其信号器组成。用于导叶因异物卡阻时，机组的保护。

剪断销保护装置工作原理：导叶传动机构中连接板与导叶臂是由剪断销连接的。正常情况下，导叶在动作过程中，剪断销有足够强度带动导叶转动，但当导叶间有异物卡住时，导叶轴和导叶臂不能动，而连接板在叉头带动下转动，因此对剪断销产生剪力，当该剪力大于正常操作应力的1.5倍时，剪断销剪断，该导叶脱离控制，但其他导叶仍可正常转动，同时信号器向控制系统发出报警信号。

二、主阀控制系统自动化元件

主阀的控制系统包括两部分：主阀操作系统和阀门开度反馈。通过控制电路启动阀门电磁配压阀，从而开启主阀操作回路，经电动或液压回路操作主阀。阀门开度反馈通过阀门开度传感器或行程开关，把阀门开度转换为标准电信号，实现远距离指示、检测、记录与控制。

开度传感器工作原理：主要应用绝对编码器测量。旋转轴通过联轴器与编码器的轴连接，将开度信号传递给编码器，编码器输出数据与开度信号对应，可编程接收编码器输出数据，处理后输出对应开度的模拟信号及报警信号。按测量方式不同可分为：角度测量采用单圈绝对编码器；直线测量采用多圈绝对编码器，将直线位移转化成旋转位移。

三、综合监测自动化元件

水电站辅助设备自动化的内容很多，有部分与机组自动化一起整合。温度、压力检测及自动化前文已介绍不再重复。这里介绍辅助设备除温度、压力外的自动检测控制。

1. 液位监测

液位监测的方法很多，广泛运行水利、化工等各行业，用于显示监控液位，作为自动化的控制信号。水电站液位监测主要有如下几类：

（1）投入式液位计。投入式液位计主要用于电厂拦污栅前后、尾水及集水井水位测量。

投入式液位计工作原理：通过压阻式压力传感器，把与液位深度成正比的液体静压力准确测量出来，并经放大电路转化成标准电流（或电压）信号输出，建立起输出电信号与液体深度的线性对应关系，实现对液体深度的测量。

（2）磁翻板液位计。磁翻板油位计主要用于测量油压装置及回油箱、漏油箱、高位油箱、导油槽的油位测量。

磁翻板油位计的工作原理：磁翻板液位计根据浮力原理和磁性耦合作用组合而成。当被测容器中的液位升降时，液位计主导管中的浮子也随之升降，浮子内的永久磁钢通过磁

耦合传递到现场指示器，驱动红、白翻柱翻转180°，当液位上升时，翻柱由白色转为红色，当液位下降时，翻柱由红色转为白色，指示器的红、白界位处为容器内介质液位的实际高度，从而实现液位的指示。可在本体管上加装磁性开关，输出开关报警信号；配上干簧-电阻式液位变送器，可将液位、界位信号转换成二线制4～20mA DC标准信号，实现远距离指示、检测、记录与控制。

（3）电缆浮球开关。电缆浮球开关主要用于水电站集水井、顶盖排水、生活水塔、蓄水池、前池水位的报警与控制。

电缆浮球开关是利用重力与浮力的原理设计而成，结构简单合理。主要包括浮漂体、设置在浮漂体内的大容量微动开关和能将开关处于通、断状态的驱动机构，以及与开关相连的三芯电缆。电缆浮球开关是利用微动开关或水银开关做接点零件，当电缆浮球以重锤为原点上扬一定角度时（通常微动开关上扬角度为28°±2°，水银开关上扬角度为10°±2°），开关便会有ON或OFF信号输出。

（4）连杆浮球开关。连杆浮球开关主要用于水电站顶盖排水、生活水塔、蓄水池水位及回油箱、漏油箱、高位油箱、导油槽的油位报警与控制。

连杆浮球开关是在密闭的非导磁性管内安装有一个或多个干簧管，然后将此管穿过一个或多个中空且内部有环形磁铁的浮球，液位的上升或下降会带动浮球一起移动，从而使该非导磁性管内的干簧管产生吸合或断开的动作，从而输出一个开关信号。

（5）浮球连续式液位计。浮球连续式液位计主要用于水电站顶盖排水、生活水塔、蓄水池水位及回油箱、漏油箱、高位油箱、导油槽的浮球连续式液位计是利用浮球内磁铁随液位变化，来改变连杆内的电阻与磁簧开关所组成的分压电路，磁簧开关的间隙越小，精度越高。分压信号可经过转换器转变成0/4～20mA或其他不同之标准信号。指示器可配合其他表头作远距离指示，是一种原理简单，可靠性极佳的液位指示器。

2. 流量监测

流量监测多用于电厂辅助设备油、水系统中的液流监控。常用设备如下：

（1）流量开关（示流信号器）。流量开关主要用于机组润滑油系统和技术供水系统的流量监视和报警。现在水电站常用的流量开关有热导式流量开关、挡板式流量开关、靶式双向示流信号器等。

（2）电磁流量计。电磁流量计用于测量管道内液体的流量。电磁流量计是根据法拉第电磁感应定律设计的，在测量管轴线和磁场磁力线相互垂直的管壁上安装一对检测电极，当导电液体沿测量管流过交变磁场（磁力线垂直于液体流动方向）时，导电液体切割磁力线，产生感应电动势，通过测量管上的两个检测电极能够检测出这个感应电动势，通过以下公式可以计算出流量，最后转换成4～20mA输出。

3. 其他监测

（1）机械过速保护装置。机械过速保护装置主要作用是当机组转速达到和高于预先设定的转速时发出保护信号，然后其他装置做出保护动作。

（2）检修密封控制装置。检修密封装置，属静态密封，采用压缩空气作为密封介质，用于阻断机组停机状态。包括空气过滤器、双线圈空气电磁阀、压力表、压力变送器、2只压力开关、阀门及管路等。

检修密封装置工作原理：它主要由固定环和橡胶空气围带组成，在工作时，向空气围带充入0.4～0.7MPa的空气压力，使空气围带橡皮膨胀，抱紧主轴，防止水进入；当开机时，将围带里面的压缩气体排尽，使其收缩，让空气围带与主轴保持1.5～2mm的间隙。

（3）消防系统。消防系统包括雨淋阀柜、火灾探测器及其控制器。雨淋阀柜内含雨淋阀、水力警铃、压力表等元件，安装位置现场确定；火灾探测器包括感烟探测器和感温探测器，具体安装数量视现场工况确定；控制器安装位置现场确定，具有事件报警、事件记录等功能。

第三节　机组自动化元件常见故障与维护

随着传感器技术、机械加工技术、信息技术的发展，自动化元件的发展大致经历了机械、模拟、数字和智能等几个阶段。机械元件就是由纯机械机构组成的；模拟元件主要是模拟测量技术在机械元件的基础上采用机电一体化控制，用指针来显示测量结果；数字化元件是随着大规模集成电路的发展，使电测部分由模拟技术逐步演化为数字技术，如数显仪表等；智能化是随着微电子技术、微计算机技术的迅速发展，嵌入式微机的运用，使设备具有控制、存储、运算、逻辑判断以及自动化操作等智能特征，并在测量的准确度、灵敏度、可靠性、自动化程度、运用能力及解决测量技术问题的深度和广度等方面均取得重大进步。

水轮发电机组的自动化元件是水电站自动化的基础，是目前用计算机对整个水电生产过程监控的“耳目”和“手脚”，它担负着自动监测机组和辅助设备状态，发出规定的程序转换式报警信号，执行自动操作等任务。自动化元件作为自动化控制的基础在其中占有重要位置。因此，自动化元件的维护与故障处理非常重要。

一、测温自动化元件故障与维护

1. 测温电阻

测温电阻普遍存在如下的问题：

（1）长期稳定性差、可靠性低。其实水电站对测温电阻的精度要求并不高，但对于传感器的稳定性和可靠性要求非常高。测温电阻长期使用后，就会出现大量的误报、跳变和没有读数等问题，使工程人员很难判断到底是机组本身的问题还是测温电阻的问题，如果推力瓦测温电阻出现上述问题，就会造成误停机事故。

（2）电缆折断或外皮开裂。由于测温电阻的电缆很细，强度低，容易折断；有些测温电阻长期浸泡在流动的水或油中，如果不做特殊的处理，时间长了导线就会在传感器根部断开。另外，电缆外皮在高温及腐蚀性的透平油环境中也会开裂。

（3）传感器及导线没有屏蔽，或有屏蔽但没有接好。测温电阻和整个测温回路，导线多且长，接线环节多，屏蔽要求在整个环节中都要有可靠的屏蔽，只要有一个环节出现问题，屏蔽就会无效。

（4）传感器安装不规范。

（5）线制和接线问题。线制就是测温电阻的引出线方式，如4线制、3线制和2线

制，线制决定了传感器导线的电阻对测量结果的影响。

（6）传感器尾部结构问题。传感器尾部结构有全密封的和带连接器的区别，现在起码有一半的电厂在使用尾部连接器的结构，这种结构的优点是方便拆卸，一旦传感器有问题可以在不用动导线的情况下把传感器换下来。但这样的结构只适合安装在油水冷却器或空冷器的地方，对于轴瓦的温度监测就不合适了。

（7）Pt100 和 Cu50 的问题。这是测温电阻分度值的问题，Pt100 和 Cu50 是目前电厂最常用的测温电阻，基本上 99%的水电站都在使用。Pt100 是用铂金材料作为敏感元件，Cu50 是用铜做敏感元件。Cu50 与 Pt100 的比较有几个缺点：首先铜比铂的阻值小，需要很长的铜丝绕制成敏感元件，铂则相对短一些，一般的越长越细的材料可靠性越低。其次，铂电阻是主流的测温电阻，大的制造商、特别是德国厂家都以光刻溅射工艺生产 Pt100 芯片，非常成熟可靠。几乎没有厂家生产 Cu 芯片，这样如果要用 Cu50 产品只有自己绕制线圈来做敏感元件，可靠性大大降低。这也就是有些电厂使用的 Cu50 测温电阻经常坏的原因。

（8）非常好的传感器用错了地方。在三峡和小浪底等电厂，由于是 VOITH 和ALSTON 的机组，所以传感器都是瑞士或德国的传感器。传感器本身非常好，但由于不是为特定的使用环境制作的传感器，结果也经常出现一些问题。

解决问题的办法：

（1）采用高品质的 Pt100 芯片。芯片引脚采用铂镍合金。

（2）采用特制的导线，提高导线抗腐蚀能力。

（3）在导线与测温电阻的结合部位加保护装置。主要解决导线根部断线的问题。根据现场的情况，选择不同的保护形式，如锥形弹簧保护管、波纹管和铠装丝延伸保护等。

（4）测温电阻及其导线的一体化网状屏蔽。在每个环节上都要求把导线的屏蔽线可靠地接到公共接地端。

（5）采用三线制以上的接线方式。这样才能有效地保证测量精度。

（6）封装工艺和结构。全铠装封装工艺，采用德国专业化厂生产的铠装丝，其特点是寿命长、响应速度快、机械强度高和绝缘性好。

（7）订做测温电阻。对于特定的电厂，测温电阻都要有针对性地进行设计和制造。

2. 温度监视仪

常见故障及解决办法：

（1）仪表显示 oral。

1）检查输入信号线是否按接线图正确接线。

2）检查仪表内部 SN 参数设定是否与所接传感器类型相匹配，参见说明书输入类型表。

3）输入信号超量程了，用万用表测量传感器输出信号是否正常。

4）4～20mA 输入时检查输入端是否有 250Ω 电阻值。

（2）仪表显示值与实际值误差太大。

1）对于线性信号输入的仪表，仪表内部有调节显示量程的参数，仪表出厂值是固定的，用户只需按自己的需要设定 DIL、DIH 参数即可。

2）仪表内部平移修正参数SC可能有值，使仪表显示增大或减小，将此参数设为0.0即可。

（3）仪表报警功能不正常。

仪表内部跟仪表报警有关的参数同时对报警起作用，包括报警方式的参数、报警限值参数，只有这两个参数都正确设定，仪表才能正确输出报警功能，详细设定见说明书。

（4）仪表报警取消不了或动作太慢。

仪表报警继电器与面板指示灯是同步的，如果面板指示灯没有灭掉，则表示仪表正处在报警状态下，要检查仪表报警限值设定是否合理、仪表报警方式是否设定正确。如果仪表继电器动作过于迟钝，说明仪表DF回差参数设定不合理，适当减小此参数可提高仪表报警的灵敏度。

（5）仪表变送输出功能不正常。

1）仪表无变送输出。

只有订货时要求仪表带有变送功能，仪表才能有变送输出，如果要求有变送，但测量没有，可能是测量端子错误或变送输出为零，这时加大输入信号即可测量变送。

2）仪表变送输出值不正确。

如果仪表变送输出与测量对应关系不正确，可通过BS－L、BS－H参数设定。例如，测量量程为0～1000℃，所需变送范围为100～900℃，则须将BS－L＝100、BS－H＝900。仪表的变送输出电流范围参数OPL、OPH用于限定所需变送输出的电流的范围，其中OPL表示电流输出的下限，OPH表示电流输出的上限，单位为0.1mA。例如，变送电流范围为4～20mA，则须将OPL＝40、OPH＝200。

（6）仪表通信不通。

仪表的通信输出参数为Addr、bAud，Addr用于限定该仪表的通信地址，bAud用于限定该仪表的通信波特率。例如，当有三台仪表的串行通信时，需将三台仪表的Addr参数分别设置为1、2、3，以使三台仪表相互区别开来；并且将三台仪表的bAud参数均设置为4800/9600，以使三台仪表的通信波特率相同；通信串口设定同样也决定仪表通信，其中数据位为8、停止位为2、无校验位，发送区为十六进制发送，接收也为十六进制接收。

3. 温度巡检仪

（1）仪器自成小型微机系统，电路较为复杂，维修人员必须具方面的知识，方可进行维修，以免造成人为损坏。

（2）接通电源数码管不亮，应先检查保险丝管通断情况，及电源插头座接角是否良好。

（3）某一路温度显示数值不正常或报警，应检查相应路的传感器是否正常，接线端子接线情况。

二、压力测量自动化元件故障与维护

1. 压力传感器

（1）考虑测量介质有无腐蚀性，选择相应该传感器。

（2）考虑所测压力是否存在经常过压，如果是则要采取防过压措施。

（3）对于瞬时的过压现象，解决方案如下：

1）在传感器前段增加硬件防过压设备，如阻尼器、U形管等。

2）在精度允许情况下，采用大量程的传感器做成小量程，如用1MPa的传感器做成0.2MPa变送器。

2. 压力开关及差压开关

要求选用调整精度高、不变位、调整方便和接点开断性能可靠的开关。

三、流量测量自动化元件故障与维护

1. 流量开关（示流信号器）

（1）热导式流量开关的不锈钢探头时间长了会结垢，容易影响灵敏度。检修时需要除垢和重新调整。

（2）靶式双向示流信号器要求示流器在水平管路上安装。示流器靶面应与管路中水流方向垂直。示流信号器的进出口管路应有长度各为5倍管径的直管段。若要重新调整，应将示流信号器安装在实际管路上在减流过程中调整，调整弹簧的调节螺钉，使其动作，反复几次确认无误，将调节螺钉的锁紧螺母锁紧即可。

2. 电磁流量计

（1）液体必须具有一定的电导率。油、纯水、碳氢化合物液体不能测量。

（2）液体中含铁磁性物质不能测量。

（3）现场安装的前后直管最低的要求是前直管$5D$后直管段$3D$，建议前直管$10D$后直管段$5D$，直管段前后不得有阀门、泵、90°弯管等严重影响流量的物件，如有需相对拉长前后直管段距离。

（4）安装时只要保证两个电极处在水平位置。传感器的管道必须全部充满。流量计的安装位置应避免安装在管内气泡堆积的位置。

四、位置自动化元件故障与维护

1. 投入式液位计

（1）按接线图接线，各引线之间不要短路。

（2）在动水中使用应有固定装置。

（3）本产品属于精密一次测量仪表，严禁随意摔打，强力加持，拆卸或用尖锐的器具插引压孔。

（4）注意保护好防水通气电缆，严禁用尖锐或尖锐的物体碰击电缆，否则会造成变送器漏水。在使用过程中电缆线的出线端应放到干燥的地方。

（5）若测量介质为黏稠或悬浮颗粒的液体，要防止引压孔被堵塞。

（6）严禁超过3倍过载使用，以免变送器损坏。

2. 磁翻板液位计

（1）提供被测介质的名称、重度、工作压力、具体量程插入深度、法兰连接尺寸。

（2）水电站安装空间小，采购时注意尺寸，注明容器下法兰中心孔至地面距离。

（3）安装时，磁性开关避免剧烈冲击，以免损坏内部磁簧开关。

（4）测量管内不允许有焊渣、导磁性物质及其他杂物存在。

（5）液位计附近10cm内避免有磁场或导磁金属，以免干扰正常工作。

（6）浮子装入测量管时，要注意标示箭头，切勿倒置。

（7）液位计投入运行时，应避免液体急速进入测量管内，以防止浮子的快速上升，使指示板跟踪不灵。

（8）如发现指示板跟踪不灵，首先应检查磁钢是否已退磁，如退磁应及时更换。

3. 电缆浮球开关

应避免装置在下列场所，以免误动作：

（1）进水口及有大波浪附近。

（2）浮球浮动的范围请勿靠近槽壁或水管等。

（3）多组浮球使用时，应注意浮球纠缠。

4. 连杆浮球液位开关

（1）连杆浮球液位开关为订制品，使用则选购时要正确选择法兰、牙口。

（2）距底面的最小距离。

（3）两个浮球间的最小间距。

（4）液位的比重，一定大于浮球规格所标示的比重。

5. 浮球连续式液位计

（1）液位计须竖直安装于容器上方。

（2）确认接续规格、压力范围。

（3）确认介质比重应大于液位计铭牌上浮球的比重。

（4）安装时，磁性开关避免剧烈冲击，注意周围10cm内应避免磁场干扰。

（5）送电前请检查配线及电压是否正确，以免变送器造成意外损毁。

6. 主令控制器

凸轮片组工作位置的调整，应按各控制回路的工作程序要求进行。而它们各自的工作程序的起点和终点位置，是由各凸轮片组（二个）构成的不同夹角来实现的，所以只有在确定各个凸轮片组工作角度的前提下，才能进行调整。凸轮组全部调动并经复查无误后，必须用圆螺母固紧，以防松动错位。

7. 闸门（导叶）开度传感器

编码器输出轴与旋转轴的连接采用弹性联轴器，避免不同轴产生的力矩，要设置0点和满量程点。

8. 转速测控装置

选择传感器安装位置，以避干扰、稳固、易安装为准则，按照现场安装位置及尺寸制作固定传感器支架。支架与不锈钢带（或齿盘）的距离以传感器方便调节为准。

9. 轴电流监测装置

轴电流传感器应安装在能反映大轴电流的静止部分，经外部支架与发电机机架固定。安装前，先拆掉传感器上的连接导线、连接板上的把合螺钉，然后将两半圆环套在发电机的大轴上，用螺钉使其固定成一整圆。半圆对接处的间隙应小于0.1mm。安装时，应使传感器与发电机大轴间的间隙尽量均匀。固定后的传感器不允许有松动。

1. 水电站自动化的作用是什么？
2. 水电站自动化的内容是什么？
3. 水轮发电机组自动化元件有哪些？
4. 水电站综合监测自动化元件有哪些？
5. 机组自动化元件常见故障有哪些？

第七章 机组辅助设备运行与维护

第一节 辅助设备概述

水电站水轮发电机组辅助设备不参加机组的能量转换过程，但是机组正常运行必需的设备，一般包括油、气、水三大系统及进水阀等。

一、油系统

1. 水电站用油类型及作用

水电站用油通常分为润滑油和绝缘油两大类。

（1）润滑油。润滑油分为以下几种：

1）透平油，又称汽轮机油。透平油在设备中的主要作用是润滑、散热和液压操作，在机组轴承中的作用是润滑和散热，在调速系统以及进水阀、调压阀、液压操作阀中是传递能量的介质，实现液压操作。

2）机械油，俗称机油。机械油的黏度较透平油大，主要供电动机、水泵轴承、机修设备和起重机等润滑用。

3）压缩机油。除供活塞式空气压缩机润滑外，还承担活塞与气缸壁间的密封作用。它能在温度 $t \leqslant 180$℃的高温下正常工作。

4）润滑脂，俗称黄油。供滚动轴承及机组中具有相对运动部件之间的润滑，也对机组部件起防锈作用。润滑脂有各种类型，其中锂基润滑脂的剪切安定性、耐热性、抗水性和防锈性均较好，价格适中，在水电站中广泛应用。

（2）绝缘油。绝缘油主要用于水电站电气设备中，作用是绝缘、散热和消弧。

水电站常用的绝缘油有：

1）变压器油。用于变压器及电流、电压互感器，起到绝缘和散热作用。

2）开关油。用于断路器，有绝缘和消弧作用。

3）电缆油。用于充油电缆。

以上述各类油中，以透平油和变压器油用量最大，为水电站的主要用油。

2. 油的基本性质及其对运行的影响

油的性质分为物理性质、化学性质、电气性质和安定性。物理性质包括黏度、闪点、凝固点、透明度、水分、机械杂质和灰分等。化学性质包括酸值、水溶性酸或碱、荷性钠析出物。电气性质包括耐压强度、介质损失角。安定性包括抗氧化性和被乳化时间。下面简单介绍对运行方面影响较大的几个性质。

（1）黏度。当液体质点受外力作用而相对移动时，在液体分子间产生的阻力称黏度，

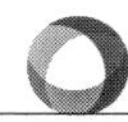

即液体的内摩擦力。

对变压器中的绝缘油，黏度宜尽可能小，因为黏度越小，流动性越大，冷却效果越好。断路器内的油也具有同样的要求。但是油的黏度降低到一定限度时，闪点亦随之降低，因此绝缘油要适中的黏度。对透平油，黏度大时，易附着金属表面不易被压出，有利于保护液体摩擦状态，但产生较大的阻力，增加磨损，散热能力降低。一般在压力大和转速低的设备中用黏度较大的油。

（2）凝固点。油品刚刚失去流动性时的温度称为凝固点。一般润滑油在凝固点前5～7℃时的黏度已显著增大，因此，一般润滑油的使用温度必须比凝固点高5～7℃，否则启动时必然产生干摩擦现象。

（3）水分。油中水分的来源，一是外界侵入，二是油氧化而生成的。油中含有水分会助长有机酸的腐蚀能力，加速油的劣化，使油的耐压降低。

（4）绝缘强度。对于绝缘油，其电气性质直接影响电气设备的安全。在绝缘油中放一对电极，并施加电压，当电压升到一定数值时，电流突然增大而产生火花，这便是绝缘油的击穿，这个开始击穿的电压称"击穿电压"。绝缘强度是以标准电极下的击穿电压表示的，绝缘强度是保证设备安全运行的重要条件。

3. 油的劣化和净化处理

油在运输和储存过程中，经过一段时间后，由于各种原因改变了油的性质，以致不能保证设备的安全、经济运行，这种变化称为油的劣化。油劣化的根本原因是油和空气中的氧气起了作用，即油被氧化而造成的。

影响油劣化的因素有水分、温度、空气、天然光线、电流等。一般预防油劣化的措施是：消除水分侵入；保持设备正常工况，不使油温过热（规定透平油油温不得高于45℃，绝缘油不得高于65℃）；减少油与空气接触，防止泡沫形成；避免阳光直接照射；防止电流的作用，油系统设备选用合适的油漆等。

油的净化处理常用的方法有澄清、压力过滤和真空过滤，这三种方法都是机械净化方法。其中压力过滤能彻底消除机械杂质，但消除水分不彻底；真空过滤能彻底消除水分，但不能消除机械杂质。

4. 油系统的组成及任务

油系统是用管网把用油、储油、油处理等设备连接起来的油务系统。其任务是：接受新油；储备净油；给设备充油：给运行设备添油；从设备中排出污油；污油的净化处理；油的监督与维护；收集和保存废油。油系统由油库、油处理室、油化验室、油再生设备、管网和测量及控制元件所构成。在实际工程中，一些小型水电站虽然设置了完整的油系统管路，并没有真正使用，相反，还会增加电站维护的工作量和安全风险，况且随着现在交通运输的便利，电站没有必要储存过多的油品，因此，建议小型水电站没有必要设置完整的油系统，可只配置滤油机、烘干机、油泵等小型油处理设备。

二、气系统

1. 水电站压缩空气的用途

水电站压缩空气用于以下几方面：厂内高压气系统，压力为2.5～6MPa，供油压装置压力油槽用气；厂内低压气系统，压力为0.8MPa，供机组停机制动、调相压水、风动工具、吹扫用气及水导轴承检修密封围带、蝴蝶阀止水围带充气；厂外高压气系统，压力为4～15MPa，减压后供配电装置用气，其中空气断路器工作压力为2.0～2.5MPa，气动隔离开关工作压力为0.5～0.7MPa；厂外低压气系统，压力为0.8MPa，供防冻吹冰用气，设备工作压力一般为0.3～0.4MPa。

压缩空气系统由空气压缩装置（空压机及其附属设备）、管网和测量控制元件组成，它的任务是满足用户对压缩空气的气量和质量（压力、清洁及干燥程度）的要求。

（1）机组制动供气。在停机过程中，当电气制动投入不成功时，待机组转速下降到35%以下时，通常用压缩空气通入制动闸，强迫机组停止转动。为此，水电站需要设置制动装置供气系统，它主要由制动闸、制动柜及供气管网组成。制动闸一般装设在发电机下机架上或水轮机顶盖的推力轴承油槽支架上。机组较长时间停机后，推力轴承油膜可能破坏，对于推力轴承没有设高压油泵的机组，这时可采取把高压油引入制动闸的方法，顶起转子，形成油膜。

（2）机组调相压水供气。在电力系统中，常选用距离负荷中心较近，年利用小时数不高的水轮发电机组作调相机运行，向系统输送无功功率，以提高电力系统的功率因数和保持电压水平。在调相运行时，为了减少电能消耗，通常采用压缩空气强制压低转轮室水位，使转轮在空气中旋转。

（3）风动工具、空气围带和防冻吹冰供气。水电站机组及其他设备检修维护时，常使用各种风动工具，并采用压缩空气除尘、吹污、吹扫，因此需要风动工具和其他工业供气。

水轮机常用空气围带止水，如水导轴承检修密封围带充气、蝴蝶阀止水围带充气等。空气围带用气量较小，一般不需设置专用设备，可从厂内低压空气系统引用。

在严寒地区的水电站，为了保证水电站正常运行，设置防冻吹冰用气系统，用户在机组进水口闸门及拦污栅、溢流坝闸门、尾水闸门、调压井和水工建筑物防冻吹冰。其原理是用压缩空气从一定深度喷出，形成一股强烈上升的温水流，它能溶化冰块，也能防止结成新冰层。有的电厂也采用潜水泵抽取水库底层的温水，使水流从安装的喷射管道中喷出，来防止水面结冰，其优点是效率高、投资省。

（4）油压装置供气。油压装置压油槽是机组调节系统和机组控制系统的一种能源，也是进水阀、调压阀和电磁液压阀的能源。

压油槽容积中的30%～40%是透平油，60%～70%是压缩空气。由于压缩空气具有弹性、可储存压能，所以能保证和维持调节系统及其他设备操作所需的工作压力。压油槽中压缩空气的质量要清洁、干燥。

（5）配电装置供气。配电装置供气的用户有空气断路器、气动隔离开关及压缩空气操作的油断路器。配电装置要求压缩空气的质量高，即其压力不低于设备的额定工作压力；干燥度较高，在最大温差下其相对湿度不大于80%；空气清洁，无尘埃、油垢和机械杂质。

2. 空气压缩机

（1）空气压缩机的分类。现代工业中，压缩气体的机器用得越来越多。由于各部门所

需的气体压力和排气量各不相同，因此就有多种型式的压缩机。

各种型式的压缩机按工作原理可区分为两大类，即速度型和容积型。按结构型式的不同，它们又可以进行分类。其具体分类如图 7-1 所示。

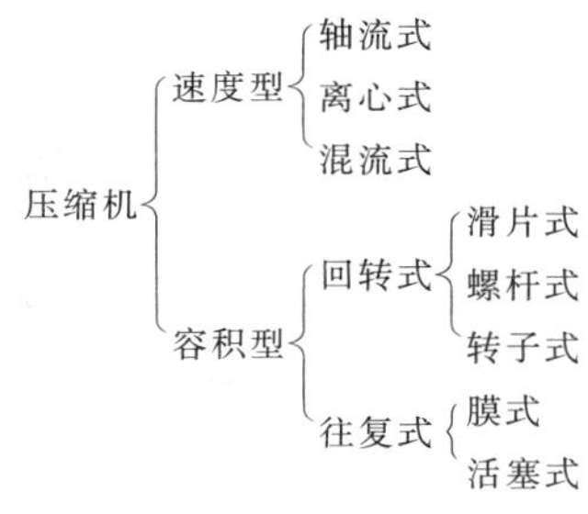

图 7-1 压缩机分类

速度型压缩机靠气体在高速旋转叶轮的作用下，获得巨大的动能，随后在扩压器中急剧降速，使气体的动能转变为势能（压力能）。

容积型压缩机靠在气缸内做往复运动的活塞，使容积缩小而提高气体压力。

由于往复活塞式压缩机（简称活塞式压缩机）具有压力范围广（目前工业中使用的最高压力已达 350MPa）、效率高、适应性强等特点，它在现代工业中获得了广泛的应用。

（2）压缩机产气的生产工作过程。压缩机主要由一对阴、阳转子及壳体组成，如图 7-2 所示，其工作原理与往复式压缩机一样，属于容积式，只是其工作方式是回转式而不是往复式。如果把阴转子齿槽与壳体构成的腔比作活塞式压缩机的气缸，那么阳转子的螺旋形齿在阴转子齿槽中的滑动就相当于活塞的往复运动。

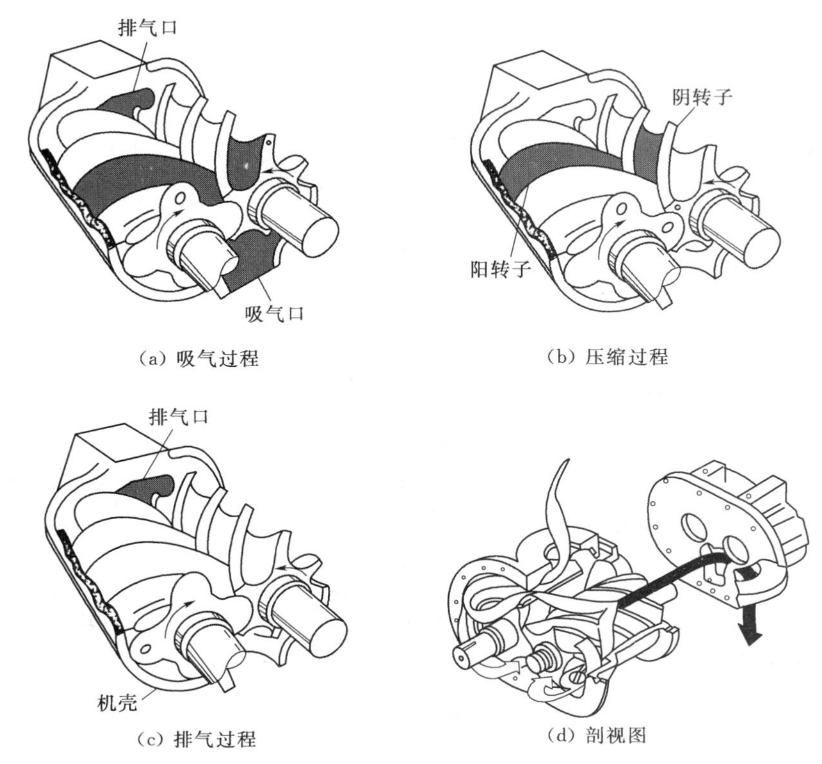

(a) 吸气过程 (b) 压缩过程 (c) 排气过程 (d) 剖视图

图 7-2 主机剖视图及工作过程

主机的工作过程可分为三个阶段，为了看起来更为清楚，将压缩机倒剖开来，如图 7-2（d）所示。转子端面上的黑点表示啮合齿槽的相对位置。

1）吸气阶段。螺杆压缩机采用端面轴向进气，一旦齿槽间啮合线在端面的啮合点进入吸气口，则开始吸气。随着转子的转动，啮合线向排气端延伸，吸入的空气也越来越多，当端面齿廓离开吸气口时，吸气阶段结束。吸入的空气处于一个由阴、阳转子及壳体构成的封闭腔内，如图 7-2（a）所示。

2）压缩阶段。由阴、阳转子及壳体构成的这个封闭腔随转子的继续转动，向排气端移动，其容积不断缩小，因而气体受压缩。与此同时，润滑油喷入这个封闭腔，如图 7-2（b）所示。

3）排气阶段。当阳转子齿到达排气口时，封闭腔容积达到最小，压缩空气随同润滑油一同被排出。油气混合气通过止逆阀进入油分离器。在那里润滑油从空气中分离出来，回到油循环系统，而空气流经后冷却器进人工厂的压缩空气管网，如图 7-2（c）所示。

从以上过程可以看出，螺杆压缩机结构简单，不存在往复力。由于转子连续高速运转，因此排出气体稳定，无脉冲现象，从而噪声、振动都较小。但要注意的是螺杆压缩机有一个经特殊设计的内压缩过程（即阶段 2），其排气压力是设计好的。压缩机应在规定的排气范围内工作，超过此范围，则压缩机效率大为降低。

3. 水电站压缩气系统图

水电站的厂内气系统，一般设置两个气压等级。其中：高压气一般为 4.0MPa，供压油装置等用风；低压气为 0.8MPa，供检修围带、制动风闸、调相压水和风动工具的用气。

如图 7-3 所示是某水电站厂内压缩空气系统图。3KY、4KY 是两台出口压力为 4.0MPa 的高压机，设置有 1.5m³ 的储气罐，供压油装置用风，调速器压油罐一般设有自动和手动补气阀。1KY、2KY 是两台出口压力为 0.8MPa 的低压机，设置有三个 5m³ 的

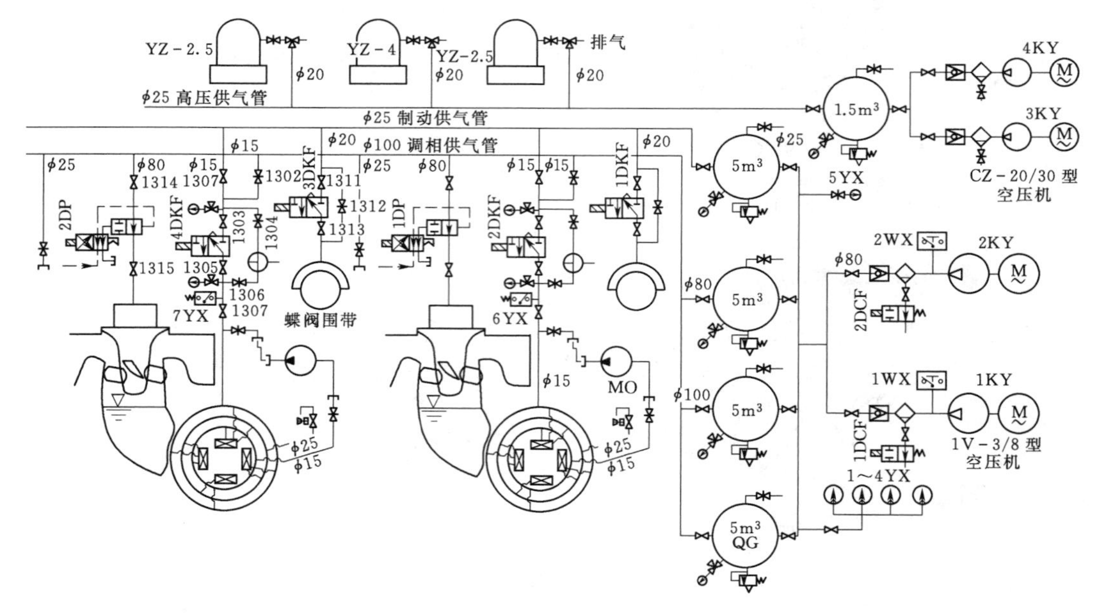

图 7-3　某水电站厂内压缩空气系统图

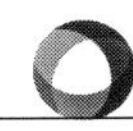

调相压水储气罐和一个 5m³ 的制动供气罐，以 1 号机为例，1311 阀、1313 阀常开阀中间装有电磁空气阀 1YAG，是水轮机主轴检修围带供气的自动阀门，当停机令发出，机组转速为零后，1YAG 动作，检修围带充气；开机令发出，1YAG 复归，围带排风。1301 阀、1303 阀、1305 阀、1307 阀是机组制动风闸供气管路上的阀门，2YAG 是控制制动风闸投入与否的电磁空气阀。当停机令发出，电气制动投入不成功后，机组转速下降到 30%nr。以后时，2YAG 动作，制动风闸投入，当机组转速为零并延时一段时间后，2YAG 复归，风闸落下；1308 常闭阀后由软管与移动式顶转子油泵相连，当需要顶转子时，接好油泵软管，关闭 1307 阀，开启 1308 阀，启动油泵即可顶转子，顶起转子的高度一般为 6～12mm，顶完转子后撤除油泵软管，打开 1308 阀排油后，再关闭 1308 阀，打开 1307 阀，并打开 1310 阀和 1306 阀、1304 阀，将风闸及管路中的油吹出，吹油完毕后关闭这三个阀门。1314 阀、1315 阀是去调相压水用气的阀门，由机组自动回路控制 1YA 决定投入调相用气与否。1316 阀、1317 阀是去 1 号机组压油槽的阀门，在这个管路上也可以装有自动补气电磁阀，以实现补气装置的自动控制。

三、供水系统

水电站的供水系统包括技术供水系统、生活供水系统和消防供水系统。

1. 技术供水系统

(1) 技术供水的对象及其作用。技术供水系统是水电站辅助设备中最基本的系统之一。其主要对象是：发电机空气冷却器、发电机推力轴承及导轴承油冷却器、水轮机导轴承及主轴密封、水冷式变压器、水冷式空气压缩机、深井泵的润滑等。生活供水系统与技术供水一并考虑，其主要满足站内工作人员生活用水需要。

(2) 各用水设备的作用及对技术供水的要求。各用水设备对供水有四个方面的要求：水量、水温、水压、水质。各用水设备的作用、工作特点及对技术供水的要求具体如下：

1) 发电机空气冷却器。运行过程中，发电机的电磁损耗和机械损耗都将转化为热量，这些热量如不及时散发出去，必将导致温度的升高。大部分水轮发电机采用空气作为冷却介质，用流动的空气带走发电机所产生的热量。一般大中型发电机是通过密闭式通风方式，利用转子端部装设的风扇或风斗，强迫发电机里的冷空气通过转子绕组，再经过定子中的通风沟，吸收绕组和铁芯等处的热量成为热空气（热风），热空气再通过设置在发电机四周的空气冷却器，经冷却后（变为冷风）重新进入发电机。

由于受空气冷却器的结构和冷却介质特性的制约，一般规定：经过空气冷却器后的空气（冷风）温度不超过 40℃，不得低于 10℃，因为如果温度太高，会使发电机的冷却效果变差，太低会使空气中的水分在冷却器处凝结成小水珠（俗称空气冷却器出汗），影响发电机的绝缘：空气吸收热量后（热风）的温度不高于 50℃；空气冷却器进口水温不超过 30℃，不低于 4℃，出水温度差在 2～4℃。空气冷却器的进口水压随其型号的不同而略有差异，一般不超过 0.2MPa。通过空气冷却器的流量，一般是根据发电机内的冷、热风温度，在保证排水畅通的条件下，调节进口压力来实现的（也有一些电厂直接用流量计来指示），在调高空气冷却器的进口压力时，要特别注意不得使进水压力高于其允许值，以防止冷却器过压破裂，导致发电机绝缘能力降低。

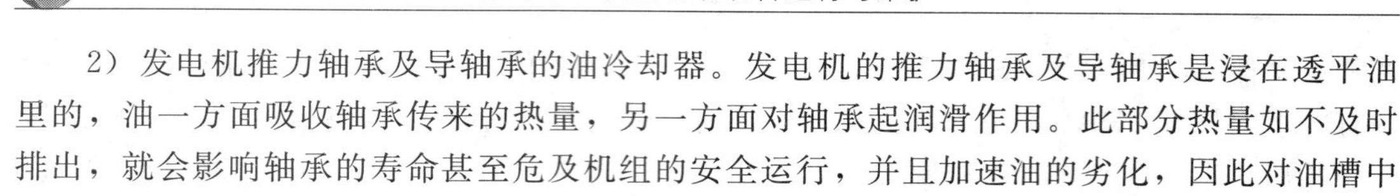

2）发电机推力轴承及导轴承的油冷却器。发电机的推力轴承及导轴承是浸在透平油里的，油一方面吸收轴承传来的热量，另一方面对轴承起润滑作用。此部分热量如不及时排出，就会影响轴承的寿命甚至危及机组的安全运行，并且加速油的劣化，因此对油槽中的油必须加以冷却。

油槽中油的冷却方式有两种：一种是内部冷却，即将冷却器放在油槽内，冷却水管中通过水流，带走油的热量；另一种是外部冷却，即将润滑油利用油泵抽到外部的冷却器中，把油的热量传给水进行冷却。

一般规定：冷却器的进口水压力不得超过0.2MPa，进口水温不超过30℃，不低于4℃，这既保证冷却器黄铜管外不凝结水珠，也避免沿管方向温度变化太大而造成裂缝。

3）水冷式变压器。水冷式变压器分内部水冷式和外部水冷式，一般大中型变压器都采用外部水冷式，即强迫油循环水冷式。根据冷却器型式的不同，对进口水压的要求也有很大的差别，有的要求油压大于水压，有的只要求保证流量，这些都要依据冷却器的技术参数来定，但进口水压都不能超过其规定的最大值，至于对水温的要求同油冷却器。

4）水冷式空气压缩机。空气被压缩时，温度要升高，因此需要对空气压缩机的气缸进行冷却，既提高生产效率，又避免润滑油的分解和碳化。

水冷式空气压缩机的冷却水压可大于0.2MPa，但不能超过0.3MPa。

5）水轮机导轴承的润滑和冷却。水轮机的导轴承有水润滑的橡胶轴承和油润滑的合金轴承。对于油润滑的合金轴承，其油冷却器对水温、水压的要求同推力轴承油冷却器。而橡胶轴承则在水质和供水的连续性方面有较高的要求，一般均不允许断水。

6）水轮机主轴密封用水。水轮机主轴密封用水对水质要求较高，一般采用洁净水，水压范围是0.05～0.2MPa。若水压太高，将会导致密封块之间的磨损增大，久而久之使主轴密封效果变差。

7）压油装置集油槽油冷却器。压油装置集油槽油冷却器，一般国产设备都不装设。若装有油冷却器，对水温、水压的要求同轴承油冷却器。

8）其他用水设备。技术供水除上述用水设备外，还有深井泵轴瓦润滑用水、射流泵的操作用水及一些高水头水电站的进水阀操作用水等。

（3）技术供水的水源及供水方式。技术供水的水源有上游水库、下游尾水和地下水源，其中上游水库有压力钢管或蜗壳取水、坝前取水两种方式。

供水方式有自流供水、水泵供水、混合供水、射流泵供水及其他供水方式。自流供水适用于平均水头在20～120m、水温和水质符合要求的水电站，但水头高于40m而采用自流供水方式时要减压供水。由于自流供水所需要的自动化设备较少，供水可靠，运行维护简单，所以现在自流供水有提高适应水头范围的趋势。如白山水电站，水轮机的设计水头为112m，最大运行水头为126m，最小水头为86m，其供水方式仍然采用上游水库自流供水，目前在建的三峡水电站也将采用上游水库自流供水的方式。水泵供水适用于水头高于120m或低于12m的水电站，当水头较高时，宜采用自流供水，当水头不足时，宜采用水泵供水。

射流泵供水适用于水头120～160m的水电站。其他供水方式有利用电厂附近溪流自流供水、水轮机顶盖取水供水等。

（4）技术供水系统图。技术供水系统图是通过管道把水源、水处理设备、测量控制元

件及用水对象，用规定的符号绘制的示意图。系统图只表示设备、管网之间的关系，不表示管网和设备的尺寸和高程。如图 7-4 所示是某水电站 1 号机组技术供水系统图。

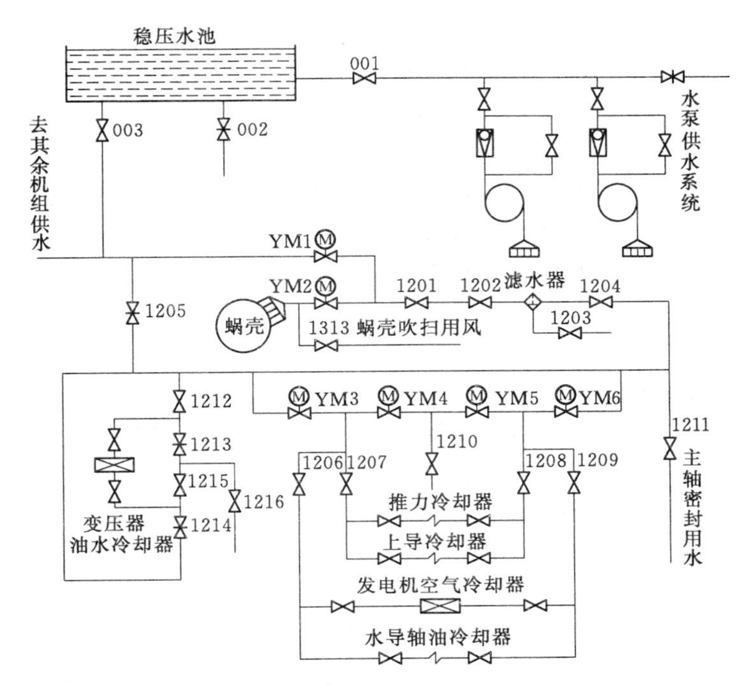

图 7-4　某水电站 1 号机组技术供水系统图

该厂主机型式是悬式机组，推力轴承、上导轴承装设在不同的油盆内，发电机无下导轴承，水导采用油冷却的巴氏合金瓦。

电动阀门 YM3-YM6 是切换冷却水流的，正常时一组关闭，一组打开，如 YM3、YM5 全开，YM4、YM6 关闭，或者与此顺序相反。1203 阀是滤水器的排污阀，也兼顾调节水轮发电机组总冷却水压的功能。1205 阀是公用冷却水母管与 1 号机冷却水母管的联络阀，正常时在关闭位置，当 1204 阀前的滤水器堵塞，减压阀损坏时，开启 1205 阀，关闭 1204 阀及其前面的阀门，仍不影响主机的运行。

(5) 水处理设备。滤水器是清除水中悬浮物的主要设备。按滤网的型式分为固定式和转动式两种。滤水器的尺寸取决于通过的流量。滤网孔的过流面积至少等于进、出水管面积的两倍，即使有二分之一的面积受堵，仍能保证足够的水量通过。固定式滤水器水由进水口进入，经过滤网，由出水口流出，污物被挡在滤网外边，人工可定期采用反冲法进行清扫。转动式滤水器水从下部进入网孔的鼓筒内部，经网孔流出，然后从筒形外壳与鼓筒之间的环形流道进入出水管。滤网固定在转筒上，上部与旋转手柄或杠杆相连，转筒用铁板隔成几格，当转筒上的某一滤网需清洗时，只需旋转转筒，使该格对准排污管，打开排污阀，该格网孔上的污物便被反冲水冲至排污管排出。

目前使用比较广泛的是全自动滤水器使用广泛的还有全自动滤水器，它是在转动式滤水器的基础上改造。可由滤水器进出水管安装的压差计自动监测滤水器的堵塞情况，启动转筒和切割机，将堵塞的污物绞碎后排出。

2. 消防供水系统

消防供水系统和技术供水一样，一般有两路水源，一路为工作水源，另一路为备用水源，以保证消防用水的可靠性。根据水电站水头的不同，低水头电厂一般都设有消防水泵，至少有两台，平时要保证一台能正常工作。重点防火设备处都有固定式消防水喷嘴，在发生火灾后，只要打开该处的消防水供水阀门，高压消防水就从喷嘴中喷出，形成水帘。水帘的作用一是喷向着火设备，使设备降温；二是隔绝着火设备与空气的接触，达到灭火的目的。还有一些场所布置有消防栓，供灭火时取水之用。消防供水对象主要有两个：设备消防和建筑物消防。其中，发电机消防在发电机定子上、下两端设消防环管，主厂房消防通过厂内设消防栓及带消防枪的软管实现防火供水。

四、排水系统

排水系统是水电站辅助设备中最基本的系统之一。在水电站，排水系统是比较容易发生事故的部位，若排水系统不可靠，就会引起水淹厂房的重大事故，严重威胁水电站的安全和运行。

1. 排水系统的作用及排水方式

水电站排水系统的作用是：防止厂房内部积水和潮湿，保证机组过水部件和厂房水下部分的检修。

水电站的排水包括：生产用水的排水、检修排水、渗漏排水和厂区排水。

（1）生产用水的排水。水电站的生产用水，主要是技术供水，它的特点是排水量大，设备位置较高，一般都不设置排水泵，而靠自流的形式排至下游河道或尾水管内。

（2）检修排水。当检修机组或厂房水下部分的引水建筑物时，必须将水轮机蜗壳、尾水管、引水管道内的积水排除。检修排水的特点是：排水量大，位置较低，只能采用水泵排水。这种排水的方式有直接排水和廊道排水。直接排水是指检修排水泵通过管道和阀门与各台机组的尾水管相连，机组检修时，水泵直接从尾水管抽水排出。廊道排水是指厂房水下部分设有相当容积的排水廊道，机组检修时，尾水管向排水廊道排水，再由检修排水泵从排水廊道或集水井抽水排出。检修排水应当可靠，必须防止因排水系统的某些缺陷引起尾水的倒灌，造成水淹厂房的事故。

（3）渗漏排水。机械设备的漏水、水轮机顶盖与大轴密封的漏水、下部设备的生产排水、厂房下部生活用水的排水、厂房水工建筑物的排水、厂房下部消防用水的排水一般采用渗漏排水。它的特点是来水零星且量小，位置较低，一般都采用集水井收集，再用水泵排水。水轮机顶盖排水，一般采用自流形式排至渗漏集水井，但也有装设排水泵作为顶盖水位超高时的紧急排水，以防水淹顶盖。

2. 排水泵的型式

水电站的排水泵一般都采用离心泵和深井泵，高水头水电站有采用射流泵排水的，还有一些新电厂采用潜水泵排水。

离心泵是利用原动机带动水泵转轴旋转，使水泵的叶轮旋转而产生离心力将水抽走，要使离心泵能正常工作，必须将水泵叶轮全部浸没在水中，因此离心泵一般都装有底阀，未装底阀的离心泵的安装高程要低于被抽走的水面高程。装有底阀的离心泵启动前都要充

水，有的用引水给离心泵充水，有的采用真空泵充水。离心泵若用异步电动机带动，其启动电流一般是额定电流的4～7倍，为防止电动机过载，应使水泵功率在最小时启动。而离心泵的流量与功率成正比，所以较大流量的离心泵一般启动前将出口阀门关闭，以减少启动功率，待转速正常后再开启出口阀。

立式深井泵由工作部分、抽水管路和传动机构三部分组成，特点是叶轮装在动水位以下，启动前不需灌引水，提水深度不受允许的真空度的限制。由于其安装位置较高，有防潮、防淹的优点，尽管它结构复杂、维修麻烦、价格较贵，但许多水电站仍愿意使用。

当水电站水头在80～160m时，有采用射流泵供排水的。射流泵的原理是利用高压液体或气体与低压液体进行能量交换工作。它的特点是：结构简单、设备及运行费用低、不怕受潮和水淹、工作可靠、在厂用电消失时仍能照常工作。

潜水泵由于运行操作简单，受工作环境影响较小，所以新电厂有采用潜水泵排水的趋势。

3. 排水系统图

排水系统一般由排水泵、排水管道和控制阀门等组成，另外还设有排水泵的控制操作设备。如图7-5所示是某水电站的排水系统图。从图中可以看出，渗漏排水系统设置了一台射流泵作为工作泵，其动力水源由13阀和14阀取自1号机压力钢管，射流泵自动控制回路依据集水井水位控制电磁液压阀YA的开启和关闭，即射流泵的投入与切除。

检修排水是尾水管直接排水，设置有两台离心泵，07阀、08阀与检修排水母管相连，09阀、10阀分别与渗漏集水井中的底阀相连，因此这两台离心泵也可作为渗漏集水井的

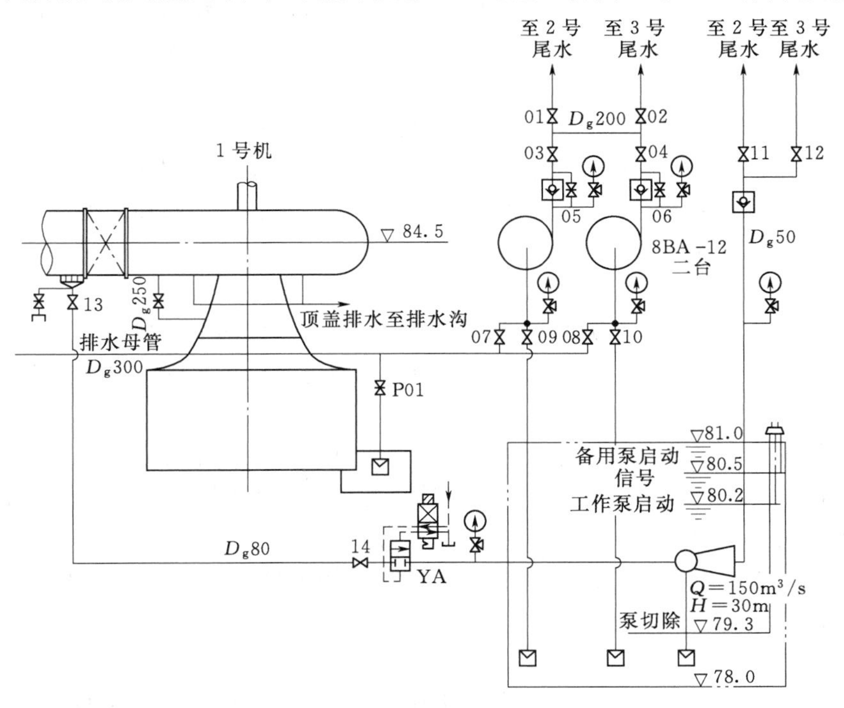

图7-5　用射流泵作渗漏排水的排水系统图

备用排水泵。当射流泵故障时，关闭13阀、14阀，并且关闭离心泵与检修排水母管相连的07阀、08阀，开启09阀、10阀，离心泵即可排渗漏集水井中的水。当需要排尾水管中的水时，机组的进水闸门和尾水闸门关闭，并应关闭09阀、10阀，开启07阀、08阀，最后开启检修排水母管与需要排水机组之间的常闭阀，如P01（1号尾水管排水阀），这样即可启动离心泵排尾水管中的水。常闭05阀、06阀，是离心泵启动前的充水阀。01阀、02阀、11阀、12阀选择排水的去向。这种排水系统的优点是检修排水泵兼做渗漏排水的备用泵，使排水泵的使用台数较少，充分利用设备，缺点是当09阀、10阀以及离心泵底阀关闭不严时，将会引起尾水倒灌的事故。

五、进水阀

1. 进水阀的作用

（1）岔管引水的水电站，关闭进水阀是构成检修机组的安全工作条件。

（2）停机时，减少机组漏水量和缩短重新启动时间。

（3）防止突甩负荷时机组飞逸事故的扩大。

2. 进水阀的设置条件

（1）岔管引水的水电站，每台水轮机前设置进水阀。

（2）对水头大于120m的单元输水管，可考虑设置进水阀。

（3）最大水头小于120m、长度较短的单元输水管，进水阀的设置要经过充分论证。

3. 进水阀的型式及主要构件

进水阀的型式主要有蝴蝶阀和球阀两种，此外还有闸阀。蝴蝶阀简称蝶阀，用于水头在200m以下的水电站；球阀用于水头在200m以上的水电站；闸阀用于高水头、小管径的水电站。

蝶阀有横轴和竖轴两种，主要构件有阀体、活门、阀轴、轴承、密封装置、锁锭装置以及旁通管、旁通阀、空气阀和伸缩节等附属部件。球阀通常采用横式结构，主要构件有阀体、活门、阀轴、轴承、密封装置以及旁通管、旁通阀、空气阀和伸缩节等。闸阀主要由阀体、阀盖和闸板等组成。

4. 进水阀的操作方式

进水阀通常只有全开或全关两种情况，不宜部分开启以调节流量。进水阀不允许在动水下开启，因此开启前必须用旁通阀充水，待平压后再开启进水阀，但是进水阀可在动水下关闭。

进水阀的操作方式有手动、电动、液压操作三种。液压操作又分油压和水压两种，通常采用油压操作，但当电站水头大于150m时，也有采用水压操作，但需保证水质清洁和考虑配压阀、接力器的防锈。

采用油压操作的进水阀，其控制机构有导管式接力器、摇摆式接力器、刮板式接力器、环形接力器四种。

5. 蝶阀的自动控制系统

蝴蝶阀是用来切断水流的，而不能作为调节流量之用，故只有全关或全开两种状态。蝴蝶阀的自动控制属于二位控制，多采用终端开关作为位置信号和控制信号，控制系统并

不复杂，操作过程也比较简单。

如图7-6所示为蝴蝶阀自动控制液压机械系统图。主要元件有：电磁配压阀51～52YA、电磁空气阀51YAG、差动配压阀Y2、四通滑阀Y4、油阀Y1压力继电器51～52KP和压力表等。

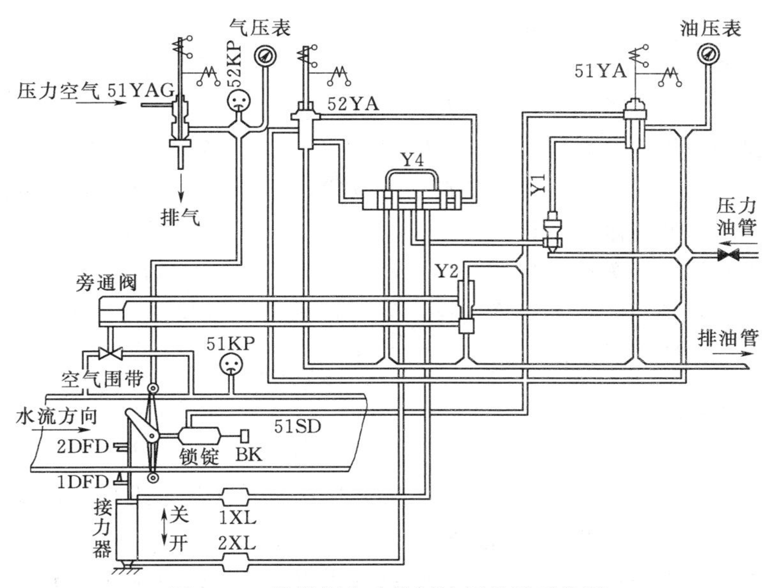

图7-6　蝴蝶阀自动控制液压机械系统图

所有这些元件（除油阀Y1外）都集中装在一个柜子里，即所谓蝴蝶阀控制柜，而用管道和蝴蝶阀的接力器、旁通阀和锁锭相连接。在控制柜的正面板上，装设有控制按钮，其操作接线是和机旁操作线路并联的，可以在控制柜旁操作蝴蝶阀的开启或关闭。

第二节　辅助设备运行与维护

一、辅助设备的运行

（一）油系统运行

1. 油系统运行中的巡视检查

（1）检查油泵电源正常，各自动化测量元件信号正确，控制元件动作正常。

（2）检查油泵自动工作情况，启动是否过于频繁，异常时记录启动间隔时间是否超常。

（3）检查备用油泵是否频繁启动，如果是频繁启动，应加强检查管路及调速器管路系统是否漏油、泄油。

（4）检查压力油罐中油气比例是否合适，否则进行调整。

（5）集油槽油位，机组轴承油位是否在正常范围内。

（6）检查调速器以及润滑油管路有无漏油、渗油，各阀门位置应正确。

（7）电动机及其电气回路检查，用鼻子闻、耳朵听、眼睛看，电动机和油泵运转声音应正常，无异味。

（8）定期对运行中的油取样化验检查。

（9）检查电动机回路有无断相运行情况发生。

2. 压力油系统运行的投入与停止

（1）检查电源正常，各阀门和控制开关位置正确。

（2）油泵先切“手动位置”，启动电动机和油泵，并检查是否运转正常。

（3）油泵手动运行正常后可切向“自动”位置，升高和降低油压，检查油泵的自动启动和自动停止状况，并记录时间长短。

（4）油泵控制切换开关放“自动”位置，一台工作，一台备用。

（5）机组停机热备用时，本装置仍投入运行，只有机组和调速器大修时才停止运行，切除电源停运，并关闭主供油阀。

（二）气系统运行

1. 气系统巡视检查

（1）若空压机较长时间未启动运转时，应先切换至手动状态进行运转检查。

（2）自动启动过程中，监视启动间隔时间是否异常。

（3）检查各压力表指示情况，压力变送器或压力继电器接点动作情况。

（4）检查管路各阀门位置应正确，有无漏气现象。

（5）定期对储气罐及汽水分离器进行排污，发现含水量和含油量过大时，应及时查明原因并进行处理。

（6）检查润滑油是否正常。

（7）检查气体压力是否正常。

（8）检查冷却水压力是否正常。

（9）检查油位是否正常，油质是否合格。

（10）检查转动声音是否正常，有无明显的振动。

（11）检查空气过滤器是否正常。

（12）定期将空压机的“工作”和“备用”轮换切换。

（13）检查机组制动回路管路阀门位置是否正确，机组自动制动电磁空气阀位置是否正确。

（14）调相机运行时，检查巡视转轮室压水情况，并监视低压气机启动运转情况有无异常，压力是否正常。

（15）检查空压机进出口管路温度是否过高，过高时，报告主管，分析处理。

2. 空压机运行的投入与退出

（1）首先将空压机电动机启动回路的切换开关放“手动”位置，进行手动启动，观察电动机和空压机运转情况，检查卸荷阀动作是否正常，空载启动运转是否正常。

（2）检查电动机和空压机及全部管路和阀门有无漏气、泄气现象。

（3）“手动”位置运行正常后，将切换开关切向“自动”位置，一台机放“工作”位置，另一台机放“备用”位置。

（4）进行空压机“自动”停机实验，储气罐气压升至整定的停机压力如0.75MPa时应自动停机。

（5）进行“工作”机启动试验，储气罐气压升至整定的启动压力如0.6MPa时，“工作”机自动启动。

（6）进行“备用”机“自动”启动试验，储气罐气压下降至整定的备用机启动压力如0.5MPa时，“备用”机自动启用。

（7）一般1～2个月将两台空压机“工作”和“备用”状态定期切换，以使两台机的工作时间相近。

（三）供水系统运行

1. 技术供水系统巡视检查

（1）检查各部被却设备的温度是否在正常范围之内。

（2）检查各部水压是否符合要求。

（3）检查管网系统有无水锤共振声。

（4）检查各被冷却设备的油位、油色是否正常。

（5）检查空气冷却器有无结露现象。

（6）检查管网系统有无渗漏。

（7）定期清扫、维修和切换水过滤器，以保证水质、水量和水压符合要求。

（8）在洪水季节，要注意加强机组冷却水和润滑水的巡回检查和取样分析，发现水质超标应及时采取措施处理。

2. 供水系统投入运行与退出

（1）第一次投入运行时，按上述通水耐压试验步骤逐项进行操作和检查。如为停机后开机，则只需打开电动阀YM2并进行相应检查即可。

（2）按打开机组技术供水要求，确认各阀门所处位置正确。

（3）现场检查各处水压，示流信号器是否正常，管道有无渗漏水现象，特别注意发电机空气冷却器的漏水检查。

（4）机组停机后，冷却水由电动阀YM2关闭，并应现场检查。

（5）供水前要特别注意检查发电机灭火管道的供水阀门。

（6）严冬寒冷低温时，注意按现场运行规程规定，停止供冷却水。

（7）由水泵供水的供水系统，水泵的开停要专人值班负责，并按水泵运行规程开和停。

（四）排水系统运行

1. 排水系统巡视检查

（1）检查排水泵电源及控制回路是否正常，无报警。

（2）检查排水泵内部的声音是否正常。

（3）检查排水泵的振动，窜动是否过大。

（4）排水泵、电动机温度是否正常，应无异味。

（5）排水泵盘根密封是否良好，应无大量漏水。

（6）各阀门开闭位置是否正确，各部分有无漏水。

（7）加强集水井以及检修排水的水位巡视检查，避免出现水位检测信号器故障而出现水淹厂房的事故。

（8）运行中如发现有异音、排水泵抽不上水、电动机或泵体温度过高、电动机冒烟及有焦味时，应停止运行，并检查原因，联系检修专责人员处理。

2. 排水系统运行投入与停止

（1）第一次投入运行时，按通水耐压试验步骤进行操作和检查。

（2）检查各阀门和排水管路密封是否完好，有无渗漏现象。

（3）在“手动”位置运行正常后，将排水泵电动机控制切换开关切至“自动”位置，如有两台排水泵，将其中一台工作，另一台备用。

（4）检查“工作”泵的“自动”启、停泵试验，“工作”排水泵应在整定的启、停泵水位正确启、停。

（5）停“工作”泵电源，检查“备用”排水泵能否正确启动和停泵。

（6）断开排水泵电源，监视水位信号器信号是否正确，水位报警信号正常之后，投入排水泵电源。

（7）“工作”和“备用”排水泵应定期进行轮流切换，使各台排水泵工作时间相近。

（8）对于渗漏排水泵，正常投运后应一直处于自动运行状态，按相关规程操作。

（9）对于检修排水泵，根据检修需要采用“手动”或“自动”控制，并在检修期间安排专人负责按相应规程进行投运或推出。

（五）进水阀运行

1. 进水阀的操作

（1）进水阀的操作方式：

1）手动操作。

2）电动操作。

3）液压操作。

（2）进水阀的操作过程：

1）开阀操作。

2）正常关阀操作系统。

3）紧急事故关阀。

2. 主阀的检查与维护

（1）检查主阀和旁通阀应在全关或全开位置与指示器位置相一致。

（2）液压操作的主阀，检查集油箱的油面在正常的范围内，操作油和润滑油颜色正常。

（3）主阀全关位置，漏水量不超过规定值。

(4) 主阀启、闭平滑，无剧烈震动。

(5) 检查主阀密封装置磨损情况，及时维修。

二、辅助设备维护要点

(一) 油系统维护

(1) 透平油系统和绝缘油系统管路锈蚀或堵塞，可直接更换。

(2) 储备足够的油用量。

(3) 定期检查消防设施，清理油污。

(二) 气系统维护

(1) 对于空压机无法达到足够的压力输出，可以启用备用空压机，对故障设备进行检修。

(2) 对于空压机的安全阀须每年一次正常检修。

(3) 经常检查储气罐有无漏气现象，检查空压机的启动频繁次数。适当时候可将储气罐排污口打开排污。

(三) 供水系统维护

(1) 减压阀阀后压力不稳定，须检修，仍达不到要求的，应更换。

(2) 滤水器堵塞严重，拆卸后检修或更换滤芯。

(3) 电磁阀发卡，直接更换，或换成电动阀。

(4) 压力变送器数据不准或无法传送数据，直接更换。

(5) 电动机和水泵每年更换润滑油一次。

(6) 水泵锈蚀严重，故障频发，直接更换。

(7) 输水管锈蚀严重，直接更换。

(8) 所有备用设备元件应定期切换工作。

(四) 排水系统的维护

(1) 电动机和水泵每年更换润滑油一次。

(2) 排水泵工作异常，须检修或更换。

(3) 水位计或液位计有不正常显示，可直接更换。

(五) 进水阀的维护

(1) 油位应不低于油标底线以上的1/3。液压系统投入使用3个月后，应将液压油过滤一次，并清洗油箱。以后应定期检查，对已变质和污染的油液应及时更换新油。新油或过滤加入新油时，应通过滤油车加入，滤油车的过滤精度不低于20μm，并注意使用同牌号的液压油。

(2) 定期检查蓄能器内充气压力。当充气压力低于设定值时，应及时充装氮气。

(3) 装置投入运行后，应经常到工作现场观察运行情况，如有漏油、指示故障等异常现象应及时处理。

第三节　辅助设备常见故障或事故

一、油系统常见故障、事故及处理

1. 油压降低处理

(1) 检查自动、备用泵是否启动，若未启动，应立即手动启动油泵。如果手动启动不成功，则应检查二次回路及动力电源。

(2) 若油泵在自动控制状态下运转，应检查集油箱油位是否过低，安全减载阀组是否误动，油系统有无泄漏。

(3) 若油压短时不能恢复，则把调速器油泵切至手动，停止调整负荷并做好停机准备。必要时可以关闭进水闸门停机。

(4) 如遇压力油罐泄漏事故或压力油罐爆破事故，将造成调速器无法关机的严重事故时，必须果断关闭主阀，将水轮机组停止下来，同时按紧急停机流程处理。

2. 压力油罐油位异常处理

(1) 压力油罐油位过高或过低，应检查自动补气装置工作情况，必要时手动补气、排气，调整油位至正常。

(2) 集油箱油面过低，应查明原因，尽快处理。

1) 漏油箱油位过高，而油泵未启动时，应手动启动油泵，查明原因并尽快处理。

2) 油泵启动频繁且油位过高时，应检查电磁配压阀是否大量排油及接力器漏油是否偏大，联系检修人员处理。

3) 油泵故障，应联系检修人员处理。

二、气系统常见故障、事故及处理

1. 空压机运转出现异常振动或声响

(1) 低压机检修后阀室中活塞顶点与缸盖调整间隙太小，吸气阀安装位置不对或元件松弛，阀片或弹簧损坏。此时应立即停止空压机运行，按要求做好检修安全措施。

(2) 气缸内检修后遗留金属碎片，连杆衬套和活塞环过度磨损，此时应通知检修人员分解检查更换处理。

(3) 曲轴箱内连杆瓦和滚子轴承过紧或曲轴挡油圈松脱，飞轮未装紧或键配合过松，应通知检修人员分解检查更换处理。

(4) 空压机和电动机基础螺丝松动，调整紧固基础螺丝。

2. 空压机运转出现温度异常升高

(1) 润滑油严重变质，特别是润滑油油量严重不足，应更换或补充新的润滑油。

(2) 活塞、轴承严重磨损或轴瓦烧毁，使润滑油油温升高，此时应立即停机，做好措施通知检修分解处理。

(3) 吸排气网被堵或吸气阀未全开，吸气阀关闭不严、漏气，使效率降低或用气量过大，运转时间过长，此时应清扫吸气网或全开吸气阀，分解调整更换吸排气阀，调整临时

用气，关紧系统排气阀，消除漏气点。

（4）冷却水中断或冷却水量不足，水路内部积垢堵塞，此时，应检查水阀和自动给水阀位置正确，分解清扫冷却系统使水路畅通。

3. 空压机打气时间过长

（1）吸气网堵塞或吸气阀未全开，此时，应检查清扫吸气网，全开吸气阀。

（2）吸排气阀阀片弹簧损坏或卡住漏气时，此时，应通知检修部门检查处理。

（3）活塞环、刮油环及气缸磨损漏气，活塞顶点与缸盖间隙过大，此时，应通知检修检查处理。

（4）系统漏气量过大或用气量增大，此时，应检查阀门和管路法兰消除漏气点，调整临时用气量。

4. 低压空气压缩机无法自动停机

（1）自启动电接点压力表接点黏结，此时，应断开电源开关，通知检修部门检查处理。

（2）自启动中间或时间继电器黏结或断线，此时，应断开电源开关，通知检修部门检查处理。

（3）低压机磁力启动器三相触头烧结黏住，此时，应断开电源开关，通知检修部门检查处理。

注意：自动运行状态的低压机，无论出现什么故障，都应首先断开其电源再将备用低压机投至自动位置（除自动元件有缺陷外），再逐条逐项检查处理故障。

三、水系统常见故障、事故及处理

1. 被冷却设备温度升高时的故障处理

（1）对照同一设备的不同表计（温度调节仪和温度巡检仪），判断表计是否准确。

（2）若是水轮发电机组轴承温度升高，检查机组是否运行在振动区，应避免机组长时间运行在振动区。

（3）若是发电机温度升高，检查三相电流是否平衡，并设法消除。

（4）检查温度升高部分的油面、油色、水压、水流量情况，分析原因。

（5）适当提高冷却水压，能够倒换水向运行的机组尽量倒换水向运行。针对汛期含沙量高的特点，可反复切换水系统运行方式。

（6）若采取措施（5）后，温度还继续升高，应降低机组出力，甚至关至空载运行。

（7）若温度上升至故障停机温度，应监视自动装置动作情况，如动作不良，可手动帮助。

（8）若温度上升至故障停机温度，还未停机，应立即按事故停机按钮。

2. 冷却水中断事故的处理

（1）检查冷却水总水压是否正常，水管路是否大量跑水。

（2）检查正、反冲阀门是否因误动全开。

（3）检查减压阀门是否失灵，安全阀是否误动。

（4）检查水管路是否堵塞，应吹扫和切换为反冲洗运行。

（5）若是橡胶水导轴承断水，应检查备用水源是否投入，如未投入，应尽快手动投入。

（6）若示流器不良，应将断水保护停用，派人定点监视水流情况，并尽快修复示流器。

思　考　题

1. 什么是机组辅助设备？一般包括哪些设备？
2. 水电站用油的种类及用途是什么？
3. 水电站用气的种类及用途是什么？
4. 水电站技术供水的作用是什么？
5. 水电站有哪些排水？
6. 水电站进水阀的种类和作用分别是什么？

第八章　高低压输配电装置运行与维护

第一节　高低压输配电装置

一、水电站常用电气设备和成套配电装置概述

小型水电站的电气设备是指从发电机机端开始，到发电机电压母线汇流后，再经主变升压，最后通过输电线路将电能送出所经历的所有设备；为保证发电的安全、正常、可靠运行，还需要向厂用负荷提供电源的设备，即厂用电设备，以上设备统称为高低压电气设备及输电线路。

（一）配电装置的作用

配电装置是水电站的重要组成部分。它是按照电气主接线的连接方式，由开关电器、载流导体、保护和测量电器以及必要的辅助设备所组成的电工建筑物。

配电装置的作用是正常情况下用来接受和分配电能，发生故障时能迅速切断故障部分，恢复非故障部分正常运行，通过对设备、线路的倒闸操作改变电力系统的运行方式。

（二）配电装置的类型

配电装置型式的选择，应根据水电站枢纽布置及进出线方式，因地制宜考虑所在地区的地理情况及环境条件，与相应水利水电工程总体布置协调配合；配电装置型式应通过技术经济比较确定。

配电装置按照电压等级的不同，可分为高压配电装置和低压配电装置；按照安装地点的不同，可分为户内配电装置、户外配电装置；按其组装的方式不同，又可分为现场装配式配电装置和成套配电装置。

户内式可分为户内敞开式配电装置、户内气体绝缘金属封闭开关设备（以下简称GIS)、交流金属封闭开关设备成套式；户外式可分为户外敞开式配电装置、户外GIS、户外复合电器式配电装置、户外组合式紧凑型配电装置。

（三）小型水电站配电装置的类型

由于小型水电站的发电机容量较小，发电机出口电压一般为0.4kV、6.3kV或10.5kV，经升压后送出电压一般为10.5kV或35kV。对6～10kV的配电装置，多采用户内成套的高压配电装置，对规模特别小的微型电站可能采用户外柱上式空气断路器或跌落保险送出；35kV的配电装置也多采用户内成套的配电装置，也有采用户外敞开式或户外复合电器式配电装置。厂用电系统一般采用0.4kV户内成套配电装置。

不管是户内还是户外配电装置，其断路器多为真空断路器或六氟化硫 SF_6 断路器，操作机构多为弹簧储能操作机构，互感器多为干式电磁式结构。

二、0.4kV 配电装置

水电站的厂用电系统一般采用0.4kV户内低压成套配电装置，适用于交流50Hz，额定电压在500V以下，额定电流在3150A以下的三相配电系统中，作动力、照明及配电设备的电能转换、分配与控制之用。每个柜中分别装有闸刀开关（或抽屉）、自动空气开关、接触器、熔断器、仪用互感器、母线以及测量、信号装置等设备。

目前，低压配电装置的型式较多，就结构而言，主要有固定式和抽出式有两种。

1. GGD 型固定式低压配电屏

固定式低压配电柜的屏面上部安装测量仪表，中部装闸刀开关的操作手柄，柜下部为外开的金属门。柜内上部有继电器、二次端子和电度表。母线装在柜顶，自动空气开关和电流互感器都装在柜后。

固定式低压配电柜一般离墙安装，单面（正面）操作，双面维护。如GGD型的低压配电柜，它是本着安全、经济、合理、可靠的原则设计的新型低压配电柜，其分断能力高，动热稳定性好，电气方案灵活，组合方便，实用性强，结构新颖，防护等级高等特点。

其型号含义见图8-1。

GGD型低压配电柜的基本结构采用冷弯型钢和钢板焊接而成。屏面上方为仪表门，宽为1000mm和1200mm柜正面采用不对称的双门结构，600mm和800mm宽的柜采用整门结构，柜体后面采用对称双门结构，既安全，又便于检修，同时也提高了整体的美观性。为加强通风和散热，在柜体的下部、后上部和顶部均有通风散热孔；主母线排列在柜的后上方，柜体的顶盖在需要时可以拆下，便于现场主母线的装配和调整。柜的外形及安装尺寸如图8-2所示。

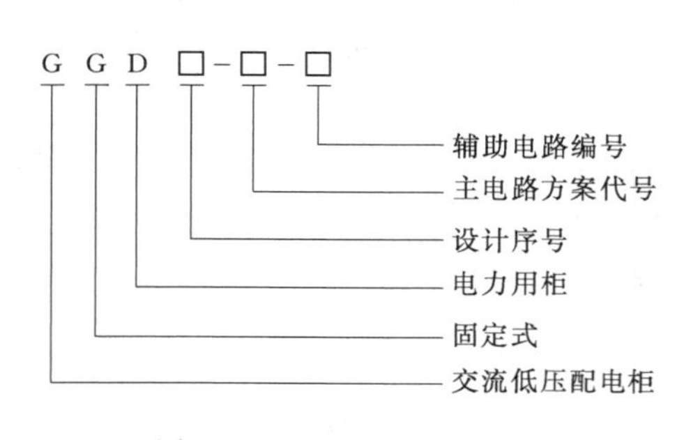

图8-1　GGD型号含义图

图8-2　GGD型交流低压配电柜外形图

GGD型交流低压配电屏具有分断能力高、动热稳定性好，电气接线方案多、组合方便，防护等级高等特点。GGD型低压配电屏按其分断能力可分为Ⅰ、Ⅱ、Ⅲ型，最大分断能力分别为15kA、30kA、50kA。

2. GCS 型抽屉式低压配电屏

抽屉式低压开关柜为封闭式结构，主要设备均放在抽屉内或手车上。回路故障时，可换上备用手车或抽屉，迅速恢复供电以提高供电的可靠性和便于检修。目前常用的有 MNS 型低压成套开关柜，GCS、GCK 型抽出式开关柜，DOMINO、CUBIC 型组合式低压开关柜等。可作为三相交流频率为 50Hz，额定工作电压为 380V（400V），额定电流为 4000A 及以下的发、供电系统中的配电、电动机集中控制、无功率补偿使用的低压成套配电装置。

GCS 型交流低压抽屉式配电屏型号含义见图 8－3，结构外形图如图8－4 所示。装置的架构采用 8MF 型钢柜架，强度可靠；E＝20mm 模数，组装方便；各隔室独立分开，功能作用区分明确；电缆室设有上下出线通道，满足工程需要；模数化抽屉组合，内部设有连锁装置，操作可靠；抽出、固定两种方式，任意组合；抽屉单元有足够数量的二次插接件（1 单元及以上为 32 对，1/2 单元为 20 对），可满足计算机接口和自控回路对接点数量的要求；功能单元的抽屉可以方便地实现互换，若回路发生故障时，可立即换上备用抽屉，迅速恢复供电，抽屉的互换性良好，并且安装方便；MCC 柜单柜的回路数最多至 22 回，每台 MCC 柜最多能安装 11 个 1 单元抽屉或 22 个 1/2 单元的抽屉，主、辅电路方案多，可任意组合、选用，满足发电、供电、变电站等低压系统需要。

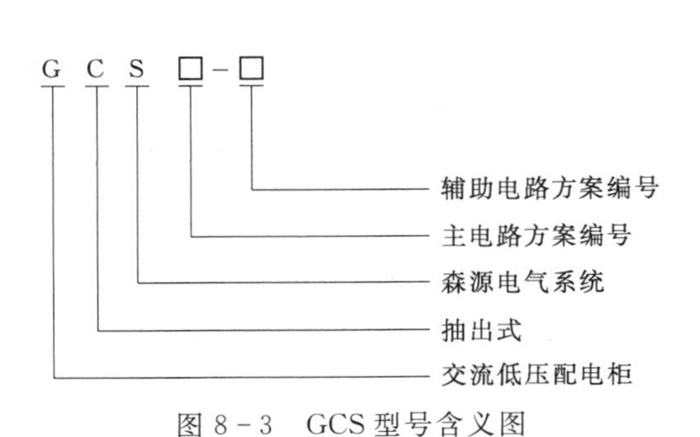

图 8－3　GCS 型号含义图

图 8－4　GCS 型交流低压抽屉式配电屏结构外形图

GCS 型交流低压抽屉式配电屏密封性能好，可靠性高，占地面积小，但钢材消耗较多，价格较高。它具有分断、接通能力高，动热稳定性好，电气方案灵活，组合方便，系列性、实用性强，防护等级高的特点。

三、6～35kV 配电装置

高压成套配电装置又称为高压开关柜，它是将同一回路的开关电器、测量仪表、保护

设备和辅助设备按照电气主接线的要求由制造厂装配在一个或两个全封闭或半封闭的金属柜中，构成一个回路，所以一个柜就是一个间隔。柜内开关电器、载流导体和金属外壳相互绝缘，绝缘材料大多用空气和绝缘子，绝缘距离可以缩短，使装置更加紧凑，从而节省材料和减小占地面积。高压开关柜可靠性高，维护安全，安装方便，在6～35kV系统中大量采用。

GB 50060—2008《高压配电装置设计技术规程》规定：金属成套开关设备应具有以下“五防”功能：防止误分、误合断路器，防止带负荷拉、合隔离开关，防止带电挂接地线（合接地开关），防止带接地线关（合）断路器（隔离开关），防止误入带电间隔。

（一）户内高压成套配电装置

目前，国内生产的3～35kV的高压开关柜系列较多，如JYN系列、KYN系列、XGN系列、KGN系列、XYN系列、HXGN系列等。

按主开关的安装方式分为固定式和移开式（手车式）。

按开关柜隔室结构分为铠装型、间隔型和箱型。

按柜内绝缘介质分为空气绝缘和复合绝缘。

1. 固定式高压开关柜

固定式高压开关柜以XGN2－12箱型固定式金属封闭开关柜为例。

开关柜型号含义如图8－5所示。

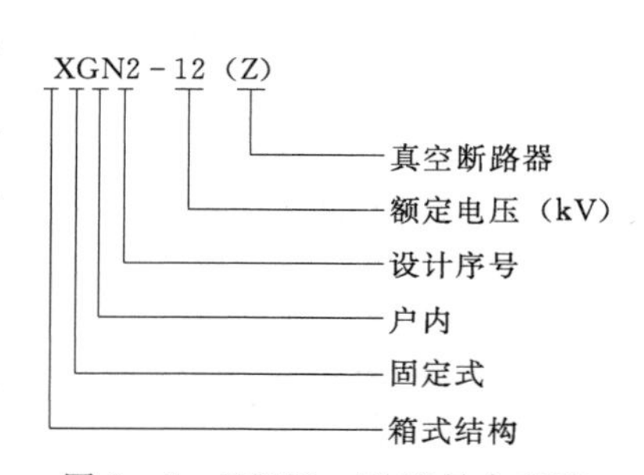

图8－5　XGN2－12型号含义图

XGN2－12型高压开关柜为角钢或弯板焊接骨架结构，柜内分为母线室、断路器室、继电器室，室与室之间用钢板隔开。该型开关柜为双面维护，从前面可监视仪表，操作主开关和隔离开关，监视真空断路器及开门检修主开关；从后面可寻找电缆故障，检修维护电缆头等。断路器室1800mm，电缆头高度780mm，维护人员可方便地站在地面上检修。隔离开关采用旋转式隔离开关，当隔离开关打开至分断位置时，动触刀接地，在主母线和主开关之间形成两个对地断口，带电只可能发生在相间、相对地放电，而不致波及被隔离的导体从而保证了检修人员的安全。母线室母线呈品形排列，顶部为可拆卸结构，贯通若干台开关柜的长条主母线可方便地安装固定。柜中部有贯穿整个排列的二次小母线及二次端子室。可方便检查二次接线。柜底部有贯穿整个排列的接地母线，保证可靠的接地连接。

XGN2－12箱式柜主开关、隔离开关、接地开关、柜门之间均采用强制性闭锁方式，具有完善的“五防”功能。主开关传动操作设计与机械联锁装置统筹考虑，结构简单，动作可靠，其结构如图8－6所示。

2. 手车式高压开关柜

手车式高压开关柜又称移开式高压开关柜，主要有KYN系列、JYN系列等。手车式高压开关柜主要介绍KYN28A－12、KYN61－40.5。

（1）KYN28A－12中置式高压开关柜。KYN28A－12型中置式高压开关柜，开关柜

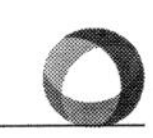

(a) 外形图

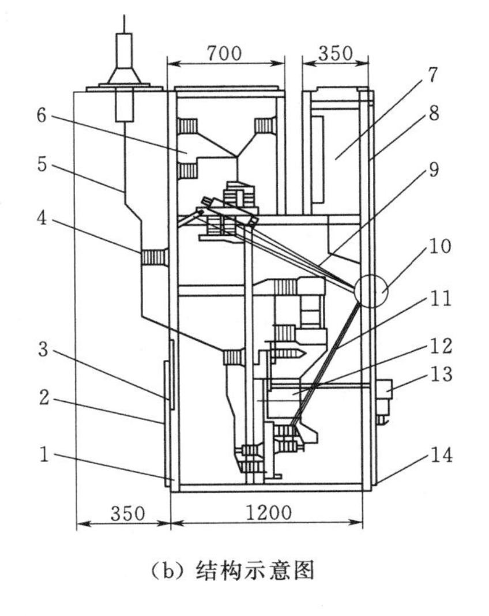

(b) 结构示意图

图 8-6　XGN2-12 型高压开关柜结构外形图

1—本体结构；2—后门联锁；3—照明灯；4—支柱绝缘子；5—架空出线；6—母线室；7—继电室；8—前门元件；9—带接地刀上隔离开关传动；10—操作联锁机构；11—下隔离开关传动；12—电流互感器；13—真空断路器传动；14—接地母线

型号含义如图 8-7 所示。开关柜是由柜体和中置式可抽出部分（手车）两大部分组成，如图8-8 所示。

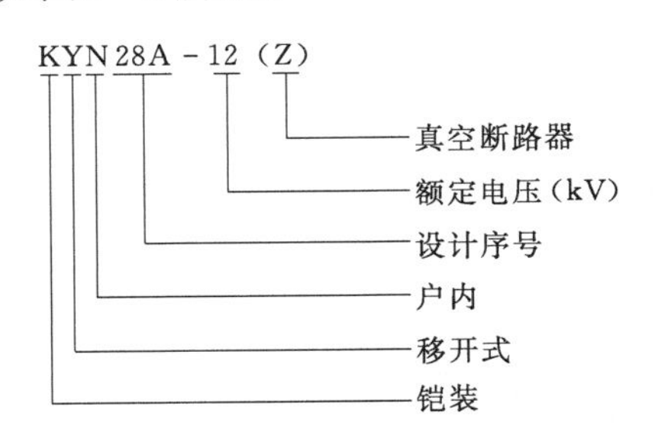

图 8-7　KYN28A-12 型中置式高压开关柜型号含义

开关柜由母线室、断路器手车室、电缆室、继电器仪表室组成。手车室和手车是开关柜的主体部分，采用中置式型式，小车体积小、维护检修方便。手车在柜内有断开位置、试验位置和工作位置三个状态。开关设备内有安全可靠的联锁装置，完全满足五防要求。母线室封闭在开关室后上部，不易落入灰尘和引起短路，出现电弧时，能有效将事故限制在隔室内，避免事故范围扩大，由于开关设备采用中置式结构，电缆室空间较大。电流互感器、接地开关装在隔室后壁上，避雷器装设在隔室后下部。继电器仪表室内装设继电保护元件、仪表、带电显示装置，以及特殊要求的二次设备。

（2）KYN61-40.5 型铠装移开式高压开关柜。KYN61-40.5 型开关柜型号含义见图 8-9。开关柜是由柜体和中置式可抽出部分（手车）两大部分组成，如图 8-10 所示。

KYN61-40.5 型铠装移开式高压开关柜柜体为薄钢板弯制，镀锌后用螺栓组装而成。按功能特征可分为继电器仪表室、断路器室、母线室、电缆室四部分，各部分以接地的金属隔板分隔。主电路采用绝缘母线，相间及连接头配有用阻燃材料注塑而成的绝缘套，主母线为分断母线，相邻柜间用母线套隔开，能有效地防止事故蔓延，同时对主母线起到辅

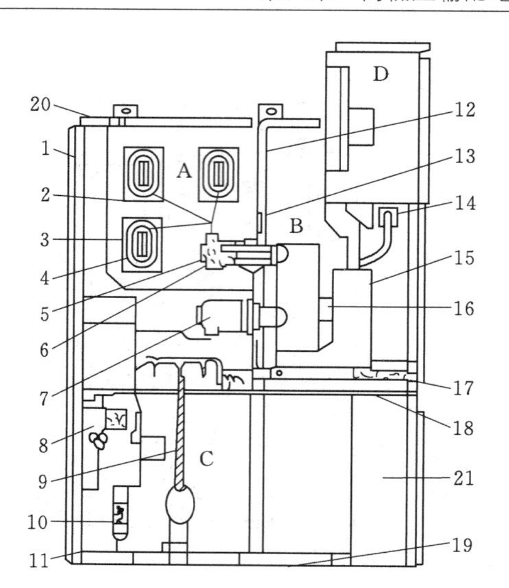

图 8-8　KYN28A-12 型中置式高压开关柜结构图

A—母线室；B—断路器手车室；C—电缆室；D—继电器仪表室；1—外壳；2—分支小母线；3—母线套管；4—主母线；5—静触头装置；6—静触头盒；7—电流互感器；8—接地隔离开关；9—电缆；10—避雷器；11—接地主母线；12—装卸式隔板；13—隔板（活门）；14—瓷插头；15—断路器手车；16—加热装置；17—可抽出式水平隔板；18—接地开关操作机构；19—底板；20—泄压装置；21—控制导线槽

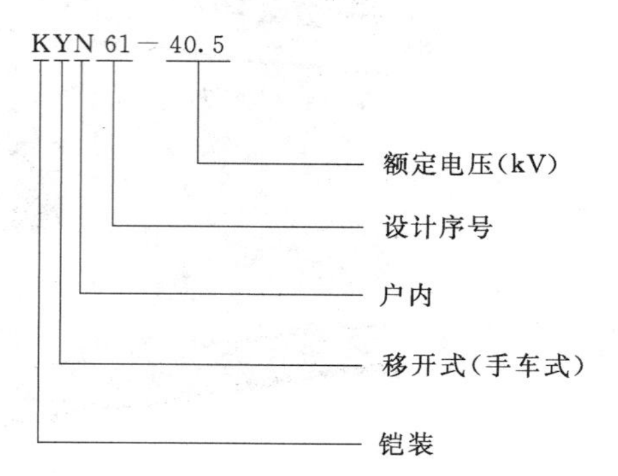

图 8-9　KYN61-40.5 型铠装移开式高压开关柜型号含义

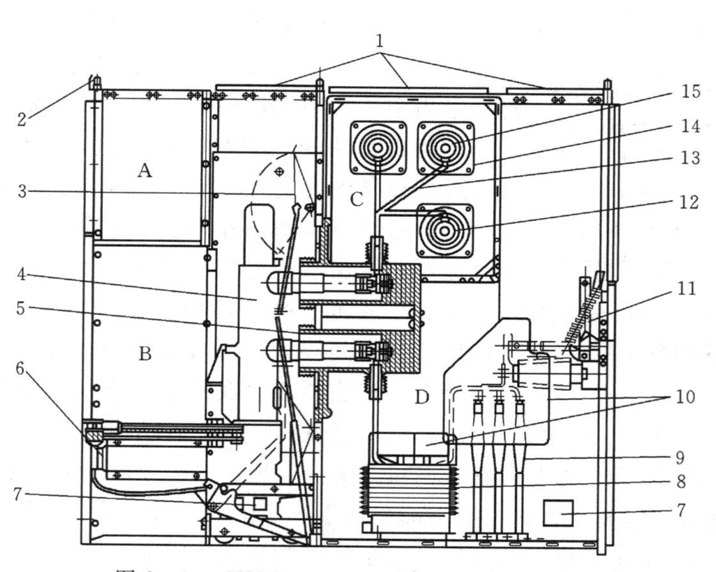

图 8-10　KYN61-40.5 型高压开关柜结构图

A—继电器仪表室；B—断路器室；C—母线室；D—电缆室；1—泄压板；2—吊环；3—金属活门；4—断路器；5—触头盒；6—二次插头；7—加热装置；8—电流互感器；9—电缆；10—绝缘隔板；11—接地开关；12—主母线；13—支母线；14—母线套管；15—绝缘罩

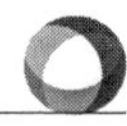

助支撑作用。电缆室装有电流互感器、接地开关等，宽裕的空间条件便于多根电缆的连接。触头盒前装有金属活门，上、下活门在手车从断开/试验位置运动到工作位置过程中自动打开，当手车反方向运动时自动关闭，与高压有效隔离。主开关、手车、接地开关及柜门之间的连锁均采用强制性机械闭锁方式，完全满足“五防”要求。

（二）35kV户外配电装置

1. 小型水电站户外配电装置概述

户外配电装置是将所有电气设备装设在室外，其中开关电器等装在特殊的支架底座或基础上，支承载流导体的绝缘子固定在特殊结构的构架上。户外配电装置的结构型式与水电站枢纽总体布置、当地的环境和地形地质条件、电气主接线形式、电压等级以及所采用的设备的制造情况等都有密切关系。根据电气设备和母线布置的高度，户外配电装置的类型可分为低型、中型、半高型和高型等四种。小型水电站的枢纽总体布置和电气主接线都比较简单，电压等级较低，多采用中型布置。

中型布置将所有电器都安装在一个水平面内，与母线、跳线成三层不同高程的布置方式。设备在一定高度的支架或基础上，使设备带电部分与地面保持必要的高度，以便工作人员能在地面安全地活动。设备布置清晰，巡视检查设备时，视距短而清楚，不易误操作。

2. 35kV户外配电装置实例

图8-11和图8-12为小型水电站35kV户外配电装置平、剖面布置图。该水电站地处高海拔地区，装机两台，单机容量为3200kW，发电机电压为6.3kV，电能全部上网，

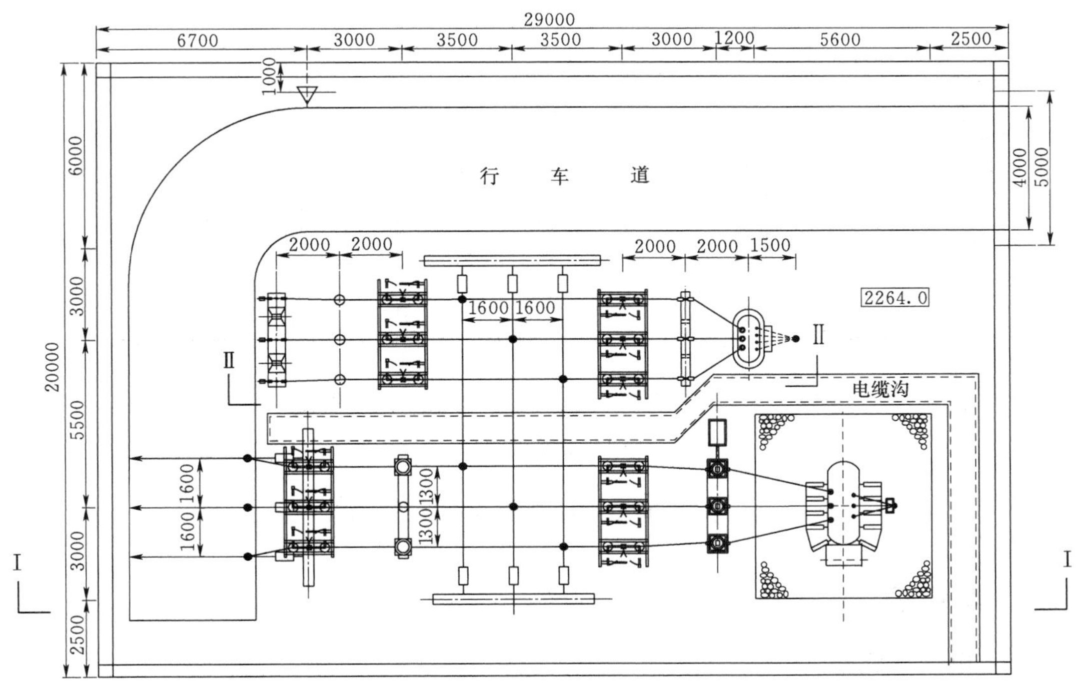

图8-11　小型水电站35kV户外配电装置平面布置图

电站出线电压等级为 35kV，出线一回。35kV 侧采用变压器-线路单元接线，35kV 配电装置采用户外高厚型配电装置，布置方式采用双列布置，主变压器和 35kV 电气设备布置在厂房上游一平地上。由于主变的油量超过 1000kg，按规定设置了能容纳 20%油量的储油池及排油设施，35kV 母线采用 LGJ－150 钢芯铝绞线，固定在距 5.5m 的钢筋混凝土预制架构上，相间距离为 1.6m，绝缘子串采用五片 XP 型悬式绝缘子。断路器采用 SF_6 断路器，断路器、隔离开关、电流电压互感器、避雷器均采用高式布置。35kV 各间隔宽度为 5m，出线门型架构高度为 7.4m，出线相间距离为 1.6m。升压站铺设了 4m 宽的行车道，并设有 2m 高的围墙。整个配电装置共 4 个间隔但只占 2 个间隔的横向场地。整个配电装置的总面积为 29m×20m。

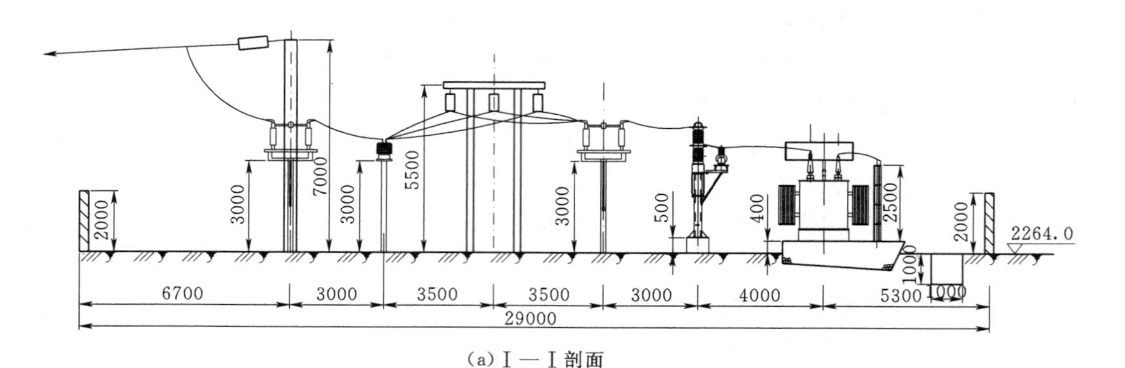

(a) Ⅰ—Ⅰ剖面

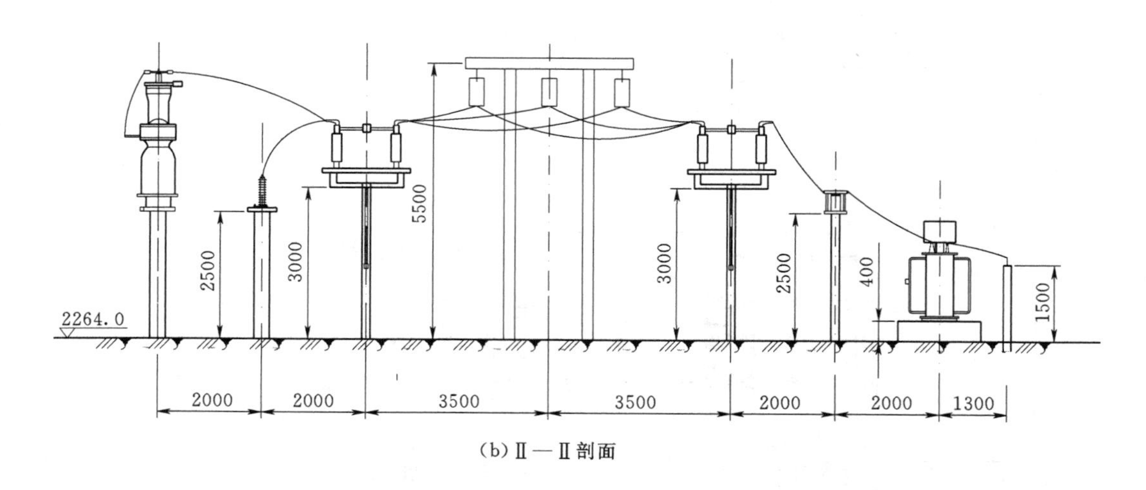

(b) Ⅱ—Ⅱ剖面

图 8－12　小型水电站 35kV 户外配电装置剖面布置图

四、互感器

（一）电流互感器

1. 电磁式电流互感器的工作原理

电流互感器由闭合的铁芯和绕组组成。图 8－13 是电流互感器的工作原理图，其工作原理为电磁感应原理。

一次绕组的匝数较少，串接在需要测量电流的回路中，因此它经常有回路的全部电流流过；二次绕组的匝数较多，串接了测量仪表或继电保护等二次设备。电流互感器工作时，它的二次回路始终闭合，因为负载阻抗值很小，正常工作状态接近短路。当一次绕组中通过一次电流 I_1 时，产生磁势 I_1N_1，大部分被二次电流所产生的磁势 I_2N_2 所平衡，只有很小部分磁势 I_0N_1（叫励磁磁势）产生的磁通 Φ_0 在二次绕组内产生感应电动势，以负担阻抗很小的二次回路内的有功和无功损耗。在理想的电流互感器中，如果假定励磁电流 $I_0=0$，则励磁磁势 $I_0N_1=0$，根据磁势平衡关系，一次绕组磁势等于二次绕组磁势，即

$$\dot{I}_1N_1=-\dot{I}_2N_2 \tag{8-1}$$

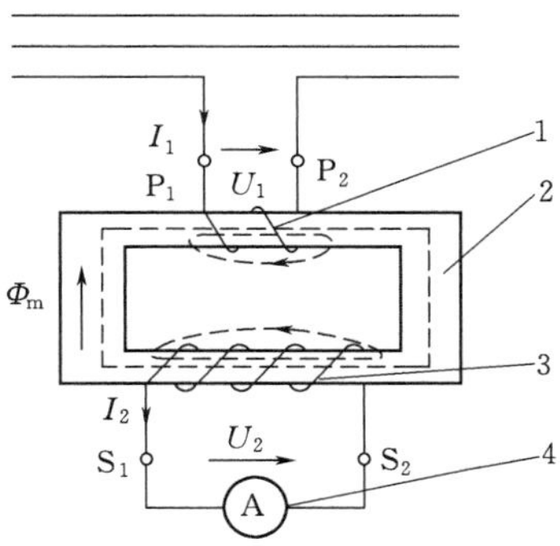

图 8-13　电流互感器的工作原理图

1—一次绕组；2—铁芯；3—二次绕组；4—电流表

也可以写为

$$I_1/I_2=N_2/N_1=n_{TA} \tag{8-2}$$

即电流互感器的电流与匝数成反比。一次电流对二次电流的比值 I_1/I_2 称为电流互感器的变比（用 n_{TA} 表示）。当知道二次电流时，乘上变比，就可以求出一次电流，按图 8-13 所示电流参考方向，按“减极性”原则标注，即一次电流从极性端子 P_1 流进，二次电流从同极性端子 S_1 流出。

运行中的电流互感器二次侧一旦开路，会在二次侧感应出很高的电压，危及工作人员的安全和二次回路设备的绝缘。同时，由于很大的励磁磁势作用在铁芯中，使铁芯过度饱和而严重发热，导致互感器烧坏。所以，在运行中的电流互感器二次侧严禁开路。如需接入仪表测试电流或功率，或更换表计和继电器等，应先将电流回路进线一侧短路或就地造成并联支路，确保作业过程中无瞬间开路。此外，电流回路不得装设熔断器，连接所用导线或电缆芯线必须是截面不小于 2.5mm^2 的铜线，以保证必要的机械强度和可靠性。

为防止绝缘损坏时高压窜入二次侧，危及人身和设备安全，电流互感器二次绕组一端及铁芯必须接地。

2. 电流互感器的误差、准确度等级和额定容量

（1）电流互感器的误差。由于电流互感器本身存在励磁损耗和磁饱和等影响，会使测量结果存在误差。这种误差通常用电流误差和相位误差表示。电流互感器的误差与二次负载阻抗、一次电流的大小等有关。

（2）电流互感器的准确度等级。电流互感器的测量误差，可以用其准确度等级来表示。根据测量误差的不同，划分为不同的准确度等级。准确度等级是指在规定的二次负荷变化范围内，一次电流为额定值时的最大电流误差。我国电流互感器的准确度等级和误差限值见表 8-1。

表 8-1　电流互感器的准确度等级和误差限值

准确度等级	一次电流占额定电流的百分数/%	误差限值	
		电流误差/±%	角误差/(′)
0.1	5	0.4	15
	20	0.2	8
	100	0.1	5
	120	0.1	5
0.2	5	0.75	30
	20	0.35	15
	100	0.2	10
	120	0.2	10
0.5	5	1.5	90
	20	0.75	45
	100	0.5	30
	120	0.5	30
1	5	3.0	180
	20	1.5	90
	100	1.0	60
	120	1.0	60
3	50	3.0	无规定
	120	3.0	
5	50	5.0	无规定
	120	5.0	
5P	50	1.0	60
	120	1.0	60
10P	50	3.0	60
	120	3.0	60

测量用的电流互感器的测量精度通常有 0.1、0.2、0.5、1、3 五个准确度等级；保护用电流互感器按用途分为稳态保护用（P）和暂态保护用（TP）两类。稳态保护用电流互感器的准确度等级用 P 表示，常用的有 5P 和 10P 级。由于短路过程中 i_1 与 i_2 关系复杂，故保护等级的准确等级是以额定准确限值一次电流下的最大负荷误差。所谓额定准确限制一次电流即一次电流为额定一次电流的倍数，也称额定准确限值系数。例如，10P20 表示准确级为 10P，准确限值系数为 20。这一准确等级电流互感器在 20 倍额定电流下，电流互感器负荷误差不大于±10%。电流互感器的电流误差，能引起所有仪表和继电器的计量产生误差，而角误差过大，还会对功率型测量仪表和继电保护装置产生不良影响。

电能的产生、传输和使用过程中，不同的环节和场合，对测量的准确度等级有不同的要求。电流互感器的电流误差超过使用场合的允许值，使测量仪表的读数不准确。一般

0.1 级、0.2 级主要用于实验室精密测量和供电容量超过一定值（月供电量超过 100 万 kW·h）的线路或用户；0.5 级的可用于收费用的电能表；0.5 级、1 级的用于发电厂、变电所的盘式仪表和技术检测用的电能表；3 级、5 级的电流互感器用于一般的测量和某些继电保护上；5P 和 10P 级的用于继电保护，在旧型号产品中用 B、C、D 级表示。

（3）电流互感器的额定容量。电流互感器的额定容量 S_{e2}：电流互感器在额定电流 I_{e2} 下运行时，二次绕组输出的功率 $S_{e2}=I_{e2}Z_{e2}$。由于电流互感器的额定二次电流为标准值（5A 或 1A），也为了便于计算，有的厂家提供电流互感器的 Z_{e2} 值。

因电流互感器的误差和二次负荷有关，故同一台电流互感器使用在不同等级时，会有不同的额定容量。例如，LMZ1－10－3000/5 型电流互感器在 0.5 级下工作时 $Z_{e2}=1.6\Omega$（40VA），在 1 级工作时，$Z_{e2}=2.4\Omega$（60VA）。

3. 电流互感器的分类和型号

（1）电流互感器的分类。

1）按安装地点可分为户内和户外式。20kV 及以下制成户内式；35kV 既有制成户内式也有制成户外式。35kV 以上多制成户外式。

2）按安装方式可分为穿墙式、支持式和装入式。穿墙式装在墙壁或金属结构的孔洞中，可节约穿墙套管；支持式安装在平面或支柱上；装入式是套装在 35kV 及以上的变压器或断路器的套管上，故也称为套管式。

3）按绝缘可分为干式、浇注式、油浸式、SF_6 气体绝缘式等。干式用绝缘胶浸渍，多用于户内低压电流互感器；浇注式以环氧树脂作绝缘，目前，仅用于 35kV 及以下的户内电流互感器；油浸式多为户外式。

4）按一次绕组匝数可分为单匝式和多匝式。单匝式分为贯穿型和母线型两种。

5）按电流互感器的工作原理，可分为电磁式、电容式、光电式和无线电式。

（2）电流互感器的型号。电流互感器全型号的表示和含义见图 8－14。

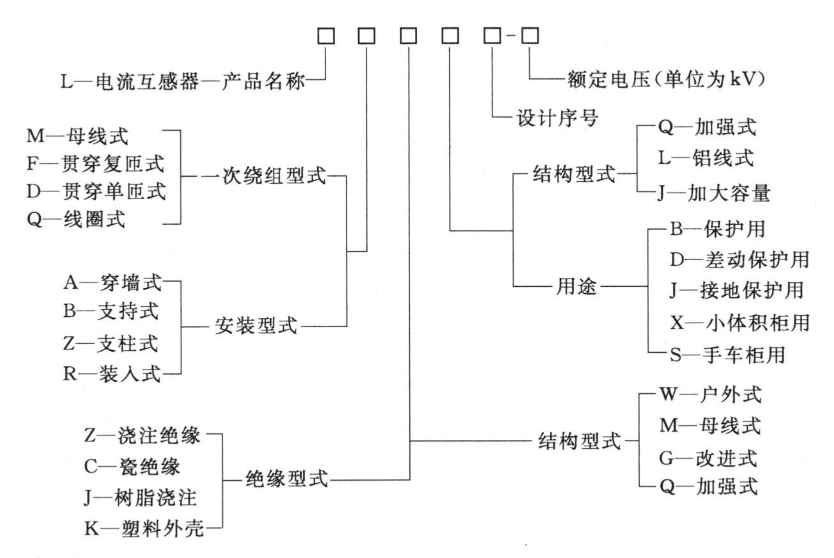

图 8－14 电流互感器全型号含义图

（二）电压互感器

1. 电磁式电压互感器

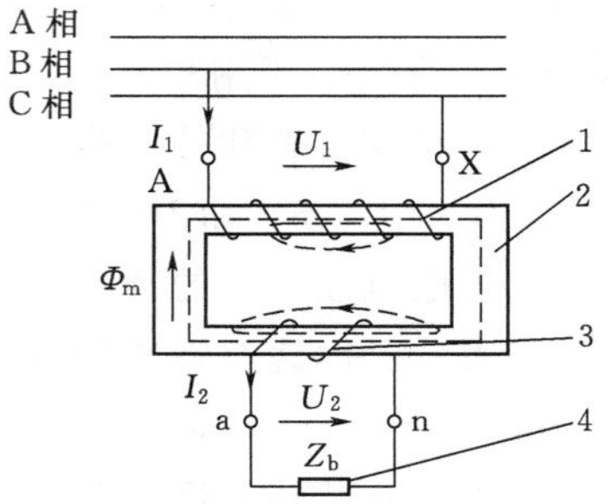

（1）电磁式电压互感器的工作原理。电压互感器的工作原理与普通电力变压器相同，结构原理和接线也相似，一次绕组匝数很多，而二次绕组匝数很少，相当于降压变压器，如图 8－15 所示。工作时，一次绕组并联在一次电路中，而二次绕组并联接入仪表、继电器等的电压线圈，其阻抗都非常大，所带负荷很小且恒定不变，致使电压互感器正常工作时接近变压器空载状态。电压互感器的一次电压 U_1 与其二次电压 U_2 之间数值关系是：

$$U_1 \approx (N_1/N_2)U_2 \approx n_{TV}U_2 \qquad (8-3)$$

图 8－15　电磁式电压互感器工作原理图

1—一次绕组；2—铁芯；3—二次绕组；4—二次负荷

式中　N_1、N_2——电压互感器一次和二次绕组匝数；

n_{TV}——电压互感器的变压比，一般表示为其额定一次、二次电压比，即 $n_{TV}=U_{1N}/U_{2N}$，例如 10000V/100V。

电压互感器的二次侧负载不允许短路，否则就有被烧毁的危险，故一般在其二次侧装设熔断器或自动开关作短路保护。为了防止互感器本身出现故障而影响电网的正常运行，其一次侧一般也需装设熔断器和隔离开关。

（2）电磁式电压互感器的结构类型和型号。电压互感器可分为以下几种类型：

1）按安装地点可分为户内式和户外式。

2）按相数可分为单相式和三相式。只有 20kV 以下才制成三相式。

3）按每相绕组数可分为双绕组和三绕组式。三绕组电压互感器有两个二次侧绕组：基本二次绕组和辅助二次绕组。辅助二次绕组供接地保护用。

4）按绝缘可分为干式、浇注式、油浸式、串级油浸式等。干式多用于低压，浇注式用于 3～35kV，油浸式主要用于 35kV 及以上的电压互感器。

电磁式电压互感器的结构类型（35kV 及以下）：35kV 及以下的电压互感器的结构和普通变压器基本一致。根据其绝缘方式的不同，可分为干式、环氧浇注式和油浸式三种。

干式电压互感器一般只用于低压的户内配电装置。

浇注式电压互感器用于 3～35kV 户内、外配电装置。

油浸式电压互感器 $JDJJ_2-35$ 型、JDJ_2-35 型被广泛用于 35kV 系统中。这类电压互感器的铁芯和一、二次绕组放在充有变压器油的油箱内，绕组出线端经固定在油箱盖上的套管引出。JDJJ－35 型在电网中接线方式是 YN，yn（Y_0/Y_0），因此只需把一次绕组的一端（高压端）由高压绝缘套引出，另一端（接地端）经油箱盖上低压绝缘套引出。JDJ_2-35 型在电网中接线方式是 V 形，跨接在两相之间，因此必须把一次绕组的两个引出端都经过油箱盖上高压绝缘套引出。二次绕组有 1～3 个，引出端都经过箱盖低压绝缘套引出。本产品为户外式油浸密封结构。每一套管（高压）顶部有油枕，油枕上装有呼吸器，油枕内有耐油橡皮隔膜，防止变压器油老化，又可防止水分直接进入套管内部。

目前，国家政策要求逐渐淘汰用油的电气设备，故一般选择干式或浇注式的电压互感器。

（3）电磁式电压互感器的型号见图8-16。

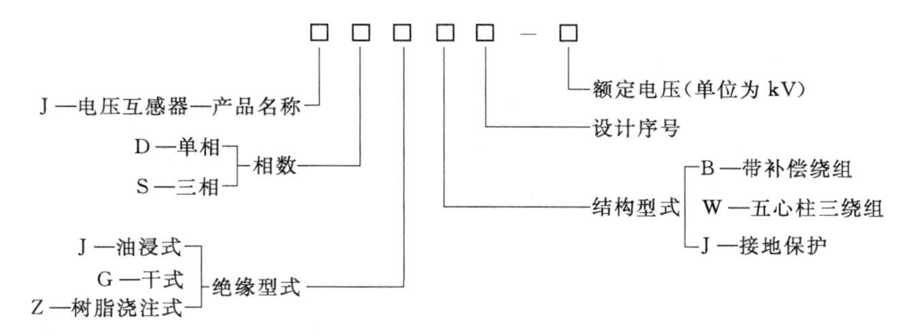

图8-16　电磁式电压互感器的型号含义图

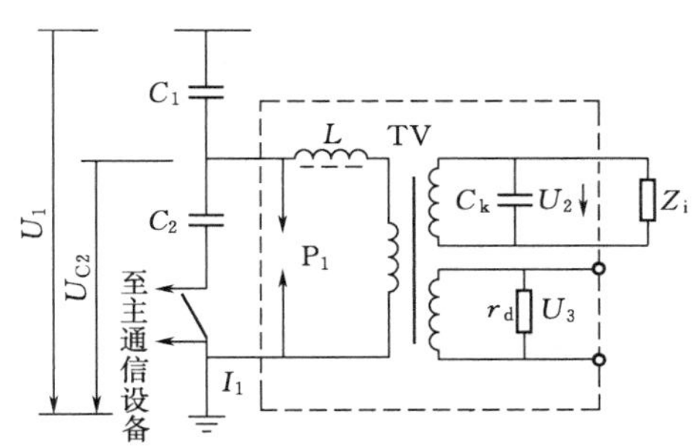

图8-17　电容式电压互感器原理接线图

2. 电容式电压互感器的工作原理

电容式电压互感器的接线原理如图8-17所示。电容式电压互感器实质上是一个电容分压器，在被测装置的相和地之间皆有电容 C_1、C_2，按反比分压，C_2 上的电压为

$$U_{C2}=\frac{U_1C_1}{C_1+C_2}=KU_1 \tag{8-4}$$

$$K=C_1/(C_1+C_2)$$

式中　K——分压比。

由于 U_{C2} 与一次电压 U_1 成比例变化，故可测出相对地电压。当 C_2 两端与负荷接通时，由于 C_1、C_2 有内阻抗压降，使 U_{C2} 小于电容分压值，负荷越大，误差越大。内阻抗为

$$Z_i=\frac{1}{j\omega(C_1+C_2)} \tag{8-5}$$

为了减少 Z_i，可在a、b回路加入一补偿电抗 L，则内阻抗变为

$$Z_i=j\omega L+\frac{1}{j\omega(C_1+C_2)} \tag{8-6}$$

当 $\omega L=1/[\omega(C_1+C_2)]$ 时，输出电压 U_{C2} 与负荷无关。实际上由于电容器有损耗，电抗器也有电阻，因此负荷变化时，还会有误差产生。为了进一步减少负荷电流的影响，将测量仪表经中间变压器电压互感器升压后与分压器相连。

当互感器二次侧发生短路时，由于回路中电阻 r 和剩余电抗（X_L-X_C）均很小，短路电流可达到额定电流的几十倍，此电流在补偿电抗 L 和电容 C_2 上产生很高的共振过电压。为了防止过电压引起的绝缘击穿，在电容 C_2 两端并联放电间隙 P_1。

电容式电压互感器由电容（C_1、C_2）和非线性电抗 L（电压互感器的励磁绕组）所构成，当收到二次侧短路或断路等冲击时，由于非线性电抗的饱和，可能激发产生高次谐波铁磁谐振过电压，为了抑制谐振的产生，常在互感器二次侧接入阻尼电阻 r_d。

电容式电压互感器由于结构简单、重量轻、体积小、占地少、成本低，且电压越高效果越显著，此外，分压电容还可兼作载波通信的耦合电容，因此，广泛应用于110～500kV中性点直接接地系统。电容式电压互感器的缺点是：输出容量越小误差越大，暂态特性不如电磁式电压互感器。

3. 电压互感器的准确度等级和容量

（1）电压互感器的误差。电压互感器的误差有电压误差和相位误差两项。

1）电压误差。电压误差为二次电压的测量值与额定互感比的乘积，按此值与实际一次电压 U_1 之差，而以后者的百分数表示：

$$f_u=\frac{K_uU_2-U_1}{U_1}\times 100\% \tag{8-7}$$

2）相位误差。相位误差为旋转180°的二次电压相量 $-\dot{U}_2'$ 与一次电压相量 $\dot{U}_1'$ 之间的夹角 δ_u，并规定 $-\dot{U}_2'$ 超前于 $\dot{U}_1$ 时相位差为正，反之为负。

电压互感器的误差与二次负载、功率因数和一次电压等运行参数有关。

（2）电压互感器的准确度等级。电压互感器的测量误差，以其准确度等级来表示。电压互感器的准确度等级，是指在规定的一次电压和二次负荷范围内，负荷的功率因数为额定值时，电压误差的最大值。我国规定电压互感器的准确度等级和误差限值见表8-2。

表8-2 电压互感器的准确度等级和误差限值

准确度等级	误差限值		一次电压变化范围	频率、功率因数及二次负荷变化范围
	电压误差/±%	角误差（′）		
0.2	0.2	10	$(0.8\sim1.2)U_{e1}$	$(0.25\sim1)S_{e2}$ $\cos\varphi_2=0.8$ $f=f_e$
0.5	0.5	20		
1	1.0	40		
3	3.0	不规定		
3P	3.0	120	$(0.05\sim1)U_{e1}$	
6P	6.0	240		

电压互感器的测量精度有0.2、0.5、1、3、3P、6P六个准确度等级，同电流互感器一样，误差过大会影响测量的准确性，或对继电保护产生不良影响。0.2、0.5、1三个等级的适用范围同电流互感器，3级的用于某些测量仪表和继电保护装置。3P和6P两个等级属于保护用电压互感器的准确度等级。

（3）电压互感器的额定容量。电压互感器的误差与二次负荷有关，因此对应于每个准确度等级，都对应着一个额定容量。一般说电压互感器的额定容量是指最高准确度等级下的额定容量。例如JDZ-10型电压互感器，各准确度等级下的额定容量：0.5级为80VA，1级为120VA，3级为300VA。则该电压互感器的额定容量为80VA。同时，根据电压互感器最高电压下长期工作允许的发热条件出发，还规定最大容量，上述电压互感器的最大容量为500VA，该容量是某些场合用来传递功率的，例如：给信号灯、断路器的分闸线圈供电等。

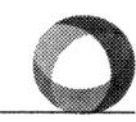

与电流互感器一样，用于在某些准确度等级下测量时，二次负载不应超过该准确度等级规定的容量，否则准确度等级下降，测量误差是满足不了要求的。

4. 电压互感器的接线

电压互感器的接线方式常用的有以下几种：

(1) 图 8-18 (a)、(b) 是用一台单相电压互感器来测量电压。其中，图 8-18 (a) 接线用于小接地电流系统（35kV 及以下），测得相间电压；图 8-18 (b) 接线用于大接地电流系统（110kV 及以上），测量相对地电压。

(2) 图 8-18 (c) 是用两台单相电压互感器接成不完全星形（也称 V-V 接线），用来测量各相间电压，但不能测量相对地电压，应用于小接地电流系统（35kV 及以下）。

(3) 图 8-18 (d) 是用三台单相三绕组电压互感器构成 Y0/Y0/▷接线，广泛用于 3～220kV 系统。其二次绕组用来测量相间电压合相对地电压，辅助二次绕组接成开口三角形，供接入交流电网绝缘监视仪表和继电器使用。

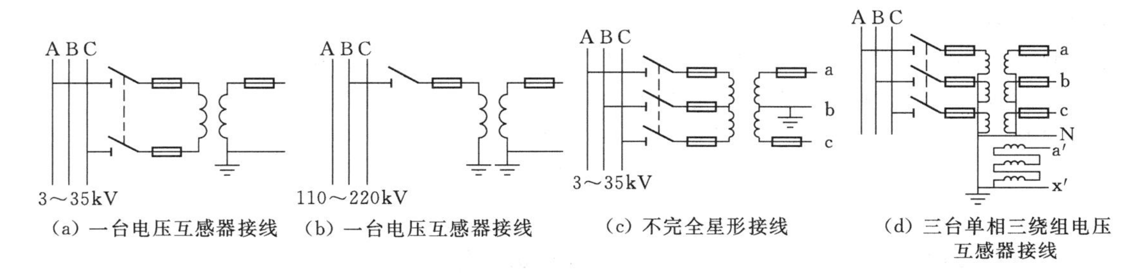

(a) 一台电压互感器接线　(b) 一台电压互感器接线　(c) 不完全星形接线　(d) 三台单相三绕组电压互感器接线

图 8-18　电压互感器的接线

五、输电线路

输电线路担负着输送和分配电能的任务。按结构分，可有架空输电线路和电缆线路两类。架空线路是将导线架设在杆塔上；电缆线路是将电缆敷设在地下（埋入土中或电缆沟、管道中）或水底。

(一) 架空输电线路

架空输电线路主要由导线、避雷线（架空地线）、杆塔、绝缘子和金具等元件组成，如图 8-19 所示。

1. 导线

传导电流、输送电能。

2. 避雷线

把雷电流引入大地，以防止雷击过电压侵袭线路。

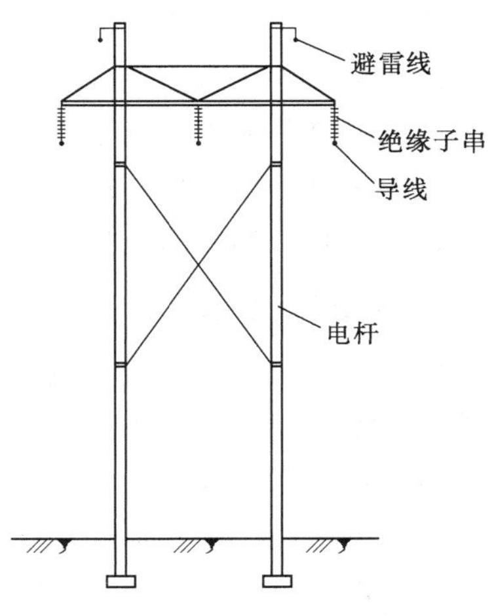

图 8-19　架空输电线路结构图

导线和避雷线都在露天工作，要受到大自然中各种气象条件的影响，还可能受到空气中各种有害物质的侵蚀，另外，导线和避雷线还要受到拉力，特别当线路穿越高山、峡谷时受到的拉力会更大。因此，导线材料一般选择为铜、铝、铝合金、钢；避雷线则一般为钢。架空线路导线的结构主要有单股线、一种金属的多股绞线、两种金属的多股绞线等，多为钢芯铝绞线；避雷线结构为一种金属的多股绞线，为适应现代电力系统通信的要求，避雷线的金属上附着光纤，称为复合架空地线（OPGW）。

常用的导线和避雷线的型号有：LJ－50铝绞线、LGJ－70普通型钢芯铝绞线、LGJJ－185加强型钢芯铝绞线、LGJQ－150轻型钢芯铝绞线、GJ－120钢绞线。

3. 杆塔

支撑导线和避雷线，并使导线间、导线和杆塔间、导线和避雷线间及导线和大地间保持一定的安全距离。

杆塔按材料分为木杆、钢筋混凝土杆、铁塔。

木杆由于耗用木材量大，且在阴雨天会产生较大的泄漏电流，受雷击时还会引起燃烧或被劈裂，因此我国已经基本上不采用木杆。

钢筋混凝土杆采用离心法浇制而成，有等径杆和锥形杆两种。为了便于运输和施工，主杆可以分段装配。

铁塔是采用各种类型的钢材经焊接、铆接或螺栓连接而成，由于钢材消耗量大，价格高，一般使用在110kV及以上的线路或35kV以下的大跨越的线路。

杆塔按使用的目的分：直线杆塔（中间杆塔）、耐张杆塔（承力杆塔）、转角杆塔、终端杆塔、特种杆塔。

4. 绝缘子

使三相导线间、导线与横担之间、导线与杆塔间保持绝缘状态。

绝缘子按使用的材质分：瓷质、钢化玻璃、复合绝缘材料的绝缘子。

绝缘子按外形分：针式、悬式、碟式、棒式及瓷横担等几种。

实际工程中，可进行线路的电压等级、运行环境等不同情况适当选择绝缘子的形式和材质。

5. 金具

连接导线，将导线固定在绝缘子上以及将绝缘子固定在杆塔上的铁制或铝制的金属部件。常用的金具有：

悬垂线夹：用来固定导线和避雷线，主要在直线杆用。

耐张线夹：非直线杆上固定导线和避雷线用。

接续金具：由于导线或避雷线的两个终端的连接。有压接管、钳接管等。

保护金具：用来防止导线振动。有护线条、防振锤、阻尼线等。

（二）电缆线路

电缆线路的造价较架空线路高，电缆线路检修较困难。它的优点是不需架设杆塔，置于地下或水下，出线走廊小，很少受外力破坏，供电可靠性高，对人身安全性高等。因此在大城市、发电厂和变电站内以及穿越江河、海峡时常采用电缆线路。

电缆的构造包括三部分：导体、绝缘层、保护层。

电缆的导体一般采用铝、铜或铝合金的单股或多股线。

电缆绝缘层的材料有橡胶、沥青、聚乙烯、棉、麻、绸、纸、浸渍纸和矿物油等。目

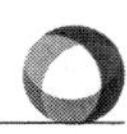

前常用的交联聚乙烯电缆。

电缆的保护层分内护层和外护层。内护层由铝或铅制成，原来保护绝缘不受损坏和潮气进入；外护层防止机械破坏和化学腐蚀，一般由内衬层、铠装层和外被层组成。

第二节　高低压输配电装置的运行与维护

前述的高低压输配电装置，不管是户内的还是户外的；成套的还是分散的；其主要的设备包括高低压断路器、隔离开关、互感器、母线以及架空或电缆线路。在运行管理中，就是针对这些设备开展工作。

一、高压断路器的运行与维护

（一）高压断路器的正常运行及巡视检查

由于油断路器的本身特性和电磁操作机构对合闸电源的要求，目前电力系统基本不使用油断路器和电磁操作机构；对小水电站断路器的操作机构大多采用弹簧储能操作机构。故以下内容仅针对采用弹簧储能操作机构的 SF_6 或真空断路器编写。

1. 断路器运行总则

（1）在正常运行时，断路器的工作电流、最大工作电压、额定开断电流不得超过额定值。

（2）为使运行中的断路器正常工作，应检查其操作电源完备可靠，弹簧操纵断路器的储能及远距离操作电源均应符合运行要求。

（3）所有运行中的断路器，对具有远距离操作接线的断路器，在带有工作电压时的分（合）操作，一般均应采用远距离操作方式，禁止使用手动机械分闸，或手动就地操作按钮分闸。只有在远距离分闸失灵或当发生人身及设备事故而来不及远距离拉开断路器时，方可允许用就地操作按钮分闸（空气断路器）。对运行中断路器的就地操作，应禁止手动慢分闸和慢合闸。在操作空载线路时应迅速就地操作，但只限于操动机构为三相联动方式的断路器。对于装有自动合闸的断路器，在条件可能的情况下，还应先解除重合闸后再行手动分闸，若条件不可能时，应在手动分闸后，立即检查是否重合上了，若已重合上即应再手动分闸。

（4）明确断路器的允许分、合闸次数，以保证一定的工作年限。根据标准，一般断路器允许空载分、合闸次数（也称机械寿命）应达1000～2000次。为了加长断路器的检修周期，断路器还应有足够的电气寿命即允许连续分、合闸短路电流或负荷电流的次数。一般来说，装有自动重合闸的断路器，在切断三次短路故障后，应将重合闸停用：断路器在切断四次短路故障后，应对断路器进行计划外检修，以避免断路器再次切断故障电流时造成断路器的损坏或爆炸。

（5）禁止将有拒绝分闸缺陷或严重漏气等异常情况的断路器投入运行。若需要紧急运行，必须采取措施，并得到上级运行领导人的同意。

（6）一切断路器均应在断路器轴上装有分、合闸机械指示器，以便运行人员在操作或检查时用它来校对断路器断开或合闸的实际位置。

（7）在检查断路器时，运行人员应注意辅助触点的状态。若发现触点在轴上扭转、松动或固定触片自转盘脱离，应紧急检修。

（8）检查断路器合闸的同时性。因调整不当，合闸后因拉杆断开或横梁折断而造成一相未合导致两相运行时，应立即停止运行。

（9）需经同期合闸的断路器，必须满足同期条件后方可合闸送电。

2. 断路器在运行中的巡视检查

在断路器运行时，电气值班人员必须依照现场规程和制度，对断路器进行巡视检查，及时发现缺陷，并尽快设法解除，以保证断路器的安全运行。实践证明，对断路器在运行中巡视检查，特别对容易造成事故部位如操作机构、出线套管等的巡视检查，大部分缺陷可以被发现。因此，运行中的维护和检查是十分重要的。

（1）SF_6 断路器运行中的巡视检查项目。

1）套管不脏污，无破损裂痕及闪络放电现象。

2）检查连接部分有无过热现象，如有应停电退出，进行消除后方可继续运行。

3）内部无异声（漏气声、振动声）及异臭味。

4）壳体及操作机构完整，不锈蚀；各类配管及其阀门有无损伤、锈蚀，开闭位置是否正确，管道的绝缘法兰与绝缘支持是否良好。

5）断路器分合位置指示是否正确，其指示应与当时实际运行工况相符。

6）检查 SF_6 气体压力是否保持在额定表压，SF_6 气体压力正常值为 0.4～0.6MPa，如压力下降即表明有漏气现象，应及时查出泄漏位置并进行消除，否则将危及人身及设备安全。

7）SF_6 气体中的含水量监视。当水分较多时 SF_6 气体会水解成有毒的腐蚀性气体；当水分超过一定量，在温度降低时会凝结成水滴，黏附在绝缘表面。这些都会导致设备腐蚀和绝缘性能降低，因此必须严格控制 SF_6 气体中的含水量。

（2）真空断路器运行中的巡视检查项目。

1）断路器分合位置指示是否正确，其指示应与当时实际运行工况相符。

2）支持绝缘子有无裂痕、损伤，表面是否光洁。

3）真空灭弧室有无异常（包括有无异常声响），如果是玻璃外壳可观察屏蔽罩的颜色有无明显变化。

4）金属框架或底座有无严重锈蚀和变形。

5）可观察部位的连接螺栓有无松动、轴销有无脱落或变形。

6）接地是否良好。

7）引线接触部位或有示温蜡片的部位有无过热现象，引线弛度是否适中。

（3）断路器运行中的特殊巡视检查项目。

1）在系统或线路发生事故使断路器跳闸后，应对断路器进行下列检查：

a. 检查各部位有无松动、损坏，瓷件是否断裂等。

b. 检查各引线接点有无发热、熔化等。

2）高峰负荷时应检查各发热部位是否发热变色、示温片是否熔化脱落。

3）天气突变、气温骤降时，应检查连接导线是否紧密等。

4）下雪天应观察各接头处有无融雪现象，以便发现接头发热。雪天、浓雾天气应检查套管有无严重放电闪络现象。

5）雷雨、大风过后，应检查套管瓷件有无闪络痕迹、室外断路器上有无杂物、导线有无断股或松股等现象。

（4）断路器的紧急停运。当巡视检查发现下列情况之一时，应立即用上一级断路器断开连接该断路器的电源，将该断路器进行停电处理。

1）断路器套管爆炸断裂。

2）断路器着火。

3）内部有严重的放电声。

4）SF_6 断路器 SF_6 气体严重外泄。

5）套管穿心螺丝与导线（铝线）连接处发热熔化等。

（5）断路器操作机构运行中的巡视检查项目。用来接通或断开断路器，并保持其在合闸或断开位置的机械传动机构称为断路器的操动机构。对断路器来说，操动机构是重要部件，也是易出问题的部位。

弹簧操作机构检查项目：

1）机构箱门平整，开启灵活，关闭紧密。

2）断路器在运行状态，储能电动机的电源开关或熔断器应在投入位置，并不得随意拉开。

3）检查储能电动机，行程开关触点无卡住和变形，分、合闸线圈无冒烟异味。

4）断路器在分闸备用状态时，分闸连杆应复归，分闸锁扣到位，合闸弹簧应储能。

5）防潮加热器良好。

6）运行中的断路器应每隔 6 个月用万用表检查熔断器情况。

（二）高压断路器的常见故障及处理

1．断路器的常见故障及其处理

（1）SF_6 断路器漏气故障可能的原因有：

1）密封面紧固螺栓松动。

2）焊缝渗漏。

3）压力表渗漏。

4）瓷套管破损。

相应处理方法是：

1）紧固螺栓或更换密封件。

2）补焊、刷漆。

3）更换压力表。

4）更换新瓷套管。

（2）SF_6 断路器本体绝缘不良，放电闪络故障。可能的原因有：瓷套管严重污秽和瓷套管炸裂或绝缘不良所致。其处理方法是清理污秽及其异物，更换合格瓷套管。

（3）SF_6 断路器爆炸和气体外溢故障。断路器发生意外爆炸事故或严重漏气导致气体外溢时，值班人员接近设备需要谨慎，尽量选择从上风接近设备，并立即投入全部通风装置。在事故后15min以内，人员不准进入室内，在15min以后，4h以内，任何人进入室内时，都必须穿防护衣、戴防毒面具。若故障时有人被外溢气体侵袭，应立即清洗后送医院治疗。

2. 真空断路器的常见故障及其处理

(1) 真空断路器灭弧室真空度降低。真空灭弧室真空度降低的原因有：

1) 真空灭弧室漏气。这主要是由于焊缝不严密，或密封部位存在微观漏气造成的。

2) 真空灭弧室内部金属材料含气释放。在真空灭弧室最初几次电弧放电过程中，触头材料中释放出一些残余的微量气体，使灭弧室压力在一段时间内上升，导致真空灭弧室真空度降低。

当真空灭弧室真空度降低到一定数值时将会影响它的开断能力和耐压水平。因此必须定期检查真空灭弧管内的真空度是否满足要求。规程规定，在大、小修时要测量真空灭弧室的真空度。

(2) 真空断路器接触电阻增大。真空灭弧室的触头接触面在经过多次开断电流后会逐渐被电磨损，导致接触电阻增大，这对开断性能和导电性能都会产生不利影响。因此规程规定要测量导电回路电阻。处理方法是：对接触电阻明显增大的，除要进行触头调节外，还应检测真空灭弧室的真空度，必要时更换相应的灭弧室。

(3) 真空断路器拒动现象。在真空断路器检修和运行过程中，有时会出现不能正常合闸或分闸的现象，被称为拒动现象。当发生拒动现象时，首先要分析拒动的原因，然后针对拒动的原因进行处理。分析的基本思路是先找控制回路，若确定控制回路无异常，再在断路器方面查找。若断定故障确实出在断路器方面，再将断路器从线路上解列下来进行检修。

(4) 真空断路器其他故障。

1) 当真空断路器灭弧室发出“丝丝”声时，可判断为内部真空损坏，此时值班人员向上汇报申请停电处理。

2) 发现真空管发热变色时，应加强监视，并进行负荷转移及处理。

3) 当真空断路器开断短路电流达到额定次数时，应解除该断路器的重合闸压板。

二、低压电气设备的运行与维护

额定电压在1000V以下的电气设备称为低压电气设备。低压电气设备的种类很多，此处主要讲述低压开关电气设备。在水电站和变电站，主要用于厂（站）用电系统的配电。

（一）低压断路器的运行及事故处理

低压断路器又称为自动空气开关，低压断路器带有短路、过载保护、欠电压保护装置，当断路器的额定电流较小时，一般为独立工作；当断路器的额定电流上一定规模时，既可以独立工作，也可以与继电保护配合工作，即该断路器带有可自动操作的操作机构。现代水电厂和变电站采用全微机综合自动化后，不管额定电流的大小都可以要求厂家配套

操作机构。

常用的国产低压断路器有DW系列万能式自动空气断路器和DZ系列塑壳式自动空气断路器；常用的国外引进（或国内组装、合资生产）的低压断路器有ME、AH系列等。

1．低压断路器的操作及注意事项

（1）低压断路器投入运行前的检查项目。为了防止将异常或有故障的低压断路器投入运行，从而影响正常的安全生产，低压断路器在投入运行前必须经过仔细、全面的检查，具体要求如下：

1）低压断路器周围应无影响送电的杂物。

2）各导电连接部位接触良好，无松动现象。

3）低压断路器本体及附件应无异常。

4）主回路及控制回路绝缘电阻应不小于0.5MΩ（采用500V摇表测量）。

5）各种保护装置动作正常，整定值符合要求。

6）控制部分动作正常。

（2）低压断路器的操作及注意事项。由于低压断路器具有开断和接通负荷电流和短路电流的能力，其功能相当于高压断路器在低压回路中的应用。因此，其操作步骤和注意事项与高压断路器基本一致，共同部分不再赘述。需要注意的是：若低压断路器与继电保护配合工作，则必须将低压断路器自带的保护功能解除；若采用低压断路器自带的保护功能，则应将各种保护装置的动作值整定好，并符合要求。

2．低压断路器运行中的检查项目及注意事项

低压断路器在运行中，要加强巡检，及时发现异常和缺陷并进行处理，防止异常和缺陷转化为事故。具体检查项目如下：

（1）低压断路器各导体连接部位应接触良好，无发热现象。

（2）绝缘部分应清洁、干燥，无放电现象。

（3）操作机构和各机械部件应无损伤和锈蚀，安装牢固，调整符合要求。

（4）动、静触头应无烧损现象。

（5）检查有无异常声音和放电声。

（6）灭弧装置应无破裂或松动现象。

（7）合闸电磁铁（或电动机）以及电动合闸机构应良好。

（8）外壳接地应良好。

3．低压断路器异常及事故处理

（1）低压断路器与导体连接处过热。

1）原因：低压断路器在运行中，不仅有负荷电流流过，而且在低压断路器所在的电气线路或设备发生短路等事故时，还会受到短路电流的冲击。当低压断路器与导体连接处接触不良时，则接头处的接触电阻增大，加速接触部位的氧化和腐蚀，使接触电阻进一步加大，形成恶性循环。这种恶性循环的结果将使低压断路器与导体连接处过热。低压断路器与导体连接处发热的原因，绝大多数是因为连接不良造成的。

2）危害：若低压断路器与导体连接处过热，会引起恶性循环，导致发热的进一步加剧。发热长期得不到处理，最终会严重到连接处熔断，造成停电或电气设备损坏的重大

事故。

3）预防和处理：预防的办法是加强巡视，密切关注各连接部位的发热情况。一旦发现发热现象，应及时减小负荷。发热到一定程度，发热部位会变色，运行人员可通过颜色的变化来判断各连接处是否发热。

发现低压断路器与导体连接处发热后，在可能的情况下，应设法降低流经发热处的电流。发热严重时，在可能的情况下应尽快将低压断路器停电检修。具体处理方法如下：

a. 若是由于连接处导体氧化、腐蚀引起，则拆开连接处，对导体（铜排或铝排）进行去除氧化、腐蚀层并清理后，涂上导电膏，然后重新紧固连接即可。

b. 若是由于导体连接处螺栓没有拧紧引起，则拧紧螺栓。

说明：即使是由于导体连接处螺栓没有拧紧引起，但由于发热会促使氧化或腐蚀现象的产生和发展。任何原因引起发热，一般都会伴随着导体氧化或腐蚀现象的产生。因此，即使是由于导体连接处螺栓没有拧紧引起发热的处理，最好也将导体连接处拆开．对导体（铜排或铝排）进行检查，是否有氧化或腐蚀现象。若有氧化或腐蚀现象，则去除氧化、腐蚀层并清理后，涂上导电膏，然后重新紧固连接即可。

（2）低压断路器触头有严重烧灼现象。

1）原因：一般是由于负荷过大或低压断路器触头没有调整好（如合闸后触头压力偏小，动、静触头错位等）导致接触电阻过大造成的。

2）危害：与低压断路器与导体连接处发热的危害相同。

3）预防和处理：预防的办法是加强巡视，一旦发现触头有发热现象，应及时减小负荷。发热严重时，在可能的情况下应尽快将低压断路器停电检修。具体处理方法如下：

a. 若是由于负荷过大引起，则尽量将负荷减小到允许范围，该断路器不必退出运行。

b. 若是由于低压断路器触头没有调整好引起，则应将该低压断路器退出运行进行检修或更换相关部件。

（3）低压断路器绝缘部分闪络或爬电。

1）原因：低压断路器在运行中，发生绝缘部分闪络或爬电的原因，主要是由于绝缘部分表面脏污、受潮使绝缘部分表面等效爬电距离下降，或者是绝缘部件存在缺陷造成的。

2）危害：低压断路器发生绝缘部分闪络或爬电现象，如果得不到及时处理，随着闪络或爬电的进一步发展，会引起接地故障，从而导致停电事故。

3）预防和处理：预防的办法是加强运行中的巡视，力争在闪络或爬电的初期（还没有发生导电部分与地之间的贯通性闪络）就能得到处理，以防止接地事故的发生。处理办法是：若闪络或爬电是由于绝缘部分表面脏污、受潮引起，停电（某些时候也可以不停电但要遵守电业安全规程及相关操作规程）后，对绝缘部分进行清理、干燥；若闪络或爬电是由于绝缘部件存在缺陷所造成，则将断路器停电后修复或更换相关绝缘部件。

（4）低压断路器拒绝分、合闸。

1）原因：低压断路器操作机构（含控制回路）异常或故障。

2）危害：若低压断路器拒绝合闸，没有多大危害。若低压断路器拒绝分闸，当所在线路或设备发生故障时，则必须由上一级保护配合上一级断路器切除故障，扩大停电范

围。若低压断路器用于控制电机，当电动机发生过载时，一般情况下达不到上一级保护的动作值，因此电动机就会因为失去保护而损坏。

3）预防和处理：加强日常维护，提高检修质量。处理办法是：将该低压断路器退出运行，对其操作机构（含控制回路）进行检修。

（二）低压隔离开关的运行及事故处理

低压隔离开关又称为刀开关。低压隔离开关一般采用手动操作，因此没有控制回路。另外它也没有灭弧装置或只有简单的灭弧装置，不能用来开断故障电流和短路电流，也不能用来开断和接通较大的负荷电流，有些情况下可用来开断和接通较小的负荷电流。因此它必须与熔断器（或低压断路器）串联配合使用。

低压隔离开关种类很多，按极数可分为：单极、双极和三极等；按有无灭弧装置可分为：带灭弧罩和不带灭弧罩；按操作方式可分为：直接手柄操作和带杠杆机构式操作；按用途可分为：单投和双投。

低压隔离开关的运行维护和事故处理与低压断路器基本相同，只是少了控制回路部分。但当低压隔离开关与低压断路器配合使用时，其操作应遵守倒闸操作的相关规定：

停电时，应先断开低压断路器，然后再断开低压隔离开关；送电时，应先合上低压隔离开关，然后再台上低压断路器。

（三）接触器的运行及事故处理

接触器是利用电磁吸力实现电路通断的低压开关。接触器操作简便，动作迅速，灭弧性能好，主要用于远距离接通和控制分断额定电压在500V及以下的交、直流电路和大容量的控制电路。其主要控制对象为电动机，也可以用来控制其他负载。接触器自己不带保护单元，但可以与继电保护（或热继电器）配合开断故障电流和短路电流，也可以与继电器配合来实现自动控制。

接触器一般由铁芯线圈、主触头、辅助触头和灭弧栅组成。当线圈两端接上额定电压时，因线圈通过电流而使铁芯吸合，从而带动主、辅触头动作。实现电路的通断控制。

接触器分为交流和直流两种。其中交流接触器使用最为广泛。

接触器与断路器不同，接触器在运行中其线圈必须始终通电以保持接触器处于吸合状态，线圈一旦失电或线圈两端电压低于一定值时，接触器就会释放，从而断开主电路；而断路器一旦合闸后，是靠机械机构保持在合闸状态，合闸线圈不再需要通电。因此接触器在运行中，若电压（一般情况下，接触器的控制电源直接从主电源中引接）消失或低于一定值时（即使是瞬时），接触器就会释放。因此在电压波动较大的场合不宜使用接触器，如所在电网有大型电动机且变压器容量较小时，大型电动机起动过程中电网电压会显著下降，从而导致接触器非正常释放，断开主电路，影响正常生产。

接触器的操作、运行维护及事故处理与低压断路器基本相同。

（四）漏电断路器和漏电保护器的运行及事故处理

目前在低压配电系统和用电系统中，越来越多地使用漏电断路器和漏电保护器，漏电断路器和漏电保护器是用于低压电网中防止人身触电或防止因漏电而引发火灾、爆炸事故的安全保护电器。

漏电断路器的主要结构是在一般低压断路器中增加了一个高灵敏的零序电流互感器和漏电保护脱扣器。漏电保护的原理是：在三相电路中，将三相电线或中性线穿过零序电流互感器，在正常情况下，三相电流的相量和为零，漏电脱扣器不动作；当线路或电气设备因绝缘损坏而发生漏电、接地故障或人身触及带电部分时，三相电流的相量和不为零，这时零序电流互感器检出不平衡电流（即漏电电流），当漏电电流达到或超过脱扣器的动作值时，漏电脱扣器立即动作，开关切断电源，从而直到漏电保护的作用。在单相电路中，使用漏电保护器，其保护原理与三相电路中的漏电断路器基本相同。

漏电断路指和漏电保护器在运行中应定期进行保护动作试验。其他的操作、运行维护及事故处理与一般低压开关电器基本相同。

三、高压隔离开关的运行与维护

在水电站或变电站的配电设备中，隔离开关数量最多。隔离开关与断路器不同，它没有灭弧装置，不具备灭弧性能。因此，严禁用隔离开关来开、合负荷电流和故障电流。隔离开关主要用来使电气回路间有一个明显的断开点，以便在检修设备和线路停电时，隔离电源、保证安全。另外，用隔离开关与断路器相配合，可进行改变运行方式的操作，达到安全运行的目的。

（一）隔离开关的操作及注意事项

1. 严禁用隔离开关来拉、合负荷电流和故障电流

由于隔离开关本身具有一定的自然灭弧能力，所以可以利用隔离开关切断电流较小的电路。在系统正常工作的前提下，允许用隔离开关来开、合下列电路或设备：

（1）电压互感器。

（2）避雷器。

（3）变压器中性点接地回路。

（4）消弧线圈。

（5）空载电流较小的空载变压器（运行经验表明：220kV及以下的隔离开关可拉、合励磁电流小于2A的空载变压器）。

（6）充电电流较小的母线。

（7）电容电流不超过5A的空载线路。

虽然可以利用隔离开关来拉、合电压互感器及小容量变压器等一些设备。但为了简化记忆，防止误操作，电气运行人员不一定要记住隔离开关允许操作的设备或线路，只要遵守下面事项下列操作事项就不会产生误操作：

若隔离开关所在的回路中有断路器、接触器等具有灭弧能力的开关电器或启动器等，那么就绝对不允许用隔离开关来拉、合电路；若隔离开关所在的回路中没有断路器、接触器等具有灭弧性能的开关电器或启动器等，就可以用隔离开关来开、合电路。

2. 隔离开关合闸操作及注意事项

在进行隔离开关合闸操作时必须迅速果断，但合闸终了时用力不可过猛，防止冲击过大损坏隔离开关及其附件。合闸后应检查是否已合到位，动、静触头是否接触良好等。

如果在隔离开关合闸操作的过程中发现触头间有电弧产生（即误合隔离开关时），应果断将隔离开关合到位。严禁将隔离开关再拉开以免造成带负荷拉刀闸的误操作。

3. 隔离开关拉闸操作及注意事项

在进行隔离开关拉闸操作前，应首先检查其机械闭锁装置，确认无闭锁后再进行拉闸操作。在拉闸操作的开始期间，要缓慢而又谨慎，当刀片刚刚离开静触头时注意有无电弧产生。若无电弧产生等异常情况，则迅速果断地拉开，以利于迅速灭弧。隔离开关拉闸后应检查是否已拉到位。

如果在隔离开关刀片刚刚离开静触头瞬间有电弧产生（即误拉隔离开关时），仍强行拉开隔离开关的话，可能造成带负荷拉刀闸的严重事故。

4. 隔离开关与断路器配合操作及注意事项

隔离开关与断路器配合操作时的操作顺序是：断开电路时，先拉开断路器，再拉开隔离开关；送电时，先合隔离开关，再合断路器。总之，在隔离开关与断路器配合操作时，隔离开关必须在断路器处于断开（分闸）位置时才能进行操作。

（二）隔离开关运行中的检查项目及注意事项

隔离开关在运行中，要加强巡检，及时发现异常和缺陷并进行处理，防止异常和缺陷转化为事故。具体检查项目如下：

（1）隔离开关触头应无发热现象。隔离开关在正常运行时，其电流不得超过额定电流；温度不得超过 70℃。若接触部位的温度超过 80℃，应减少其负荷。

（2）绝缘子应完整无裂纹，无电晕和放电现象。

（3）操作机构和各机械部件应无损伤和锈蚀，安装牢固。

（4）闭锁装置应良好，销子锁牢，辅助触点位置正确。

（5）动、静触头的消弧部位应无烧伤、不变形。

（6）动、静触头无脏污、无杂物、无烧痕。

（7）压紧弹簧和铜辫子无断股、无损伤。

（8）接地用隔离开关应接地良好。

（9）动、静触头间接触良好。

（三）隔离开关异常及事故处理

1. 隔离开关接触部位过热

现场运行经验表明，隔离开关触头因发热而烧损的现象比较普遍，甚至有时在 60% 额定负荷的情况下温度就超过了允许值。隔离开关触头发热的原因及相应的处理方法如下：

（1）触头压紧弹簧性能下降。触头压紧弹簧弹性下降会使动、静触头间接触面压力不够，从而导致接触电阻增大。接触电阻的增大又会使发热量增加，使接触面处温度进一步上升。温度的升高又会使压紧弹簧弹性进一步下降。形成恶性循环。这种现象如果得不到及时处理，就会酿成动、静触头烧损从而导致非正常停电的重大事故。

处理方法：更换或调整弹簧。

（2）动、静触头间接触不良（如触头氧化或腐蚀导致接触电阻增大）。动、静触头间接触不良，就会使动、静触头间的接触电阻增大。因此，动、静触头间接触不良情况的演变和后果，同触头压紧弹簧弹性下降一样。

处理方法：去除氧化层，并在结合面上涂导电膏。

(3) 动、静触头间接触面积偏小。动、静触头间接触面积偏小，就会使动、静触头间的接触电阻增大。因此，动、静触头间接触面积偏小情况的演变和后果，同触头压紧弹簧弹性下降一样。

处理方法：重新调整触头，使动、静触头间全接触。

(4) 隔离开关与铜牌连接处接触不良（如连接处氧化或腐蚀导致接触电阻增大）。隔离开关与铜牌连接处接触不良，就会使隔离开关与铜排连接处接触不良的接触电阻增大。接触电阻增大会使连接处发热量增加，使连接处温度上升。而温度上升又反过来使接触电阻进一步增大。形成恶性循环。这种现象如果得不到及时处理，就会酿成隔离开关与铜牌连接处烧断，从而导致非正常停电的重大事故。

处理方法：去除氧化层，并在结合面上涂导电膏。

(5) 隔离开关与铜牌连接处固定不紧会导致连接处接触电阻增大。这种情况的演变和后果与隔离开关与铜牌连接处接触不良相同。

处理方法：紧固连接。

2. 支柱绝缘子闪络

隔离开关导电部分与基座之间是靠支柱绝缘子连接并形成绝缘的。当支柱绝缘子脏污或有裂纹时，就会产生爬电或闪络现象。如果爬电或闪络现象得不到及时处理，就会引起接地事故的发生。支柱绝缘子闪络产生的具体原因及相应的处理方法如下：

(1) 绝缘子表面脏污或有杂物。绝缘子表面脏污或有杂物，使得绝缘子的绝缘性能下降，从而引发闪络事故。

处理方法：清洁绝缘子并擦干。

绝缘子的污秽闪络（即由脏污引起的闪络）的进一步演化过程如下：

1) 绝缘子表面的污染过程。

2) 绝缘子表面受污层的湿润过程。

3) 局部放电过程。

4) 局部放电发展为贯穿性放电的过程。

常用的防污闪技术措施如下：

1) 调整绝缘子的爬电距离。或更换成抗污闪性能更好的绝缘子，如大爬距绝缘子、防尘绝缘子等。

2) 清扫、净化绝缘子。

3) 采用各种防污闪涂料。如硅油、硅脂地蜡等。

(2) 绝缘子表面有裂纹。绝缘子表面有裂纹，也会使得绝缘子的绝缘性能下降，从而引发闪络事故。

处理方法：更换绝缘子。

说明：绝缘子发生闪络现象后，闪络处温度会上升，导致绝缘子因各部位不均匀受热、温度差异较大而爆裂。

3. 隔离开关拒绝分合闸

(1) 隔离开关拒绝分闸。隔离开关拒绝分闸，一般是由于隔离开关操作机构故障或断路器与隔离开关间闭锁装置损坏或因断路器处于合闸位置从而正常闭锁所造成。具体原因及相应的处理方法如下：

1) 隔离开关操作机构故障。处理方法：修复操作机构。

2) 断路器与隔离开关间闭锁装置故障或损坏。处理方法：修复或更换闭锁装置。

3) 断路器处于合闸位置。处理方法：按正常倒闸操作顺序，先将断路器拉闸，再拉开隔离开关。

(2) 隔离开关拒绝合闸。隔离开关拒绝合闸，一般也是由于隔离开关操作机构故障或断路器与隔离开关间闭锁装置损坏或因断路器处于合闸位置从而正常闭锁所造成。具体原因及相应的处理方法如下：

1) 隔离开关操作机构故障。处理方法：修复操作机构。

2) 断路器与隔离开关间闭锁装置故障或损坏。处理方法：修复或更换闭锁装置。

3) 断路器处于合闸位置。处理方法：按正常倒闸操作顺序，先将断路器倒闸，再合隔离开关，然后再合断路器。

四、高压母线的运行与维护

母线又称为汇流排。母线的作用是：汇集电能和分配电能。

母线分为两大类：软母线和硬母线。软母线由多股铜绞线或钢芯铝绞线（以钢芯铝绞线居多）组成，主要用于110kV及以上电压等级的户外配电装置。硬母线由铜排或铝排组成，主要用于35kV及以下电压等级的户内配电装置。

在三相交流电路中，用不同颜色来区分不同相别的母线；在直流电路中，用不同颜色来区分直流正、负极，见表8-3。

表8-3　母线的色标

母线用途	直流正极	直流负极	A相 (L_1)	B相 (L_2)	C相 (L_3)	中性线（接地）	中性线（不接地）
母线颜色	赭	蓝	黄	绿	红	紫带黑色横条	紫

(一) 母线及绝缘子在运行中的检查项目

母线都是固定在绝缘子上的，谈到母线离不开绝缘子。一般情况下，母线故障主要是由于绝缘子故障所引起的。母线本身在运行中常见的异常或故障是母线（尤其是母线与母线、母线与其他设备连接处）因电流过大、接触不良而过热。

母线及绝缘子在运行中的检查项目如下：

(1) 母线温度不得超过允许值。母线在运行中各部位允许的最高温度见表8-4。

表8-4　母线各部位允许的最高温度

母线部位	裸母线及其接头处	接触面有锡覆盖层	接触面有银覆盖层	接触面由闪光焊接
最高允许温度/℃	70	85	95	100

（2）母线不得有开裂、变形现象。

（3）母线相与相之间、相与地之间绝缘良好，不得有放电、闪络现象。

（4）绝缘子表面清洁无杂物。

（5）绝缘子无破损、表面无裂缝。

（二）母线及绝缘子的常见故障、产生的原因、危害及处理

1. 母线连接处发热

（1）产生的原因：母线在运行中，不仅有负荷电流流过，而且在接于母线的电气线路或设备发生短路等事故时，会受到短路电流的冲击。当母线连接处接触不良时，则接头处的接触电阻增大，加速接触部位的氧化和腐蚀，使接触电阻进一步加大，形成恶性循环。这种恶性循环的结果将使母线局部过热。

母线连接处发热的原因，绝大多数是因为连接不良造成的。

（2）发热的危害：若母线发生局部过热，会引起恶性循环，导致发热的进一步加剧。母线发热长期得不到处理，最终会严重到熔断母线，造成停电或电气设备损坏的重大事故。因此，电气运行人员在日常巡视中，应密切观察母线（尤其是各连接处）的发热情况，防止母线过热。

（3）发热的预防及处理：预防的方法是加强巡视，严格控制流经母线的电流；防止接于母线的电气线路或设备发生事故。母线发热到一定程度，发热部位会变色，运行人员可通过颜色的变化来判断母线连接处是否发热。

发现母线发热后，在可能的情况下，应设法降低流经发热处的电流。发热严重时，应尽快将负荷转移到备用母线上，将发热母线停电检修。

2. 母线对地闪络

（1）产生的原因：母线在运行中，发生对地闪络的原因主要是绝缘子表面脏污使绝缘电阻下降，或者是绝缘子有裂缝等故障造成的。

（2）危害：若母线对地放电或闪络会引起母线接地，从而导致全厂（全站）停电的重大事故。

（3）预防和处理：预防的方法是加强日常维护，保证绝缘子表面清洁、干燥、无杂物。另外，加强运行中的巡视，力争在闪络的初期（还没有发生母线与地之间的贯通性闪络）就能得到处理，以防止母线接地事故的发生。处理办法是：若闪络是由于绝缘子表面脏污造成的，停电（某些时候也可以不停电，但要遵守电业安全规程及相关操作规程）后，对绝缘子表面进行清理；若闪络是由于绝缘子损坏（如表面开裂等）造成的，则更换绝缘子。

在电力系统中，因绝缘子表面脏污使绝缘电阻下降或绝缘子损坏造成的事故比例较高。而且，由此产生的事故往往较严重。给工农业生产带来了很大的损失。因此，电气运行人员在巡视配电装置中，应重点加强对绝缘子的检查。

五、互感器运行与维护

（一）电流互感器的运行

1. 电流互感器的允许运行方式

（1）允许运行容量。电流互感器应在铭牌规定的额定容量范围内运行。

（2）一次侧允许电流。电流互感器一次侧电流允许在不大于1.1倍额定电流下长期运行。

（3）绝缘电阻允许值。一次侧额定电压在3kV及以上，绝缘电阻（2500V摇表）应不低于1MΩ/kV；二次侧绝缘电阻（500～1000V摇表）应不低于1MΩ，且一次、二次侧绝缘电阻均不低于前次测量值的1/3。

（4）运行中电流互感器的二次侧不能开路。若工作需要断开二次回路（如拆除仪表）时，在断开前，应先将其二次侧端子用连接片可靠短接。

（5）二次绕组必须有一点接地。

（6）油浸式电流互感器的油位、油色应正常。

（7）电流互感器一、二次侧都不能专设熔断器。

（8）电流互感器所带负载必须串联在二次回路中。

2. 电流互感器的运行巡视

（1）投运前的检查。

1）检查绝缘电阻是否合格。

2）检查二次回路有无开路现象。

3）检查二次绕组接地线是否完好无损伤，接地牢固。

4）检查外表是否清洁，瓷套管无破损、无裂纹，周围无杂物。

5）充油式电流互感器的油位、油色是否正常，无渗、漏油现象。

6）各连接螺栓应紧固。

（2）运行中的巡视检查。

1）电流互感器二次没有开路现象。

2）电流表的三相指示值在允许范围内。

3）检查瓷质部分应清洁，无破损、无裂纹、无放电痕迹。

4）检查油位应正常，油色应透明不发黑，无渗、漏油现象。

5）检查电流互感器应无异常声音和焦臭味。

6）检查一次侧引线接头应牢固，压接螺丝无松动，无过热现象。

7）检查二次绕组接地线应良好，接地牢固，无松动，无断裂现象。

8）检查端子箱应清洁、不受潮、二次端子接触良好，无开路、放电或打火现象。

3. 电流互感器异常及事故处理

（1）运行时的常见故障。

1）现象：运行过热，有异常焦臭味，甚至冒烟。原因：二次开路或一次负荷电流过大。

2）现象：内部有放电声，声音异常或引线与外壳间有火花放电现象。原因：绝缘老化、受潮引起漏电或电流互感器表面绝缘半导体涂料脱落。

3）现象：主绝缘对地击穿。原因：绝缘老化、受潮、系统过电压。

4）现象：一次或二次绕组匝间层间短路。原因：绝缘受潮、老化、二次开路产生高电压，使二次匝间绝缘损坏。

5）现象：电容式电流互感器运行中发生爆炸。原因：正常情况下其一次绕组主导电杆与外包铝箔电容屏的首屏相连，末屏接地。运行过程中，由于末屏接地线断开，末屏对地会产生很高的悬浮电位，从而使一次绕组主绝缘对地绝缘薄弱点产生局部放电。电弧将使互感器内的油电离气化，产生高压气体，造成电流互感器爆炸。

6）现象：充油式电流互感器油位急剧上升或下降。原因：油位急剧上升是由于内部存在短路或绝缘过热，使油膨胀引起；油位急剧下降可能是严重渗、漏油引起。

（2）二次开路。

现象：铁芯发热，有异常气味或冒烟；铁芯；振动较大，有异常噪声；二次导线连接端子螺丝松动处，可能有滋火现象和放电响声，并可能伴随有有关表计指示的摆动现象；有关电流表、有功功率表、电能表指示减小或为零；差动保护“回路断线”光字牌亮。

原因：

1）安装处有振动存在，因振动使二次导线端子松脱开路。

2）保护或控制屏上电流互感器的接线端子连接片因带电测试时误断开或未压好造成二次开路。

3）二次导线因机械损伤断线，使二次开路。

处理方法：

1）停用有关保护，防止保护误动。

2）值班人员穿绝缘靴、戴绝缘手套，将电流互感器的二次接线端子短接。若是内部故障，应停电处理。

3）二次开路电压很高，若限于安全距离人员不能靠近，则必须停电处理。

4）若系二次接线端子螺丝松动造成二次开路，在降低负荷和采取必要安全措施的情况下（有人监护、有足够安全距离、使用有绝缘柄的工具），可以不停电拧紧松动螺丝。

5）若内部冒烟或着火，需要断路器开断该电流互感器电路。

（二）电压互感器的运行

1. 电压互感器的允许运行方式

（1）允许运行容量。电压互感器运行容量不超过铭牌规定的额定容量可以长期运行。

（2）允许运行电压。电压互感器允许在不超过其1.1倍额定电压下长期运行。

（3）绝缘电阻允许值。电压互感器投入运行之前，测量其绝缘电阻应合格。一次侧额定电压在3kV及以上，绝缘电阻（2500V摇表）应不低于1MΩ/kV；二次侧绝缘电阻（500～1000V摇表）应不低于1MΩ，且一次、二次侧绝缘电阻均不低于前次测量值的1/3。

（4）运行中电压互感器的二次侧不能短路。

（5）二次绕组必须有一点接地。二次绕组必须有一点接地，且只能有一点接地。

（6）油位及吸湿剂应正常。油浸式电压互感器正常运行油位应正常，呼吸器内的吸湿剂颜色应正常。

2. 电压互感器的运行及维护

（1）投运前的检查。

1）送电前，工作票终结，测量其绝缘电阻合格。

2）定相。大修后的电压互感器（含二次回路更动）或新装电压互感器投入运行前应定相。定相就是将两个电压互感器一次侧接在同一电源上，测定它们的二次侧电压相位是否相同。

3）检查一次侧中性点接地和二次绕组一点接地是否良好。

4）检查一次、二次侧熔断器，二次侧快速空气开关完好和接触正常。

5）检查外观是否清洁，绝缘子无破损、无裂纹，周围无杂物；充油式电压互感器的油位、油色是否正常，无渗、漏油现象；各接触部分连接是否良好。

（2）电压互感器的操作。

1）投入运行操作及注意事项。电压互感器及其所属设备、回路上无检修等工作，工作票已收回。检查电压互感器及其附属回路、设备均正常，没有影响送电的异常情况。放上一次、二次侧熔丝。合上电压互感器隔离开关。电压互感器投入运行后，应检查电压互感器及其附属回路、设备运行正常。

注意事项：若在投入运行过程中，发现异常情况，应立即停止投运操作，待查明原因并处理完毕后再行投入运行。

2）退出运行操作及注意事项。先将接在电压互感器回路上的，在电压互感器退出运行后户可能引起误动作的继电保护和自动装置停用。拉开电压互感器高压侧隔离开关。取下高压侧熔丝。取下低压侧熔丝，防止低压侧电源反充至高压侧。根据需要做好相应的安全措施。

注意事项：若无特别要求，停用的电压互感器，除了取下高压侧熔丝外，还应取下低压侧熔丝，以防止低压侧电源反充至高压侧。

3）电压互感器二次侧切换操作注意事项。电压互感器一次侧不在同一系统时，其二次侧严禁并列切换。当低压侧熔丝熔断后，在没有查明原因前，即使电压互感器在同一系统，也不得进行二次切换操作。

（3）电压互感器的巡视检查。

1）电压互感器高、低压侧熔丝完好，电压表指示正常。

2）检查绝缘子清洁无裂纹、脏污、破损现象。

3）充油式电压互感器油位和油色正常，无渗、漏油现象；呼吸器内吸湿剂颜色正常，无潮解，若吸湿剂变色超过1/2应更换。

4）检查内部声音应正常，无放电及剧烈电磁振动声，无焦臭味。

5）检查密封装置应良好，各部位螺丝应牢固，无松动。

6）检查一次侧引线接头连接良好，无松动过热；高低压熔断器限流电阻及断线保护用电容器应完好；二次回路的电缆及导线应无腐蚀和损伤，二次接线无短路现象。

7）检查电压互感器一次侧中性点接地及二次绕组接地应良好。

8）检查端子箱应清洁，未受潮。

3. 电压互感器异常及事故处理

（1）电压互感器常见故障及分析。

1）铁芯片间绝缘损坏。现象：运行中温度升高。原因：铁芯片间绝缘不良、使用环境恶劣或长期在高温下运行，促使铁芯片间绝缘老化。

2）接地片与铁芯接触不良。现象：铁芯与油箱间有放电声。原因：接地片没插紧，安装螺丝没拧紧。

3）铁芯松动。现象：运行中有不正常的振动或噪声。原因：铁芯夹件未夹紧，铁芯片间松动。

4）绕组匝间短路。现象：温度升高，有放电声，高压熔断器熔断，二次侧电压表指示忽高忽低。原因：系统过电压，长期过载运行，绝缘老化，制造工艺不良。

5）绕组断线。现象：断线处可能产生电弧，有放电声，断线相的电压表指示降低或为零。原因：焊接工艺不良，机械强度不够或引出线不合格造成绕组引线断线。

6）绕组对地绝缘击穿。现象：高压侧熔断器连续熔断，可能有放电声。原因：绕组绝缘老化或绕组内有导电杂物，绝缘油受潮，过电压击穿，严重缺油等。

7）绕组相间短路。现象：高压侧熔断器熔断，油温剧增，甚至有喷油冒烟现象。原因：绕组绝缘老化，绝缘油受潮，严重缺油。

8）套管内放电闪络。现象：高压侧熔断器熔断，套管闪络放电。原因：套管受外力作用发生机械损伤，套管间有异物，套管严重污染，绝缘不良。

（2）电压互感器回路断线。

现象："电压回路断线"光字牌亮、警铃响；电压表指示为零或三相电压不一致，有功功率表指示失常，电能表停转；低电压继电器动作，可能有接地信号发出（高压熔断器熔断时）；绝缘监视电压表较正常值偏低，正常相电压表指示正常。

原因：高、低压熔断器熔断或接触不良；电压互感器二次回路切换开关及重动继电器辅助触点接触不良。二次侧快速自动空气开关脱扣跳闸或因二次侧短路自动跳闸；二次回路接线头松动或断线。

处理方法：

1）停用所带的继电保护与自动装置，以防止误动。

2）如因二次回路故障，使仪表指示不正确时，可根据其他仪表指示，监视设备的运行，且不可改变设备的运行方式，以免发生误操作。

3）检查高、低压熔断器是否熔断。若高压熔断器熔断，应查明原因予以更换，若低压熔断器熔断，应立即更换。

4）检查二次电压回路的接点有无松动、有无断线现象，切换回路有无接触不良，二次侧自动空气开关是否脱扣。可试送一次，试送不成功再处理。

（3）高、低压熔断器熔断。

现象：对应的电压互感器"电压回路断线"光字牌亮，警铃响；电压表指示偏低或无指示，有功功率表、无功功率表指示降低或为零，低电压保护可能误动作。

处理方法：

1）复归信号。

2）检查高、低压熔断器是否熔断。

3）若高压熔断器熔断，应拉开高压侧隔离开关并取下低压侧熔断器，经验电、放电后，再更换高压熔断器。测量电压互感器的绝缘并确认良好后，方可送电。

4）若低压熔断器熔断，应立即更换。更换熔丝后若再次熔断，应查明原因，严禁将

熔丝容量加大。

(4) 电压互感器本体故障。

运行中的电压互感器有下列故障现象之一，应立即停用：

1) 现象：高压熔断器连续熔断 2～3 次。原因：高压绕组有短路故障。

2) 现象：内部有放电声或其他噪声。原因：内部有故障。

3) 现象：电压互感器冒烟或有焦臭味。原因：连接部位松动或其高压侧绝缘损伤。

4) 现象：绕组或引线与外壳间有火花放电。原因：绕组内部绝缘损坏或连接部位接触不良。

5) 现象：电压互感器漏油。原因：封闭件老化，或内部故障产生高温，油膨胀产生漏油。

6) 现象：运行温度过高。原因：内部故障所致，如匝间短路、铁芯短路等产生高温。

在停用电压互感器时，若电压互感器内部有异常响声、冒烟、跑油等故障，且高压熔断器又未熔断，则应该用断路器将故障的电压互感器切断，禁止使用隔离开关或取下熔断器的方法停用故障的电压互感器。

六、输电线路运行与维护

(一) 输电线路的运行

1. 输电线路运行的任务

输电线路的运行工作必须贯彻“安全第一、预防为主”的方针，严格执行 DL 409—91《电业安全工作规程（电力线路部分）》。运行单位应全面做好线路的巡视、检测、维修和管理工作，应积极采用先进技术和实行科学管理，不断总结经验、积累资料、掌握规律，保证线路安全运行。

2. 输电线路现场运行规程

输电线路运行中应执行 DL/T 741—2010《架空输电线路运行规程》、GB 26865—2011《电业安全工作规程（电力线路部分）》等有关规定。每条线路都要有明确的维护分界点。规程规定要建立专责制，每条线路都要有专职人员进行日常管理。

3. 输电线路的巡视

(1) 线路的定期巡视。定期巡视是指一月一次在白天对架空输电线路全线进行的工作。其目的在于经常掌握线路各部位运行状况和沿线情况，及时发现设备缺陷和威胁线路安全运行的情况。

巡线工应带望远镜步行巡线，还应带个人电工工具、砍草劈树的柴刀。如果发现有碍线路安全运行的零星缺陷，应马上处理；巡视完毕应做好记录。

(2) 线路的特殊巡视。特殊巡视是在气候剧烈变化（大雾、冰冻、狂风暴雨等）、自然灾害（地震、河水泛滥、森林起火等）、外力影响、异常运行和其他特殊情况时及时发现线路异常现象及部件的变形损坏情况。

特殊巡视不能一人进行，需根据上述情况随时进行。

(3) 线路的夜间、交叉和诊断性巡视。夜间巡视是为了检查导线及连接器的发热（在运行中，如果接触不良，接头温度升高，将致使接头或者旁边的导线熔化发光）或绝缘子污秽及裂纹的放电（如果污秽严重，就会发现在电压梯度特别大的瓷件和铁帽、钢脚的粘接处，有蓝色的电晕光环）情况。夜间巡视至少2人进行，应沿线路外侧进行，大风巡线应沿线路上风侧进行。

（4）线路的故障巡视。故障巡视是为了查明线路上发生故障接地、跳闸的原因，找出故障点并查明故障情况。

线路接地故障或短路发生后，无论是否重合成功，都应立即组织故障巡视。巡视中，巡线员应将所分担的巡线区域全部巡完，不得在巡视时发现一处故障后即停止巡视。故障巡视时，必须采取现代化的交通工具；根据地形、地貌、交通情况，将一条线分几段，能几乎同时完成分工段的巡线；故障巡线要突出重点，对潮湿、雷雨天气发生的跳闸，重点巡污秽区的绝缘子、重雷区和易击区点的绝缘子、导线是否闪络烧伤。发现故障点后应向上级报告：故障地点、线路号、杆塔号、故障性质等。

（5）线路的登杆巡视。登杆巡视是为了弥补地面巡视的不足而对杆塔上部部件的巡查。

线路上有很多缺陷地面上是不能发现的，例如悬式绝缘子上表面的电弧闪络痕迹，导、地线悬垂线夹出口处的振动断股等。为了查明上述缺陷，每年必须进行登杆检查。登杆检查的重点是导、地线在线夹里是否有断股、绝缘子是否老化及损坏、导线或架空地线的接头情况。

（二）输电线路常见故障

输电线路发生的短时不影响线路运行的现象，称为故障，常见的有导线（含引流线）断股、导线腐蚀、导线接头过热、绝缘子老化、出现零值绝缘子、防震锤滑动移位、接地装置断开、杆塔基础腐蚀等现象。

1. 导线（含引流线）断股

在巡线时，会发现在个别挡距内有导线侧断股部分脱落下垂，遇此情况，应仔细观察断的股数和离悬挂点距离，根据具体情况处理。如果断股不多，离悬挂点较远，则可采用辅助线缠绕的方法；如果断股较多，离悬挂点较近，已经严重影响了线路的安全运行，则应考虑更换导线。

2. 导线腐蚀

架空线路的导线，因受大气中有害物质（如氧、酸、碱、盐等）的作用而发生腐蚀。由于温度、湿度、张力等联合作用，使腐蚀速度加快。

目前，防止导线腐蚀的主要措施有：保证导线原材料质量，改进导线结构，改进导线镀层，采用铝合金线，采用防腐导线等。

3. 导线接头过热

导线接头在运行过程中，常因氧化、腐蚀、连接螺栓未紧固等原因而产生接触不良，使接头处的电阻远大于同长度导线的电阻，当电流通过时，由于电流的热效应使接头处的温度升高造成过热。长期运行会烧熔接头造成断线事故，因此除应合理选择接头处的材料外，应严格安装工艺，避免此类事故发生。

4. 绝缘子老化和零值绝缘子

在运行中的绝缘子，常由于电气作用、机械作用、冷热交替作用、水分和污秽气体的

影响、绝缘子本身的缺陷等原因造成绝缘子老化。更严重时会出现两端的电位分布接近零或等于零的低值和零值绝缘子，这样严重影响线路运行安全。

为降低绝缘子老化和减少零值绝缘子，其措施如下：

(1) 定期测试绝缘子的分布电压，及时更换低值和零值绝缘子。

(2) 每隔两年将绝缘子串中的绝缘子调换位置。

(3) 按不同类型分批抽测绝缘子的泄漏电流，以防止绝缘子钢帽和铁脚间的水泥填料受潮而使绝缘子击穿。

5. 防振锤滑动移位

运行中防震锤移位后会造成两方面的危害：一方面对导线不能起到防振消能的作用；另一方面可能磨损导线造成断股、断线的事故。

6. 接地装置断开

在巡视中，会发现杆塔的接地引下线与接地装置间的连接部分脱落。表现出有：引下线与螺栓未连接、螺栓丢失、接地装置引上线断股或完全断开等现象。发现后需及时根据情况做相应处理。

7. 混凝土杆及基础腐蚀

混凝土在水的作用下会发生腐蚀，主要发生在地下或接近地面部分，腐蚀后的混凝土脱落，内部钢筋生锈，强度降低，危及线路的安全运行。运行中如果发现上述现象，可采用沥青油膏进行防腐处理。

综上所述，输电线路的故障都是可在巡线中发现，根据运行管理的规定，需将上述故障及时处理，不然会发展为事故，严重运行线路的安全运行。

(三) 输电线路常见事故

输电线路发生的造成线路不能继续运行的现象，称为事故，常见的有：线路风偏放电、线路雷害事故、线路污闪、线路鸟害、线路覆冰。

1. 输电线路的风偏放电与防治

(1) 风偏闪络规律与特点。输电线路风偏闪络发生区域均有强风出现，特别是微地形区，且大多数情况下还伴随有大暴雨或冰雹，即输电线路风偏闪络多发生于恶劣气候条件下。

从放电路径看，输电线路风偏闪络有导线对杆塔构件放电、导地线线间放电和导线对周边物体放电三种形式。它们共同的特点是：导线或导线侧金具烧伤痕迹明显。其中直线杆的导线上的放电点比较集中，耐张杆在跳线上的放电点比较分散，分布长度约有0.5～1m；不论是直线塔还是耐张塔导线对杆塔构架放电，在间隙圆对应的杆塔构件上均有明显放电痕迹，且主放电点多在脚钉、角钢端部等突出位置。导地线线间放电多发生在地形特殊且挡距较大的情况下，导线上的放电痕迹较长，但由于放电点距地面较高故难发现；导线对周边物体放电时，导线上的放电痕迹可超过1m长，对应的周边物体上也有明显的黑色烧焦状放电痕迹。

由于风偏闪络是在强风天气，风的持续时间多超出重合闸的动作时间，使得重合闸动作时，放电间隙仍然保持较小的距离；同时，重合闸动作时，系统中将出现一定幅值的操作过电压，导致间隙再次放电。因此，输电线路发生风偏闪络故障时，重合闸成功率较低，严重影响供电可靠性。

（2）防止输电线路风偏闪络的对策和措施。

1）优化设计参数，提高安全裕度。在线路设计阶段高度重视微地形气象资料的收集和区域划分，根据实际微地形环境条件合理提高局部风偏设计标准。

线路设计时，应避免在面向导线侧的杆塔上安装脚钉（即使脚钉方向是平行于导线的），同时在悬垂线夹附近导线上也尽量避免安装其他突出物（如防振锤）。

2）采取针对性措施防止风偏闪络。线路设计阶段合理选择风压系数；运行时，对发生故障的耐张塔跳线和其他转角较大的无跳线串的外角跳线加装跳线绝缘子串和重锤；对发生故障的直线塔的绝缘子串加装重锤。安装重锤时应尽量避免在悬垂线夹附近安装。

3）加强输电线路放风偏闪络针对性研究。

2. 输电线路雷害事故与防治

（1）概述。在输电线路运行过程中，雷击线路是一大灾害。特别在我国南方多雷地区，雷击跳闸占线路总跳闸次数的比例高达70%。输电线路被雷击后，绝缘子可能闪络或者炸裂，有时导（地）线烧断、金具烧熔，并引起开关跳闸、线路停电。

随线路电压增高，线路绝缘相应加强，而雷电过电压却不是相应增高，所以，一般情况下，电压等级高的线路其雷击跳闸率要比电压等级低的线路低。

（2）输电线路雷害事故现象。输电线路的雷害事故是由雷云放电造成的过电压导致线路绝缘击穿的闪络现象。这种过电压称为大气过电压，又分为直击雷过电压和感应过电压。

由静电感应形成的感应过电压数值通常为100～200kV，最大也不超过600kV。因此感应过电压对110kV以上的输电线路危害不大，但是足以破坏35kV及以下的输电线路。

直击雷过电压是由雷直击于输电线路上引起的，它对任何电压的线路都是危险的。

反击闪络：雷直击于杆塔顶部或附近的架空地线上，在杆塔上就会产生很高的电压，此可能超过绝缘子串的闪络电压，从而引起杆塔与导线间的绝缘子发生闪络的现象。

绕击闪络：在山区输电线路，雷绕过避雷线直接打在导线上而引起的绝缘子闪络的现象。

间隙闪络：当线路上遭受雷击时产生的过电压将交叉跨越的间隙或杆塔上的间隙击穿的现象。

（3）雷害事故的原因。

1）线路绝缘水平低：绝缘子串中有“低值”或“零值”绝缘子未及时更换。

2）带电部分对地间隙不够：杆塔、横担、树木、房户等都是电气意义的“地”。

3）避雷线布置不当：保护角选择偏大；山区线路、水库边缘地区的线路，由于地形和微气象区的影响等都会发生绕击。

4）避雷线接地不良：接地电阻过大，使耐雷水平下降。

5）线路交叉跨越距离不够。

6）线路防雷薄弱环节措施未到位：对大跨越、大挡距、多雷区、线路终端等应采取加强措施。

7）线路位于雷击活动强烈区。

（4）雷害事故的防治。对输电线路，往往根据线路的电压等级高低和针对一些特殊情况，都配置有相应的防雷保护，即避雷线、避雷器、保护间隙等，对接地电阻也有不同的要求，并配以自动重合闸来减少雷害事故引起的跳闸。此处所讲的雷害事故的防治，是指以上防雷保护都配备的情况下，输电线路仍发生雷害事故，针对此情况的防治措施。

1）避雷线（杆塔）接地的改善。

接地的改善主要是指检测接地电阻，降低接地电阻，其方法如下：

a. 人工改善地阻率：用低电阻率的黏土或其他降阻剂置换接地体附近的石渣。

b. 引伸接地：将接地线引伸到可耕地、水塘或山岩大裂缝处再敷设接地体，引伸连接线不少于 2 根，应有一定的截面积，引伸距离不宜大于 60m。

c. 增加接地体长度。

d. 深埋接地。

e. 水下接地网。

f. 利用拉线接地。

2）增设耦合地线及防雷拉线。单避雷线线路，雷害频繁或常发生选择性雷击的地段，单靠改善接地难以奏效时，可在导线下面加装一条耦合地线。

对于重雷区的易击点，除降低接地电阻、加装耦合地线外，还可以装专用防雷用的塔顶拉线。

3）更换低值和零值绝缘子。

4）采用氧化锌避雷器。

3. 输电线路污闪事故及预防

（1）污闪的原因。在线路运行过程中，绝缘子表面黏附一些污秽物，这些污秽物有一定的导电性和吸湿性，在湿度较大的条件下会大大降低绝缘子的绝缘水平，从而加大了绝缘子表面的泄漏电流，造成在工作电压下发生绝缘子闪络事故。

（2）污闪的特点。

1）污闪事故一般是在工频运行电压长时间作用下发生。

2）污闪可造成大面积、长时间停电事故，且不易被自动重合闸消除。

3）季节性强，往往冬末春初发生；一天之中，又以后半夜到清晨较易发生；大雾、毛毛雨、凝露、毛雨夹雪天气发生。

4）污闪会导致绝缘子炸裂损坏、导线落地或烧断。

5）中性点不接地系统中，一相首先闪络接地，其他两相电压升高$\sqrt{3}$倍，会加剧闪络。

（3）预防污闪的措施。

1）加强运行维护：有针对性的做好线路巡视；定期测试和及时更换不良绝缘子。

2）做好防污工作：定期清扫绝缘子；采用防污绝缘子；增加绝缘子片数；绝缘子表面涂上一层涂料或半导体釉。

3）采用新型耐污绝缘子——棒型悬式合成绝缘子。

4. 输电线路鸟害事故及预防

（1）鸟害事故现象。

1）口衔铁丝、柴草下落，引起接地或短路事故。

2）鸟巢引起线路接地或火烧木横担事故。

3）伸展翅膀引起相间短路甚至断线事故。

4）暴风雨天气，鸟巢吹散触及导线造成跳闸事故。

5）低压线上横担和导线各站一鸟相互接触，两鸟在喂食等情况下，双双触电死亡。

6）鸟粪引起对地闪络。

7）鹰类站在导线悬挂点上方叼食，食物下垂造成绝缘子污染，引发闪络放电。

（2）鸟害活动规律。

1）春季筑巢活动频繁。

2）不同鸟筑巢位置不一，喜鹊喜欢在直线杆上筑巢，乌鸦喜欢在铁塔、转角杆或换位杆上筑巢。

3）喜鹊怕红旗和黄狼皮，不怕死鸟和风车；乌鸦怕死鸟、黄狼皮及猫皮，不怕红旗。

4）防鸟装置刚装上的作用大，时间一长鸟类就不怕了。

5）有的鸟，鸟巢随拆随搭。

6）鸟类集中处，可鸣枪惊散鸟群，但时间长了也会失败。

7）如果杆塔上已经筑巢，其位置不至于危及线路的运行安全，可不拆除，而等孵小鸟后再上杆捣鸟窝，但也要符合保护野生鸟类的条例。

（3）鸟害事故的预防。

防止鸟害工作的季节性很强，一般头一年的冬季就应该着手准备第二年春季的防鸟工作，有效的防鸟方法有以下几种。

1）增加巡线次数，随时拆除鸟窝。

2）在杆塔上安装惊鸟措施，使鸟类不敢接近，惊鸟物件有：

a. 在杆塔上插红旗或挂红布条。

b. 在杆塔上部挂经防腐处理的死鸟（主要用死乌鸦或死喜鹊）。

c. 打鸟夹子或鸟套子，但应注意套住的鸟挣扎时不要影响线路的安全运行。

d. 挂镜子或玻璃，阳光反射鸟类看见自己的身影，均使鸟类不敢停留。

e. 杆塔上装红色小风车，只要有微风，风车就会不停旋转，鸟类不敢接近。

f. 用铁丝做成防鸟环，有风时叮当作响，惊走鸟类。

g. 鸟类集中处，用猎枪或爆竹将鸟惊散。

5. 输电线路覆冰及预防

（1）覆冰的种类。我国根据线路覆冰时的气温、风速、水滴直径等将覆冰分为：雨凇、混合凇、雾凇及雪（含冻结雪）四类。

1）雨凇：雨凇是一种非结晶状透明的或毛玻璃冰层，由空气中的过冷却水珠或毛毛雨中水滴与导线表面尚未完全冻结时正当大风，使之又和一个水滴相碰，在这种反复湿润下冻结在导线的表面而形成的冰层。

2）混合凇：混合凇是一种白色不透明或半透明的坚硬冰。混合凇对线路的危害最严重，防冰对策主要针对混合凇。

3）雾凇：雾凇是一种白色不透明的，外层呈羽状的覆冰。

4）冻结雪：气温在0℃左右时落下的雪花，部分融化而变成湿雪，由于水的表面张力作用使湿雪附着在导线上的现象。

（2）影响线路覆冰的因素。

1）线路通过地区的地形：在山江峡谷处覆冰严重；草原比森林地带覆冰严重；海拔高的地方比海拔低的地方覆冰严重。

2）线路与寒流方向间的夹角：当其他气象条件相同时，覆冰量与夹角成正比。当夹角达90°时，也就是导线与寒流方向垂直时，覆冰最严重。

3）导线悬垂高度：导线挂得越高，覆冰强度越大。

4）导线直径：一般对不同直径导线认为覆冰的厚度一样，故粗导线上的冰的重量要比细导线的重。

（3）覆冰事故的表现形式。覆冰事故直接导致的事故有：

实际覆冰超过设计值而导致的机械方面和电气方面的事故；

不均匀覆冰或不同期脱冰引起的机械方面和电气方面的事故。

1）覆冰过载引起的事故。

a. 导线和地线：导地线从压接管中抽出；外层铝线断股或全部拉断。

b. 金具：悬垂线夹船体在U形螺栓附近断裂；耐张绝缘子串脱落；拉线线夹断裂造成倒杆。

c. 电气间隙：导线弧垂增大、导线对地间距减小造成闪络；地线弧垂增大、风吹摆动造成与导线相碰，烧伤导线。

d. 杆塔结构：断地线使直线杆头顺线路方向折断；断边导线将耐张杆扭断；断线引起拉线或拉线金具破坏顺线路倒杆；垂直荷载增大在拉线点以下折断等。

e. 基础：过载使基础下沉、倾斜造成杆身倾斜或倒杆。

2）不均匀覆冰或不同期脱冰引起的事故。

a. 不均匀覆冰使导地线跳跃、引起闪络烧断导地线。

b. 产生不平衡张力差，引起悬垂绝缘子严重偏移，或塔身变形，或横担及地线支架拉坏。

c. 造成导地线间或导线间碰撞放电。

d. 产生很大的冲击力，使杆塔机械荷载超过设计条件，造成断线、倒杆。

（4）覆冰事故的预防措施。我国覆冰事故的预防采用五字方针，即“避、抗、溶、改、防”。

避——在选择线路路径时，应尽量避免横跨山口、垭口、风口、湖泊等。

抗——提供设计标准，抵御冰负荷，保证线路的安全可靠。

溶——用大电流溶去导线覆冰。

改——原设计考虑不周，线路受冰害后，改道避开重冰区。

防——研究新工艺、新材料，防止导线覆冰。

1．什么叫配电装置？配电装置有哪些类型？
2．小型水电站内 0.4kV 配电装置用在什么系统？有哪些型式？
3．什么是成套高压开关设备的“五防”功能？各类开关柜如何满足“五防”要求？
4．根据成套开关柜门上的接线示意图说明该柜内的设备名称和功能。
5．认识户外高压配电装置。
6．说明电磁式电流、电压互感器的工作原理。
7．说明架空输电线路的结构和各部分的功能。
8．高压断路器在运行中需要巡视检查哪些项目？
9．高压断路器常见的故障有哪些？如何处理？
10．低压电气设备主要包含哪些？
11．可以用高压隔离开关对哪些设备进行操作？
12．高压隔离开关合闸和分闸操作时有哪些注意事项？
13．高压隔离开关和断路器如何配合操作？
14．高压母线在运行中有哪些常见的故障？
15．电流互感器在运行中二次侧开路后有什么现象？如何处理？
16．电压互感器在运行中有哪些故障？
17．输电线路的巡视有哪几种？如何使用？
18．输电线路常见的故障有哪些？
19．输电线路常见的事故有哪些？

第九章 电力变压器运行与维护

第一节 变压器概述

变压器是一种静止的电气设备，利用电磁感应的原理，将某一数值的交流电压变换为频率相同的另一种或两种以上不同的交流电压。它是由绕在一个铁芯上的两个或更多的绕组组成的，绕组之间通过随时间交变的磁通相互联系着。

一、电力变压器的种类

变压器的种类很多，一般分为电力变压器和特种变压器两大类。在电力系统中，电力变压器是一个重要的设备。它对电能的经济传输、灵活分配和安全使用具有重要的意义。此外，特种变压器在电能的测试、控制和特殊用电设备上也应用很广。

（一）按用途分

1. 升压变压器

主要用于发电厂，中小型水电站常用 10kV、35kV、110kV 电压等级的升压变压器。

2. 降压变压器

主要用于用户配电降压，水电站中的厂用电或近区负荷配电，用户变电站配电等，常用 0.4kV 电压等级的降压变压器。

3. 联络变压器

主要用于电力网络中不同电压等级的各变电站之间的电压匹配与联络，根据电力潮流的变化，每侧都可以作为一次侧或二次侧使用。

（二）按相数分

（1）单相变压器：用于单相负荷和三相变压器组。

（2）三相变压器：用于三相电力网中的升、降电压。

（三）按绕组分

（1）双绕组变压器：用于连接电力系统中的两个电压等级。

（2）三绕组变压器：一般用于电力系统区域变电站中，连接三个电压等级。

（3）自耦变电器：用于连接不同电压的电力系统，也可作为普通的升压或降后变压器用。

（四）按绝缘介质分

1. 油浸式变压器

绝缘介质是液态的专用变压器油，铁芯和绕组不浸渍在绝缘油中。油浸式变压器冷却方式分为自冷式、风冷式、循环水冷式、循环风冷式。

2. 干式变压器

铁芯和绕组不浸渍在绝缘油中的变压器，绝缘材料一般采用环氧树脂，干式变压器冷却方式分为自然空气冷却（AN）和强迫空气冷却（AF）。

（五）按调压式方式分

电力系统的电压随运行方式及负载大小而有所变化。为了维持供电电压基本恒定，需要调压。常用的调压方法是在高压绕组抽若干个分接头，切换分接头便可进行调压。连接和切换分接头的装置叫分接开关（也称调压开关）。

（1）无励磁调压变压器：在切换分接开关之前，必须将变压器停电。

（2）有载调压变压器：可在不停电的情况下切换开关。

（六）特种变压器的类型

特种变压器是根据冶金、矿山、化工、交通等部门的具体要求设计制造的专用变压器。大致有以下几种。

（1）交流变压器：用于把交流电能转换为直流电能的场合。

（2）电炉变压器：用于把电能转化为热能的场合。

（3）实验变压器：供高压试验用的。

（4）矿用变压器：供矿井下作业配电用的。

（5）船用变压器：供船舶上用的。

（6）大电流变压器：供大电流试验用的。

除以上所述的各种变压器以外，电压互感器、电流互感器、调压器和电抗器等产品，因其基本原理和结构与变压器有相似之处，故统称为变压器类产品。

二、变压器型号及主要工作参数

1. 变压器的型号及含义

变压器型号的排列。变压器产品型号用汉语拼音的字母及阿拉伯数字组成，每个拼音和数字均代表一定的含义。具体含义如图9-1所示。

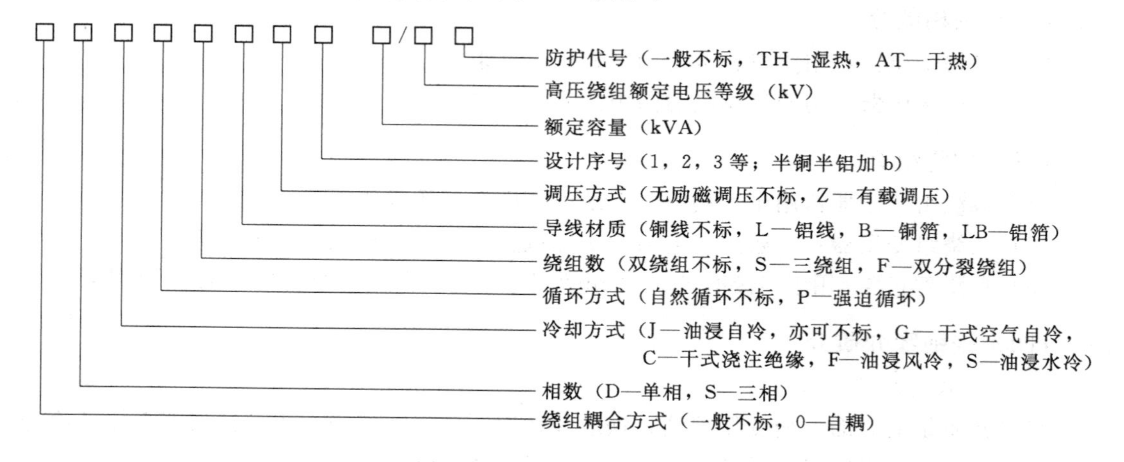

图9-1　变压器型号含义图

如 S11－1600/35 电力变压器：三相油浸自冷双绕组铜线无载调压 11 型变压器，额定容量 1600kVA，额定电压 35kV，习惯称法：三相双绕组无载调压变压器。

2. 变压器的主要工作参数

变压器的技术参数及含义如下：

（1）额定容量 S_N：指变压器在铭牌规定的条件下，以额定电压、额定电流连续运行所输送的大单相或三相总视在功率。

（2）容量比：指变压器各侧额定容量之间的比值。

（3）额定电压 U_N：指变压器长时间运行时，设计条件所规定的电压值（线电压）。

（4）电压比（变比）：指变压器各侧额定电压之间的比值。

（5）额定电流 I_N：指变压器在额定容量、额定电压下运行时通过的线电流。

（6）相数：单相或三相。

（7）连接组别：指变压器两侧线电压的相位关系。

（8）空载损耗（铁损耗）P_0：指变压器一个绕组加上额定电压，其余绕组开路时，在变压器上消耗的功率。变压器的空载电流很小，它所产生的铜消耗可忽略不计，所以空载损耗可认为是变压器的铁损耗。铁损耗包括励磁损耗和涡流损耗。

（9）空载电流 I_0%：指变压器在额定电压下空载运行时，一次侧通过的电流。它不是指刚合闸瞬间的励磁涌流峰值，而是指合闸后的稳态电流。空载电流通常用其与额定电流比值的百分数表示，即：

$$I_0\% = \frac{I_0}{I_N} \times 100\% \tag{9-1}$$

（10）负荷损耗 P_k（短路损耗或铜损耗）：指变压器当一侧加电压而另一侧短接，使电流为额定电流时（对三绕组变压器，第三个绕组应开路），变压器从电源吸取的有功功率。按规定，负载损耗是折算到参考温度 75℃下的数值，因测量时实为短路状态，所以又称为短路损耗。短路状态下，使短路电流达到额定值的电压很低，表明铁芯中的磁通量很少，铁损耗很小，可忽略不计，故可认为短路损耗就是变压组（绕组）中的损耗。

（11）百分比阻抗（短路电压）：指变压器二次绕组短路，使一次侧电压逐渐升高，当二次绕组的短路电流达到额定值时，一次侧电压与额定电压比值百分数。

（12）额定功率：变压器设计所依据的运行频率，单位为 Hz，我国规定为 50Hz。

变压器的容量与短路电压的关系是：变压器容量越大，其短路电压越大。

（13）额定升温 t_N：指变压器的绕组或上层油面的温度与变压器外围空气的温度之差，称为绕组过上层油面上的升温。

根据国家标准规定，当变压器安装地点的海拔不超过 1000m 时，绕组温升的限值为 65K，上层油面温升的限值为 55K。

三、变压器的基本结构

油浸式变压器主要由铁芯和绕组组成，还设有油箱、储油柜、安全气道、气体继电器、绝缘套管等附件。

1. 铁芯

铁芯是变压器的主磁路通道，既是导磁的通道，又是绕组的支撑骨架。铁芯通常用

0.35mm 或 0.5mm 厚的热轧或冷轧的硅钢片叠成，硅钢片表面涂有绝缘漆。铁芯结构可分为两部分，套绕组的部分称为铁芯柱，连接铁芯柱的部分称为铁轭。为了充分利用绕组内的圆柱形空间，除小型变压器铁芯柱采用正方形外，一般变压器铁芯柱均采用阶梯形截面。

2. 绕组

绕组是变压器的电路部分，常用绝缘铜线、铝线或铜铝合金线绕制而成，其中电流输入侧为一次绕组，电流输出侧为二侧绕组。工作电压高的绕组称高压绕组，工作电压低的称为低压绕组，根据它们的相对位置和形状的不同，绕组分为同心式、交叉式两种。

3. 油箱

油浸式变压器的外壳就是油箱，它起着机械支撑、蓄油、冷却、散热和保护作用，变压器绕组绕在铁芯上，放在装有变压器油的油箱内。

4. 储油柜

储油柜又称油枕。它是安装在油箱上面的圆筒形容器，通过连通管与下部油箱相连，注变压器时，油位应至储油柜内规定位置，从而保证变压器铁芯和绕组始终浸没在变压器油中，柜中的油面高度随油箱内变压器油热胀冷缩而变动。储油柜上设置有通气管，以保证柜内的自由油面，为防止空气中水分进入变压器油内，通气管上设有干燥器。

5. 气体继电器和安全气道

在油箱和储油柜之间的连通管装有气体断电器，俗称瓦斯继电器，当变压器发生故障时，变压器油气化产生气体，使气体继电器动作，发出信号，便于值班人员及时处理或使保护开关自动跳闸，安全气道又称防爆管，装在油箱顶盖上，其出口高度应高于储油柜，用一定厚度的玻璃或酚醛纸板（防爆膜）盖住。当变压器内部发生严重的故障且气体继电器失灵时，油箱内的气体和变压器油冲破防爆膜从安全气道中喷出，从而保护变压器不受严重损害。

6. 绝缘套管和分接开关

变压器引出线从油箱中穿过箱盖时，通过瓷质绝缘套管，以使带电的引出线与接地的油箱绝缘。为使输出电压控制在允许的范围内，通过分接开关改变一次绕组接入匝数，从而调节输出电压。

对于干式变压器结构与油浸式变压器相比较，少了油箱、变压器油、储油柜、通气管、气体继电器等，主要由铁芯、绕组及其配件构成。

四、变压器的连接组别

1. 三相变压器原、副绕组的连接方式

三相变压器的原、副绕组可以采用星形（Y）连接方式、三角形（D）连接方式，也可以采用 V 形连接方式，无论哪种连接方式，都必须遵循一定的规则，不可随意连接。

（1）星形连接，如图 9-2 所示。

（2）三角形连接，如图 9-3 所示。

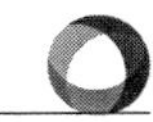

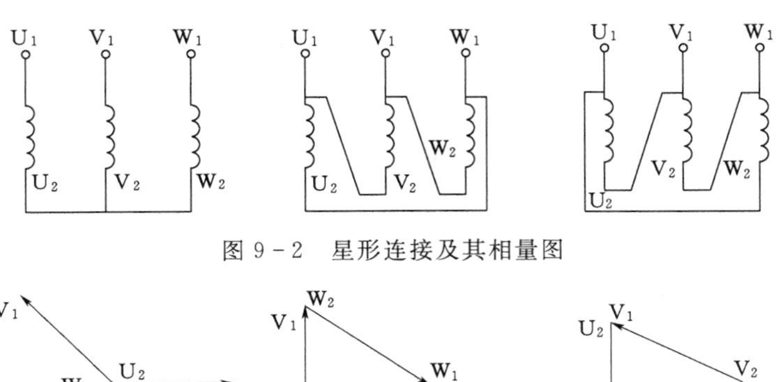

图 9-2 星形连接及其相量图

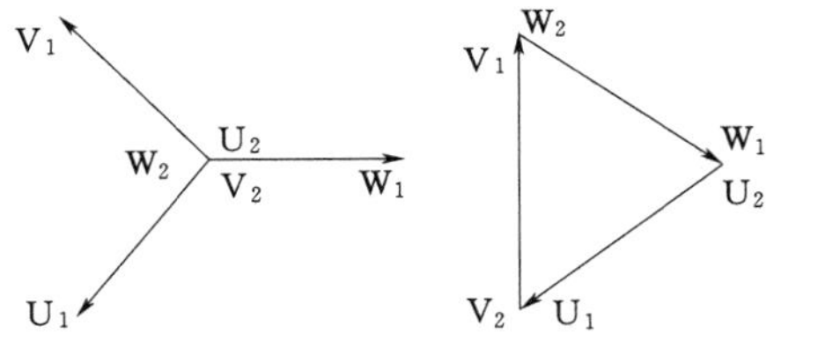

(a) 逆序(逆时针)三角形连接

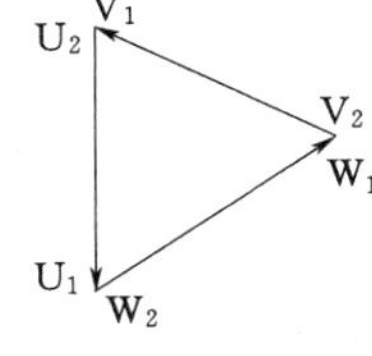

(b) 顺序(顺时针)三角形连接

图 9-3 三角形连接及其相量图

2. 三相变压器的连接组别

(1) 单相绕组的极性。三相变压器的任一相的原、副绕组被同一主磁通所交链，在同一瞬间，当原绕组的某一端头为正时，副绕组必然有一个电位为正的对应端头，这两个相对应的端头就称为同极性端或同名端，通常以圆点标注。

变压器原、副绕组之间的极性关系取决于绕组的绕向和线端的标志。当变压器原、副绕组的绕向相同，位置相对应的线端标志相同（即同为首端或同为末端），在电源接通的时候，根据楞次定律，可以确定标志相同的端应同为高电位或同为低电位，其电势的相量是同相的。如果仅将原绕组的标志颠倒，则原、副绕组标志相同的线端就为反极性，其电势的相向即为反相。

当原、副绕组绕向相反时，位置相同的线端标志相同，则两绕组的首端为反极性。两绕组的感应电势反相。如果改变原绕组线端标志，则两绕组首端为同极性，两绕组的感应电势同相。

(2) 连接组标号的含义和表示方法。连接组标号是表示变压器绕组的连接方法以及原、副边对应线电势相位关系的符号。连接组标号由字符和数字两部分组成，前面的字符自左向事依次表示高压、低压绕组的连接方法，后面的数字可以是 0～11 之间的整数，它代表低压绕组线电势对高压绕组线电势相位移的大小，该数字乘以 30°即为低压边线电势滞后于高压边红电势相位移的角度数。这种相位关系通常用“时钟表示法”加以说明，即以原边线电势相量作为时钟的分针，并令其固定指向 12 位置，以对应的副边线电势相量作为时针，它所指的时数就是连接组标号中的数字。

(3) 三相变压器的标准连接组别。变压器的连接组别的种类很多，对 Y，y 连接而言，可得 0、2、4、6、8、10 等六个偶数组别；而对 Y，d 连接而言，可得 1、3、5、7、9、11 等六个奇数组别。为了便于制造和并联运行，国家标准规定（Y，yn0）、（Y，d11）、（YN，d11）、（YN，y0）等四种作为三相双绕组电力变压器的标准连接组，其中以前三种最为常用。Y，yn0 连接组的二次绕组可引出中性线，成为三相四线制，用作配电变压器时可兼供动力和照明负载，（Y，d11）连接组用于低压侧电压超过 400V 的线路中，最大容量为31500kVA，YN，d11连接组主要用于高压输电线路中，高压侧接地且低压侧电压超过400V。

第二节 变压器运行

一、变压器允许的运行范围

1. 允许温度和温升

（1）允许温度。变压器的允许温度主要取决于绕组的绝缘材料。电力变压器大部分采用A级绝缘，即浸渍处理过的有机材料，如纸、木材、棉纱等。对于A级绝缘的变压器在正常运行中，当周围空气温度最为40℃时，变压器绕组的极限工作温度为105℃。由于绕组的平均温度比油温高10℃，并且为了防止油质劣化，所以规定变压器上层油温最高不超过95℃，而在正常情况下，为使绝缘油不致过速氧化，上层油温不应超过85℃。对于采用强迫油循环水冷和风冷的变压器，上层油温不宜经常超过75℃。

（2）温升。变压器温度与周围空气温度的差值称为变压器的温升。当变压器的温度升高时，绕组的电阻会加大，使铜损耗增加。因此，对变压器在额定负荷时各部分的温升作出的规定为允许温升。

对于A级绝缘的变压器，当周围最高温度为40℃时，国家标准规定绕组的温升为65℃，上层油温的允许温升为45℃。只要上层油温及其温升不超过规定值，就能保证变压器在规定的使用年限内安全运行。

2. 变压器的过负载能力

变压器的过负载能力，是指它在较短的时间内所输出的最大容量。在不损害变压器绝缘和降低变压器使用寿命的条件下，它可能大于变压器的额定容量，因此变压器的额定容量和过负载能力具有不同的含义。

变压器的过负载能力，分为正常情况下的过负载能力和事故情况下的过负载能力。变压器正常情况下的过负载能力可以经常使用，而事故情况下的过负载能力只允许在事故情况下使用。

3. 电压变化允许范围

变压器的电源电压一般不得超过额定值的正负5%，不论电压分接头在任何位置，如果电源电压不超过额定值的正负5%，则变压器二次绕组可带额定负载。

4. 变压器绝缘电阻允许值

在运行中判断绕组绝缘状态的基本方法是，把运行过程中所测量的绝缘电阻值与运行前在同一上层油温下所测量的数值相比较。测量结果应与历次情况或原始数据比较，如果认为合格，便可将变压器投入运行。如果绝缘电阻不合格，应查明原因，通常用吸收比法判明变压器绕组的受潮程度，要求吸收比R60S/R15S>1.3。绝缘电阻的吸收比一般与变压器的上层油温、电压等级有关，上层油温在10～30℃时，35～60kV不低于1.2，110kV以上不低于1.3。当绝缘很好时，吸收比可接近于2，如吸收比小于1.2时，则认为变压器有受潮现象。

二、三相变压器的运行

1. 空载运行

空载是指变压器一次绕组接电源，二次绕组开路的状态，空载是变压器运行的一种极限状态。从运行原理来看，三相变压器在对称负载下运行时，各相电压、电流大小相等，相位上彼此相差120°，就一相来说，和单相变压器并没有什么区别，因此单相变压器的分析方法及结论完全适用于三相变压器。三相变压器其中一相空载运行的示意图如图9-4所示。

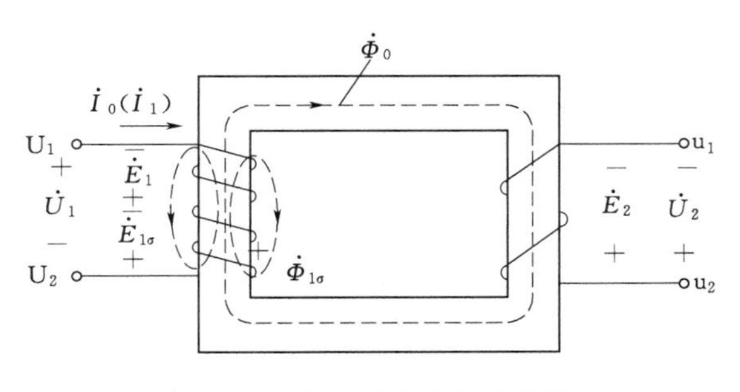

图9-4 变压器的空载示意图

当一次绕组施加交流电压后，该绕组就有电流流过，这个电流称之为空载电流，空载电流包含两个分量：无功分量，起激磁作用；有功分量，供给变压器空载时的损耗，空载电流用百分数表示，即 $I_0=I_0/I_e\times100\%$，其范围为2%～10%，空载电流基本上是感性无功性质的，其大小主要取决铁芯的饱和程度，以及铁芯尺寸、铁芯材料、加工工艺等。

变压器的空载损耗：主要包括空载电流流过一次绕组时在电阻中产生的损耗（习惯称铜耗因为绕组一般是铜线圈）和铁芯中产生的损耗（习惯称铁耗）。铁耗由涡流损耗和磁滞损耗。相对说，空载时铜耗和涡流损耗都较小，变压器的损耗主要是铁耗。

2. 负载运行

变压器的二次侧接上负载，二次绕组将有电流流过，变压器便处于负载状态，也就是变压器的正常运行状态。三相变压器单相负载运行示意图如图9-5所示。

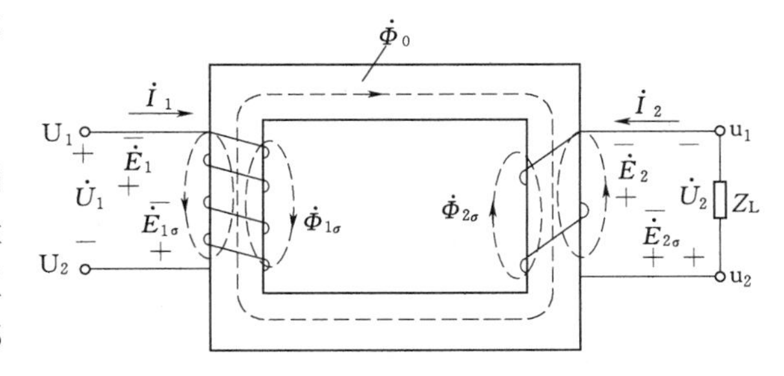

图9-5 变压器的负载运行示意图

三、三相变压器的并联运行

几台变压器高、低压绕组的端子各自并联投入电网运行称为变压器的并联运行。

1. 变压器并联运行的优点

(1) 并联后的变压器的负荷可合理地分配，使变压器的总损耗降低到最小的数值。

(2) 由于能合理地分配负荷，故原来未并联前温升高的可降低，温升低的也升高不大，这样变压器的绝缘不易老化，运行寿命可延长。

(3) 可改善变压器的电压调整率，提高供电质量。

(4) 当其中一台变压器故障或检修时，另几台可继续供电，故可提高安全运行的可靠性。

(5) 对负荷逐渐增长的变电站，可节省初建时的投资。这是因为先投入一台运行后可随负荷的逐渐增长再并入第二、第三台。

2．变压器并联运行的条件

正常并联运行的变压器在空载时，并联回路中应没有环流。负载时，每台变压器绕组的负载电流应按容量成正比例分配，使每台变压器的容量都能够得到充分利用。

为达到以上这些要求，发挥并联运行的优点，并联运行的变压器应满足下列条件：

（1）连接组别相同。

（2）变化差值不得超过±0.5%。

（3）短路电压值相差不得超过±10%。

（4）两台变压器的容量比不宜超过3∶1。

如果两台变压器的连接组别不一致，在并联变压器绕组的二次回路中，将会出现相当大的电压差，由于变压器内阻抗很小，因此将会产生成倍于额定电流的循环电流，这个循环电流很容易引起变压器烧毁。所以，联结组别不同发热变压器是不允许并联运行的。

如果两台变压器发热变比不相同，则二次电压的大小也不一样，这样在二次绕组回路中也会产生环流，这个环流不仅占据变压器容量，增加变压器的损耗，使变压器所能输出的容量减小，而且当变化相差很大时，循环电流可能破坏变压器的正常工作。所以，并联运行变压器的变比差值不得超过±0.5%。

由于并联运行变压器的负载分配与变压器的短路电压成反比，如果两台变压器的短路电压不等，则变压器所带的负载满载时，短路电压大的变压器欠载。因此规定其短路电压器值相差不得超过±10%。

一般运行规程还规定两台并联运行的变压器的容量比不宜超过3∶1，这是因为不同容量的变压器短路电压值相差较大，负载分配极不平衡，运行很不经济。同时，在运行方式改变或事故检修时，容量小的变压器将起不到备用的作用。

第三节　变压器的运行监视与维护

一、变压器的运行监视

变压器运行时，运行人员应根据仪表和数据（有功、无功、电压、电流、温度等）来监视变压器的运行情况。对无温度遥测装置的变压器，应在巡检时抄录变压器上层油温或本体温度。若变压器过负荷，除积极采取措施外，还应加强监视，并做好纪录。变压器正常运行监视包括以下方面：

（1）变压器完好、本体完好、无任何缺陷；辅助设备（如冷却装置、调压装置、套管、气体继电器、油枕、压力释放器、呼吸器等）完好无损，其状态符合变压器运行要求；变压器各种电气指标符合标准。变压器运行时的油位、油色正常；运行声音正常。

（2）变压器运行参数满足要求。变压器运行时的电压、电流、容量、温度及温升等满足要求；冷却装置工作电压、控制回路工作电压也满足要求。

（3）变压器各类保护处于正常运行状态。即储油柜、吸湿器、净油器、压力释放器、气体继电器及其他继电保护等均处于正常运行状态。

(4) 变压器运行环境符合要求。运行环境要求包括：变压铁芯及外壳接地良好；各连接头坚固；各侧避雷器工作正常；变压器周围无易燃易爆及其他杂物，消防设施齐全。

二、变压器正常检查的项目

运行值班人员应每班至少一次对变压器及其附属设备进行全面检查，每周应进行一次夜间检查。

1. 油浸式变压器检查项目

(1) 检查变压器声音应正常。

(2) 检查油枕和套管的有位、油色正常，各部无渗油现象。

(3) 检查油温应正常。

(4) 检查套管应清洁和放电痕迹。

(5) 检查引线接头接触应良好，无过热、变色、发红现象。用红外测温仪测试，接触处温度不得超过70℃。

(6) 检查呼吸器应完好、畅通，硅胶无变色。

(7) 检查冷却器运行正常，风扇电机无异音和明显振动，温度正常。

(8) 检查气体继电器内应充满油，无空气。

(9) 检查变压器铁芯和外壳接地线接地良好。

(10) 检查调压分接头位置指示应正确。

(11) 检查电控箱和机构箱，各种电器装置应完好。

2. 干式变压器检查项目

(1) 高低压侧接头无过热。

(2) 绕组温度、温升不超过规定值。

(3) 变压器声音正常、无异味。

(4) 瓷瓶无裂纹、无放电痕迹。

(5) 室内通风良好，室温正常，室内屋顶无漏、渗水现象。

三、变压器绝缘电阻的检查

变压器停电大修、小修及本体作业时，在停电和送电前均应进行绝缘电阻测量，并作好测量结果记录。以2500V摇表测量其数值应不低于下列规定：

(1) 110kV不小于110MΩ。

(2) 35kV不小于35MΩ。

(3) 10.5kV不小于11MΩ。

(4) 0.4kV不小于0.5MΩ。

(5) 与上次测量结果比较不得低于50%。

(6) 若不符合上述规定，应通知有关人员检查处理。

四、变压器投运前的试验

变压器是水电站的重要设备之一。为确保安全运行，延长变压器的寿命，新变压器或大修后变压器在投运前现场必须进行必要的试验，这些试验主要有：

（1）变压器及套管绝缘油试验。

（2）泄漏电流试验。

（3）工频耐压试验。

（4）测量变压器直流电阻。

（5）测量变比。

（6）接线组别及极性。

（7）试验有载调压开关的动作。

（8）绝缘电阻及吸收比。

（9）冲击合闸试验。

新安装变压器必须作全电压冲击合闸试验，拉合闸五次，换线圈大修后必须合闸三次。新投动的变压器需要做5次冲击试验，原因有两个：

（1）拉开空载变压器时，有可能产生操作过电压，在电力系统中性点不接地，或经消弧线圈接地时，过电压幅值可达4～4.5倍相电压；在中性点直接接地时，可达3倍相电压，为了检查新变压器绝缘强度能否承受全电压或操作过电压，需做冲击试验。

（2）带电投入空载变压器时，会出现励磁涌流，其值可达6～8倍额定电流。励磁涌流开始衰减较快，一般经0.5～1s后达0.25～0.5倍额定电流值，但全部衰减时间较长，大容量的变压器可达几十秒，由于励磁涌流产生很大的电动力，为了考核变压器的机械强度，同时考核励磁涌流衰减初期能否造成继电保护误动，需做冲击试验。

对于新装、大修、事故检修或换油后的变压器，在施加电压前应静置，静置时间不应少于以下规定：110kV及以下24h；220kV及以下48h；500kV及以下72h。新变压器或大修后的变压器的需静置的时间要求，主要考虑的是变压器绝缘油的静置。新变压器或大修后的变压器经过了绝缘油的热循环处理，在绝缘油中、在绝缘油与固体绝缘中产生了大量的气泡，该气泡的溢出以及不断地排气需要一定的时间。在绝缘油中的气泡，也就是在油中产生了气隙。绝缘油中的气隙（气孔）。在固体或固体与液体组合的绝缘材料内部往往含有气隙。气隙内充满了气体，因为气体的介电系数比较低，在高电压的作用下，这里的电场强度最集中，电场使自由电子和气体分子相互撞击，发生游离，这样气隙中就出现了局部放电而造成变压器事故。

五、变压器滤油处理

变压器油是油浸式变压器绝缘、散热的重要介质，其油质的好坏直接影响变压器的安全运行，因此，在变压器运行过程必须观测油质的好坏，定期或根据油质的情况进滤油处理，发生变压器内部事故后，必须进行滤油处理，甚至需要更换新油。变压器油过滤应选在干燥晴朗的天气进行，防止水分、灰尘进入油品。变压器油滤油应选择专用变压器油滤油机，采用压力滤油机或真空滤油机，滤油完成后应将滤油机放置在室内干燥通风处。

对于小型水电站来，如果没有足够的技术力量或设备来进行变压器的维护和检修，应聘请专业人员对变压器进行维护检修，包括滤油处理，以保证变压器的运行安全。

第四节　变压器异常运行与事故处理

一、变压器异常运行情况

变压器在运行中发现下列异常情况时，运行值班人员应迅速正确作出判断，加强监视，并立即报告有关技术负责人，将详细情况记录在运行记录表中。

（1）内部音响异常或温度不正常升高。

（2）油色明显变化。

（3）有严重漏油现象。

变压器有下列情况之一者，应立即停止运行，并报告给有关技术负责人：

（1）变压器内部音响很大，且不均匀，有爆裂声。

（2）在正常冷却条件下，变压器温度不正常并不断上升。

（3）油枕或防爆管喷油。

（4）漏油使油面降低且看不到油位。

（5）油色变化较快，油内出现炭质等。

（6）套管有严重破损或放电现象。

（7）引线接头严重过热，严重变色，并有烟雾现象。

（8）变压器着火。

二、变压器常见故障的部位

1. 绕组的主绝缘和匝间绝缘的故障

变压器绕组的主绝缘和匝间绝缘是容易发生故障的部位。其主要原因如下：

（1）由于长期过负荷运行，或散热条件差，或变压器使用年限长久，使变压器绝缘老化脆裂，抗电强度大大降低。

（2）变压器经受过多次短路冲击，使绕组受力变形，虽然还能运行，但隐藏着绝缘缺陷，一旦遇有电压波动即有可能把绝缘击穿。

（3）变压器油中进水，使绝缘强度大大下降，不能耐受允许的电压而造成绝缘击穿。

（4）在高压绕组加强段处或低压绕组部位，因绕组绝缘膨胀，使油道堵塞，绝缘由于过热而老化，发生击穿短路。

（5）由于防雷设施不完善，在大气过电压作用下，发生绝缘事故。

2. 引线处绝缘故障

变压器引线是靠套管支撑和绝缘，由于套管上端帽罩（也称将军帽）不严而进水，主绝缘受潮而击穿，或变压器严重缺油而使油箱内引线暴露在空气中，造成内部闪络，都会在引线处故障。

3. 铁芯绝缘故障

变压器铁芯是用0.35～0.5mm厚的硅钢片叠成的。硅钢片之间有绝缘漆膜，若由于紧固不好使漆膜破坏，将因产生涡流而发生局部过热。同样道理，夹紧铁芯的穿心螺钉、压铁等部件若绝缘破坏，同样会发生过热现象。

此外，因于施工粗糙，要求不严，残留焊渣搭接使铁芯两点或多点接地，都会造成铁芯故障。

4. 套管处闪络和爆炸

变压器高压侧（110kV 及以上）一般使用电容套管，由于瓷质不良有沙眼或剐纹，电容芯子制造上有缺陷，内部有游离放电，套管密封不好，有漏油现象，套管积垢严重等，都可能发生闪络和爆炸。

5. 分接开关故障

变压器分接开关是变压器常见的故障部位之一，在运行中多有发生。变压器的分接开关分无载调压和有载调压两种。

对于无励磁调压分接开关，故障原因如下：

（1）由于长时间靠压力接触，会出现弹簧压力不足，滚轮压力不匀，使分接开关连接部分的有效接触面积减小，以及连接处接触部分镀银层磨损脱落引起分接开关在运行中发热烧坏。这种事例较为多见。

（2）分接开关接触不良，引出线连接和焊接不良，经受不住短路电流的冲击，从而造成分接开关在变压器向外供出瞬间短路电流时被烧坏而发生故障。

（3）为了监视分接开关的接触好坏和回路的接通情况，变压器大修后应测分接开关所有位置的直流电阻值，小修后测量运行分接头的直流电阻值，用以与原始情况进行比较，看其数值有否大的变化，是否满足规程规定。在试验与检修工作中，一定要严格核实分接头位置（分相操作的要各相一致，运行分接头测直流电阻后一般不再更动），实践中，由于管理不善，调乱分接头，或工作脱节造成分接开关故障的事例也有发生。

对于有载调压分接开关，故障原因如下：

（1）有载分接开关的变压器，一般切换开关油箱与变压器油箱是互不相通的。若切换开关油箱漏油使之发生缺油严重，则在切换中会发生短路故障，使分接开关烧毁。为此，在运行中应分别监视两油箱的油位在正常状态。

（2）分接开关机构故障，由于卡涩使分接开关停在过渡位置上，造成分接开关烧毁。

（3）分接开关油箱密封不严，渗水漏油，或运行多年不进行油的检查化验，油脏污使绝缘强度大大下降，这样造成的故障也不少见。

（4）分接开关切换机构调整不好，分接头烧毛，严重时部分熔化，进而发生电弧引起故障。

三、变压器常见故障的处理

1. 分接头开关异常的处理

（1）分接开关瓦斯保护动作后，严禁变压器继续运行，必须在检修人员对分接开关及其保护装置检查无异常后方可投入运行。

（2）当确定分接开关在远方控制，现地及手动操作均不到位异常情况时，应立即断开油开关，将变压器退出运行。

（3）当分接开关操作拒动时，应查明原因，并通知检修人员处理。

（4）分接开关内有异常响声，应判明原因，如可能危及变压器正常运行，应立即将变压器停运。

2．变压器温度异常升高的处理

在运行中若发现油温较平时相同负荷和相同气温下高出10℃以上，或变压器负荷不变，但油温不断升高，这就属于油温异常升高，应做如下检查：

（1）检查三相电流是否平衡。

（2）判断温度信号器工作是否正常。

（3）对于外循环冷却的变压器，检查散热器和油箱间的阀门是否全开。

（4）对于强迫风冷式变压器，应检查风机工作是否正常。

（5）若上述检查未发现异常，则可以认为温度是真实升高，变压器内部可能存在故障，如果保护装置未动作应立即减少负荷，直至将变压器停止运行。

3．变压器油位异常下降的处理

如果变压器严重缺油，就不能将绕组发出的热量传递到油箱外的空气中，变压器就不能安全运行；变压器绕组绝缘会因为过热而迅速老化，严重时会使绝缘击穿而造成严重事故。变压器油位计玻璃管破裂、套管破损、压紧螺栓松动及密封橡胶损坏等原因，就会造成严重漏油、喷油、渗油，使变压器油位异常下降，甚至在油位计看不到油位。在发生油位异常下降时，应作如下检查：

（1）若因温度降低而引起的油位下降，应通知检修人员加油。

（2）若因大量漏油造成油位急剧下降，应立即设法消除，此时严禁将瓦斯保护退出或切至信号位置。

油位因温度升高，超过允许值时，应通知检修人员放油至规定位置。

4．瓦斯保护动作的处理

瓦斯保护动作可能有以下原因：

（1）因滤油或加油使空气进入变压器内。

（2）温度下降或漏油致使油位下降。

（3）变压器内部故障产生气体。

（4）有穿越性短路。

（5）瓦斯继电器本身故障。

（6）二次回路故障。

轻瓦斯动作时，应立即进行变压器的外部检查，如外部检查未发现异常，应将瓦斯继电器上面的排气阀打开，看是否有气体排出，如有气体排出应鉴定气体的性质，如气体是无色、无臭且不可燃，则变压器可继续运行；如气体是可燃的，则应设法使变压器停电检查。根据变压器排出气体，可参考下列判断变压器故障性质：

（1）气体是黄色不易燃爆的，为木质故障。

（2）气体是淡灰色带强烈臭味可燃的，为纸质或纸板故障。

（3）气体是灰色和黑色易燃的，为油故障。

重瓦斯动作跳闸后，除外部检查外，还测变压器绝缘和气体检查。如查明是可燃性气体保护动作，则变压器必须经检修和试验检查合格后才再次投入运行。

5．差动保护动作后的处理

变压器的差动保护是变压器的主保护，是按循环电流原理装设的。主要用来保护双绕组或三绕组变压器绕组内部及其引出线上发生的各种相间短路故障，同时也可以用来保护变压器单相匝间短路故障。当变压器发生差动保护动作后应按如下处理：

（1）对差动保护范围内的一次系统进行全面检查，有无损坏闪络、放电烧伤或短路的痕迹。

（2）是否有人为误动作。

（3）通知检修试验人员对二次回路进行检查。

（4）测量变压器绝缘情况。

（5）如未发现任何异常，属误动作，可以递升加压方式将变压器重新投入运行。

变压器差动保护在投入状态，机组低压保护过流保护第一时限，且重合不成功则认为是外部短路或二次回路故障引起的。经对变压器外部检查确认本体无故障时可合闸送电，但应通知检查试验人员对保护进行检查核定。

6．35kV 变压器不接地运行侧发生单相接地的处理

（1）切换 35kV 母线电压表，以判断接地相及接地程度，当某相电压为零，其余两相为线电压时，则可认为该相全接地。

（2）对 35kV 系统进行全面检查，是否有明显的接地现象，在查找接地故障，应做好安全措施，防止跨步电压。

（3）逐级排查接地点，如有必要，应联系调度部门同意，试切和线路开关，寻找接地点；如确认接地点在变压器内部，应立即停运变压器。

（4）单相接地的变压器运行时间不得超过 2h。

（5）如果是电压互感器高压熔断器故障，出现单相接地信号时，应将电压互感器退出运行，并通知检修人员处理。

7．变压器着火的处理

变压器内部内部故障爆炸，外壳损坏或防爆膜破损，变压器燃烧起来时：

（1）如保护未动作，应立即断开各侧断路器，接开隔离开关，停止通风。

（2）打开放油阀。

（3）做好防止火灾蔓延的措施。

（4）如果油箱没有破损，可用干粉、1211、CO_2 等灭火剂进行扑救。

（5）如果油箱破裂，大量油流出燃烧，火势凶猛时，切断电源后可用喷雾水或泡沫扑救，流散的油火，也可用砂土压埋，最大时，可挖沟将油集中用泡沫扑救。

四、典型事故案例

（一）某变压器有载重瓦斯保护动作情况分析

1．跳闸经过

某日上午，监控中心发现某电站 1 号主变压器有重瓦斯动作，701、201、101 断路器跳闸。运行人员到达现场，检查发现 1 号主变保护屏本体保护上“有载重瓦斯动作”灯亮，不能复归。701、301、101 断路器位置为分闸位置，没有其他信号发生，变压器检查

未见异常。

2. 现场检查

检修人员到达现场，对直流回路电压进行测量发现：直流正对地电压为29V，负对地电压为79V；在拉开1号主变压器本体保护直流回路后再次对直流回路电压进行测量，直流正对地电压为0V，负对地电压为110V。

检查有载重瓦斯二次回路，发现主变压器有载MR开关油流继电器接线盒盖松动，但三个固定螺钉都已旋紧，其中两个螺钉为压紧盒盖。打开盒盖发现，继电器内部已经进水，从而造成有载重瓦斯保护跳闸。经过进一步检查发现，直流屏上直流绝缘监测继电器损坏，更换后，直流对地电压恢复为正对地电压为54V，负对地电压为55V。

3. 事故原因

根据以上情况，可能很明显发现，主变压器跳闸原因为油流继电器接线盒盖螺钉未旋紧，造成雨水从螺钉孔洞进入，使接线盒内积水，气体保护回路短路接地，有载重瓦斯动作跳闸。另外检查发现，直流绝缘监测继电器损坏，未有报警信号，未能在第一时间反映直流接地情况，是导致此次跳闸的间接原因。

4. 改进措施

（1）本次跳闸情况，是由于保护施工人员在试验完成后未旋紧接线盒盖造成，需对工作人员加强工作中责任心的培养，需加强与运行人员的交接工作，防止该类情况发生。

（2）采取补救措施，在有载MR开关上加装防雨罩。

（3）需加强抽运前设备交接工作。

（4）对同类设备进行检查，安装防雨罩。

（5）加强交圈部位，如一次与二次、基建与运行交界部位的工作。

（6）全面梳理、举一反三排查设备中可能造成漏水部件及部位。

（7）对直流回路绝缘监测装置把好选型关，使用好的设备，加强绝缘检查回路，可考虑使用双重化配置方式。

（二）某电站1号主变压器风冷全停

1. 事故经过

某日凌晨狂风暴雨、雷电交加。凌晨1时11分，“1号主变压器冷却器故障”“备用冷却器投入”告警，1min内共动作150次；结束时，“1号主变压器冷却器故障”“备用冷却器投入”告警，因考虑到天气情况未作处理。

1时38—42分，“1号主变压器冷却器电源切换”告警5次，同时“1号主变压器冷却器故障”几十次告警，到现场进行处理。检查发现1号主变压器4号冷却器电源断路器跳闸，冷却器电源总断路器跳闸，主供电源断路器跳闸，备用电源投入成功，冷却器全部停止运行。拉开1～7号冷却器电源断路器后，合上冷却器电源总断路器后正常，逐台试送冷却器电源断路器全部正常。全上主供电源断路器正常，冷却器电源恢复正常电源。事后检查发现1、3、4号冷却器端子箱内有进水现象。

2. 事故原因

（1）1、3、4号冷却器端子箱有进水现象。

（2）1号主变压器冷却器故障1min内共动作150次，原因是热继电器动作后不能自保持。

（3）电源没有故障，主供电源断路器跳闸原因是该断路器与冷却器电源总断路器动作值不配合。

（4）1号主变压器电源切换5次的原因是主电源由于4号冷却器故障造成电源异常，于是切至备供电源，冷却器恢复正常后，电源又从备供电源切至主电源，此过程发生5次，直至主电源断路器跳开。

（5）冷却器电源母线没有故障，冷却器电源总断路器跳闸原因是6台冷却器同时启动使冷却器电源总断路器跳闸。

思　考　题

1. 电力变压器按用途分为哪几种？
2. 变压器型号为S11－3150/35的含义是什么？
3. 油浸式变压器的结构组成有哪些？
4. 变压器的连接方式和组别有哪些？
5. 什么是变压器的并联运行？并联运行有什么优点？并联运行的理想条件是什么？
6. 变压器运行监视的内容有哪些？
7. 新安装或大修后变压器投运前应做哪些试验？
8. 变压器常见故障及处理方法有哪些？

第十章　厂用电系统运行与维护

第一节　水电站厂用电系统

一、厂用电系统概述

1. 厂用电系统作用

厂用电系统是由厂用电源部分、厂用变压器、厂用屏柜、厂用电设备、监控设备及连接导线组成，完成变电、配电、用电的系统。其作用是给全厂各类机电设备正常供电，保证各类设备根据需要正常运行，最终实现小型水电站安全、稳定、长期的生产发电任务。一般要求有两个及以上厂用电源，按明备用或暗备用方式运行。

2. 厂用电源的重要性

小型水电站作为电力生产企业，其本身生产、办公、生活等各类机电设备也必需消耗用电。电厂正常运行时，如果厂用电突然中断供电，可能引起水泵、油泵、气泵无法正常运转，被迫停机停电，导致电厂发电设备无法正常运行，造成发电损失。当电厂满负荷运行中如果突然发生事故，导致全部厂用电消失，水轮机进水闸门或阀门无法正常关闭，可能导致机组发生飞逸事故而损坏机组，造成重大安全事故和经济损失；取水枢纽的泄洪闸门无法打开、引水系统进水闸门无法关闭，大量的来水通过引水建筑流向厂区，可能造成溃堤或溢水出渠道，水淹厂房或周边民房，造成重大经济损失和人员伤亡事故。所以，厂用电源是保证电厂能否长期安全运行的前提条件。

二、厂用电负荷种类

1. 按负荷重要性分类

Ⅰ类负荷：停止此类负荷供电，将会使水电厂不能正常运行或停止运行。应保证其供电可靠性，允许中断供电时间应根据负荷情况自动或人工切换时间。

Ⅱ类负荷：暂停此类负荷供电不会影响电厂正常发电。应尽可能保证其可靠性，其允许中断供电时间为人工切换或紧急修复操作时间。

Ⅲ类负荷：允许长时间停电，不会影响水电厂正常运行。

2. 按运行方式分类

不经常短时负荷：运行时间短而且不经常启动的负荷，如消防水泵、高压实验室等负荷。

经常短时负荷：经常启动但工作时间短的负荷，如油压装置油泵、用于制动的低压空压机负荷。

不经常断续负荷：启动频率低，并且不连续工作的负荷，如行车大车、行车小车负荷。

经常断续负荷：启动频率高，但不连续工作的负荷，如压力滤油机、真空滤油机负荷。

不经常连续负荷：启动频率低，但连续工作的负荷，如检修用临时加热负荷。

经常连续负荷：启动频率高，但连续工作的负荷，如技术供水泵、排水泵、中控室交流操作电源、浮充电装置负荷。

3. 按工作电压分类

高压负荷：指某些电站有高压用电设备，这些采用高压电源供电的负荷为高压负荷。

低压负荷：小型水电站厂用电系统多数由一级低压供电方式，一般采用380/220V三相四线制系统、中性点直接接地的形式进行供电。

三、厂用电源的引接方式

1. 厂用电源的要求

（1）满足各种运行方式下的厂用负荷需要。不同的水电站由于其规模和类型不同，所配的厂用电设备的数量、容量、类型都不相同，同一电站在不同时期，有不同的运行方式，厂用电负荷的多少也不一样，但厂用电源容量必须满足用电负荷的需要。供给的厂用电源电压、频率、波形等质量参数也必须满足厂用电负荷的需要，应急保安电源可以只满足应急厂用负荷需要。

（2）各个电源相对独立。小型水电站在各种运行方式下，厂用电源的数量必须符合NB/T 35044—2014《水力发电厂厂用电设计规程》要求。每个厂用电源不应受其他电源的影响，在其他电源消失的情况下必须能独立的向厂用电负荷提供合格的电能。

（3）厂用电源的可靠性。一个电源故障时另一个电源能自动或远方操作切换投入。厂用电源的可靠性不仅指电源自身的稳定可靠，还指其他的供电回路的可靠性。厂用电源部分自身应能保证长期、稳定地提供厂用电源，不能受某些条件限制随时可能中断。电源供电回路应能够在不同情况下，通过不同的方式保证厂用电源的供给，比如某台厂用变压器故障，应能通过回路切换，用另一台厂用变压器保证厂用电负荷的需要。各厂用电源之间应具备快速互投的功能，通过备用电源自动投入装置的切换，保证整个厂用电负荷不能因为电源切换而较长时间的停电。

2. 厂用电源类型

厂用电源根据来源可分为系统倒供电源、机组自发电源、备用柴油发电机电源、外部电源等。

（1）系统倒供电源指并网发电的小型水电站，通过其上网线路从电网系统倒供方式取得的厂用电源。这种电源特点是可靠性较高，电能质量好。电站正常运行期间一般由电站机组发电供厂用电负荷，由于电站机组处于并网运行状态，在电站机组停止发电时，可直接由系统倒供电源实现不间断的供厂用电。电站机组重新启运时直接并网发电带负荷后厂用电负荷又重新由电站机组发电供给，期间无需进行任何厂用电源切换操作，实际生产运行中广泛运用。

（2）机组自发电源指利用电站自身水轮发电机组所发出的电能作为厂用电源。这类电

源受来水量和设备自身性能影响，但由于电站一般都有两台及以上数量的机组，同时出故障概率较低，相对来说电站机组发电电源比较可靠，电能质量也符合要求。由于电站机组发电电源成本较低，一般水电站发电时间较长，只要有水就可以发电就能保证厂用电源，再加上有系统倒供厂用电源作后盾，电站机组发电电源是现阶段小型水电站的厂用电源的主要来源，即使电厂没有发电上网也应首选用机组发电带厂用负荷。

(3) 备用柴油发电机电源指水电站在运行期间为防止厂用电源消失造成安全事故，在电厂某些重要的负荷区域配置柴油发电机组，在水电站因事故或其他情况造成厂用电源突然消失时启动发电，供给某些重要设备作为事故处置的电源。这类电源电能质量相对不高，容量有限，一般只能供照明和一些保障安全的关键负荷运行。实际使用时也要根据事故情况和全电站的安全状况先后逐一完成某些设备设施的操作，先操作对安全威胁较大设备，如进水口的泄洪闸和进水闸，火灾时的消防水泵等。这类电源使用概率较低、平时需要定时检查维护柴油发电机，确保柴油发电机能够随时启动备用和投入运行。对于厂用电突然消失不能及时恢复，可能造成重大安全事故的电站应配置备用柴油发电机作为应急电源。

(4) 外部电源指除系统倒供以外来自电站外部的电源（如其他电站发电、备用市电）。主要是从近区供电所和相邻水电站联络线上取厂用电源，这类电源电能质量和容量都能满足厂用电负荷的需要，但电价成本较高，一般只作为应急保安电源来使用。

3. 厂用电接入形式

厂用电源接入的形式主要有以下几种：

(1) 从系统线路接入。从系统线路接入厂用电源是指在本电站上网断路器的系统侧至上网隔离开关之间接入一台厂用变压器，低压配置空气开关断开负荷，通过高压保险或高压断路器投退厂用变压器。这种接入方式优点是可靠性高，在整个高压母线故障断电时还可以通过系统电源保证厂用电负荷的供电。在系统故障时可通过倒闸操作在上网隔离开关断开的情况下用电站机组发电带厂用负荷。缺点是系统失电需带厂用电时倒闸操作麻烦，容易出现误操作。

(2) 从电站高压母线上接入。此种接入方式是指在电站高压母线上接入厂用变压器，低压配置空气开关断开负荷，通过高压保险或高压断路器投退厂用变压器。这种接入方式的厂用电源可靠性高，无论是系统电源还是发电机组的电源都将汇集于高压母线，任何一方失电都不需要进行任何操作另一电源就可直接保证厂用电源的供给，而且厂用电源可以通过多个路径取得。缺点是母线故障时本台厂用变压器无法运行，厂用电负荷不能通过本回路取得电源。

(3) 从发电机组出口接入。从发电机组出口接入指在发电机与出口断路器之间接入厂用变压器，低压配置空气开关断开负荷，通过高压保险或高压断路器投退厂用变压器。这种电源接入方式的优点是即使母线故障仍然可以通过发电机组所发电源保证厂用电，缺点是本台发电机组停机时无法通过本台厂用变压器供电。

四、厂用电设备配置

1. 厂用电系统主要设备

厂用电系统是包括高压开关或高压熔断器、厂用变压器、主配电屏、分配电屏、现场配电箱、用电设备、备用电源自动投入装置及保护监控设备等。

（1）高压开关或高压熔断器。设置在厂用变压器与电源点之间，为变压器检修维护时方便操作，保证了厂用变压器发生故障时及时断开或熔断，对厂用变压器起到保护作用。

（2）厂用变压器。厂用变压器的作用将高压电源降压成低电压电源供给厂用电设备使用。厂用变压器是厂用电系统中的核心设备，厂用变压器的结构形式、额定容量直接影响到整个厂用电系统带负荷的能力。厂用变压器的台数和接入位置直接决定了整个厂用电系统的供电可靠性、灵活性。

（3）主配电屏。主配电屏指与厂用变压器低压侧直接连接的低压屏柜，功能是接受厂用变压器供电并将其分配给各个负荷点。有两个及以上电源时，如需实现自动互投功能，宜每个电源各配置一面主配电屏，主配电屏内主要装设主断路器、测量表计等。

（4）分配电屏。连接主配电屏的某一回路一面或一组低压配电屏，其作用是接受主配电屏供电并将其分配给指定的负荷。

（5）现场配电箱。连接分配电屏的某一回路一台低压配电箱，其作用是接受分配电屏供电并将其分配给具体的用电设备。

（6）用电设备。指以电作为能源的设备，其作用是消耗电能实现某些固定的功能，完成一些具体的生产任务。

（7）保护监控设备。指对厂用电系统进行监控的装置。其作用是检测、监视厂用电系统中主要回路的运行状态和运行参数，按设定的程序实现厂用电源的互投、各回路故障时自动断开回路开关、控制主要开关设备的分合、与上位机通信实现远方监视和操控等功能。

2. 厂用电系统主要设备配置

（1）高压开关或熔断器配置。高压开关设备的选择主要依据厂用变压器的容量和电压等级来配置。对厂用电负荷较小，高压侧空载电流小于2A的厂用变压器可以只配置高压隔离开关和高压熔断器。对于厂用电负荷较大，高压侧空载电流大于2A的厂用变压器宜配高压断路器并设相关保护监控装置。无论是配置高压保险还是高压断路器，对于35kV及以下电压等级的设备宜采用户内手车式高压开关柜，以提高设备的安全和防误操作性能。

（2）厂用变压器配置。由于厂用变压器是厂用电系统中的核心设备，厂用变压器的选择包括结构形式、电压等级、台数、额定容量等，厂用变压器的选择依据水电站电气主接线、运行方式、枢纽布置、当地自然环境等。厂用变压器的容量应满足厂用电系统各种运行状态可能出现的最大负荷；当装设两台互为备用的厂用变压器时，每台厂用变压器容量应满足所有负荷的需要或短时满足最大负荷的需要。在自身已带负荷的情况下，电压波动满足另一台厂用变负荷电机成组启动时的最低电压要求。厂用变压器的结构形式户内宜采用干式变压器，户外宜采用油浸式变压器。

（3）厂用屏配置。每台厂用变压器宜单独配置主配电屏，有互为备用的两个电源应设专用的联络开关，主屏内的主开关与母联开关应满足备用电源自动互投的需要，同时应有可靠的防误操作措施，禁止非同期并列。主屏开关应满足最大负荷的需要，还要用断开厂

用电系统最大短路电流进行动热稳定校验，为提高各防误性能，配电屏柜宜采用抽屉式低压屏。

五、厂用电系统接线

1. 厂用电系统接线的原则

（1）厂用电源首先应考虑从发电机电压母线或单元分支上引接，由本厂机组供电。单元接线上装设断路器或隔离开关时，厂用电源宜在主变低压侧引接。

（2）小型水电站全部机组正常运行或部分机组正常运行时应不少于2个厂用电源，在全部机组停机或机组、主变、引水建筑处于检修状态时允许只有一个厂用电源。对有紧急泄洪要求的大坝闸门启闭机，应有两个电源，当特别重要的泄洪设施无法以手动方式开启闸门满足泄洪要求时，经论证可设第三个电源。

（3）厂内及附近的厂用电系统低压负荷宜以主、分配电屏双层辐射方式供电，分配电屏布置于所供电负荷的附近。靠近主配电屏、容量较大、可靠性要求较高的负荷，也可从主配电屏直接引出，以单层辐射式供电。为保证动作的选择性，重要负荷辐射式供电的级数不宜大于两级。对机组台数较少，且容量较小的水电站，可以单层辐射方式供电，即自主配电屏直接引出回路供给负荷。

（4）低压厂用电系统一般采用380/220V中性点直接接地的三相四线制，动力与照明可合用一个电源。

2. 典型小型水电站厂用电系统接线

图10-1为某小型水电站的厂用电接线，说明如下：

（1）电源由两台厂用变压器，分别从35kV母线和6.3kV母线取得，高压侧采用隔离开关配熔断器的户内高压开关柜；变压器为两台电压等级不同但额定容量相等的干式变压器，两台变压器低压侧均用电力电缆分别引入中央控制室主配电屏1C、2C。

（2）厂用电系统采用三相四线制供电，中性点直接接地，接地点在变压器安装位置。

（3）两面电源主配电屏设三台手车式断路器，并通过电气闭锁，利用电气二次微机监控配置的站用电管理单元完成备用电源自动投切功能，形成两个电源暗备用接线方式。

（4）低压厂用电系统采用四面主配电屏、四面分配电屏形成两级辐射的单母线分段接线方式。

（5）中控室监控屏、直流屏、中控室照明等附近的负荷从主配电屏直接取电源，而取水口和主厂房分别配置分配电屏，用于给该区域负荷供电，其中分配电屏取水口一面1Q，主厂房三面1G、2G、3G。

（6）主厂房设三面分配电屏，负荷按机组分屏，公用负荷分别从三面屏备用开关内取电；主厂房分配电屏有两路电源，分别取自一级配电屏的两个不同的主屏，并形成环网供电。

（7）取水口采用一面分配电屏，各类负荷均由分配电屏供电，由于取水口泄洪闸有紧急提闸泄洪的要求，故在取水口设一台备用柴油发电机，作为事故情况的应急电源；备用柴油发电机的电源可在事故后倒送到中控室、主厂房，作为黑启动电源（倒送前须按安全规程做好相关技术措施和组织措施）。

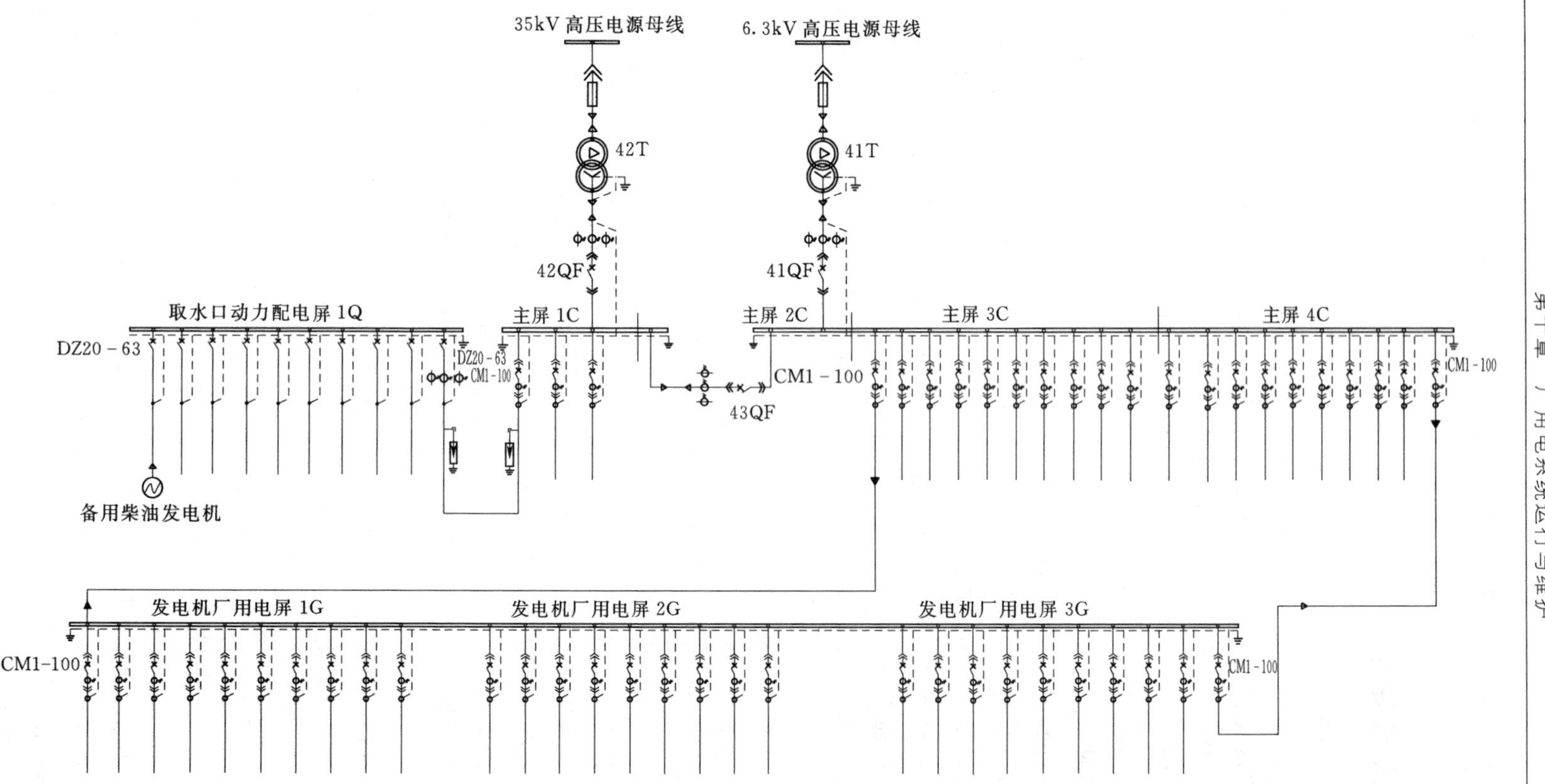

图 10－1　某小型水电站厂用电接线

（8）通过高压的倒闸操作可使两台厂变均能在机组或电力系统获得电源，低压可通过三台低压断路器的倒闸操作实现厂用电源的互投，低压主配电屏负荷按母线分段分开供电，一段母线故障时不会影响给另一段母线上的所有负荷供电，整个厂用电系统可靠性较高。

（9）这种厂用电接线方式，所有馈电开关全部采用抽屉式结构，结构简单，成本经济，便于运行维护；缺点是重要负荷没有双回路供电，如果重要负荷所在母线故障或所有供电回路故障都将无法供电。

第二节　厂用电系统运行

一、厂用电系统正常运行

（一）厂用电系统运行的一般要求

（1）厂用电系统的运行方式由当班值长根据安全、可靠、经济的原则确定，厂房厂用400V系统设有备用电源自动投入装置，实现400V母线电源的自动切换，特殊情况下可人为对400V系统进行切换。

（2）400V系统和柴油发电机运行电压应为360～420V，当电压异常时，应查明原因，并采取适当的方法（如调整变压器的分接头挡位）调整电压，以满足要求。

（3）高压系统绝缘电阻使用2500V兆欧表测量，其值不低于10.0MΩ，测试400V系统的绝缘电阻应使用500V兆欧表，其值不低于0.5MΩ。

（4）新安装或进行过有可能变更相位的作业（如拆接过一次接线、在电压互感器二次回路上进行过工作等）的厂用电系统，应先由检修人员进行核相，确认厂用电系统相位、相序正确后，方能受电带负荷。

（5）400V厂用母线严禁搭接与生产无关的负荷，照明配电箱严禁接动力负荷。

（6）每次厂用电方式倒换后，应注意检查机组分电屏电源、直流屏蓄电池充电电源、主变冷却器系统电源等重要负荷供电动力箱的供电是否正常。

（二）厂用电运行方式

各小型水电站根据厂用电系统的结构特点不同或同一电站在不同时间，可根据厂用电源的情况采用不同的运行方式，一般有两台厂用变压器作为厂用电源，主要有明备用和暗备用两种方式。

1. 厂用电暗备用运行方式

厂用电系统有两个厂用变压器作为电源，图10-2为厂用电暗备用接线图。厂用电系统母线分为两段，两段母线间设联络断路器。两台厂用变压器降压后分别向厂用0.4kV Ⅰ、Ⅱ段母线供电，正常运行情况下两台厂用变压器低压侧断路器1QF和2QF处于合闸位置，联络断开器3QF处于分闸位置，每台厂用变压器各供一段母线的负荷。当任何一台断路器低压侧断路器断开后，备自投装置动作，自动合上联络断路器3QF，将所有的厂用电负荷转由一台厂用变压器供电。这种运行方式为暗备用运行方式，暗备用运行方式下两台厂用变压器均带有负荷运行，只有在一台低压侧断路器断开后才由联络断路器带

负荷。

2. 厂用电明备用运行方式

厂用电系统有两个厂用变压器作为电源，图10-3为厂用电明备用接线图。厂用电母线不分段，两台厂用变压器通过低压断路器1QF和2QF向厂用电系统供电。正常情况下备用厂用变压器低压侧断路器处于分断位置，工作厂用变压器低压侧断路器处于合闸位置，所有负荷均由工作厂用变压器供电。在工作厂用变压器失电低压侧断路器断开后，合上备用厂用变压器低压侧断路器，将所有的厂用电负荷转由备用厂用变压器供电。这种运行方式为明备用运行方式，明备用运行方式下备用变压器是自身有电但没有带负荷。

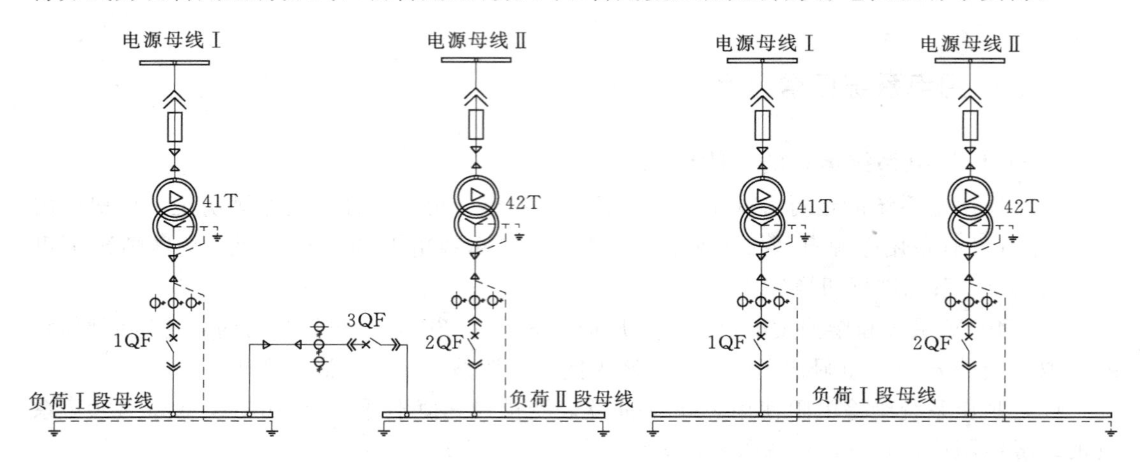

图10-2 厂用电暗备用接线图

图10-3 厂用电明备用接线图

3. 特殊运行方式

对于配电有柴油发电机作备用电源的厂用电系统，当所有厂用变压器的电源消失，可用柴油发电机给重要负荷供电或进行水电站的黑启动。启动柴油发电机前除仔细检查确认设备状态是否具备条件外，还应按安全规程或应急预案的程序进行操作。柴油发电机供电期间，各设备的保护监控装置应正常投入运行，操作完成后及时做好相应记录。

二、厂用电系统正常操作

1. 厂用电系统退出运行转入检修状态操作

（1）分级逐一停止各类用电设备，断开其电源空气开关。本步骤操作前先对设备做好检查确认工作，应先停运设备后断开电源开关。

（2）逐级断开厂用电母线电源。本步骤操作应在母线所带负荷全部断开后方能断开母线电源开关。

（3）断开联络断路器和厂用变低压侧断路器，并将手车退至检修位置。本步骤操作中断开断路器操作后应检查确认断路器位置，确认其处于“分”位置后才能退出手车。

（4）断开厂用变压器高压断路器，并将断路器手车退至检修位置。若厂用变压器高压侧为熔断器手车，则将熔断器手车退出检修位置。本步骤操作退出断路器手车前应检查断路器处于“分”位置，退出熔断器手车前确认对应的厂用变压器低压侧断路器处于“分”

位置，操作完成后及时将开关柜柜门关闭上锁。

（5）验电、接地、挂标示牌。本步骤操作完成时应分别在厂用变压器、厂用母线上进行验电，确认无电后才能挂接地线，接地完成后在高压断路器手车和柴油发电机等电源开关上分别挂牌“禁止操作，有人工作”。

2．厂用电系统检修转入运行操作

（1）确认检修工作已全部完成，检修工作面已清理干净，人员已撤离，各项临时措施已拆除。

（2）解除挂牌，拆除接地线。

（3）将高压断路器手车或熔断器手车推进到“工作”位置。本步骤操作前应检查断路器位置处于“分”位置。

（4）将厂用变压器低压侧断路器手车推进到“工作”位置。

（5）合上厂用变压器高低压侧断路器，将厂用系统母线带电。本步骤操作完成后检查母线电压电流是否正常。

（6）然后分级分段逐一恢复厂用系统全部负荷开关。注意全部电源开关合上后各类用电设备的运转情况，如有异常立即断开电源进行检查。

3．厂用电源手动切换操作

（1）检查需切换母线上各负荷的运转情况，依次切除该段母线所有负荷开关。

（2）将厂用变压器低压侧断路器和联络断路器切换开关均切至“就地”位置。

（3）操作厂用变压器低压侧断路器“分”按钮，断开该段母线电源。

（4）操作联络断路器“合”按钮，将所有负荷切换到另一段母线。

（5）依次投入该段母线所有负荷开关。

4．紧急情况恢复厂用电操作

对于配有柴油发电机作备用电源的厂用电系统，若所有厂用变压器的电源消失，需用柴油发电机给重要负荷供电。

（1）先应断开各段母线上所有负荷回路的负荷空气开关。

（2）断开全部厂用变压器低压侧断路器，并将手车退至“检修”位置。

（3）断开联络断路器，并切为“就地”操作。

（4）启动柴油发电机将电送到厂用母线。注意本步骤操作前需确认柴油发电机油位、水位，启动柴油发电机后检查电源的电压是否正常，观察柴油发电机的振动、噪声是否正常。

（5）最后根据负荷的连接路径分级分段合上回路开关向重要负荷供电。注意本步骤操作禁止合厂用变低压侧断路器。

（6）用柴油发电机电源启动用电设备，完成各类应急操作。注意本步骤操作应根据负荷容量和重要性先后分次启动设备，不宜同时启动多台设备和不急需的负荷，在重要设备完成操作后应及时停运行设备。特殊运行期间应随时注意柴油发电机的运行情况，如有异常及时停止。继电保护、备用电源自动投入装置、电源自动切换装置正常时应投入运行，如特殊原因确需退出运行应经生产领导同意，并做好相应记录。

三、厂用电系统检查维护

（1）上位机监盘人员应严密监视厂用电电压、电流，确定其是否在规定范围内，各负荷开关位置是否与实际运行状态相符。

（2）现场值班人员按规定周期对厂用电及电动机进行巡回检查。

（3）备用中的设备视同运行设备，应经常处于完好状态，保证能随时投入运行。

（4）400V母线三相电压在规定范围内，其电压最高不应超过420V，最低不应低于360V，三相电压应平衡，各供电回路电流无异常。

（5）各断路器位置及信号指示正确，断路器储能指示正常。

（6）保护装置正常投入，备用电源自动投入装置和电源切换装置切换开关在相应位置。

（7）各配电盘柜二次接线完好，连片投入正确，表计指示和信号灯指示正确。

（8）导电部分温度正常，感温变色片无变色。

（9）各配电盘二次电源开关、保险正常、完好。

（10）各屏柜和厂屏外罩门关闭良好，厂用变压器温度、噪声无异常。

（11）设备区明亮整洁，通道畅通、标志齐全、消防器材完好。

第三节　厂用电系统的常见故障和事故

一、常见故障和事故处理原则

（1）防止事故扩大。根据上位机报警、事件表及监控画面显示的信息，判断故障或事故发生位置及影响范围。应立即遏制故障、事故的发展，将故障、事故设备恢复或退出运行，并尽量减小停电范围。

（2）统一指挥，协调安排，尽快恢复设备的安全稳定运行。为及时解除人身和设备的危险，根据有关规定及时进行紧急处理。

（3）及时上报事故。按照设备的管理权限及事故严重程度，及时将情况向主管部门汇报，启动事故应急预案。

（4）处理过程中要注意保护事故现场，不得随意改动事故现场。

（5）处理完成后，应如实记录故障或事故发生的经过、现象、处理情况等。

（6）当厂用电全部中断时，应及时采取安全、有效措施，恢复厂用电运行。

二、厂用电的典型故障和事故判断处理

（一）400V母线备自投动作不成功

1. 现象

厂用电某段母线电源侧开关跳闸，母线电源消失，备自投动作但未能成功合上母联开关。

2. 处理

（1）退出备自投。

（2）断开故障母线上所有负荷开关。

（3）对故障母线及所连接的元器件进行外观检查，发现故障点立即排除。

（4）测量故障母线及连接线路的绝缘电阻。

（5）用电源侧开关对故障母线试送电，如果成功，表示该段母线已无故障。

（6）断开电源侧开关，手动合母联开关对故障母线试送电，如成功表示母联断路器无故障。

（7）投入备自投，试验检查备自动动作是否正常，如成功，表示备自投装置、母联开关、电源开关、母线均无故障。

（8）用变压器电源对原故障段母线供电，然后逐一合上各路负荷开关，排查故障回路，清除故障点。

（二）空压机电源缺相

1. 现象

空压机气压降至启动压力，交流接触器动作后跳开。

2. 处理

（1）立即切断空压机电源开关，切换至备用空压机运行。

（2）用万用表测量故障空压机电源开关电源侧三相电压情况，如果电源缺相，则立即检查厂用电系统母线电源是否缺相。

（3）如某段厂用电源母线电源缺相，则立即断开该母线电源开关，切换至其他厂用电源正常供电，然后排查故障。

（4）如空压机三相电源正常，热继电器动作，外观检查空压机电源开关至空压机电动机的回路，线路是否松动脱落。

（5）用万用表检查空压机回路是否正常，查找排除故障点。

（6）投入空压机电源开关，手动启动空压机确认已恢复正常。

三、典型事故案例

某电站地震后应急恢复厂用电源。

（一）电站概况

某电站位于四川省都江堰市，属平原径流引水式电站，装机容量3×1000kW，引用流量42m³/s，工作水头9.2m。拦河坝为闸坝式结构，溢流坝长度15m，三道泄洪闸采用平板式，配三台卷扬式启闭机，三道平板式进水闸配螺杆式启闭机。地上式引水明渠长998m，渠道内壁为浆砌石抹面，外壁干砌石，中间及渠顶为土石方回填，渠顶最高处高出地面约7m；引水渠道左岸下方主要为农田和村舍，常住人口约300人；引水渠右岸有一机械加工厂，职工人数约100人，下游有一学校有在校师生约1000人。前池有长30m的溢流堰，三台机平板式快速闸配卷扬式启闭机，中控室可实现远控和保护联动。电站装设三台轴流定桨式水轮发电机，两台主变压器，通过一回长2.8km的35kV架空输电线路上地方电网，站内设有35kV和6.3kV两级高压母线。该电站厂用接线如图10－1所示，厂用电系统设两台厂用变压器，容量均为100kVA，分别用配电熔断器的形式接于35kV和6.3kV两级高压母线上，低压侧设三组低压断路器配合，形成一个双电源互为备用的厂用电系统，厂用电系统采用双层辐射的单母线分段结构，其中取水口为一回400V低压线路供电。

（二）事故发生经过

2008年5月12日下午2点28分，汶川特大地震暴发，地震持续了近2min。电站距震中25km，整个电站立刻地动山摇，电站设备设施严重摇晃。此时三台机正处于满负荷自动运行状态，厂区中控室有三位值班人员正常运行值班，距中控室约50m的值班室有生技人员值班，距中控室500m外办公楼有厂长和后勤办公室人员共3人值班。地震发生时，全站人员迅速撤离到中控室外厂区开阔地上躲避地震灾害。由于情况紧急，值班人员未发紧急停机命令，机组处于正常满足负荷运行状态。由于电网保护动作，系统迅速崩溃，造成电站解列而紧急停机，厂用电完全消失。此时，取水口值班人员2人也因紧急避险离开了值守岗位，取水口三道泄洪闸全关，三道进水闸全开，取水口和引水渠水位迅速上升，有溃堤危险，情况万分危急，急需尽快恢复厂用电，打开泄洪闸泄水。

（三）事故处理

1. 检查事故状况

地震暂停后，在厂长带领下，现场人员立即查看厂区房屋及水工建筑，确认暂无坍塌危险，也没有发现明显裂缝。三台机全部因电网系统崩溃解列而全部事故停机，三道前池闸门未全关，前池溢流堰大量溢水，引水渠道水位迅速升高，有漫堤、溃堤危险。三台发电机出口断路器已断开，其他高压断路器均处于合闸状态。厂用电源全部消失，厂变低压侧三台空气开关处于“合”位置，三台交流接触器均为“分”位置，其他负荷空气开关均处于“合”位置，上位机报三台机转速过高事故停机。三台机调速器均有余油压，低压气系统余压0.7MPa，水系统水泵停止运行，水塔中水余量情况不明。直流系统交流电源消失，全厂只有直流蓄电池组逆变带监控系统和事故照明正常运转。各保护监控装置工作正常，上位机显示取水口外通信异常。

2. 事故处理经过

在主震停止、余震不断的情况下，现场人员按厂用电消失预案迅速恢复厂用电源，主要步骤如下：

（1）一人在中控室外示警，三人冒险进入厂房，对中控室、主厂房、前池、开关室、升压站等进行检查确认。

（2）在中控室汇总检查结果后，进行事故信号复归和命令复归，跳断开上网断路器303QF。

（3）两人在主厂房根据机组情况，各选一台机组手动开机建压，一人在中控室值守。

（4）中控室值班人员在上位机首先发现2#机开起建压成功，立刻到2#机保护屏上进行合闸操作。同期开关切至“手动”状态，操作2#机出口断路器分合控制开关合断路器，2#机出口断路器合闸成功，上位机上显示6.3kV母线达到额定电压。

（5）厂用电主配屏电源指示灯亮，立即操作1#厂用变压器低压侧断路器41QF，成功合上41QF，联络断路器43QF自动合上，事故停机约5min，厂区厂用电源恢复，全厂的照明、直流屏、主厂房等交流设备恢复供电。

（6）恢复取水口电源，派人增援取水口。

（7）同时检查机组油、气、水系统，保证机组能维持正常运行。

（8）地震刚停止，取水口值班员立即手动开启泄洪闸，但由于年久失修未能成功。厂用电恢复后马上给泄洪闸门供电，PLC迅速自动全开了两道泄洪闸排水，取水口值班员手动将第三道泄洪闸全开。增援人员到取水口时三道泄洪闸已全开，水位已经开始下降。

（9）泄洪闸门全开排水至安全水位后，全厂主要安全威胁解除。为保证人员安全，厂长命令全厂全面停产停电，退出监控保护装置，退出直流系统，全厂除留守人员外，其余人员全部返家联络亲人，抗震救灾，并立即派人向上级部门汇报本电站情况，等候指示。

（四）事故分析

1. 事故性质分析

本次事故原因是地震引起电网供电系统崩溃，机组甩负荷事故而停机，导致厂用电源全部消失。事故处理的首要任务就是紧急恢复厂用电源，开闸泄水，消除安全威胁。

2. 事故处理过程分析

（1）由于不可抗力的地震灾害，首先保证人员生命安全撤出厂房是合情合理的，但在人员撤出中控室时未作任何处置措施。

（2）甩负荷导致转速过高，事故停机本应关闭前池闸门，但由于厂用电源消失，电动机无法运转关闭闸门，幸好三台调速器正常工作，全关了水轮机导叶，停机完成。

（3）机组甩负荷导致三台机全部事故停机，说明调速器和监控保护参数配置不合理，甩负荷后调速器应能使机组稳定在空载状态。

（4）事故停机厂用电消失后进行检查，避免地震后水工建筑和机电设备出现意外引起更大事故是有必要的。

（5）由于中控室复归了事故停机信号，事故原因转速过高已消失，刚好前池闸门未关闭，因此在紧急停机后开机条件满足，能够顺利开机。如果是在人员撤离前三台按了紧急停机按钮且闸门全关的情况，需将无厂用电源开启的前池闸门开机，也就无法利用机组进行厂用电源恢复。

（6）调速器有一定的残余油压满足一次开机。厂用电恢复后马上恢复油、气、水系统保持机组正常运转，保证其他机组具备开机条件。

（7）与取水口中断通信联系，说明电厂事故状态通信保障存在问题，宜采用“合分合”试送的方式紧急送电，本操作中为备自投自动送电，可能会引发其他机械事故。

（8）地震过后各类建筑安全隐患未完全查清，余震可能再次来临，及时停水停机可避免发生其他安全事故。

3. 事故处理结果

（1）通过及时的应急处置保证了整个电站和周边1000多人的安全，事实说明此次事故处理是成功的。

（2）经过检查核实无重大安全隐患，在震后第二天该电站又重新发电，是当地最早恢复发电的水电站，为来电站避难的群众提供了生活电源，也为地方电网的恢复作出了贡献。

思 考 题

1. 水电站厂用电的作用是什么？
2. 厂用电分为哪几种类型？
3. 厂用电电源的要求和类型分别有哪些？
4. 厂用电的接入方式有哪些？
5. 厂用电的主要设备有哪些？
6. 厂用电运行方式有哪几种？
7. 厂用电正常操作的要求是什么？

第十一章　直流系统运行与维护

第一节　直流系统概述

一、直流系统的作用和工作原理

1. 直流系统的作用

直流系统由于其结构中包含足够容量的蓄电池组，使其具备了一个独立稳定电源的性质，它不受交流电源的限制，特别是在电力系统发生事故，交流电源全部消失的情况下，能够不间断地保证控制、保护、信号装置的供电电源。为保护监控装置及时操作，切断事故回路，保护主设备提供了前提条件。同时直流电源还可以保证全厂事故照明，为夜间迅速的事故处理提供了重要条件。随着技术的进步，利用逆变电源将直流逆变成交流，可供给后台工控机、通信设备、重要视频设备等，便于事故发生后及时进行分析判断和恰当的处置，同时也为远程监控提供应急监控条件。随着直流设备技术水平的不断进步，蓄电池组也实现了免维护，且体积减小，经济实惠的直流系统设备逐渐淘汰了整流操作电源和交流操作电源，成为了小水电普遍采用的操作电源。

2. 工作原理

直流系统蓄电池组是一种可以重复使用的化学电源，在充电时蓄电池组将电能转化成化学能储存起来，放电时又将储存的化学能转化成电能送出。在水电站设备正常运行期间，通过整流装置将交流电源整流成直流给蓄电池组充电，同时向各回直流负载供电，在交流电源消失时由蓄电池组直接向各回直流负载供电，保证各直流用电设备正常工作。其中直流负荷根据用电设备自身的特点分为合闸电源和控制电源，合闸电源供电时间短、电压高、供电电流大，但供电频率低，控制电源需要连续不间断供电、供电电压略低、供电电流较小。一般将蓄电池组送出电源经降压装置降压供各类负载需要，采用母线式供电，分为控制电源母线和合闸电源母线，各直流负荷根据需要在相应的母线取电源。

二、直流系统的技术要求

直流系统作为全厂监控设备的工作电源和操作电源，在水电站安全运行中起着至关重要的作用，因而对直流系统的技术要求很高，主要要求如下。

1. 可靠性

作为全厂各类设备的操作电源，直流系统必须具有非常高的可靠性，因为各类保护监控装置、操作设备的直流电源是该设备的能量来源，正常工作期间直流电源作为设备最重要的电源，是设备正常实现相应功能的前提条件。在事故的情况下交流电源消失，直流电源作为其唯一电源更应该可靠，一旦直流电源再消失，整个运行设备将失去监控和保护，无法按其设定的程序实现应有的功能。

首先，直流系统的交流充电电源必须可靠。直流系统的交流电源应不少于两回，每回均可独立保证整个直流系统的用电负荷，且两回交流电源应分别取自不同的交流电源母线。

其次，直流系统的充电装置必须要可靠。作为直流系统的整流设备，充电装置必须保证全天24h不间断运行，并且要有止逆功能。充电装置一般采用整流充电，为防止整流元件长时间运行损坏无法整流充电，直流系统充电装置一般采用两个或三个并列的方式运行，保证其中任何一个或两个装置故障，余下的一个充电装置能保证整个直流系统的正常工作。

最后，直流系统结构也应该可靠。各个重要回路应设备专门的空气开关，在该回路出现故障时可及时切除故障回路，保证直流系统中其他回路的正常工作，如每个负荷回路单独一个开关，每个充电装置也单独配置一个空气开关，一旦出现故障可及时断开，不会影响整个直流系统的正常运行；对多个发电单元的宜每个单元分别设供电开关。对于直流系统可靠性要求相当高的电站可采用两套以上相互独立、可自动切换备用供电的直流系统。

2. 稳定性

运行稳定性是直流系统正常的重要保证。直流系统输入三相交流电源额定电压应为380V，额定频率应为50Hz；输出的直流电压必须满足规范要求，稳压精度应小于等于±0.5%、稳流精度应小于等于±0.5%、波纹系数应小于等于±0.5%，直流控制母线正常电压应为220V。如果直流电源不稳定，将影响从该系统取得直流电源的所有设备运行的精度，甚至可能引发个别保护或自动装置误动，引发故障或事故。

3. 容量足够

蓄电池组的容量是其蓄电能力的重要指标。蓄电池容量是在指定的放电条件（温度、放电电流、终止电压）下所放出的电量，其单位用A·h表示。额定容量Q_n指充足电的蓄电池在25℃时，以10h放电率放出的电能。

蓄电池组的容量须进行核算，容量既要满足全厂事故状态时，直流系统的蓄电池能对各主要供电设备足够的放电容量，而且要满足最大冲击负荷容量需要。保证正常运行时，操作电源母线电压波动范围小于±5%额定电压值，事故时母线电压不低于90%额定电压值，失去浮充电源后，在最大负载下的直流电压不低于80%额定电压值。

三、直流系统的组成

直流系统主要包括交流电源系统、充电系统、馈电系统、蓄电池组、监控系统等，通过微机调节，自动完成直流系统输出稳定直流电源的系统功能，图11－1所示为直流系统原理图。

1. 交流电源系统

交流电源系统主要包括交流电源进线空气开关、交流接触器、交流电源母线、交流电源输出空气开关、防雷保护单元、监测元件或仪表等通过导线连接，实现整个交流电源的输入。

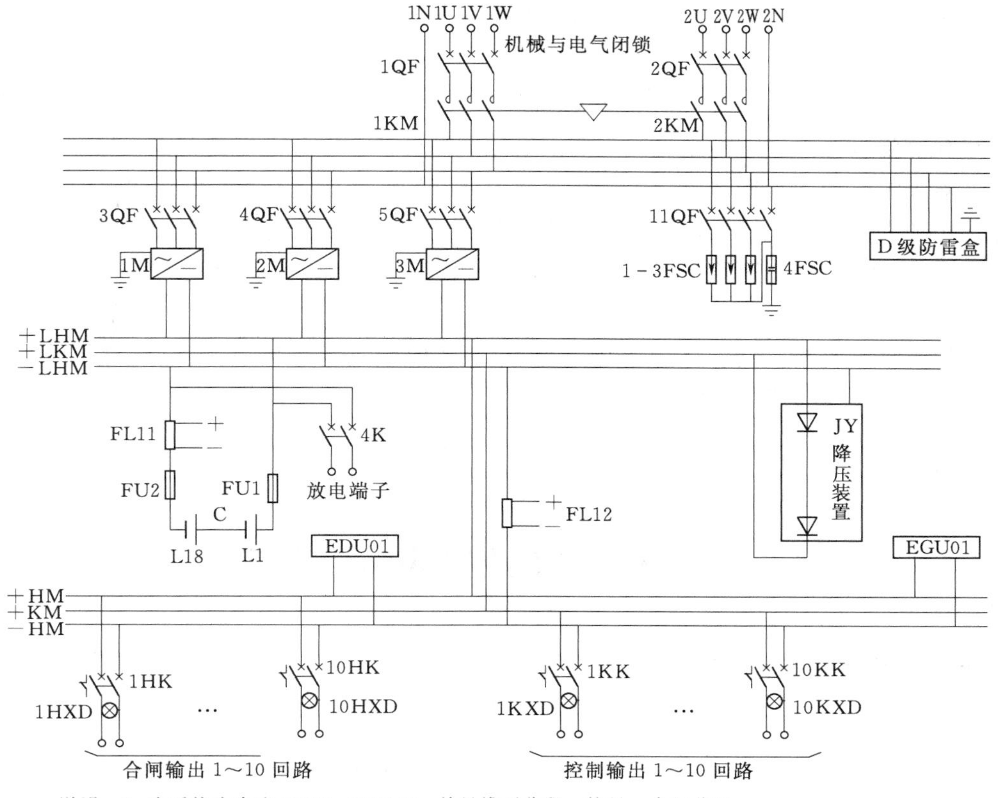

说明：1. 本系统为直流220V，100AH，单母线不分段，控母，合母分开。

2. 本系统设置功能：C级防雷，母线、支路绝缘监测，各馈出支路故障告警、电源指示。

图11－1 直流系统原理图

2. 充电系统

充电系统主要由充电模块、直流电源母线、止逆二极管及连接导线组成，其功能是将交流电源整流成直流电源，送到直流电源母线上。整流回路一般为普通二极管整流，为便于检修维护，一般将整流回路及其保护散热元件等集中装配在一个可移动的抽屉里，称为充电模块。止逆二极管是利用二极管的单向导通性，防止交流电源消失时，直流电流反送回充电装置，不仅消耗电能而且可能引发触电事故，止逆二极管也可与充电装置一起装配在一起使用。充电模块输出电源电压为235～245V，既作为蓄电池组的浮充电源，又作为合闸电源直接输出到各开关进行合闸操作，同时通过降压硅堆将电压降为220V左右，作为控制电源进行输出。

3. 蓄电池组

蓄电池组回路一般包括蓄电池、熔断器、放电开关、监测元件。蓄电池组由若干个免维护的蓄电池串联而成，这些电池要求性能参数一致，并且头尾相接，只引出一个正极和一个负极，连接到充电系统的直流电源母线上。正常工作时可通过充电模块对电池进行浮充电，充电模块交流电源消失时，电池组可直接通过直流电源母线向负荷供电。为防止短路损坏电池，电池出口线路上加上了总熔断器，并带信号熔断器，如遇故障及时报警。放电开关为定期进行试验检查专用的放电回路，其放电负载较大可临时接入。

4. 馈电系统

馈电系统包括馈电母线、馈电开关、带电指示灯、监测元件等。馈电母线分为控制电源母线和合闸电源母线，控制母线主要供给各监控设备、后台工控机等作为操作电源，由于断路器大多改为弹簧操作，合闸母线主要向断路器储能电机和灭磁开关供电。各用电回路分别用独立的空气开关从控制电源母线和合闸电源母线上取得直流电源。带电指示灯接于空气开关下方，在该回路空气开关合上时指示灯亮，起到提醒警示的作用。

5. 监控系统

监控系统由监测元件、监控模块、显示器、执行元件等组成，完成对直流系统的监视、测量、控制等功能，同时通过通信接口将直流系统的各个运行参数和运行状态上传给上位机，实现后台监控。在自动运行的情况下还能实现调试人员手动设定、修改运行参数的人机对话功能。

第二节　蓄电池组的运行维护

一、蓄电池组的正常运行

1. 电池类型

蓄电池按电解液不同可分为酸性蓄电池和碱性蓄电池。酸性电池冲击放电电流较大，适应较大的冲击负荷，但由于酸性电池寿命短，充电时逸出有害的硫酸气体，对蓄电室的防酸和防爆设备要求较高。碱性蓄电池体积较小，寿命长、维护方便，无酸气腐蚀，事故放电电流较小，适用于小型水电站和变电站采用。

2. 电池浮充电运行方式

浮充电运行方式是将蓄电池与充电模块并联运行，整流充电模块带母线上的经常性负载，同时向蓄电池浮充电，使蓄电池经常处于充满状态，以承担适时冲击负载，浮充电运行方式提高了直流系统供电的可靠性，又提高了蓄电池的使用寿命，所以得到了广泛的应用。

浮充电运行方式正常运行（即浮充电状态）蓄电池经过分流器和熔断器随时处于充电状态，充电模块与蓄电池组并联运行，由充电模块承担全部负载，同时以微小的电流向蓄电池充电，以补偿蓄电池由于电解液及极板中有杂质存在面产生的自放电所损耗的能量，使蓄电池经常处于满充状态。由于蓄电池自身内阻很小，因此，在有很大冲击电流的情况下，母线电压虽然有些下降，但绝大部分电流由蓄电池组供给。此外，当交流系统发生故障或充电模块断开的情况下，蓄电池将转入放电状态运行，承担全部直流负载，直到交流电源恢复，充电模块给蓄电池大电流充电（主充）至额定容量后，再次转入正常的浮充电状态。

蓄电池按浮充电方式运行，大大减少大电流充电（主充）次数。除由于交流系统或浮充充电模块发生故障，蓄电池组转入放电状态，每月需几次主充电外，平时基本不需要进行主充，有利于延长蓄电池组的使用寿命。

3. 蓄电池充电/放电运行方式

充电-放电运行方式就是将已充满的蓄电池组带全部负载，正常运行处于放电工作状态，当蓄电池组放电到一定程度后及时进行充电。基本上每天会充电一次，可见充电/放电运行方式操作频繁，蓄电池容易老化，极板也容易损坏，现已很少采用。

4. 蓄电池运行基本要求

蓄电池室的温度应经常保持为5～35℃，并保持良好的通风和照明。正常时充电模块以浮充方式运行，直流负荷与蓄电池并联运行。蓄电池组及连线应保持清洁，连接处接触良好，蓄电池组的绝缘电阻不小于200kΩ；直流母线绝缘电阻应不小于10MΩ；直流系统绝缘电阻不应低于0.5MΩ，低于此值应查明原因及时处理。

二、蓄电池的充放电操作

1. 蓄电池上电充电操作

充电装置与蓄电池并列带负荷，正常情况下，充电装置为自动控制方式，充电装置在手动控制方式下的操作如下。

（1）充电装置的启/停。将启/停控制开关拨到“启”的位置，充电模块工作，拨到“停”的位置，则停止对充电模块的输出，充电模块仍在工作，但没有电流输出。

（2）浮充/均充控制。通过浮充/均充控制开关，调整充电模块的输出电压稳定在浮充或均充电压等级。

（3）限制充电模块的最大输出电流。通过限流开关对充电模块可进行100%、50%、20%额定电流限流，防止对电池的过充电。

（4）监控模块启动，启动时间一般3～30s，启动过程中键盘暂时不工作，报警灯和蜂鸣器会出现正常报警现象。

2. 直流系统上电投运

（1）合上充电柜交流输入电源空气断路器，并投入交流接触器。

（2）再合上监控模块的电源开关，监控模块经过初始化后进入正常状态，大概需要20s左右，待监控模块启动正常后，查看系统信息。如果监控模块不能进入正常状态或不能显示信息，则监控模块有故障。

（3）依次合上所有充电模块的交流输入空气开关，原则是一个输出正常后才能合上下一个充电模块。

（4）充电模块空载正常后，再合上蓄电池组，并从监控模块中查看电池的运行状况。

（5）再逐一合上出口馈电开关，给各直流设备供电。检查各回路指示灯显示是否正常，供电电压、负载电流大小有无异常。

三、蓄电池组的检查维护

（1）连接端子、导线无松动。

（2）蓄电池外观检查有没有变形，查看电解液有无泄漏，电池有无发烫。

（3）查看直流系统设备的状态及馈电柜空气开关状态是否异常。

（4）查看监控模块实时数据是否正常，详细内容见表11-1。

表 11-1　　监控模块实时数据表

充电参数	可查看交流供电方式、交流输入电压值、电池组电压、电池组电流、电池组剩余容量
馈电参数	可查看系统母线电压、负载总电流
模块参数	可查看充电模块输出电压、输出电流、限流点、模块运行状态
告警数据	可查看整个系统当前存在的告警信息，准确定位系统的故障类型

说明：查询数据时注意当屏幕反白显示表示该设备与监控模块通信中断。

第三节　充电设备的运行维护

一、充电设备的种类

充电设备根据蓄电池组的电压、充电电流、蓄电池运行方式的不同，主要分为水银整流器、硒或硅整流器等充电方式。硅整流器具有操作方便、结构简单、运行可靠等优点，不同的电流、电压只需选用不同规格的整流器即可，各小型水电站基本均采用硅整流设备充电。

二、充电装置的运行要求

1. 交流电源的运行要求

两路交流电源通过交流接触器进行控制，互为备用。充电装置作为整流设备将交流转化为直流，输入的交流电源会直接影响充电装置的输出电压、电流的稳定性，如果偏差过大还可能因电压过高影响设备的使用寿命，因此，充电装置运行期间对交流电源的电能质量有一定的要求。三相交流电源的参数应满足表 11-2 要求。

表 11-2　　交流电源输入参数

三相四线制	2 路	三相四线制	2 路
交流输入电压	380V±15%	功率因数	≥0.92
频率	45～55Hz	效率	≥94%

2. 输出的电压和电流要求

直流系统输出的直流电压、电流如果不稳定，将影响从该系统取得直流电源的所有设备运行，而且会影响直流系统的使用寿命。直流母线电压正常变动范围为 220V±11V，最高不超过 260V，最低不应低于 190V。表 11-3 为某装机容量为 3×1250kW 小型水电站直流系统输出参数。

表 11-3　　直流输出参数

序号	名　　称	单位	参数
1	每组蓄电池数量	只	18
2	蓄电池容量	Ah	100
3	直流额定电压	V	220
4	直流持续输出电流	A	40

续表

序号	名　　称	单位	参数
5	浮充电压	V	198～260
6	均充电压	V	220～320
7	纹波系数		≤0.5%
8	稳压精度		≤±0.5%
9	稳流精度		≤±0.5%

3. 充电装置运行方式

系统采用单母线方式，系统由一组蓄电池、直流电源母线、三套充电/浮充电装置组成，直流母线有一套电压检测装置和调压装置。

（1）暗备用运行方式。三套充电/浮充电装置及蓄电池均通过直流母线供电，三套充电/浮充电装置同时向全部负载供电，当其中一套充电装置故障时另外两套装置继续工作，故障设备可退出后单独检查维修。

（2）明备用运行方式。一套或两套充电/浮充电装置及蓄电池均通过直流母线供电，其余充电/浮充电装置停电备用，当工作中的充电/浮充电装置故障，再投入备用充电/浮充电装置，再进行检修故障设备。

三、充电装置的运行维护

1. 直流系统巡检项目

（1）监控模块液晶屏运行实时数据正常，无报警信号。

（2）直流母线电压及浮充电流正常。

（3）直流系统绝缘良好，绝缘监测仪和监控模块无绝缘低报警。

（4）各开关位置正确，蓄电池组熔断器无熔断现象。

（5）直流装置上各信号灯、声响报警装置正常。

（6）充电设备各元件无过热、无焦味、无异常声音。

（7）各引线接头无过热、松动及异常声响。

（8）充电模块风机运行正常，无异常声音。

2. 电压及电流监视

（1）交流输入电压值。

（2）充电装置输出的电压值和电流值。

（3）蓄电池组电压值。

（4）直流母线电压值。

（5）浮充电流值及绝缘电压值等。

3. 日常维护工作的主要项目

（1）清扫灰尘，保持室内清洁。

（2）及时检查不合格的“落后”电池。

（3）记录巡视回检查及运行状况。

四、直流系统绝缘监测

1．绝缘监测的用途

在小型水电站直流系统中，供电网络分布范围较广，各回路工作环境又比较恶劣，所以直流系统的绝缘容易降低。一旦绝缘降低相当于直流系统的某一点经一定的电阻接地。直流系统发生一点接地时，没有短路电流通过，熔断器不会熔断，仍能继续运行，但是这种接地故障必须及早发现并处理，否则可能引起信号回路、控制回路、微机监控装置回路不正确动作。绝缘监察装置就是随时监视直流系统的绝缘电阻，一旦绝缘电阻降低至设定值或发生接地立刻报警提示的装置。

2．绝缘监测的运行

（1）信号报警监视。值班员每日应对直流电源装置上的各种信号灯、声响报警装置进行检查。

（2）自动装置监视。检查自动调压装置是否工作正常，若不正常，启动手动调压装置，退出自动调压装置，通知检修人员修复。

（3）检查微机监控器工作状态是否正常，若不正常应及时通知检修人员调试修复。微机监控器退出运行后，直流电源装置仍能正常工作，运行参数由值班员进行调整。

（4）熔断器监视。在运行中，若熔断器熔断，应发出报警信号。运行人员应尽快找出事故点，分析出事故原因，立即进行处理和恢复运行。若需更换直流断路器或熔断器时，应按图纸设计的产品型号、额定电压值和额定电流值选用。

3．绝缘监测的检查判断

DL/T 596—2005《电力设备预防性试验规程》和 GB 50150—2006《电气设备交接试验标准》规定，当使用 500～1000V 的摇表测量时，直流母线在断开其他支路时不应小于 10MΩ，二次回路每一支路和断路器、隔离开关操作机构的电源回路等应不小于 1MΩ，特别潮湿的地方可以不小于 0.5MΩ，值班员应按规定检查正母线和负母线对地的绝缘值。若有接地现象，应立即寻找接地点和处理。

第四节　直流系统常见故障与事故

一、蓄电池组的常见故障

1．蓄电池外壳变形

现象：直流系统蓄电池柜电池外壳有变形现象或漏液；上位机可能报直流系统电压过低信号；蓄电池充电机电源断开后，蓄电池报电压消失动作。

处理：检查蓄电池是否有过热现象；检查蓄电池外壳是否为碰撞引起变形；视其变形严重程度，是否将变形的蓄电池隔离，并立即联系检修人员进行处理。

2．电池故障

现象：直流系统蓄电池在均充状态下蓄电池组充电电压较高；但充电电流为零或极小，电池容量在不断下降，蓄电池充电机电源断开后，蓄电池报电压降得很低。

处理：检查蓄电池是否有过热现象；检查蓄电池外壳是否为碰撞引起变形；断开充电回路，逐一检查电池的电压，排查更换问题电池，立即联系检修人员进行处理。

二、充电装置的常见故障

1．充电模块通信中断

现象：直流系统报充电模块通信中断，上位机报直流系统通信中断简报和相应语音，直流充电机面板上故障光字灯亮，充电机液晶显示面板有相应的故障信息显示。

处理：维护级设置是否正确（充电模块地址、串口号码等），若不正确应修改后复位监控模块；通信线是否插紧，由充电模块信号转接板至监控模块串口的通信线是否连接正确，若不正确应将通信线插到正确的端口且插紧；查看充电配电监控板上的拨码开关的设置是否正确，若不正确应将拨码开关拨到正确位置，系统断电后，重新上电；检查通信线内部是否有断开，用万用表测两个插头之间的导通状态，即 1 对 1 导通，2 对 2 导通；改为其他串口试验，将串口插座改插，并且在监控模块中设置相应参数。

2．直流系统模块通信中断

现象：直流系统报模块通信中断；上位机报直流系统模块通信中断简报和相应语音；直流充电机面板上故障光字灯亮；充电机液晶显示面板有相应的故障信息显示。

处理：模块地址拨码开关是否正确；模块通信线连接是否正常，实际连接串口与监控模块的串口号是否一致；检查监控模块设置是否正确（模块个数、地址、所接母线、串口号）。

3．直流母线电压过低、过高报警

现象：直流系统报母线电压过高或过低；上位机报直流母线电压过高或过低简报和相应语音；直流充电机面板上故障光字灯亮；充电机液晶显示面板有相应的故障信息显示。

处理：拉开直流母线上的各负荷，检查母线电压是否正常；停用故障母线上的充电器装置和蓄电池组；检查蓄电池组出口熔断器是否熔断；如发现有明显故障，应设法隔离故障点，恢复直流母线运行；如母线无明显故障应立即联系检修处理，故障消除后，立即恢复系统运行。

4．直流系统接地处理

现象：直流系统报直流系统绝缘过低动作；上位机报直流系统接地故障简报和相应语音；直流充电机面板上故障光字灯亮；充电机液晶显示面板有相应的故障信息显示。

处理：检查直流母线正、负极对地电压，检查接地极性和接地极性质；根据接地极性、性质和气候环境情况分析可能的接地范围；可采用手动或自动接地巡检仪寻找接地点；为寻找接地需要分回路断开进行判别时，应经得值长同意，并事先联系相关岗位人员做好事故预想；在检查过程中，应先断开备用和次要设备，先断开故障可能性大的设备；确定接地回路后汇报值长，及时通知检修人员进行处理。

三、直流系统的技术保安措施

（1）保证直流裸导体对地和正负极间的安全距离，安装过程中防止电池单只或成组短路，运行过程防止两点接地。

（2）蓄电池应单独隔离存放，并有防爆措施，电池运输、安装过程中不得倒置。

（3）设备外壳接地良好，接地导线截面符合规范要求。

四、直流系统的典型事故案例

1. 直流系统概况

某小型水电站直流系统为工作电压220V，工作容量65Ah，电池组为18只额定电压为12V的免维护蓄电池，直流系统主要包括交流电源系统、充电系统、馈电系统、蓄电池组、监控系统等设备，采用单母线不分段，合闸母线和控制母线分开的供电方式。按C级防雷配置，设母线、支路绝缘监测，各馈电支路报警。电站直流系统按浮充方式运行，电池容量下降至80%时启动均充。

2. 现象

值班员在巡视检查时发现直流系统电池容量为52Ah，均充方式已启动，充电电压为244V，电池充电电流为零，电池容量没有上升。

3. 故障分析

(1) 检查回路连线正常，无松动或短路烧焦和变色的痕迹。

(2) 检查总熔断器完好，接触良好无松动。

(3) 用万用表测量电池组正负极两端电压为240V，初步推测是电池故障。

4. 处理方法

(1) 退出重要负荷，停止上网发电，只保留厂用电系统供电，临时断开各保护监控装置交流电源，退出充电装置。

(2) 拔出电池总熔断器，测量电池组两端电压及每只电池电压，测量结果见表11-4。

表11-4　　蓄电池测量记录

录　项　目	电池电压/V	
蓄电池编号	停电前	拔断熔断器后
1	13.50	13.13
2	13.60	13.12
3	13.60	13.10
4	13.60	13.09
5	13.80	13.13
6	13.60	13.12
7	13.50	13.16
8	13.50	8.63
9	13.50	13.09
10	13.70	13.14
11	13.60	13.04
12	13.50	13.11
13	13.50	7.93
14	13.50	8.56
15	13.50	13.10
16	13.60	13.18
17	13.50	13.07
18	13.60	13.12
总电压	244.00	222.00

（3）从表11-4中测量记录来看，8号、13号、14号三只电池电压明显不正常，应更换。

（4）用同型号的新电池更换可能损坏的3只蓄电池，重新将电池串联成组，合上总熔断器，投入充电装置，电池自动投入主充方式，主充电流为5A，电池容量逐渐上升到额定值，后恢复正常运行。

（5）经检查确认，本次故障主要原因是该电站目前使用的蓄电池组都已达到使用年限，其中有三只蓄电池因老化而性能降低，应尽快采购更换为新蓄电池，以保证蓄电池组长期、稳定地运行。

思　考　题

1. 水电站直流系统的作用是什么？
2. 直流系统的技术要求有哪些？
3. 直流系统的基本组成是什么？
4. 蓄电池有哪几种类型？
5. 蓄电池充放电操作的主要步骤？
6. 蓄电池组检查维护要点有哪些？
7. 直流系统充放电装置的运行方式有哪些？
8. 充放电装置运行维护要点有哪些？

第十二章　水电站微机监控保护系统运行与维护

第一节　水电站继电保护与自动装置概述

一、电气设备常见故障和异常状态

电气设备在运行中，由于各种原因可能出现故障和不正常运行情况。

1. 电气设备常见的故障

在三相交流电系统中，电气设备最常见的故障是各种形式的短路，有三相短路、两相短路、单相接地以及发电机、变压器绕组的匝间短路。

2. 电气设备常见的不正常状态

电气设备的正常工作遭到破坏，但未形成故障，称为不正常工作状态，也称为异常状态。最常见的不正常运行状态是电气设备的电流超过其额定值，如过负荷状态。长时间的过负荷会使设备的绝缘材料温度过高，从而加速设备的绝缘老化，或者损坏设备，甚至发展成事故。

短路的特点是短路回路出现很大的短路电流，同时使系统中电压大大降低。短路产生的危害是短路电流的热效应和机械效应会损坏电气设备；电压下降将影响用户的正常工作，影响产品质量。短路更严重的后果是因电压下降可能导致电力系统运行的稳定性遭受破坏，引起系统振荡，直至使整个系统瓦解，导致大面积停电。

二、继电保护的任务

继电保护装置是一种能反应电气设备或线路发生的故障或不正常运行状态，并动作于断路器跳闸或发出信号的一种自动装置。其基本任务是：

（1）当电力系统的被保护设备或线路发生故障时，应能自动、迅速、有选择性地跳开断路器，将故障元件从电力系统中切除，并保证非故障部分迅速恢复正常运行。

（2）当电力系统被保护设备或线路出现不正常运行状态时，应能及时反应并发出报警信号。

三、继电保护的基本原理及构成

1. 继电保护的基本原理

继电保护的基本原理是利用被保护设备或线路故障时的物理量与正常运行时物理量的差别来构成保护。

发生短路故障后，利用电流、电压、线路测量阻抗、电压电流之间相位、负序和零序分量出现的变化等，可构成过电流保护、低电压保护、距离（低阻抗）保护、功率方向保护等。如反映短路时电流增大而动作的过电流保护；反映短路时电压降低而动作的低电压保护。

2. 继电保护装置的基本构成

继电保护装置一般由测量部分、逻辑部分和执行部分构成。其原理结构如图 12－1 所示。

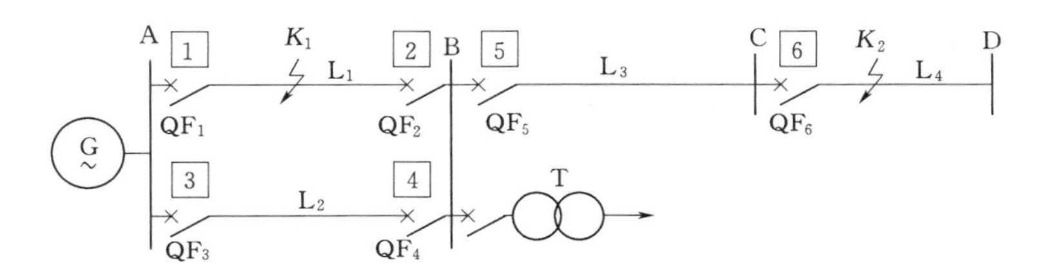

图 12－1　继电保护装置原理结构图

（1）测量部分。测量部分是测量被保护设备的参数，并与保护给定的整定值进行比较，根据比较的结果，从而判断保护是否应该启动。

（2）逻辑部分。逻辑部分是根据测量部分输出的信号，使保护装置按一定的逻辑关系工作，确定是否断路器跳闸或发出信号，并将有关命令传给执行部分。

（3）执行部分。执行部分是根据逻辑部分发出的信号完成保护装置的任务。如发生故障时，保护动作于跳闸；如发生不正常运行时，保护发出报警信号。

四、对继电保护的基本要求

在实际运行中，考虑继电保护装置或断路器有拒绝动作的可能性，电气设备除了设置主保护，还要考虑设置后备保护。

主保护是反映整个被保护设备或线路上的故障并能以最短的延时有选择性地切除故障的保护。后备保护是指当主保护或其断路器拒绝动作时，用来切除故障的另一套保护。后备保护分近后备和远后备两种。当主保护拒绝动作时，由本设备或线路的后备保护动作，称为近后备；当主保护或其断路器拒动时，由相邻设备或线路的后备保护动作，称为远后备。

电力系统继电保护装置应满足选择性、速动性、灵敏性和可靠性的基本要求。

1. 选择性

继电保护装置的选择性是指保护装置判断或选择故障元件的一种能力。即保护动作时，仅将故障元件从电力系统中切除，使停电范围尽量缩小，以保证电力系统中的非故障部分仍能继续安全运行。如图 12－2 所示的网络中，当线路 L_4 上 K_2 点发生短路时，保护 6 动作跳开断路器 QF_6，将 L_4 切除，继电保护的这种动作称为有选择性的。当 K_2 点故障，若保护 5 动作于将 QF_5 断开，则变电站 C 和 D 都将停电，继电保护的这种动作称为非选择性的。同样当 K_1 点故障时，保护 1 和保护 2 动作于断开 QF_1 和 QF_2，将故障线路 L_1 切除，是有选择性的。

若 K_2 点故障，而保护 6 拒动或断路器 QF_6 失灵拒跳，保护 5 将断路器 QF_5 断开，

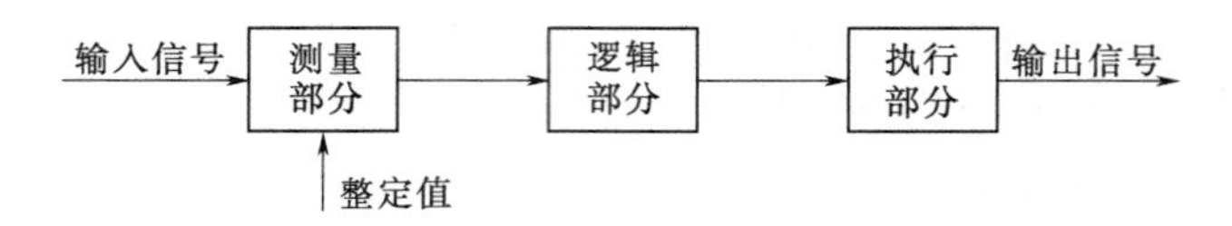

图 12-2　单侧电源网络中的保护选择性动作说明图

切除故障，这种情况虽是越级跳闸，但却尽量缩小了停电范围，限制了故障的发展，即远后备动作，因而也认为是有选择性动作。

2. 灵敏性

继电保护装置的灵敏性是指保护装置对其保护区内发生的故障或不正常运行状态的反应能力。保护装置的灵敏性一般用灵敏系数 K_{sen} 来衡量。

3. 速动性

继电保护装置的速动性是指保护装置应能尽快切除短路故障。速动性不仅能限制故障设备的损坏程度，缩小故障的影响范围，更重要的是可以提高电力系统并列运行的稳定性。

4. 可靠性

继电保护装置的可靠性是指在规定的保护区内发生故障时，应该可靠动作而不发生拒动，而在正常运行或保护区外发生故障时，则应该可靠不动作而不发生误动，即不拒动、不误动。

可靠性主要指保护装置本身的制造、安装调试质量以及运行维护水平。

五、继电保护装置的分类

继电保护装置分为常规型和微机型两大类。

（1）常规型继电保护装置主要是由各种继电器按一定的接线组成。每一种保护的功能都要由相应的继电器和接线来实现。保护使用的元件多，接线复杂，保护装置的调试工作量也大。

（2）微机保护装置是由硬件和软件组成。硬件就是微型计算机，各种保护的功能是由相应的软件（程序）来实现。微机保护具有自诊断功能，装置在现场调试的工作量很小，大大减轻了运行维护的工作量。微机保护还具有常规保护难以实现的自动纠错功能，其可靠性很高。这是微机保护最大的优点。

继电器是一种自动化元件。当继电器线圈在没有输入量（或输入量未达到整定值）时，继电器不动作；当继电器失去动作状态，称为返回。继电器在未动作状态下，断开的接点称为常开接点；闭合的接点称为常闭接点。常开接点也称为动合接点，常闭接点又称为动断接点。

六、小型水电站典型保护介绍

（一）三段式电流保护

1. 三段式电流保护的组成及作用

三段式电流保护是由无时限电流速断保护（第Ⅰ段）、限时电流速断保护（第Ⅱ段）

和定时限过电流保护（第Ⅲ段）相配合的一套保护装置。

三段式电流保护主要用于10～35kV输电线路相间短路的保护。由第Ⅰ、Ⅱ段保护共同构成线路的主保护，第Ⅲ段保护作后备，既作本线路的近后备保护，也作为相邻线路或其他电气设备的远后备保护。在实际中三段式电流保护不一定三段都采用，根据具体情况可以采用两段式电流保护。小型水电站站用变压器如果高压侧采用断路器时，则站变高压侧一般采用两段式电流保护。

2. 三段式电流保护的工作原理

当被保护线路范围内发生相间短路时，根据短路点的位置，按保护的选择性要求由第Ⅰ段或第Ⅱ段保护动作，跳开线路断路器，切除故障。当第Ⅰ或Ⅱ段保护拒动时，由第Ⅲ段保护动作跳开线路断路器，即近后备保护动作。当在相邻线路上发生故障，相邻线路的主保护或断路器拒动时，则由本线路的第Ⅲ段保护动作跳开本线路断路器，即远后备保护动作。

（二）复合电压启动的过电流保护

1. 保护的作用

复合电压启动的过电流保护主要作为水电站发电机、主变压器的后备保护。

2. 保护的构成

在定时限过电流保护的基础上增加了保护的电压启动部分。电压启动部分由低电压元件和负序电压元件组成。采用电压启动部分的目的是为了提高过电流保护的灵敏性。

3. 保护的工作原理

利用短路时电压降低或不对称短路时出现的负序电压，使保护启动部分动作，同时保护的测量部分动作，保护经设定的延时动作于跳闸。

当电压互感器二次回路断线时，保护发出报警信号，同时闭锁保护出口跳闸。

（三）纵联差动（简称差动）保护

1. 差动保护的作用

在水电站差动保护主要作为发电机、主变压器的主保护。也可以作为短距离输电线路的主保护以及母线的专门保护，即母差保护。发电机和主变压器的差动保护主要反应发电机、变压器绕组及引出线的相间短路。

2. 差动保护的构成及工作原理

纵差保护是比较被保护设备两侧电流的大小和相位而构成的保护。为了实现这种比较，在被保护设备两侧各装设一组电流互感器 TA_1、TA_2，其二次侧按环流法连接，两组电流互感器的二次侧接入差动保护装置，如图12-3所示。

（1）正常运行或外部故障时。此时两侧电流互感器二次电流基本相等，两侧二次电流反方向流入保护装置，流入差动保护的电流为两个电流之差。即

$$\dot{I}_r=\dot{I}_{\mathrm{I}2}-\dot{I}_{\mathrm{II}2}=0 \tag{12-1}$$

但实际上由于电流互感器的特性、变比等因素，两侧二次电流大小并不完全相等，此时流过差动保护的电流称为不平衡电流 $\dot{I}_{unb}$，当不平衡电流小于保护的动作电流时，差动

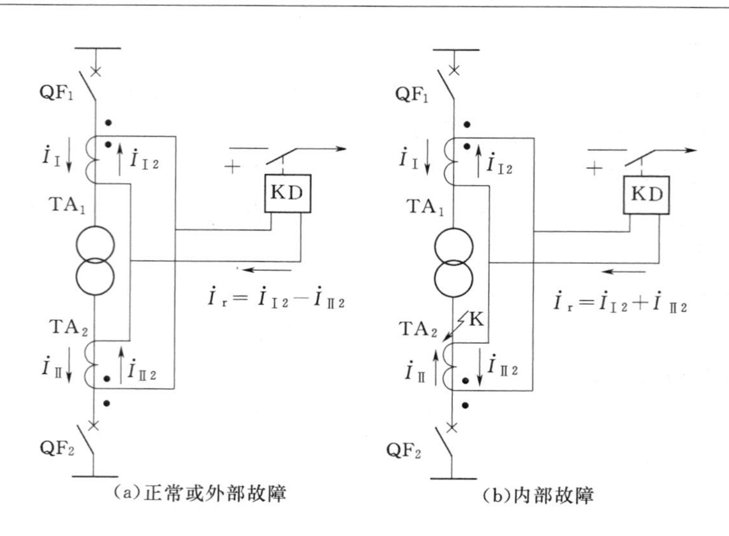

图 12-3　纵差保护单相原理接线图

保护不动作。

（2）内部故障时。此时流入差动保护的电流为两侧二次电流之和，即

$$\dot{I}_r=\dot{I}_{\text{I}2}+\dot{I}_{\text{II}2}=\dot{I}_K \tag{12-2}$$

式中　$\dot{I}_K$——短路点的短路电流二次值，当此电流等于或大于保护的动作电流时，差动保护动作。

七、水电站自动装置

小型水电站常用的自动装置有自动准同期装置、发电机自动调节励磁装置、站用电备用电源自动投入装置、输电线路自动重合闸装置等。

自动准同期装置在本章第二节中介绍，发电机自动调节励磁装置在本书第五章介绍。

（一）备用电源自动投入装置 ATS

1. 备用电源自动投入装置的定义及作用

备用电源自动投入装置是指当工作电源因故障被断开后，能迅速、自动地将备用电源投入或将用电设备自动切换到备用电源上去，使用户不至于停电的一种自动装置，简称 ATS 装置。

小型水电站备用电源自动投入装置用于站用电系统。按水电站站用电可靠性的要求，为了保证水电站的安全，站用电电源必须有两个或两个以上。采用 ATS 装置可以大大提高站用电供电的可靠性。

2. 电源的备用方式

ATS 装置从其电源备用方式上可分明备用和暗备用（互为备用）两种方式。

（1）明备用方式。明备用方式是指具有专门的备用电源或备用设备的一种备用方式。如图 12-4（a）中，变压器 T_1 和 T_2 作为工作变压器，变压器 T_3 作为备用设备。正常工

作时 T_1、T_2 处于工作状态，断路器 QF_1、QF_2、QF_6、QF_7 处于合闸位置，分别向工作母线Ⅰ段和Ⅱ段供电，断路器 QF_3、QF_4、QF_5 断开。当 T_1 或 T_2 发生故障时，变压器保护将其两侧断路器断开，工作母线失压，然后 ATS 装置动作，将 QF_3、QF_4（QF_5）合上，T_3 迅速投入工作，工作母线恢复供电。这种接线称为“明备用”方式。

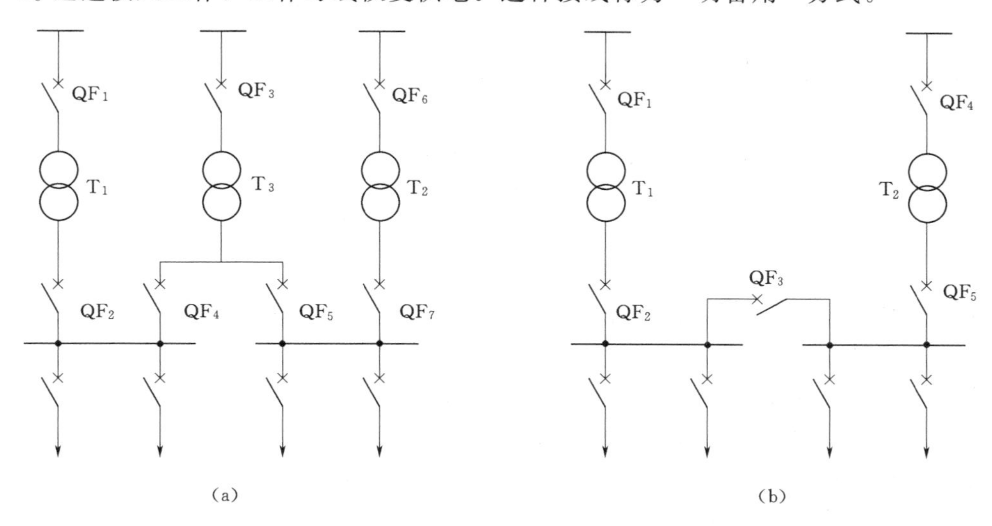

图 12-4 应用 ATS 装置的一次接线示意图

（2）暗备用方式。暗备用方式是指不设专门的备用设备。图 12-4（b）中，在正常运行时，断路器 QF_1、QF_2、QF_4、QF_5 处于合闸位置，变压器 T_1 和 T_2 分别向Ⅰ段、Ⅱ段工作母线供电，分段断路器 QF_3 断开，单母线分段运行。当变压器 T_1 故障时，由保护切除后，ATS 装置自动将 QF_3 投入，Ⅰ段母线的负荷转移到由 T_2 供电；同理，变压器 T_2 故障由保护切除后，Ⅱ段母线负荷转移到由 T_1 供电。这种备用方式称为互为备用方式或称为“暗备用”。

3. 对 ATS 装置的基本要求

（1）工作母线突然失压时 ATS 装置应能动作。工作母线突然失压的主要原因有：工作变压器发生故障，保护将故障变压器切除；接在工作母线上的出线发生故障，由变压器后备保护切除故障，造成工作变压器断开；工作母线故障；工作电源断路器误跳或误操作造成工作变压器退出运行；工作电源消失。因这些原因造成工作母线失压，ATS 装置均应动作，使备用电源迅速投入恢复供电。

（2）工作电源断开后备用电源才能投入。其目的是提高备用电源自动投入装置的动作成功率。若故障点未被切除，就投入备用电源，实际上就是将备用电源投入到故障的元件上，将造成事故的扩大。

（3）ATS 装置应保证只能动作一次。当工作母线发生永久性短路故障时，ATS 第一次动作将备用电源投入后，由于故障仍然存在，保护动作，将备用电源断开。若再次将备用电源投入，对系统造成不必要的冲击，同时还可能造成事故的扩大。

（4）ATS 装置的动作时间以尽可能短为原则。从工作母线失压到备用电源投入为止，其工作母线上有一段停电时间，这段时间为中断供电时间。停电时间愈短，电动机愈容易

自启动，对用户影响也小一些，甚至没有影响。

（5）手动断开工作电源时，备用电源自动投入装置不应动作。

（6）备用电源无压时，ATS不应动作。

4. 备用电源自动投入的一次接线方案

备用电源自动投入装置的接线方案是根据水电站站用电一次接线方案设计。

（1）暗备用电源自投方案。暗备用电源自投方案采用低压母线分段断路器自投接线，如图12-5所示。

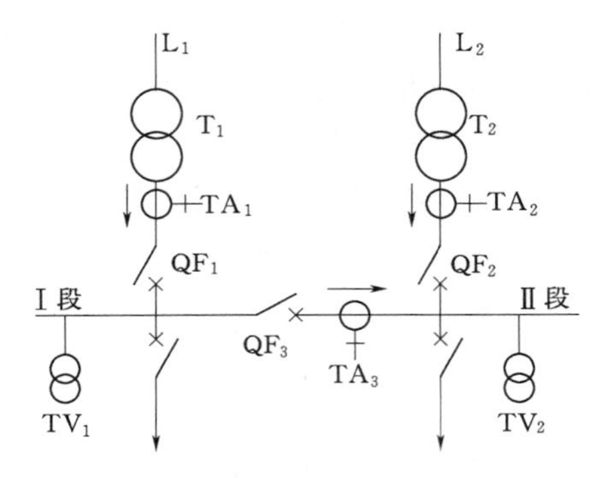

图12-5　暗备用电源自投接线图

由图12-5可知，当主变T_1、主变T_2同时运行，而分段断路器QF_3断开时，一次系统中T_1和T_2互为备用电源，此方案称为暗备用接线方案。

当变压器T_1故障时，保护跳开QF_1，或者变压器T_1高压侧失压，都会引起Ⅰ段母线失压，当ATS装置检查到Ⅰ段母线无压且QF_1已断开，则ATS动作合上QF_3。Ⅰ段、Ⅱ段母线上的负荷由T_2供电。同理，当主变T_2发生故障等相类似的原因，Ⅱ段母线失去电压，当QF_2断开后，ATS动作合上QF_3。

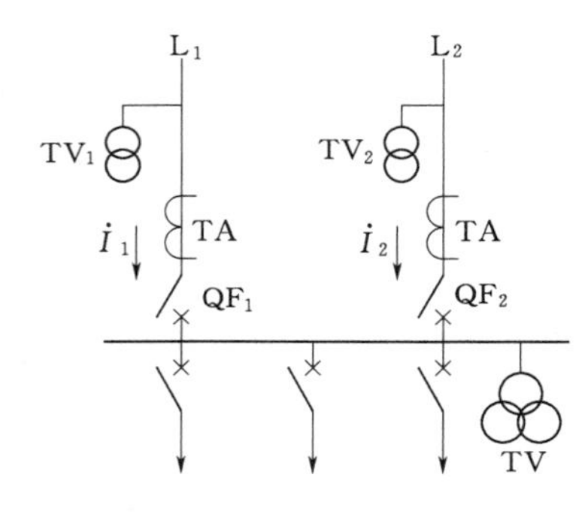

图12-6　明备用电源自投接线图

（2）明备用电源自投方案。明备用电源自投方案接线如图12-6所示。图12-6中L_1和L_2中只有一个断路器在合闸位置，另一个在分闸位置，因此当母线失压，线路L_2有电压，I_1无电流，QF_1确已断开，合上QF_2；或者母线无电压，线路L_1有电压，I_2无电流，QF_2确已断开，合上QF_1。

5. 微机型ATS装置

微机型ATS装置可靠性高，能够根据设定的运行方式自动识别现行运行方案、选择自投方式。自动投入过程还带有过流保护和加速功能。

微机型ATS装置的硬件结构如图12-7所示，装置的输入模拟量包括母线Ⅰ、Ⅱ的三相电压大小、频率和相位，母线Ⅰ、Ⅱ的进线电流。模拟量通过隔离变换后经滤波整形，进入A/D模数转换器，再送入微机CPU模块。

由于微机型ATS装置的功能并不复杂，采样、逻辑功能及人机接口由同一个CPU完成。同时装置对采样速度要求不高，因此，硬件中模数转换器采用普通的A/D模数转换器。开关量输入/输出经光隔处理，以提高抗干扰能力。微机型ATS装置能完全满足对备用电源自动投入装置的基本要求。

（二）自动重合闸装置ARD

1. 自动重合闸装置的定义

自动重合闸装置是一种将事故跳闸的断路器重新自动合闸的装置，简称ARD。在水

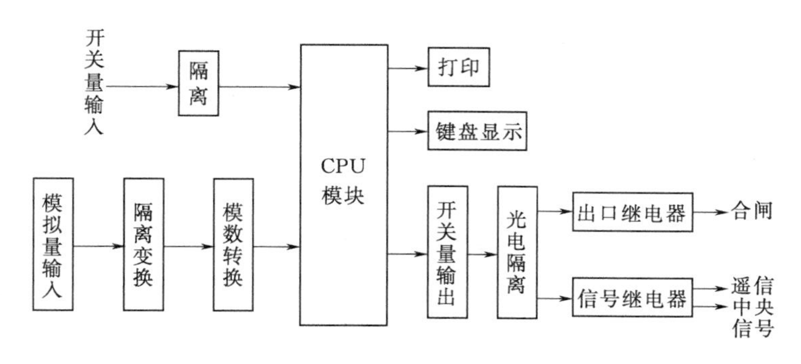

图 12-7　微机型 ATS 装置的硬件结构图

电站自动重合闸装置用于架空输电线路上。

架空线路由于运行环境的特殊，最容易发生故障，自动重合闸是提高输电线路供电可靠性的一种措施。

架空输电线路的故障可分为瞬时性故障和永久性故障两种。运行经验表明，80%～90%以上的故障是瞬时性故障，例如，由雷电引起的绝缘子表面闪络、大风引起的短时碰线、通过鸟类身体的放电及树枝等物掉落在导线上引起的短路等。这类故障由继电保护动作断开电源后，故障点的绝缘水平可自行恢复，故障随即消失，此时，如果重新合上线路断路器，能快速恢复正常供电。而永久性故障一般是因线路倒杆、断线、绝缘子击穿或损坏等引起的，在故障线路电源被断开后，故障点的绝缘强度不能恢复，故障仍然存在，即使重新合上线路断路器，继电保护装置将再次动作跳闸。由于输电线路的故障大多是瞬时性故障，因此，当线路因故障被断开之后再进行一次重合，其恢复供电的成功可能性是相当大的。

2. 自动重合闸装置作用

（1）提高输电线路供电可靠性。

（2）对双端电源线路，可提高电力系统并列运行的稳定性。

（3）可以纠正断路器因本身操作机构或保护误动而引起的误跳闸。

（4）弥补输电线路耐雷水平降低的影响。

3. 对自动重合闸装置的基本要求

（1）对重合闸的启动方式的要求。自动重合闸启动方式宜采用控制开关与断路器位置“不对应”启动方式。所谓“不对应”启动方式是指断路器的控制开关 SA 处于“合闸后”状态而断路器处于跳闸状态，两者位置不对应而启动重合闸。

（2）重合闸装置动作应迅速。

（3）手动跳闸时，重合闸装置不应进行重合。当运行人员手动操作（或通过遥控装置）使断路器跳闸时，是属于正常运行操作，重合闸装置不应动作。

（4）手动合闸于故障线路时，重合闸应闭锁。

（5）重合闸与保护的配合。

（6）重合次数应符合预先的规定。

（7）重合闸装置动作后，应自动复归。

4. 单侧电源线路的三相一次自动重合闸

（1）单侧电源线路三相一次重合闸方式。三相一次重合闸方式是指在输电线路上发生相间短路，继电保护装置动作，将三相断路器同时断开，然后重合闸装置启动，经预定延时将三相断路器重新合上。若故障为瞬时性故障，则重合成功；若为永久性故障，则继电保护再次动作跳开断路器，重合闸不再重合。

当微机保护测控装置检测到断路器跳闸时，先判断是否符合“不对应”启动条件，即检测控制开关是否在“合位”，如果控制开关在“分位”，就不满足“不对应”条件（即控制开关在跳位，断路器也在跳闸位置，它们的位置“对应”），程序将“充电”计数器计时清零，并退出运行。如果没有手动跳闸信号，那么说明“不对应”条件满足，程序开始检测重合闸是否准备就绪，即“充电”计数器计时是否满 20s。如果“充电”计数器计时不满 20s，程序将“充电”计数器清零，并禁止重合；如果计时满 20s，则立即启动重合闸动作时限计时。

（2）软件重合闸的动作逻辑。三相一次重合闸有三种重合闸方式，可采用无条件重合闸、检同期重合闸、检无压重合闸，无条件重合闸适用于单侧电源线路，检同期和检无压重合闸适用于双侧电源线路。

为了保证重合闸的可靠性和稳定性，设置了充电条件，只有充电条件满足后，才可能启动重合闸。

充电条件完成的动作逻辑如图 12－8 所示，重合闸保护元件的动作逻辑如图 12－9 所示。

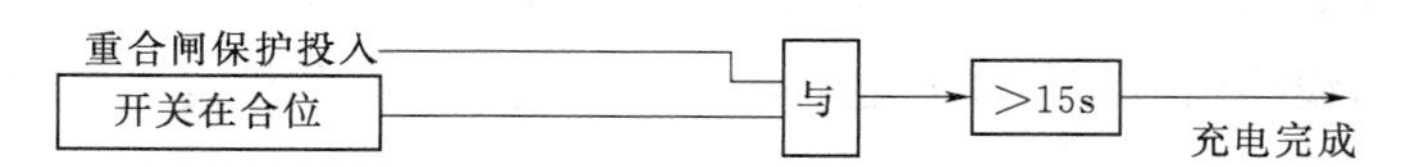

图 12－8　重合闸充电条件完成的动作逻辑图

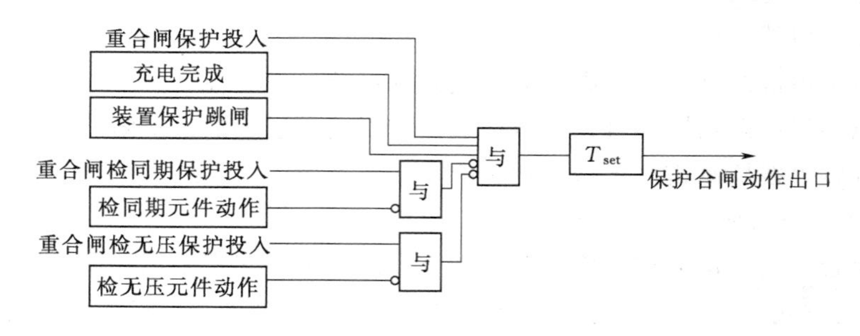

图 12－9　重合闸保护元件的动作逻辑图

图中，T_{set} 为重合闸动作时限定值。

重合闸检同期元件动作判据：线路抽取线电压和母线电压满足相位差（即同期角度）在允许范围内。

重合闸检无压元件动作判据：（线路抽取线电压）$U_{XAB} \leqslant U_{set}$（检无压电压定值）。

5. 自动重合闸的闭锁

在某些情况下，断路器跳闸后不允许自动重合，因此，应将重合闸装置闭锁。重合闸闭锁就是将重合闸“充电”计数器瞬间清零（使电容器放电）。闭锁重合闸主要有以下几

种情况：

（1）手动跳闸或通过遥控装置跳闸。

（2）当手动操作合闸时，如果合到故障线路上，保护会立刻动作将断路器跳闸，此时重合闸不允许动作。程序开始检测重合闸是否准备就绪时，由于重合闸“充电”计数器的计时未满20s，程序将“充电”计数器清零，并禁止重合。

（3）当选择检无压或检同期工作时，检测到母线电压互感器、线路侧电压互感器二次回路断线失压。

（4）检线路无压或检同期不成功时。

（5）断路器弹簧操纵机构的弹簧未储能。

八、小型水电站继电保护与自动装置的配置

（一）水轮发电机保护和自动装置的配置

对于6.3kV及以上的高压机组来说，应从以下几个方面配置保护和自动装置：

（1）主保护：差动保护。反应发电机定子绕组及引出线的相间短路。

（2）复合电压启动过流保护：作发电机主保护的近后备以及相邻元件的远后备。

（3）定子绕组过电压保护：反应发电机甩负荷引起的过电压。

（4）失磁保护：反应发电机励磁电流减小或消失。

（5）定子过负荷保护：反应发电机定子三相对称过负荷。

（6）定子单相接地保护：反应发电机定子单相接地故障。

（7）转子一点接地保护：反应发电机转子一点接地故障。

（8）转子两点接地保护：反应发电机转子两点接地故障。

（9）发电机一般配置自动准同期装置、自动调节励磁装置。

以上（1）、（2）、（3）、（4）、（8）保护动作后跳开发电机出口断路器、跳开灭磁开关、机组作事故停机、并发出事故信号；（5）、（6）、（7）保护动作后发出报警信号。

（二）主变压器保护配置

1. 主保护

（1）差动保护：反应变压器绕组及引出线的相间短路。

（2）重瓦斯保护：反应变压器油箱内的严重故障。

2. 复合电压启动过流保护

作变压器主保护的近后备以及相邻元件的远后备。

3. 过负荷保护

反应变压器三相对称过负荷。

4. 轻瓦斯保护

反应变压器油箱内轻微故障。

5. 油温升高保护

反应变压器油温升高（80～85℃）。

6. 压力释放保护

反应变压器油箱内压力过高。

以上1、2保护动作后跳开变压器各侧断路器，并发出事故信号，以上3、4、5、6保护动作后发出报警信号。对于110kV中性点接地的变压器，除了以上保护，还需要配置接地保护。

（三）10～35kV线路保护配置

1. 反应相间短路的保护

一般采用三段式电流保护，对于短线路可以采用光纤差动保护。保护动作后跳开线路断路器。

2. 反应接地故障的保护

由于10～35kV系统采用中性点不接地系统，接地保护一般采用零序过电压保护，保护动作后发出报警信号。

3. 线路装设三相自动重合闸装置

（四）站用电系统

根据站用变压器容量的大小配置保护。如果站变容量较大，站变高压侧采用断路器，则站变配置阶段式电流保护装置；如果站变容量较小则高压侧采用熔断器作短路保护。小型水电站站用电系统一般在电源低压侧设置备用电源自动投入装置。

（五）母线保护

一般6～35kV母线不设专门的保护，采用母线相邻元件的保护兼作母线保护。如发电机的后备保护兼作发电机母线保护，主变的后备保护兼作主变高压侧母线的保护。

第二节　水电站电气二次回路

一、水电站电气二次回路概述

（一）水电站电气二次回路的作用及内容

水电站的电气设备通常分为一次设备和二次设备两大类。

一次设备是指直接生产、输送和分配电能的高压设备。主要包括发电机、变压器、断路器、隔离开关、电压互感器、电流互感器、母线、电力电缆、输电线路等。

二次设备是指对一次设备或元件进行监视、测量、控制、调节、保护的低压电气设备。如继电器、测量表计、控制开关、信号灯、熔断器等。由二次设备相互连接构成对一次设备进行监视、测量、控制、调节、保护的电气回路称为二次回路或二次接线。

水电站电气二次部分包括以下内容：测量与监视系统，控制系统，信号系统，同期系统，继电保护系统，自动装置，操作电源等。

（二）二次回路按电源的性质分类

1. 交流电流回路

由电流互感器TA供电。电流互感器将大电流变为小电流，互感器二次侧的额定电流为5A或1A。

2. 交流电压回路

由电压互感器 TV 供电。电压互感器将高电压变为低电压，互感器二次侧的额定电压为 100V。

3. 直流（控制和信号）回路

由操作电源直流 220V 供电。

（三）二次回路的特点

与一次回路比较，二次回路具有小电流、低电压、回路多、多系统联合工作、接线复杂等特点。

（四）二次接线图类型

二次接线图分为原理图和安装图两大类。

1. 原理接线图

工程上原理接线图常采用展开图的形式表达。按照二次回路供电电源不同分为交流电流回路、交流电压回路、直流控制回路以及信号回路等。

2. 安装接线图

安装接线图是为了二次回路安装的需要，安装图分为以下几种：

（1）屏面布置图：表示屏上设备或元件的安装位置。

（2）屏后接线图：表示屏内设备之间的连接关系。

（3）端子排接线图：表示屏内设备与屏外设备的连接。

二、高压断路器控制回路

（一）高压断路器及操作机构的类型

目前新建或者经过技术改造的小型水电站，使用的 6～35kV 断路器主要采用真空断路器或 SF_6 断路器，其操作机构也主要采用弹簧储能操作机构。即断路器利用弹簧储存的能量进行合闸。弹簧储能操作机构与电磁操作机构相比较，合闸电流小。

（二）高压断路器的控制方式以及对控制回路的基本要求

1. 高压断路器的控制方式

小型水电站高压断路器一般采用就地控制和远方（中控室）控制两种操作方式。

就地控制方式是指在断路器的安装现场发出跳、合闸操作命令的控制方式。

远方控制方式是指在电站中控室对断路器发出操作命令的控制方式。

2. 对断路器控制回路的基本要求

（1）跳、合闸线圈不允许长期带电。

（2）具有防止断路器产生跳跃的闭锁措施。

（3）具有断路器工作状态的位置信号。

（4）具有监视断路器跳、合闸回路及操作电源完好的措施。

（5）对有同期并列要求的控制回路，应有防止非同期并列的闭锁措施。

（6）对弹簧储能操作的断路器，弹簧储能不到位，应闭锁合闸。

3. 断路器控制回路的基本组成部分

断路器控制回路一般由操作命令单元、执行（操作机构）单元、连接导线和控制电源四部分组成。

（三）高压断路器控制回路举例

以一台6kV真空断路器、弹簧储能操作机构、操作电源DC 220V为例说明。

1. 断路器控制回路原理接线图

如图12-10所示，图中符号说明：

SA——控制开关；YC——合闸线圈；YT——分闸线圈；QF_{1-2}——断路器辅助接点；GN——绿灯；HD——红灯；BD——白灯；

Q_1——弹簧行程开关常开接点，当弹簧拉到储能位置时，Q_1闭合；

Q_2——弹簧行程开关常闭接点，当弹簧未储能时，Q_2闭合。

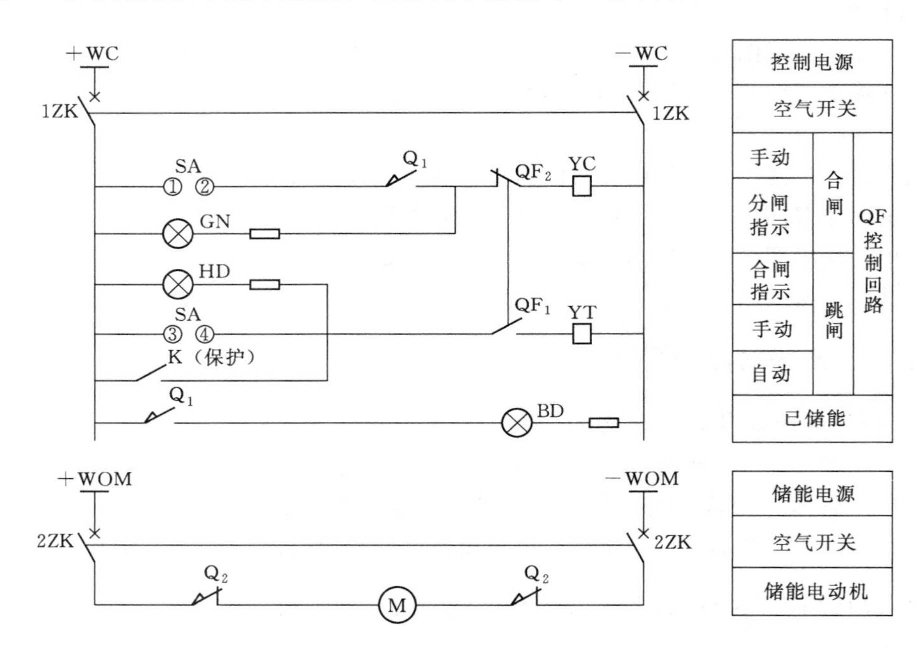

图12-10　断路器控制回路原理接线图

2. 断路器控制回路工作原理分析

（1）手动合闸。当弹簧已储能，弹簧行程开关常开接点Q_1闭合，操作SA发出合闸命令，合闸回路接通，合闸线圈YC带电，弹簧释放能量，断路器合闸，合闸位置信号灯红灯亮。

（2）手动跳闸。操作SA发出跳闸命令，跳闸回路接通，跳闸线圈YT带电，在电磁力作用下，断路器跳闸，跳闸位置信号灯绿灯亮。

（3）自动跳闸。当保护动作发出跳闸命令时，K（继电器接点）闭合，断路器跳闸。

（4）储能电动机自动控制。当弹簧未储能时，弹簧行程开关常闭接点Q_2闭合，接通电动机电源，电机工作进行储能，储能到位后，Q_2断，电动机停，储能信号灯亮。

三、同期系统

（一）有关同期的概念

当水电站并入电网运行时，必须作同期并列操作。

1. 同期并列的定义

将发电机投入电力系统并列运行的操作过程，称为同期或者同步（并网）。

2. 准同期并列方式

准同期并列方式是指当发电机转子加入励磁电流，发电机机端建立了电压，待符合准同期并列条件后，将发电机出口断路器合闸。

3. 准同期并列条件（实际条件）

待并侧与系统侧电压差 $\Delta U \leqslant \pm 10\% U_N$，待并侧与系统侧频率差 $\Delta f \leqslant \pm 0.1 \sim 0.25$Hz，待并侧与系统侧电压相位差 $\delta \leqslant 10°$。

4. 准同期并列操作方式的类型

准同期并列操作方式分为手动准同期和自动准同期两种方式。

5. 同期点的选择

水电站下列断路器应选择为同期点：

（1）发电机出口断路器。

（2）升压变压器高压侧或低压侧断路器。

（3）双侧电源线路断路器。

（4）单母线分段断路器。

（二）小型水电站同期装置的配置方案

1. 对于采用常规监控方式的水电站

一般全站设一套手动准同期装置，全站共用。同期系统接线复杂，现已基本淘汰。

2. 对于微机监控方式的水电站

一种方案是全站设多套微机准同期装置，即每台发电机出口断路器设一套，其他同期点共有一套。另设一套或多套手动准同期装置作备用。

另一种方案是不设独立的微机准同期装置，而是将同期的功能附设在各个设备的现地监控单元内。同时设一套或多套手动准同期装置作备用。

（三）手动准同期装置

1. 手动准同期装置的组成

手动准同期装置由切换开关、组合式同期表（MZ-10）、同步检查继电器、转角变压器等元件组成。其中切换开关用于“自准/手准”方式的选择；组合式同期表用于检查同期条件是否满足，同步检查继电器用于闭锁非同期并列。

2. 手动准同期操作步骤

（1）发电机组已开机、起励建压。

（2）同期方式切到“手准”方式。

（3）调整发电机电压、频率与系统一致。

（4）观察组合式同期表指针的指示情况，当同期条件满足时，发出合闸命令，断路器合闸（并网）。

（四）微机准同期装置

微机准同期装置由硬件和软件组成。

（1）硬件电路。如图12-11所示为典型微机准同期装置的硬件原理图。其主要由主机（微机）、输入/输出接口、输入/输出过程通道、人机联系设备等组成。

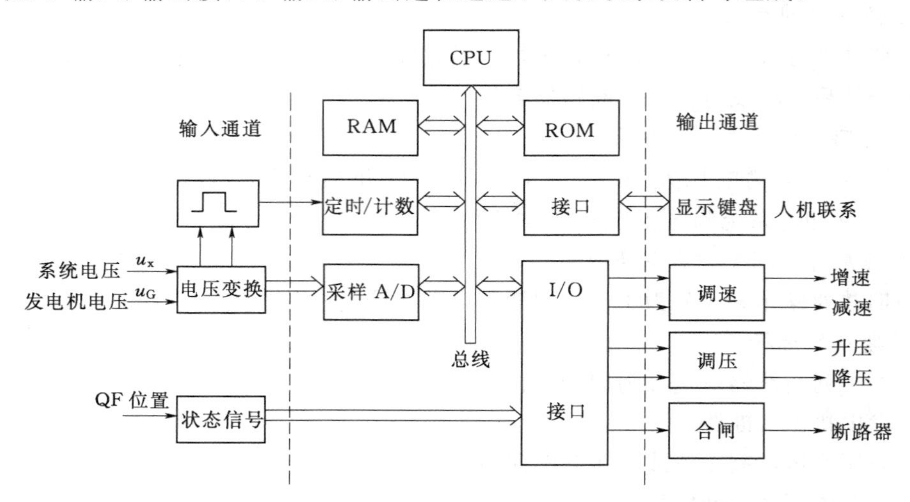

图12-11　典型微机准同期装置的硬件原理图

（2）软件功能。微机准同期装置借助于微机高速处理信息的能力，利用编制的程序，在硬件的配合下实现发电机并列操作。

第三节　水电站微机监控系统

一、微机监控系统的组成与任务

随着计算机在电力系统的广泛应用，近几年来农村小型水电站越来越多地使用计算机来监视、控制和管理电站，这是小型水电站发展的趋势。作为水电站实时监控保护的计算机，几乎都采用微型计算机，简称微机。实际应用中的微机一般都采用工业计算机IPC、单片机SCM和可编程控制器PLC。

由于计算机监控系统的强大功能，使得小型水电站的自动化水平得到了很大的提高。水电站采用“无人值班，少人值守”的运行模式得到了基本实现，水电站的安全性和经济效益得到大大提高。

（一）微机监控系统的组成

水电站微机监控系统是指利用计算机对水电站电能生产过程进行控制的一种设备集成。系统主要由硬件设备、控制软件和计算机通信网络三大部分组成。

1. 硬件部分

系统的硬件部分主要由主机（微型计算机）、过程输入/输出通道、人机联系部分及电源组成。

（1）主机：用于完成水电站控制层的数据处理及控制。

系统站控层的主机，又称上位机，一般采用工业控制计算机。其特点是可靠性高、实时性好、环境适应性强、系统扩展性好、系统通信功能强、系统具有开放性（兼容）。

系统现地单元层的主机，一般采用可编程控制器和单片机。

（2）过程输入/输出通道：过程输入/输出通道的作用是将生产过程中的各种物理量（开关量、模拟量、脉冲量）采集处理后输送给计算机，经过计算机运算、处理后再输出给执行机构。

常见的输入、输出通道有：

1）开关量输入 DI，开关量输出 DO。

2）模拟量输入 AI。

2. 软件部分

微机软件分为系统软件和应用软件两大类。

（1）系统软件是微机基本配置的软件，包括操作系统、监视、诊断程序、数据库系统、通信网络软件等。

（2）应用软件是针对水电站的生产过程，按照监控系统需要完成的功能而设计的程序。一般包括基本运算、逻辑运算、数据采集及处理、控制运算、控制输出、打印输出、数据存储、操作处理、显示管理等。

（二）微机监控系统的任务

（1）在水电站中控室以一个指令完成机组开机、并网或停机，即实现一键开、停机操作；事故时实现自动停机。

（2）对全站设备运行工况实现集中监控，实现对全站主要运行参数的自动检测和登录。

（3）调整机组的有功功率和无功功率。

（4）实现对机组附属设备、全厂辅助设备的自动控制。

（三）微机监控系统的结构

主要有以下几种：

1. 集中式监控系统

这种结构的系统是水电站只设置一台或两台微机对全站进行集中监视和控制。这种结构的系统可靠性差。早期采用微机监控的水电站一般采用此监控方式。

2. 分布式监控系统

分布式监控系统是以控制对象分散为主要特征，以控制对象为单元设置多套监控装置，构成电站的现地控制单元，完成控制对象的数据采集和处理、控制和调节以及数据通信等功能。

3. 分层分布式监控系统

水电站分布式监控方式一般与电站的分层控制相结合，形成水电站的分层分布式控制系统。这种系统的特点是被控设备的大量信息实现了就地采集处理，就地完成控制任务，提高了信息处理的效率和实时性，被控设备可以独立完成监控功能，即某一设备的控制系统出现故障时，不会影响其他设备的正常工作。目前水电站广泛采用这类监控系统。

二、水电站分层分布式微机监控系统结构

（一）分层分布式监控系统的网络结构

小型水电站由于机组台数少，相应的设备不多，分层分布式监控系统结构一般分为两层，分布式按被控对象设置现地控制单元。

1. 分层

按监控系统管理的功能不同进行分层，可分为两层。即站控层（中央控制层或厂级层）和现地层。

（1）站控层：站控层的功能是对全站生产过程进行管理。一般由系统服务器（兼作操作员工作站）、操作员工作站（上位机）、通信工作站、UPS电源（逆变电源）、GPS（校时）、网络交换机、打印机等设备组成。

（2）现地层：针对某一特定控制对象而设置的远方智能终端设备（RTU），具有一定储存、处理信息的能力。其功能是直接面向电站的控制对象，上传下达，直接对生产过程进行控制。现地层由各种现地控制单元（LCU）组成。

2. 分布

按水电站的被控制对象分别设置现地控制单元，以提高系统的可靠性。

水电站的被控制对象有：水轮发电机机组、机组主阀及辅助设备、主变、线路，以及全站的公用设备。公用设备包括站用电系统、直流系统、供排水系统，前池闸门等。

水电站现地控制单元一般设置以下几种：机组LCU、升压站（开关站）LCU、公用LCU、坝区（闸门）LCU。不同类型的LCU由于控制对象不同而实现不同的功能。

（二）分层分布式微机监控系统的优点

（1）系统可靠性高，局部故障不会导致整个系统瘫痪。

（2）系统内多微机工作，系统资源共享，实现就近数据处理，提高了系统的实时性。

（3）采用计算机局域网络技术，增加通信能力，信息传输快。

三、站控层的功能

主要功能如下：

（1）信息采集和参数监视。

（2）控制与调节等（包括机组开停机顺序控制，机组的有无功功率调节，断路器的分合闸操作，主阀的开关，油、水、气电动阀门的开关控制等）。

（3）运行监视和事件报警。

（4）综合量计算。

（5）事件记录。

（6）运行报表、历史负荷曲线查询。

（7）统计和制表打印。

（8）人机联系功能。

（9）通信。

（10）系统自诊断和自恢复。

四、现地控制层的功能

1. 机组 LCU 的功能

（1）数据采集和处理。

（2）安全运行监视。

（3）操作控制与调节。

（4）自动并列。

（5）历史事件顺序记录。

（6）通信。

（7）人机接口。

（8）自诊断、自恢复。

（9）自动切换。

2. 开关站 LCU 的功能

（1）对升压站设备（主变、输电线路）进行监测，即对各个设备的运行参数、状态进行采集和监视。

（2）对升压站设备（主变、输电线路）进行控制，即对各个断路器、隔离开关进行合闸、跳闸操作。

3. 公用 LCU 的功能

对全厂公用设备包括技术供水、集水井排水、气系统、站用电系统、直流系统等进行监视控制。如水位、压力、母线电压等。

4. 坝区（取水口）LCU 功能

（1）对坝区各关键部位的水位进行监视。

（2）对坝区各闸门（进水闸、泄洪闸）进行控制，重点是泄洪闸门的自动控制。

五、水电站微机监控系统的数据通信

1. 数据通信的定义

计算机与通信线路结合完成编码信息的传输、转接、存储和处理的通信技术。

2. 数据通信方式

（1）并行通信：数据同时传输，通信速度快，但线路多，成本高，不宜远距离通信。

（2）串行通信：数据一位一位顺序传送，线路少，速度慢，传输距离长。

3. 通信传输介质

通信传输介质主要有：双绞线、同轴电缆和光导纤维等。

（1）双绞线。双绞线是最常用的传输介质，一对双绞线是由包裹有绝缘材料的两根高纯度的铜制成的导线，按规则的方法扭绞起来构成。在实际应用中，通常将若干对双绞线捆成电缆，在其外面加上护套。当在双绞线的外面套上一个用金属丝编织而成的屏蔽层，则可以增加其抗外界干扰能力，称为屏蔽双绞线。

（2）同轴电缆。同轴电缆是一种使用铜质导体的传输介质，由中心内导体、绝缘层、网状编织的外导体屏蔽层以及保护塑料外套或钢带从里到外包裹而成。通常按照特性阻抗值的不同，可以将同轴电缆分为 50Ω 和 75Ω 两大类。

与双绞线相比，同轴电缆的传输通频带更高，传输损耗更小，机械强度更大，且抗外界干扰能力更强，适合于较高速率的信号传送，但其结构复杂，投资较高。

（3）光导纤维。光导纤维简称光纤，是基于光脉冲传送的新型传输介质。由于光纤非常脆弱，因此在实际使用中，通常将若干根光纤做成比较结实的光纤电缆，一根光纤电缆中包括一至数百根光纤，以满足工程施工的强度要求。

4. 水电站常采用的通信方式

（1）串行通信（如 RS485）。

（2）现场总线通信（如 CAN）。

（3）工业以太网等。

串行通信方式常用于现地控制单元，并有多个串行接口。现场总线通信方式是一个开放式的互联网络，既可以与同层网络互联，也可以与不同层的网络互联。工业以太网使用屏蔽双绞线、非屏蔽双绞线以及光纤。

六、水电站监控系统的数据采集

1. 数据采集的定义

将生产过程的物理量进行采集、转换成数字量后，再由计算机进行存储、处理、显示或打印的过程。并通过通信上传给上位机（站控层）系统。

2. 数据采集的分类

按采集参数的性质分类

（1）模拟量：随时间连续变化的物理量，包括电气量和非电气量。

（2）开关量：反应设备位置或状态以及保护和自动装置动作的量。

3. 数据处理过程

（1）对于非电量，采用传感器变为标准的电信号，再送入计算机处理。

（2）对于电气量，通过电流、电压互感器将大电流变为小电流，将高电压变为低电压，再经过变换器变为标准的电信号送入计算机处理。

（3）对于开关量，通过光电隔离送入计算机处理。

4. 小型水电站运行监视的主要参数和状态

（1）水轮发电机组。

1）电气量：定子电流、电压，频率，有功、无功功率，功率因数，励磁电流、电压。

2）非电量：机组转速，轴承温度，油槽的油位，发电机定子绕组及铁芯温度，调速器的油压等。

3）开关量：第一类是反应断路器、隔离开关、灭磁开关、主阀、导叶行程等的位置状态。

第二类是越限报警的信号，如机组转速、温度、冷却水中断、油槽油位、调速器的油压、机组制动、回复信号、电气保护动作信号等。

(2) 主变压器。

1) 电气量：变压器高低压侧的电流，有功、无功功率。

2) 非电量：油温，油位等。

3) 开关量：变压器断路器、隔离开关等的位置。

(3) 输电线路。

1) 电气量：电流，有功、无功功率，功率因数。对于电站上网线路还需要监视系统的电压和频率。

2) 开关量：线路断路器、隔离开关、接地刀的位置。

(4) 母线：主要是监视母线电压和频率。

(5) 站用电：主要监视站变低压侧的三相电流、电压、有功功率等。对干式变压器还需要监视温度。

(6) 公用系统。前池、尾水水位，气压系统的压力，技术供水系统（冷却水）的流量和压力，集水井的水位等。

七、微机监控系统抗干扰措施

水电站电气设备多，形成了较强的磁场，机组运行中的振动、潮湿、灰尘、过电压等因素，对微机监控系统运行，特别是对通信系统的影响很大，严重时将引起监控系统瘫痪。

(一) 监控系统的干扰源

1. 来自系统外界

强电磁场、断路器和继电器的断合、设备的操作产生的电磁冲击波、雷电、温度、湿度引起的干扰以及供电电源的干扰。

2. 监控系统本身

系统结构布局和元件装配不当，元件质量及生产工艺、软件的设置等因素。

从以下三个方面考虑：

一是采用避错技术。避错就是采用高可靠的设备和元件，选择有效的信号通道和系统设计线路，采取完善的制造工艺，保证硬件的质量。

二是采用容错技术。即通过冗余设计保证当系统出现故障时仍能提供正常信息，冗余设计是指系统使用的元件数量超过正常的要求。

三是软件采用抗干扰的软件设计。如滤波、隔离与稳压、接地、过压吸收（氧化锌压敏电阻)、数据冗余、自诊断等。

(二) 监控系统防干扰的措施

1. 微机供电系统的抗干扰措施

(1) 隔离：采用隔离变压器。

(2) 稳压：采用 UPS 电源。

(3) 过压吸收。

2. 监控系统过程通道的抗干扰

(1) 隔离技术：光电隔离、变压器隔离。

(2) 屏蔽技术。

(3) 接地技术。

3. 强、弱电电缆分开敷设

略。

4. 户外设备参数的接入

如前池、取水口的水位、压力、变压器的温度等，应在引入线处加装性能良好的防雷模块，尽量缩短连接线长度。

八、可编程控制器（PLC）简介

1. 可编程控制器的定义与分类

国际电工委员会对可编程控制器的定义是：可编程控制器是一种数字运算操作的电子系统，专为在工业环境下应用而设计，可以控制各种类型的机械或生产过程。可编程控制器实际上是一种通用的工业控制器。

可编程控制器按其输入/输出的接线根数（也称为I/O点数）将其分为小型、中型和大型。小型PLC的I/O点数在128点以下，中型PLC的I/O点数在128～512点，大型PLC的I/O点数在512点以上。小型水电站采用的PLC一般在128点以下。在水电站中，PLC主要用于机组的开、停机控制；机组主阀或闸门的控制；调速器的控制；调速器油泵电动机控制等。

2. PLC的优点

(1) 可靠性高、抗干扰性强。

(2) PLC采用面向控制过程的逻辑语言。梯形图语言形象直观，编程操作简单，容易学会。

3. PLC的结构形式

PLC的结构形式一般有整体式单元结构和模块化结构两大类。用于机组控制的PLC一般采用模块化式结构的，其构成模块有电源模块、CPU（中央处理器）模块、开关量输入模块（DI）、开关量输出模块（DO）、模拟量输入模块（AI）几种。用户在配置PLC系统时，只用根据需要实现的功能选择满足要求的模块，并将所有模块组装在一起，就可组成完整的PLC系统。用于电动机、主阀、闸门控制的PLC一般采用整体式单元结构。

某水电站机组（立式）PLC模块的配置如下：

电源模块（1个），CPU（中央处理器）模块（1个，带通信），开关量输入模块DI（3个，每个32点），开关量输出模块DO（2个，每个32点），模拟量输入模块AI（1个，16通道）。

4. PLC的开入、开出量

表12-1、表12-2是某小型水电站机组LCU屏中PLC的点数和开出量、模拟量。

表 12-1　　水轮发电机组 PLC 开入量点数表

开入量 DI		开入量 DI		开入量 DI	
序号	定　义	序号	定　义	序号	定　义
1	发电机断路器合位	21	水导油位异常	41	调速器锁定投入
2	发电机断路器分位	22	推力轴承温度升高	42	调速器锁定退出
3	断路器未储能	23	推力轴承温度过高	43	励磁快熔熔断
4	隔离开关合位	24	上导轴承温度升高	44	过励限制
5	主阀全开	25	上导轴承温度过高	45	低励限制
6	主阀全关	26	下导轴承温度升高	46	起励失败
7	导叶全关	27	下导轴承温度过高	47	励磁调节器故障
8	导叶空载	28	水导轴承温度升高	48	励磁 TV 断线
9	导叶全关	29	水导轴承温度过高	49	励磁控制电源故障
10	转速≥140%	30	机组巡检温度升高	50	励磁风机故障
11	转速≥115%	31	剪断销剪断	51	灭磁开关合位
12	转速≥95%	32	调速器油压正常	52	灭磁开关分位
13	转速≤35%	33	调速器油压降低	53	发电机电气事故
14	转速≤5%	34	调速器油压过低	54	手动开机令
15	机组制动	35	调速器油压事故降低	55	手动停机令
16	机组制动复位	36	调速器故障	56	紧急停机令
17	上导冷却水中断	37	调速器 1# 油泵工作	57	紧急复归
18	下导冷却水中断	38	调速器 1# 油泵故障	58	自动同期失败
19	上导油位异常	39	调速器 2# 油泵工作	59	备用
20	下导油位异常	40	调速器 2# 油泵故障	60	备用

表 12-2　　水轮发电机组 PLC 开出量 DO、模拟量 AI 表

开出量 DO		开出量 DO		模拟量 AI（4～20mA）	
符号	定　义	符号	定　义	符号	定　义
1KA	合灭磁开关	17KA	关闭冷却水电磁阀	通道 1	励磁电流
2KA	分灭磁开关	18KA	投入调速器锁定	通道 2	励磁电压
3KA	起励	19KA	退出调速器锁定	通道 3	技术供水压力
4KA	增磁	20KA	启/停调速器 1# 油泵	通道 4	机组蜗壳压力
5KA	减磁	21KA	启/停调速器 2# 油泵	通道 5	压力钢管压力
6KA	灭磁	22KA	事故报警	通道 6	
7KA	调速器开机	23KA	备用	通道 7	
8KA	调速器停机	24KA	备用	通道 8	
9KA	增功	25KA	备用		
10KA	减功	26KA	备用		

续表

开出量 DO		开出量 DO		模拟量 AI（4～20mA）	
符号	定　义	符号	定　义	符号	定　义
11KA	紧急停机	27KA	备用		
12KA	打开主阀	28KA	备用		
13KA	关闭主阀	29KA	备用		
14KA	投入机组制动	30KA	备用		
15KA	复归机组制动	31KA	备用		
16KA	投入冷却水电磁阀	32KA	备用		

第四节　微机监控系统运行操作与维护

一、微机监控系统的主要技术指标

（1）可靠性。系统的可靠性可以用平均故障间隔时间、可利用率、可维护性三个指标来表示。

1）平均故障间隔时间。主机不小于18000h；现地控制单元不小于26000h。

2）可利用率。监控系统的可利用率不小于99.4%。

3）设备平均故障排除时间应不大于0.5h。

（2）实时响应性。

1）状态和报警点采集周期：1s或2s。

2）模拟点采集周期：电量1s或2s，非电量1～30s。

3）事件顺序记录点（SOE）分辨率：1级＜20ms，2级＜10ms，3级＜5ms。

4）LCU接受命令到执行时间＜1s。

（3）可适应性和可扩展性。

（4）良好的抗干扰和防震性能。

（5）灵活方便的人机联系功能。

二、微机监控系统的正常运行

（一）运行方式

1．上位机运行方式

（1）在中控室上位机上操作作为电站经常的运行方式。

（2）在中控室上位机系统发生故障或站控层与现地层通信中断的情况下采用现地层控制方式，此时控制权切至现地控制单元进行现地控制。

2．微机监控系统供电方式

（1）上位机监控系统采用UPS电源供电，电源的容量一般为2～3kVA。

（2）现地控制单元设备采用交流、直流同时供电，交流、直流任何一路掉电均不影响

装置运行。

3. 现地控制单元 LCU 运行方式

现地控制单元通过触摸屏实现现地人机接口。现地控制单元上“现地”按钮可以进行“现地/远方”控制切换。按下时为“现地控制”，此时现地控制单元只接受通过现地控制层人机界面、现地操作开关、按钮等发布的控制和调节命令；站控制层只能采集、监视来自各 LCU 的运行信息和数据，而不能直接对具体控制对象进行远方控制与操作。当弹出“远方控制”时，现地层才能与站控层（上位机）进行操作。

（二）上位机的操作

操作前应检查上位机画面是否实时显示，即设备画面颜色是否与跟踪的设备实际状态一致；计算机反应速度是否正常；通信是否正常。确认计算机监控系统正常后，方可对设备进行操作。

1. 用户（操作员）登录

每一个用户在登录系统后才能进行一些相关的控制操作，此后用户使用计算机对设备的一切控制操作计算机将给予记录。

2. 对上位机控制操作的基本要求

（1）当运行人员登录系统后，对于机组、断路器和辅助设备等对象可进行控制操作。

（2）选择操作条件满足（呈灰色的项目表示操作条件不满足）且需要操作的项目，确认后点击“执行”按钮，对话框关闭。

（3）在弹出的确认对话框，确认后点击“确认”按钮，控制命令即可发出。

说明：各个监控系统制造厂家对上位机操作画面的设置不完全相同。可参考监控厂家提供的操作说明书。

3. 上位机执行机组顺序控制流程

上位机上可对机组执行下列操作：

（1）停机转空转。

（2）停机转空载。

（3）停机转发电（并网）。

（4）空载转发电。

（5）发电转空载。

（6）发电转停机等控制流程。

4. 水轮发电机组正常开机过程

（1）开机条件。

1）发电机断路器未合。

2）水轮机导叶全关。

3）机组制动回复。

4）机组无事故。

5）灭磁开关未合（此条件只针对可控硅半控桥励磁的发电机，对于全控桥励磁的发电机不需要此条件）。

（2）开机流程。

1）确认开机条件满足，发开机令。

2）投入机组冷却水及发电机冷却装置。

3）退出调速器锁定。

4）调速器开启导叶，从“全关”开至“空载”。

5）当机组转速到达额定时，合灭磁开关。

6）发电机起励，建压至额定。

7）同期装置工作，当同期条件满足时发出合闸命令，发电机并网发电。

8）运行人员根据来水量，调整发电机的有功、无功功率。

（3）在上位机执行发电机组正常开机的具体操作。

1）检查待开机的机组 LCU 在“远方”控制状态。

2）在上位机上调出机组开机流程监视图。

3）检查待开机组已满足开机条件。

4）点击发电机的机组图符，弹出执行对话框。

5）点击“发电（并网）”按钮。

6）点击“执行”按钮，弹出“确认”对话框。

7）确认机组流程正确后，点击“确认”按钮。

8）监视上位机机组开机流程的执行过程。

5. 水轮发电机组正常停机过程

（1）机组正常停机流程。

1）卸负荷，即减有功（调速器关导叶至“空载”）、减无功（减小励磁电流）接近零。

2）跳发电机断路器。

3）减磁后跳灭磁开关，进行灭磁（只针对晶闸管半控桥励磁的发电机，对于全控桥，不跳灭磁开关，采用晶闸管逆变灭磁）。

4）调速器关导叶至“全关”。

5）待机组转速下降至35%额定转速时，投入机组制动装置（刹车）。

6）当机组停机后，投入制动回复。

7）关闭机组冷却水及发电机冷却装置。

8）检查机组状态。

（2）运行人员在上位机执行发电机组正常停机的具体操作。

1）检查待开机组 LCU 在“远方”控制状态。

2）在上位机上调出机组停机流程监视图。

3）点击发电机的机组图符，弹出执行对话框。

4）点击“停机”按钮。

5）点击“执行”按钮，进行确认。

6）监视上位机机组停机流程的执行过程。

6. 水轮发电机组事故停机

（1）小型水电站作用于事故停机的保护有以下几种：

1）发电机电气事故。

2）机组轴承温度过高（65～70℃）。

3）调速器事故低油压。

（2）事故停机流程。

1）当事故停机的保护动作时，同时发出三个命令，即跳发电机出口断路器，跳发电机灭磁开关，机组事故停机（调速器将导叶直接关到“全关”位置）。

2）待机组转速下降至35%额定转速时，投入机组制动装置（刹车）。

3）当机组停机后，投入制动回复。

4）关闭机组冷却水及发电机冷却装置。

7. 水轮发电机组紧急事故停机

（1）小型水电站作用于紧急事故停机的保护有以下两种：

1）机组过速保护（转速达到140%）。

2）事故停机过程中剪断销剪断。

（2）当机组出现特殊情况需要紧急停机时，运行人员可以操作紧急停机按钮发出停机命令。

（3）紧急事故停机流程。当紧急事故停机的保护动作时，同时发出四个命令：跳发电机出口断路器，跳发电机灭磁开关，机组事故停机，关闭机组主阀。以后流程同事故停机。

8. 断路器的操作

（1）断路器（针对不需要进行同期操作的断路器）合闸操作步骤。

1）检查待操作断路器状态指示为绿色（即分闸状态）。

2）检查断路器在“远方”控制状态。

3）点击画面索引上单对象控制图标，调出单对象控制画面。

4）点击要操作的断路器，在弹出的对话框中点击“合闸”键。

5）点击“执行”键，弹出“确认”对话框。

6）确认操作主机显示断路器合闸指令正确后，点击“确认”键。

7）监视操作的断路器状态指示转为红色（即合闸状态）。

8）现地检查断路器合闸位置。

注：执行断路器其他合闸的控制程序与上述执行步骤相同。

（2）断路器分闸操作步骤。

1）检查待操作断路器状态指示为红色。

2）检查断路器在“远方”控制状态。

3）点击画面索引上单对象控制图标，调出单对象控制画面。

4）点击要操作的断路器，在弹出的对话框中点击“分闸”键。

5）点击“执行”键，弹出“确认”对话框。

6）确认操作主机显示断路器分闸指令正确后，点击“确认”键。

7）监视操作的断路器状态指示转为绿色。

8）现地检查断路器分闸位置。

9. 上位机调整机组负荷的操作

(1) 检查机组在发电态，无负荷调节限制。

(2) 直接点击该机组画面的“增有功”或“减有功”按钮调节有功功率，点击“增无功”或“减无功”按钮调节无功功率。

10. 其他

(1) 历史负荷曲线查询。

(2) 事件查询。

(3) 监视各个状态量的突变。

(三) 现地控制单元的操作

1. 机组 LCU 的操作与监视

(1) 机组 LCU 投入运行。确认装置具备运行条件，检查各模件插接到位，且接线良好，各连接电缆接线完好、无误，测试绝缘合格；检查柜上各个电源开关及信号灯是否正常；检查 PLC 运行正常。

(2) 机组 LCU 退出运行。检查机组 LCU 和上位机无控制流程执行；断开柜上各个电源开关。

(3) 机组 LCU 触摸屏上的操作。

1) 触摸屏上能够进行机组几种工况进行转换。

2) 调节有功、无功功率。

3) 查看机组各个开关量的状态。

4) 查看机组的运行参数。

2. 公用 LCU 的操作与监视

(1) 监视前池的水位，具有越限报警功能。

(2) 技术供水系统的自动控制。

(3) 集水井排水系统的自动控制。

3. 取水口（坝区）LCU 的操作与监视

(1) 取水口（坝区）水位监视。

(2) 取水口（坝区）泄洪闸门的操作。

1) 现场手动操作，在闸门控制箱上对闸门进行开启和关闭操作。

2) 在取水口控制室的 LCU 屏上进行操作。

3) 当水位越限时，闸门的 PLC 自动提起闸门进行泄洪，以保证取水口的安全。

4) 有些电站在紧急情况下还可以在电站中控室进行远方开启闸门。

(四) 微机监控系统正常运行管理与维护

(1) 监控系统禁止未经许可使用光驱或 USB 接口装卸任何软件。

(2) 监控系统一律不允许外来人员使用。

(3) 监控系统操作密码不得泄露。

(4) 监控系统运行时要注意上位机及现地单元屏幕上的报警和异常状态。

(5) 严禁在监控系统逆变电源插座上接与上位机无关的设备。

(6) 接班时必须检查各个屏柜上控制方式切换开关的位置是否准确。

(7) 严禁随便中断监控系统电源。应定期维护逆变电源装置，保证微机监控系统设备电源正常。

(8) 严格执行监控系统设备设定管理权限和操作权限。

(9) 监控系统软件要定期备份，加强系统的维护检查，防止病毒入侵。

(10) 定期检查监控系统各个屏柜内设备的防雷接地正常。

(11) 资料的收集与保管对于监控系统的运行维护以及故障的处理非常重要。监控系统相关的资料、图纸，如设备的技术说明书、使用说明书、全套设计安装图纸、保护的定值清单等应集中保管，专人负责，便于日常运行和维护、检修资料查阅，也是编制各运行、操作规程的依据。

三、微机保护装置的运行

小型水电站的微机保护和监控功能一般集合在一个装置中，构成微机保护监控装置。不同的设备有不同的保护监控单元，如发电机分为主保护单元，后备保护单元；变压器主保护单元，后备保护单元；线路保护单元等。保护单元的安装方式一般采用集中组屏安装。如发电机监控保护屏，变压器及线路监控保护屏。如图 12－12 所示，以某公司产品 EDCS－7120 为例来说明变压器主保护测控装置。

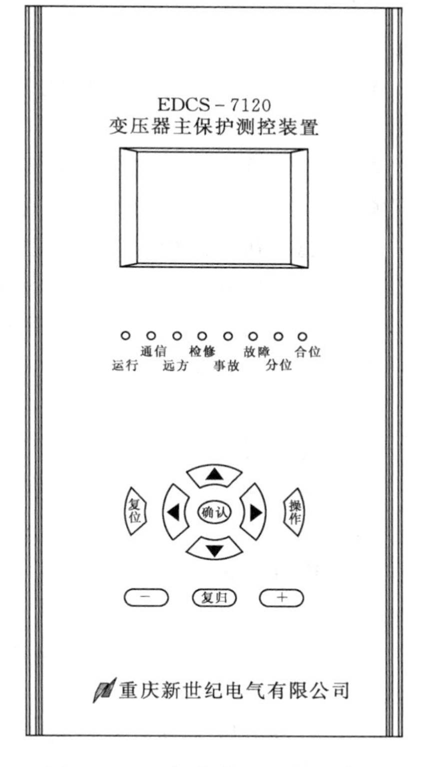

图 12－12　保护装置面板示意图

1. 装置面板介绍

保护测控装置面板主要有 LCD 液晶显示器、LED 指示灯、操作键。

(1) LED 指示灯。装置共有运行、通信、远方、检修、事故、故障、分位、合位共计 8 个指示灯，各指示灯状态及含义。

1) 运行：装置上电后如该指示灯闪烁表示人机接口模块运行正常；如果不亮或长亮可能是管理模块故障或其他原因导致。

2) 通信：表示装置的通信口与后台监控系统的通信状态，若装置与后台监控系统通信正常，通信指示灯闪烁，否则指示灯灭或长亮。

3) 远方：该指示灯有两种状态：亮、灭。亮表示装置处于远控状态，装置控制操作只能在上位机或调度中心进行；灭表示装置处于近控状态，装置控制操作只能在装置面板进行，该操作控制仅指对断路器进行分合闸或对其他设备控制。

4) 事故：一般由装置检测到事故引起保护动作后发出，点亮指示灯。

5) 故障：一般由装置检测到电气运行方面的异常情况后发出，点亮指示灯。

6) 合位：红色，当断路器处于合闸状态时点亮指示灯。

7）分位：绿色，当断路器处于分闸状态时点亮指示灯。

（2）操作键。装置共有【复位】、【复归】、【操作】、【◀】、【▶】、【▲】、【▼】、【确认】、【+】、【-】共10个操作键，下面分别介绍各操作键功能：

【复位】：当装置运行不正常时可以操作此键使装置重新运行，一般情况下请不要操作此键。

【复归】：出现事故、告警时，操作此键可以关闭事故、告警指示灯，并释放事故、告警出口继电器；若事故、告警一直存在操作此键后又将产生事故、告警信息。

【操作】：在操作快捷键中可进行远近控切换和分合闸操作，当装置处于近控状态时可以操作此键对断路器进行分、合闸操作；在运行状态时请置于远控状态，防止在装置上误操作。

【◀】：在Ⅰ级菜单时操作此键将返回到主画面，在其他菜单或查看定值时操作此键将返回到上一级菜单，在定值修改时操作此键将光标位置向左或向上移一位。

【▶】：在定值修改时操作此键将光标位置向右或向下移一位。

【▲】：在菜单操作时操作此键将光标位置向上移一行，多屏画面时，操作此键向前翻屏。

【▼】：在菜单操作时操作此键将光标位置向下移一行，多屏画面时，操作此键向后翻屏。

【+】：在定值修改时操作此键将光标位置处数字加1或改变选项（功能投/退）。

【-】：在定值修改时操作此键将光标位置处数字减1或改变选项（功能投/退）。

【确认】：在主画面操作此键进入菜单，在菜单选项上操作此键进入下一级菜单，修改定值或操作时按此键进入确认画面。

说明：采用其他厂家的监控系统，请按该厂监控装置使用说明书操作。

2. 装置投运前注意事项

（1）检查直流电源极性是否正确。

（2）装置工作是否正常。

（3）检查保护投退、整定值输入是否正确。

（4）确认定值区号无误。

（5）检查保护压板是否投入。

3. 装置运行后注意事项

（1）投入运行后注意检查电流、电压、有功功率、无功功率显示是否与实际情况一致。

（2）检查电压、电流相位是否正确。

（3）检查开关、刀闸状态与实际状态是否一致。

（4）检查装置指示灯是否正常，特别是通信指示灯的闪烁。

4. 运行维护注意事项

（1）如果装置的故障、告警指示灯亮，应检查事件记录，确认事件后复归。

（2）检查液晶显示是否正常。

（3）严禁随意修改有关设置。

(4) 严禁带电插拔板卡上的芯片。

(5) 技术人员一般在厂家指导下更换备品备件。

思 考 题

1. 水电站电气二次部分的作用是什么?
2. 电气二次回路的供电电源有哪些?与电气一次比较,二次回路有哪些特点?
3. 水电站电气二次部分包括哪些内容?
4. 采用弹簧储能操作的高压断路器控制回路有什么特殊要求?
5. 高压断路器的控制方式有哪几种?
6. 说明同期的定义、准同期的并列条件。
7. 说明手动准同期的操作步骤。
8. 继电保护的任务是什么?
9. 对继电保护的基本要求有哪些?这些要求的含义是什么?
10. 发电机常见的故障以及异常状态有哪些?中小型水轮发电机一般配置哪些保护?
11. 电力变压器常见的故障以及异常状态有哪些?变压器一般配置哪些保护?
12. 变压器的本体保护(非电量保护)有哪些?
13. 继电保护动作后有哪些信号发出?
14. 小型水电站的监控对象有哪些?
15. 水电站微机监控系统网络采用分层分布式结构有什么特点?
16. 微机监控系统站控层主要有哪些设备?
17. 小型水电站的现地控制单元 LCU 一般配置哪几种?
18. 水轮发电机组 LCU 一般由哪些元件组成?
19. 模块式的可编程控制器 PLC 由哪些模块组成?
20. 举例说明什么是模拟量,什么是开关量(状态量)?
21. 水轮发电机组的开机条件有哪些?说明正常开机、停机流程(步骤)。
22. 说明机组正常停机与事故停机的区别。
23. 机组运行时需要监视的参数有哪些?
24. 说明以下符号的名称:IPC、LCU、PLC、DI、DO、AI、UPS、GPS、RS485。

第十三章　小型水电站生产管理

第一节　概　　述

小型水电站是指装机容量很小的水电站或水力发电装置，也称为小水电。中国小水电主要是指由国家、地方、集体或个人集资兴办与经营管理的，装机容量25000kW及以下的水电站和配套的地方供电电网。中国小水电资源丰富，据初步调查，理论蕴藏量约为15亿kW，可开发资源约为7000万kW。小水电资源是大多分布在远离大电网的山区，所以，它既是农村能源的重要组成部分，也是大电网的有力补充。我国小水电较多的省为广东、四川、湖南、福建等。

中国大陆第一座水电站是1912年在昆明建成的石龙坝水电站。这个电站从滇池出口处的螳螂川引水发电，初期装机容量为2×240kW，后经逐步改建，1958年扩建为2×3000kW。1949年，全国500kW以下的小水电站有33座，装机容量3634kW（不包括台湾地区）。

中华人民共和国成立后，随着社会主义建设事业的发展，小水电发展较快。在20世纪50年代，500kW及以下的水电站通称为小水电。因当时工业基础薄弱，多数小水电采用简易的木制或铁制水轮机，配以由电动机改装成的发电机，通过低压线路向附近的农村提供照明，平均每年新增装机容量1.5万kW。到20世纪60年代，全国已有专业制造中小型水轮发电机组的工厂10多家，生产能力提高，平均每年新增装机容量5.8万kW。到20世纪70年代，小水电的单站容量扩大至12000kW，专业制造厂增至60余家。各小水电逐步联成地方小电网，进行集中调度。地方小电网的电压等级也增至35kV，开始向工农业生产供电，平均每年新增装机容量58万kW。1979年一年新增小水电装机112万kW。到20世纪80年代，小型水力发电设备制造厂已有近百家，年生产能力达到100万kW，同时自动化水平也在不断提高。截至1987年年底，全国小水电共有63254座，装机容量1110万kW，占全国水力发电总装机容量的1/3；1987年发电290亿kW·h，年利用小时数2.744h，比1980年增加700h。在小水电中，500kW以上的骨干电站共有4585座，其装机容量占2/3以上，发电量占80%以上，在地方电网担负着重要作用。在全国小水电供电区内，10kV以上高压线路68.5万km（其中110kV输电线路7420km，35kV线路67476km），低压线路149.3万km；110kV变电站155座，35kV变电站3027座，3～10kV配电变压器45万台。

随着国家经济社会不断发展和小水电建设投融资政策的不断开放，21世纪初到“十一五”期间，全国小水电新增装机容量突破2000万kW，2010年年末总装机容量达到5900多万kW，年发电量由2006年的1361亿kW·h增加到2010年年末的2044亿kW·h，

5 年累计解决了 88 万无电人口用电问题，户通电率由 2005 年的 98.7%提高到 2010 年的 99.75%。2011 年中央一号文件明确提出，在保护生态和农民利益前提下，加快水能资源开发利用，大力发展小水电，完善小水电增值税政策。

通过近十年的超速发展，我国小水电站新建工程建设在 2015 年左右趋于平静，随着环保、产能过剩等问题的出现，国家政策导向上不再鼓励新建小水电。“十二五”期间，国家将继续开展水电新农村电气化县建设，规划建成 300 个水电新农村电气化县，新增小水电装机容量 515.6 万 kW，人均年用电量和户均年生活用电量在 2010 年的基础上增长 25%以上。“十二五”是加快民生水利发展的关键时期，也是小水电发展的机遇期。为充分利用水利资源，淘汰落后产能设备，消除电站安全隐患，提高电站自动化水平，促进水生态保护，“十二五”和“十三五”期间，国家财政部、水利部相继出台了农村水电增效扩容改造财政补助资金管理暂行办法，支持符合条件的小型水电站进行增效扩容改造，使全国近 20000 座小型水电站受惠获益，面貌焕然一新，恢复了生机与活力。

一、小型水电站管理的基本要求

小型水电站管理工作的主要任务是安全管理，按照国家相关规定，制定必要的规章制度，落实安全生产责任，进行科学、规范地管理，充分利用水力发电的生产特点，安全经济地运行。安全生产是水电站管理的最高目标，必须牢固树立安全管理、规范操作的观念，其基本要求是：

(1) 必须满足安全运行要求。

(2) 水工建筑物及设备设施必须符合国家相关强制性管理规定，并进行定期检查或鉴定。

(3) 运行维护和生产管理人员应熟悉和严格执行相关规程、制度，掌握必要的水工、电工、机械等基础知识，熟悉本电站设备设施情况。

(4) 水电站的设备设施应正常运行，可靠工作。

(5) 水电站岗位设置应根据电站的实际情况，以满足安全生产需要为前提，合理配置，分工明确，落实岗位责任制。

(6) 水电站生产要有计划，并按时上报发电生产月报和年报。

(7) 对于小型水电站来说，在紧急情况下，必须“电调服从水调”，确保生命财产安全。

二、小型水电站生产管理现状

由于小型水电站大都建在偏远的农村，对于一些老旧电站来说，无论是管理人员还是一线工人，其专业知识和技能水平都不高。近年来，新建电站或通过技术改造的电站，大多采用了新技术、新设备、新手段，对电站的运行管理提出了新的课题，老旧电站大多人员冗余，不能胜任新技术工作要求，新建电站又招不到熟练的员工。

1. 技术培训欠缺

水电站属于技术密集型企业，水电站内部员工对水电站工作和企业安全生产负责，对企业的生产能力及经济效益的影响具有举足轻重的作用，所以对员工的职业素质要求较高。随着科学技术的发展和先进生产设备的引进，原水电站员工的知识水平偏低，员工现有的文化水平和技术能力已经跟不上形势的发展，大多数电站员工没有经过系统的专业学习，专业知识较少，操作技能差；另外，员工的职业素质低，在执行生产活动的时候不能坚持原则、严格地遵守操作流程，这些因素都会影响电站的安全生产。要解决这些问题，就必须依靠专业培训机构进行规范的培训与考核。

2. 安全管理不规范

水电站要实现安全管理的基本目标是通过现代化安全管理制度和手段来实现的，使生产过程安全、结果安全。许多水电站的安全管理体制不健全，员工的安全意识淡薄，安全生产环境差，员工在工作过程中没有一个合理的制度约束，工作状态也不太好，员工的安全自然得不到保证。

3. 人员流动性大

小型水电站的地理位置、工作环境、员工福利水平等多方面因素造成了员工流动性大的的特点。水电站运行与维护工作是一项考验人耐心和技术能力的工作，员工工作成绩是否得到认可，在未来的工作中是否有适合自己的发展空间，企业文化是否和自己的价值观相吻合等因素，都是现在的员工尤其是年轻人比较看重的。如果现实不能满足员工需要，人员流动性大，员工的培养存在较大问题，会严重影响安全生产。

4. 设备巡查维护管理制度执行差

小型水电站设备巡查和缺陷管理制度执行较差，如果没有严格的制度和强有力的监督，运行人员的责任心缺失，设备运行期间不能够认真地进行巡查和填写巡查记录，巡检检查将流于形式。巡查过程中不能对安全隐患进行排除，并且对于隐患的发生原因不及时向上级报告，制定解决方案，排除隐患，这些问题的存在都会对水电站的安全运行构成很大的威胁。

三、小型水电站生产管理相应对策

1. 完善员工教育培训制度

在水电站生产过程中，运行人员应时刻掌握着设备的运行状态及影响安全生产的各种因素，对设备的安全、经济运行直接负责，因此，他们的职业素质对水电站的安全运行起着非常关键的作用。由于新设备、新技术的不断出现及应用，各小型水电站应完善员工教育培训制度，应通过对内、对外培训与演练，不断更新员工专业知识和操作技能，做好教育员工培训的同时，对生产运行人员的价值给予充分的肯定，使之感受到自身工作对生产的重要性，提高员工爱岗敬业的职业道德水平。

2. 完善安全生产管理制度

小型水电站要始终把安全生产放在首位，建立健全安全生产管理机制，采取一系列行之有效的措施及制度，在安全生产、经济运行、设备维护、技术改造等方面才会明显进步。设备设施的安全隐患排查与治理必须落到实处。设备大修或重要施工项目开工之前，要及时对施工项目编制安全技术、组织措施，对施工单位进行技术交底和安全交底。安全生产管理是企业管理的重要工作，同时也是一项需要长期坚持、不能松懈的工作，需要各级领导的高度重视，既要有制度建设，更需要全体员工的参与。只要做到了以上几个方面，就能最大限度地避免和控制人身伤亡及设备损坏事故的发生，实现水电站安全生产，

有效地提高水电站的经济效益。

3. 合理的员工工资水平和社会保障

水电站应根据所在地的经济水平和电站的实际情况及国家相关规定，制定合理的员工考核与管理办法，充分肯定员工的工作成果，提高员工合理的工资和社会保障水平，提高员工的安全生产积极性，增强员工的企业认同感，激发员工的工作热情和奉献精神，建设良好的企业文化，增强企业的凝聚力和技术创造力。要把提高企业经济效益同提高全员综合素质、改善员工福利待遇结合起来，维护好广大员工的根本利益，真正地实现企业与员工福利的稳步提高，这样才有利于稳定水电站员工队伍，实现水电站经济效益的稳步增长。

4. 加强设备维护检修管理

提高水电站工作人员的技术监督、设备维护质量，加强工作人员的发现问题和处理问题的能力，工作人员对设备参数的变化要进行分析对比。运行管理人员必须每天坚持到生产现场检查、了解人员及设备状况的同时，加强与运行人员的沟通，检查、督促、指导运行人员做好设备巡查工作，做好反事故预案，并按规定进行演练。水电站的工作人员要对责任设备负责，要了解自己所操作的设备的运行状态。定期进行设备检修与维护，保证设备运行状态良好。工作人员要互相监督、坚决执行交接班制度。交接班人员要对设备进行检查，对于工作过程中发生的问题要做详尽的记录，接班人员应迅速进入工作角色。工作人员在技术上要互相监督学习，工作过程记录要详细。

四、小型水电站管理标准化

小型水电站管理标准化主要是指安全生产管理标准化，是小型水电站在生产经营、管理范围内获得最佳秩序，是按照一定的标准，对实际或潜在的问题制定规则的活动，是规范小型水电站各种管理行为，预防和杜绝各类重大安全生产事故发生的重要手段，主要包括日常事务、设备设施、安全生产等管理标准化。根据《国务院安委会关于深入开展企业安全生产标准化建设的指导意见》，水利部于2013年出台了《水利部关于印发小型水电站安全生产标准化达标评级实施办法（暂行）的通知》，全面启动对全国各小型水电站的安全生产标准化达标评级工作，落实小型水电站企事业单位安全生产主体责任，强化安全基础管理，规范安全生产行为，促进小型水电站安全生产工作的规范化、标准化。

第二节　组　织　管　理

为管理好小型水电站，各电站应根据本电站实际情况，建立健全、精干、高效的管理机构，定岗定员，一岗双责，确保正常运行及安全生产经费的投入，强化教育培训，制定各项规章制度，并严格执行。

一、小型水电站岗位设置

小型水电站应设立生产管理机构，确定岗位设置、人员编配及岗位责任。各岗位可按单位负责类、综合管理类、工程管理类、生产管理类等进行设置，对于采用“无人值班、少人值守”运行管理方式的电站，可适当减少岗位人员的值数。

为保证各小型水电站的正常运行，岗位设置应合理，设置的原则是确保安全生产。可参照表 13－1 小型水电站定岗定员分级标准和表 13－2 小型水电站定岗定员标准来进行编配。

表 13－1　　小型水电站定岗定员分级标准

<table>
<tr><th rowspan="3">机组台数</th><th colspan="4">定员级别</th></tr>
<tr><th colspan="3">机端电压≥6.3kV</th><th rowspan="2">≤1000kW 或
机端电压＝0.4kV</th></tr>
<tr><th>>5000kW</th><th>>2000kW
≤5000kW</th><th>≥1000kW
≤2000kW</th></tr>
<tr><td>1</td><td>Ⅱ</td><td>Ⅲ</td><td>Ⅳ</td><td>Ⅳ</td></tr>
<tr><td>2～3</td><td>Ⅰ</td><td>Ⅱ</td><td>Ⅲ</td><td>Ⅳ</td></tr>
<tr><td>≥4</td><td>Ⅰ</td><td>Ⅰ</td><td>Ⅱ</td><td>Ⅲ</td></tr>
</table>

表 13－2　　小型水电站定岗定员标准　　单位：人

<table>
<tr><th rowspan="2">岗位类别</th><th rowspan="2">岗位名称</th><th colspan="4">岗位定员</th></tr>
<tr><th>Ⅰ</th><th>Ⅱ</th><th>Ⅲ</th><th>Ⅳ</th></tr>
<tr><td rowspan="3">单位负责类</td><td>单位总负责</td><td rowspan="2">1～2</td><td rowspan="2">1～2</td><td rowspan="3">1～3</td><td rowspan="3">1～2</td></tr>
<tr><td>技术负责</td></tr>
<tr><td>安全生产管理</td><td>1～2</td><td>1</td></tr>
<tr><td rowspan="3">综合管理类</td><td>财务管理</td><td>2</td><td>2</td><td>2</td><td>2</td></tr>
<tr><td>行政管理</td><td rowspan="2">1～2</td><td rowspan="2">1～2</td><td rowspan="2">1</td><td rowspan="2">1</td></tr>
<tr><td>后勤服务</td></tr>
<tr><td rowspan="6">工程管理类</td><td>工程技术管理</td><td rowspan="6">3～6</td><td rowspan="6">2～4</td><td rowspan="9">6～10</td><td rowspan="9">4～8</td></tr>
<tr><td>水工维护</td></tr>
<tr><td>金属结构维护</td></tr>
<tr><td>机械维护</td></tr>
<tr><td>电气维护</td></tr>
<tr><td>工程巡查</td></tr>
<tr><td rowspan="3">生产管理类</td><td>生产管理负责</td><td rowspan="3">12～16</td><td rowspan="3">8～12</td></tr>
<tr><td>设备运行</td></tr>
<tr><td>设备检修</td></tr>
</table>

表 13－2 中，单位负责类主要是指对全站行政、技术、安全负总责的人员，如站（站）长、总工、站（站）级安全专责等；综合管理类主要是日常行政、后勤事务的管理人员；另外，建议各电站还应配置至少 2 个不相容岗位的财务人员，确保财务管理规范和资产的保值增值；工程管理类主要是指对全站设备设施进行技术检查维护和监管的人员，如有必要，组建维护班组；生产管理类主要是指生产管理、运行、检修等生产一线人员，组建运行和检修班组。

当然，对于小型水电站来说，由于规模较少，发电收入有限，为提高电站的综合经济

效益，可根据各电站实际情况进行人员编配，管理分类也不必那么严格。

如某国某小型水电站，装机容量 3×1250kW，地处城郊平原地区，交通便利，生产生活设施条件较好，自动化程度高，发电机出口电压 6.3kV，通过 35kV 上网。电站采用“无人值班、少人值守”的运行管理方式，在人员配置上充分考虑了电站的实际情况，共有员工 20 人。岗位设置包括正、副站长各 1 人，各自分管行政、生产；办公室主任 1 人，在行政站长领导下处理日常的行政、后勤事务；生产技术科 3 人，在生产站长领导下进行日常生产的组织、监督和考核等。中控室组成 4 个运行值班组，取水口清污与闸门运行值班组 2 人。

二、主要管理制度

为保证各项工作有章可循，各小型水电站应依据国家、行业、企业相关法律、规范和标准，制定各种管理制度，这些管理制度应涵盖安全生产各个方面，并确保制度正确、严格地执行。

附录 A 为某小型水电站的设备设施管理及工作类别管理的主要管理制度和相关法律、法规，但不仅限于这些，各小型水电站还可以根据实际情况自行增减或修订。

三、小型水电站主要岗位任职条件及职责

各小型水电站应根据国家相关规范和实际情况，编配合理的岗位人员，明确岗位任职条件，落实岗位责任制。对于单站装机容量 1MW（含 1MW）以下水电站人员任职条件与岗位职责可适当放宽要求。

（一）电站负责人任职条件及职责

1. 任职条件

（1）具有大专及以上文化程度。

（2）取得中级及以上专业技术职称。

（3）具有较强的组织协调及决策能力，较高的政策水平和管理水平。

（4）熟悉本单位基本情况。

2. 岗位职责

（1）认真学习党的各项方针、政策，贯彻和遵守国家的法律、法规，确保事前预控，提高安全管理水平，保证员工和设备安全；努力钻研技术业务，学习经营管理，提高业务技术和生产管理水平。

（2）建立健全各项规章制度，组织电站员工认真贯彻执行各项规章制度和上级命令，负责员工的思想政治工作和技术业务培训工作，不断提高员工的职业素质和业务水平。

（3）作为安全第一责任人，负责电站岗位责任制、经济责任制的落实和各项指标的考核工作，以安全生产、提高经济效益为中心，对生产、技术、财务等各项工作实行统一组织、正确指挥；每月对电站设备运行进行全面巡视至少一次，每周参加交接班至少一次，不定期查阅运行值班检查记录；检查“两票三制”和倒闸操作的执行情况，随时了解并掌

握电站安全生产的薄弱环节。

(4) 定期主持召开各类例会，听取汇报，传达上级指示，布置工作任务，及时分析、讨论电站各项安全技术指标的完成情况；负责组织制订并实施年度、季度、月度的各项工作计划，完成年终总结，组织填报上级规定的各项表格。

(5) 负责组织实施电站各项技术措施计划，完成各种准备工作（包括技术改造项目的验收及投产准备等），对大型复杂的重要操作，必须现场监督或指挥。

(6) 负责组织实施电站反事故等安全措施计划，对发生重大事故和存在的重大安全隐患，应组织有关人员进行分析、判断，排查原因、制定措施，做到“四不放过”。

(7) 熟练掌握电站运行管理流程，熟悉各种技术资料，根据设备设施变更情况，及时督促有关人员进行资料、台账的更改和各种规程条文的修改。

(8) 组织和协调电站每年一次的设备设施检查与评价工作。

(9) 根据员工的具体情况和电站的工作需要，调整员工的岗位，并根据员工岗位职责的履行情况进行奖惩。

(10) 倾听员工意见，关心员工生活，沟通员工思想状态，及时解决存在的困难和问题。

（二）生产技术负责人任职条件与岗位职责

1. 任职条件

(1) 具有水电或相关专业大专及以上文化程度。

(2) 取得中级或以上技术职称。

(3) 熟悉国家相关法律、法规和规程，掌握水电生产、管理方面的知识。

(4) 有较强的组织协调能力和专业技术水平。

2. 岗位职责

(1) 贯彻执行国家法律、法规和有关技术规程。

(2) 全面负责生产技术管理工作，组织水电站安全管理的分类、设备评级，做好安全生产，指导解决运行和检修工作中的技术问题。

(3) 负责推广应用新设备、新材料、新技术、新工艺，推动农村水电站技术现代化建设，不断提高水电站的自动化管理水平。

(4) 组织编制和实施年度大修、中修、小修和更新改造计划，负责技术审批工作。

(5) 负责技术培训及考核工作，健全和完善技术管理的基础性工作。

(6) 负责事故调查，组织事故分析，审批事故处理技术方案等。

（三）安全员任职条件与岗位职责

1. 任职条件

(1) 具备水电专业中专及以上文化程度。

(2) 取得初级及以上技术职称或高级工及以上技术等级，经岗位培训合格。

(3) 掌握水电站安装、运行、检修和安全监察的基本知识。

(4) 熟悉电站各类设备的特点及运行状况。

(5) 有较强的责任感，具有发现、判断、处理一般事故的能力。

2. 岗位职责

(1) 安全员是本电站安全管理专责人，应贯彻执行 GB 26164—2010《电业安全工作规程》、“两票三制”相关规定，组织安全培训。

(2) 参与本站安全管理分类、设备评级等工作。

(3) 检查“两票三制”执行情况，审核安全方面的记录。

(4) 制定保证安全的组织措施和技术措施，并监督执行。

(5) 参加本单位事故调查、故障或异常分析会，春秋季节性安全大检查、危险点分析和预控。

(6) 参加编制和实施“两措”计划。

(7) 监督现场安全规章制度的执行，参加本电站较复杂操作安全的安全监督把关工作。

(8) 负责安全工器具、消防器材管理工作。

(9) 负责本站防火、防盗、安全保卫和施工人员、外来人员的安全管理工作。

(四) 运行值（班）长任职条件或岗位职责

1. 任职条件

(1) 具有水电专业中专及以上文化程度。

(2) 取得初级以上技术职称或中级工及以上技术等级资格，在运行岗位工作 3 年以上，经岗位培训合格，持证上岗。

(3) 掌握本电站电气一次、二次系统，主机及辅助设备性能和主要技术参数，熟悉运行规程和各项安全生产规章制度。

(4) 具有指挥处理事故、故障的能力。

2. 岗位职责

(1) 值（班）长是本值的总负责人，负责指挥运行和本值一切事务。

(2) 负责本值的安全经济运行、资料的收集、严格执行《水电站现场运行规程》。

(3) 负责接受并执行调度指令，组织监护或进行倒闸操作和事故处理。

(4) 负责组织本值巡视和维护设备，分析、鉴定和向调度汇报设备的缺陷及异常情况。

(5) 负责受理和审核工作票，布置现场安全措施，履行许可手续。

(6) 负责本值各种记录审核工作。

(7) 组织完成本值日常工作和交接班工作。

(五) 运行值班员任职条件和岗位职责

1. 任职条件

(1) 具备机电类技校或高中以上文化程度。

(2) 应取得初级工及以上技术等级资格，经岗位培训合格，持证上岗。

(3) 熟悉运行设备有关性能参数，熟悉有关安全运行和操作规程。

(4) 具有对运行设备监视、巡视、操作和能够发现排除一般故障的能力。

2. 岗位职责

（1）服从值班长指挥，完成当值各项工作。

（2）在值班长的监护下进行倒闸操作和事故处理。

（3）应负责受理和审核工作票，布置现场安全措施，履行许可手续。

（4）按规定巡视和维护设备，发现设备缺陷和异常，及时向值班长汇报。

（5）认真填写操作票和本值各种记录。

（6）做好定期维护和文明生产工作。

（7）做好工器具、仪器仪表、备品备件和钥匙的保管工作。

（六）检修人员任职条件和岗位职责

1. 任职条件

（1）具备机电类技校或高中以上文化程度。

（2）应取得初级工及以上技术等级资格，经岗位培训合格，持证上岗。

（3）熟悉运行设备主要结构、功能及运行参数，能了解水电站安全生产主要流程。

（4）具有对运行设备监视、巡视和能够发现故障或异常的能力。

2. 岗位职责

（1）牢固树立“安全第一”思想，认真落实上级有关安全规定及规章制度，自觉履行岗位安全职责。

（2）积极参加班前、班后工作会议，接受工作安排，根据作业中存在的危险点，做好安全防患措施。

（3）工作前必须对使用的工器具认真检查符合要求后方可使用，手持电动工具必须使用触电保安器，工作中应正确佩戴合格的劳动保护用品。

（4）严格执行“两票三制”，杜绝无票作业、借票作业和违章作业。

（5）积极参加班组安全日活动，对本班组发生的不安全现象，按照“三不放过”原则，分析原因，吸取教训，制定防范措施，防止不安全现象重复发生。

（6）积极参加安全技术培训，熟知本岗位设备安全、技术性能、熟知《安全规程》《操作规程》及各种安全规定。

（七）无人值班电站看守人员任职条件和岗位职责

1. 任职条件

（1）具备机电类技校或高中以上文化程度。

（2）应取得初级工及以上技术等级资格，经岗位培训合格，持证上岗。

（3）熟悉运行主要设备功能，了解水电站安全生产主要流程。

（4）具有对运行设备监视、巡视和能够发现故障或异常的能力。

（5）具有应急救援、抢险的基本技能。

2. 岗位职业

（1）发生故障和异常时，应立即向调度或上级报告。

（2）负责设备档案的管理。

（3）负责工器具、仪器仪表、备品备件和材料、钥匙等的管理。

（4）负责防火、防盗、保卫和外来人员登记。

（5）负责设备区以外的环境管理。

（八）其他可能岗位职责

某些电站可能还根据需要设有培训、资料、库管、安全保卫等岗位，这些岗位的主要职责如下。

1. 培训员岗位职责

（1）认真做好站内人员的技术培训。

（2）坚持贯彻理论联系实际、面向生产讲求实效的原则，使培训工作与实际需要相结合。

（3）结合本站业务技术特点，开展各种形式的培训活动。

（4）按照上级培训要求，协助站长做好站内培训计划，认真检查各种培训记录。

（5）深入实际开展工作，发现问题并找出解决问题的方法，及时做好总结和技术指导工作。

2. 资料管理员岗位职责

（1）负责电站各种设备技术资料的收集、整理、管理，健全技术档案和设备台账。

（2）及时将各种资料归档。

（3）建立文件资料的接收、借阅记录并按统一格式执行。

3. 库管员岗位职责

（1）严格遵守库房管理制度。

（2）严格物资的保管、验收、领发、报损制度，物品出入库及时登记入账，材料的领用，必须填写领料单，使用负责人签字，主管领导批准，方可出库。

（3）根据需求情况，保证一定库存量，如有不足，及时提供采购计划，经领导批准，安排采购。

（4）物品的保管要分门别类、堆放整齐、防腐防虫、经常清理，做到账物相符、账票相符，定期清点库存。

（5）建立库房的采购、入库、领（借）用、归还记录等电子档案。

4. 安全保卫人员岗位职责

（1）热爱本职，自觉遵守国家法律、法令，负责厂区的安全保卫工作。

（2）牢固树立“安全第一、爱岗敬业”的职责道德。

（3）坚持原则，明辨是非，做好厂区安保工作，经常性治安巡视，做好入厂外来人员的登记。

（4）对进出厂区的车辆进行登记，严禁乱停乱放。

（5）加强消防、急救知识学习，定期进行消防、应急演练。

（6）坚持预防为主和隐患排查，及时进行防火安全检查。

第三节　安　全　管　理

小型水电站由于人员、技术、资金等多方面的原因，安全管理往往是个薄弱环节，给安全生产带来很大隐患。各小型水电站应坚持“安全第一、预防为主”的方针，根据本电站实际情况制定安全生产目标、方针，建立健全安全生产机构，制定安全生产制度，落实安全生产责任。

2013年，水利部印发了《关于印发农村水电站安全生产标准化达标评级实施办法（暂行）的通知》，各小型水电站应按这个通知要求和达标评级考核标准，切实做好水电站的安全管理工作，达标评级不是目的，而是手段，是小型水电站安全管理的重要抓手。小型水电站应从以下几个方面做好安全管理工作。

一、安全管理基本要求

要保证小型水电站安全生产目标的实现，应按小型水电站安全生产标准化管理要求做到以下几个方面：

（1）健全的安全管理制度。

（2）强力的安全管理机构。

（3）称职的安全管理人员。

（4）可靠的安全管理经费投入。

（5）细致的设备设施定期维护、检修。

（6）齐全的安全管理设备设施配置。

二、建立安全管理机构

为加强安全管理工作，小型水电站应配备专职或兼职安全监察员和安全员，具体负责安全管理工作。为落实安全生产管理，各小型水电站应成立由企业领导班子、中层管理人员及班组负责人组成的安全管理机构，技术管理、生产班组应配置专兼职安全员，组成本企业的三级安全管理网络，在安全机构的组织下，开展安全监察和安全管理。各小型水电站的主管部门也应配备专职或兼职安全监察员和安全员，重视安全生产工作，以提高小型水电站安全管理和监督的水平。

三、落实安全生产职责

小型水电站应制定安全生产目标，建立健全安全生产责任制，逐级落实安全生产责任。

（1）建立健全安全生产目标管理制度，结合实际生产情况，制定总体和年度安全生产目标。

（2）逐级签订年度安全生产目标责任书，责任书应明确安全生产责任人、安全生产目标及考核要求。

（3）定期对安全生产目标完成情况进行监督、检查，并开展安全生产目标年终考核。

（4）明确各部门、各岗位的安全生产职责、权限和考核内容。

（5）电站主要负责人是安全生产第一责任人，应全面负责安全生产工作，履行安全生产责任和义务。

（6）电站安全生产管理机构或管理领导小组应每月组织安全生产检查和召开安全生产

会议，并形成记录或会议纪要。

（7）电站各级人员应履行岗位安全生产职责和义务，全员参与安全生产工作。

四、作业安全管理

（1）水电站安全防护设施应齐全规范，转动部件防护应完整有效，电气设备金属外壳接地装置应安全可靠，并做好防小动物措施。

（2）消防设施与器材应按消防规定配置，易燃、易爆物品应按规定存放，应急照明配置应符合要求，紧急逃生路线应通畅。

（3）应配备数量合理、定期试验合格的安全工器具，并按规定存放。

（4）应加强生产作业行为的安全管理，从业人员应严格执行操作规程，严格执行“两票三制”，杜绝“三违”行为。

（5）吊装、登高等危险性较高的作业活动时，应安排专人进行现场安全管理，确保安全规程的遵守和安全措施的落实。

五、职业健康管理

（1）各水电站应按照法律法规和国家及行业标准要求，为从业人员提供符合职业健康要求的工作环境和条件，配备与工作岗位相适应的劳动防护用品（具），并教育、监督从业人员正确使用。

（2）应定期安排各岗位人员进行健康检查，建立健全职业健康档案。

（3）电站与从业人员订立劳动合同时，应将作业过程中可能产生的职业危害及其后果和防护措施如实告知从业人员，并明确双方的安全权利和义务。

六、隐患治理

（1）电站应建立安全生产事故隐患排查治理管理制度，明确责任部门，落实责任人，定期组织事故隐患排查，并形成记录。

（2）电站应根据隐患排查结果，制定隐患治理方案并落实整改。

（3）电站在接到自然灾害预报时应及时发出预警信息，对自然灾害可能导致的事故隐患应采取相应的预防措施。

七、风险点管理

（1）小型水电站应制定风险点辨识管理制度，对升压站、压力管道、大坝等生产设备设施和工作场所进行风险点辨识和评估。

（2）小型水电站应对风险点采取监控措施，在风险点现场设置明显的安全警示标志和风险点警示牌，针对风险点编制相应的应急预案或现场处置方案。

八、故障处理

（1）对于典型故障应制定处理程序和方法。

（2）对于多次发生的故障，应开展专题研讨会，找到彻底消除故障原因的程序和方法。

(3) 设备故障应及时处理，并做好记录。

(4) 交接班时，应告知接班人员故障发生经过和处理情况，必要时报告生产管理部门。

九、事故处理

(1) 对于典型事故应制定处理程序和方法。

(2) 对于多次发生的事故，应开展专题研讨会，找到彻底消除事故原因的程序和方法。

(3) 发生事故后，小型水电站应按国家相关规定及时、准确、完整地向当地安全生产监督管理部门和主管部门报告。

(4) 发生事故后，小型水电站应立即启动相关应急预案或现场处置方案实施事故救援，防止事故扩大，并保护事故现场。

(5) 发生事故后，小型水电站应按事故危害程度、经济损失及伤亡情况组织事故调查组或配合有关部门对事故进行调查，按照“四不放过”的原则，查清事故原因，对事故责任人员进行责任追究，落实防范和整改措施。

十、防汛管理

(1) 小型水电站应按规定落实防汛安全责任人。

(2) 小型水电站应严格执行经批准的防汛抢险应急预案、水库控制运用计划和工程度汛方案。

(3) 小型水电站应严格服从防汛指挥机构的防汛调度，保证电站交通道路和通信畅通，满足防汛抢险要求。

(4) 小型水电站应按防汛规定落实巡查、应急值班和信息报送制度。

十一、应急救援管理

(1) 小型水电站应建立健全生产安全事故应急预案体系，包括防洪度汛、防台抗台、地质灾害、重大火灾、人身伤亡等突发事件的应急预案，并与当地政府制定的应急预案相衔接。

(2) 应急预案应按有关规定报当地主管部门备案，并通报有关应急协作单位。

(3) 小型水电站应对员工进行生产安全事故应急知识培训，每年至少组织一次生产安全事故应急预案演练，并根据演练效果对应急预案进行修订和完善。

(4) 小型水电站应按应急预案的要求建立应急物资仓库并登记台账，确保应急设备、装备、物资的充足、完好和可靠。

第四节　生产技术管理

一、运行管理

1. 基本要求

(1) 小型水电站应制定现场运行规程、制度，运行值班安排及要求，并发放到相关班

组、岗位。

(2) 运行值班人员应严格执行操作规程和电力安全工作规程，并按要求填写有关记录。

(3) 工作票和操作票的执行率均应达到100%。

(4) 小型水电站相关的工作场所应悬挂或张贴主要的运行规程及技术性图表，包括：

1) 水库大坝管理值班室：水库安全运行管理规程、大坝运行规程等。

2) 电站厂房：工作票制度、操作票制度、交接班制度、运行设备巡查制度、运行值班制度等。

3) 闸门启闭机室：闸门及启闭机运行规程、启闭机室管理制度等。

2. 标志标识

(1) 各项标志标识、安全警示、安全生产提醒应规范、齐全。

(2) 巡查线路、应急疏散路线、消防设施布置等标志应清晰明了。

(3) 设施设备的名称、编号、主要信息、状态标识应规范、齐全。

(4) 油、气、水管路着色应规范、齐全，流向标示应正确。

3. 自动化及调度

(1) 小型水电站宜安装安全可靠的自动监控系统和视频监控系统。

(2) 小型水电站应严格执行电力调度命令。

(3) 在防洪抢险时，小型水电站应服从于抢险任务要求，“电调服从于水调”。

4. 绿色、经济运行

(1) 小型水电站生产运行应满足经批复的生态流量要求，设置相应设施，确保下泄生态流量。

(2) 小型水电站宜按GB/T 50964—2014《小型水电站运行维护技术规范》的要求，编制优化运行方案，充分发挥电站的综合利用效益。

二、检修管理

(1) 小型水电站应按DL/T 1066—2007《水电站设备检修管理导则》的有关规定开展设备检修工作。

(2) 小型水电站应编制机电设备定期检修计划，并按计划实施。检修期应根据河流来水特点、调度计划等因素合理安排，宜安排在枯水季节。

(3) 小型水电站应规范检修过程，检修前应编制检修实施计划，检修过程和结果应形成记录，检修完成后应进行验收并提交检修报告。

(4) 小型水电站应按DL/T 596—2005《电力设备预防性试验规程》的有关规定开展电力设备预防性试验。

三、设备设施管理

1. 水工建筑物

(1) 小型水电站应按规定进行水库大坝注册，并按规定定期对大坝进行安全鉴定或技术认定。

(2) 小型水电站应定期对水工建筑物进行检查和维护，并应确保观测资料和巡查记录完整；定期对观测资料进行整编和分析；对各类观测、监测设备定期进行维护及校正。

（3）小型水电站应及时对水工建筑物的受损部位及缺陷进行处理。

2. 金属结构

（1）小型水电站应定期对金属结构进行检查和维护，并确保巡查、维护记录和检测、试验资料记录完整。

（2）小型水电站应做好工作电源、备用电源和操作电气柜的日常保养及汛前的检查试验工作。

（3）缠绕在金属结构上的垃圾应及时清除，确保金属结构本体和周边环境洁净；金属结构表面应定期进行防腐处理。

3. 机电设备

（1）小型水电站应严格执行运行设备巡查制度，定时、定点按巡查路线进行巡视检查，并确保巡查记录完整。

（2）小型水电站应及时消除设备缺陷，保持设备外观基本完好，杜绝跑、冒、滴、漏现象。

（3）起重机、压力容器应按规定经有资质的特种设备检验检测部门的检验，检验资料应齐全。

（4）重要元器件应按检修规程规定做定期检查和试验。

4. 报废管理

（1）小型水电站可按 GB/T 30951—2014《小型水电站机电设备报废条件》和 DB33/T 809—2010《农村水电站运行管理技术规程》的规定开展设备设施报废管理工作。

（2）设备设施通过维护、保养、检修达不到安全运行要求时，应及时进行更新改造。已淘汰报废的设备应及时拆除，退出生产现场。

5. 评级管理

（1）小型水电站宜按 SL 529—2011《农村水电站技术管理规程》的规定每年开展一次设备设施评级工作，并根据评级结果相应调整检修计划。

（2）小型水电站应按 GB/T 50876—2013《小型水电站安全检测与评价规范》的规定开展安全检测与评价工作。安全检测与评价工作应委托有资质的机构进行。

四、技术档案管理

1. 一般规定

（1）小型水电站档案包括工程档案、运行管理档案、财务档案、人事档案、各类文件、制度、规程规范等。

（2）小型水电站应落实专人负责档案管理，人员变动时应按规定办理档案移交手续。

2. 档案管理制度

小型水电站应按相关规定建立和执行档案管理制度，档案管理制度应包括归档、保管、借阅、保密、鉴定、销毁、档案设备管理、监督检查等内容。

3. 归档保管

档案应按年度归档、分类存放，小型水电站应具备防潮、防火、防盗、防光、防蛀功

能的档案存放地和设施。

五、信息化管理

（1）小型水电站宜实现互联网连接，条件允许应推行无纸化办公和远程监控。

（2）设备设施巡查及设备运行监控宜采取信息化智能管理措施。

（3）小型水电站宜实施档案管理的信息化，电子档案应进行备份。

（4）小型水电站可采用生产管理信息系统，优化生产管理流程，尽量减小人为失误。

（5）为提高员工的专业技能，有条件的电站可根据本电站实际的情况开发仿真培训与操作系统。

六、文明生产管理

1. 文化建设

小型水电站应按照 AQ/T 9004—2008《企业安全文化建设导则》的要求开展企业安全文化建设，明确安全承诺，规范行为和程序，制定激励机制和保障措施，组织开展多种形式的文化活动，创建全员认同的企业文化。

2. 行为仪表

在岗人员应着装整齐规范。值班人员应统一着装，并佩戴值班标志，不从事与生产无关的活动。

3. 厂容厂貌

小型水电站的生产、办公、生活各功能区域应划分有序、布置合理，应保持工作场所整洁卫生、照明灯具齐全完好、排水通畅、护坡挡墙完好、无家禽家畜饲养，应做好绿化和道路硬化，宜配置合理的文体活动设施。

七、培训与考核

对于新建小型水电站，一般是需新招聘员工，新员工可能由于多方面原因，可能不是专业毕业生，甚至文化水平较低，必须在新员工上岗前进行专业技能和安全知识培训，还需见习至少 3 个月，通过安全、专业、技能等考核，通过后才能上岗，上岗时还需熟练的技术员工进行指导；对于旧电站或技术改造后的电站，也必须加强员工培训，强化员工专业技能和安全意识。

1. 培训

小型水电站应组织生产人员进行定期培训，结合本岗位工作，了解、熟悉或掌握本岗位应具备的相关知识体系。

（1）掌握水电站运行的基础知识。

（2）熟悉电站设备设施及各系统的组成、作用、基本原理和技术规范。

（3）熟悉各项技能操作和事故处理程序与方法。

（4）熟悉本岗位的规章制度。

（5）熟悉电业安全操作规程和运行规程。

（6）了解水电站本电站全部生产流程。

（7）能用准确的专业术语联系、报告工作。

（8）能制定电气设备检修前的安全措施，能参与检修后的验收和调试。

（9）掌握万用表、兆欧表、地阻仪和钳形电流表等常用仪表的正确使用，在运行或检修时能对各种电量进行测量，并判断是否满足要求。

（10）掌握消防器材的使用方法，能熟练进行触电、外伤等人身事故的急救。

（11）能通过培训，掌握新设备、新技术、新方法。

2. 考核

（1）小型水电站应按照国家、行业相关规定，重要岗位员工必须通过培训和考核，持证上岗。

（2）小型水电站应每年对生产经营和安全生产情况及相关人员进行考核。

（3）小型水电站应根据年度考核结果对安全生产目标、规章制度、操作规程、应急预案等进行修改和完善。

思　考　题

1. 小型水电站管理的基本要求是什么？

2. 什么是小型水电站管理标准化？

3. 小型水电站岗位设置有哪几类？主要有哪些岗位？

4. 小型水电站安全管理的基本要求是什么？

5. 小型水电站安全管理主要有哪些工作内容？

6. 小型水电站运行管理的基本要求是什么？

7. 小型水电站设备设施管理工作内容是什么？

附录A　小型水电站生产管理相关法律规范、规程制度目录

一、法律法规

（1）《中华人民共和国水法》。
（2）《中华人民共和国防洪法》。
（3）《中华人民共和国电力法》。
（4）《中华人民共和国安全生产法》。
（5）《中华人民共和国劳动合同法》。
（6）《水库大坝安全管理条例》。
（7）《生产安全事故报告和调查处理条例》。
（8）《中华人民共和国电力设施保护条例》。
（9）《电网调度管理条例》。
（10）《特种作业人员安全技术培训考核管理规定》。

二、规程规范

（1）GB/T 9652.2《水轮机控制系统试验》。
（2）GB/T 14285《继电保护和安全自动装置技术规程》。
（3）GB 26859《电力安全工作规程（电力线路部分）》。
（4）《国家电网公司电力安全工作规程（水电厂动力部分）》。
（5）GB/T 30951《小型水电站机电设备报废条件》。
（6）GB/T 50876《小型水电站安全检测与评价规范》。
（7）GB/T 50964《小型水电站运行维护技术规范》。
（8）AQ/T 9004《企业安全文化建设导则》。
（9）AQ/T 9006《企业安全生产标准化基本规范》。
（10）DL/T 507《水轮发电机组启动试验规程》。
（11）DL/T 572《电力变压器运行规程》。
（12）DL/T 573《电力变压器检修导则》。
（13）DL/T 596《电力设备预防性试验规程》。
（14）DL/T 710《水轮机运行规程》。
（15）DL/T 724《电力系统用蓄电池直流电源装置运行与维护技术规程》。
（16）DL/T 751《水轮发电机运行规程》。
（17）DL/T 792《水轮机调节系统及装置运行与检修规程》。
（18）DL/T 817《立式水轮发电机组检修技术规程》。
（19）DL/T 995《继电保护和电网安全自动装置检验规程》。

(20) DL/T 1066《水电站设备检修管理导则》。
(21) SL 226《水利水电工程金属结构报废标准》。
(22) SL 293《农村水电站优化运行导则》。
(23) SL 529《农村水电站技术管理规程》。
(24) SL 605《水库降等与报废标准》。
(25) DB33/T 809《农村水电站运行管理技术规程》。
(26) GB/T 50700《小型水电站技术改造规范》。
(27) 水电〔2013〕379号《农村水电站安全生产标准化达标评级实施办法（暂行）》。

三、管理制度

各小型水电站应根据电站实际情况制定现场运行规程，并根据安全生产需要制定如下几方面的管理制度。

1. 大坝设施管理
(1) 水库安全运行规程。
(2) 取水枢纽水工建筑物管理制度。
(3) 大坝运行规程。
(4) 大坝检查记录。
(5) 大坝设备设施检查、养护、维修通用表格。

2. 闸门及启闭机管理
(1) 闸门及启闭机运行规程。
(2) 钢闸门外观形态检查记录。
(3) 启闭机检查、维护记录。
(4) 闸门启闭操作记录。
(5) 备用柴油发电机管理制度。
(6) 备用柴油发电机操作规程。
(7) 备用柴油发电机检查、维护记录。
(8) 备用柴油发电机操作记录。

3. 输水设施管理
(1) 引水隧洞（明渠、前池）巡视检查制度。
(2) 引水隧洞（明渠、前池）检查、维护记录。
(3) 压力管道巡视检查制度。
(4) 压力管道检查、维护记录。

4. 主副厂房管理
(1) 设备维护、清洁卫生制度。
(2) 消防安全管理制度。
(3) 消防设施定期检查与维护制度。
(4) 消防设备登记及检查记录。
(5) 主副厂房检查、维护记录。

5. 主要机电设备管理

（1）使用术语规定。

（2）电站常用法律法规、标准规范清单。

（3）法律法规、标准规范执行情况及适用性评估表。

（4）主要设备运程规程。

（5）主要设备检修规程。

（6）工作票制度。

（7）工作票通用表格。

（8）工作许可制度。

（9）操作票制度。

（10）典型操作票示例。

（11）电站岗位责任制。

（12）运行值班制度。

（13）运行交接班制度。

（14）运行设备巡查制度。

（15）运行值班检查、记录。

（16）设备主人管理制度。

（17）设备定期检修、试验、轮换制度。

（18）设备定期检修、试验、轮换记录。

（19）设备缺陷管理制度。

（20）设备缺陷发现及处理记录。

（21）反事故演习记录。

（22）设备维修保养台账。

（23）设备评级制度。

（24）设备设施评级记录。

（25）事故隐患排查治理制度。

（26）事故隐患排查表。

（27）事故报告及调查表。

（28）重大危险源安全管理制度。

（29）重大危险源监控记录。

（30）备品备件、安全工器具、工具、材料管理制度。

（31）备品备件、安全工器具、工具、材料登记和检测记录。

（32）车辆管理制度。

（33）车辆检查、保养、维修记录。

6. 厂区管理

（1）电站安全管理制度。

（2）门卫制度。

（3）保洁制度。

(4) 外来人员登记制度。
(5) 外来人员参观学习人员安全须知。
(6) 应急救援联系人员联系方式。

7. 安全生产目标管理

(1) 关于成立安全生产管理机构的通知。
(2) 安全生产目标管理制度。
(3) 安全生产目标责任书。
(4) 安全生产目标投入保障制度。
(5) 安全生产专项资金管理制度。
(6) 安全生产目标完成情况监督与考核记录。
(7) 安全生产会议记录。
(8) 安全生产绩效评价和持续改进记录。

8. 档案管理

(1) 日常管理日志。
(2) 会议纪要。
(3) 技术档案和统计档案管理制度。
(4) 台账管理制度。
(5) 档案归类类别。
(6) 档案借阅登记记录。

9. 教育培训管理

(1) 安全生产教育培训管理制度。
(2) 对外培训管理制度。
(3) 教育培训安排及登记。

10. 各类预案

(1) 生产运行主要图纸。
(2) 主要生产反事故预案。
(3) 防洪抢险应急预案。
(4) 水库安全应急预案。
(5) 重大地质灾害应急预案。
(6) 重大火灾应急预案。
(7) 人身伤害应急预案。

附录B 小型水电站防洪度汛预案（实例）

一、总则

1. 编制目的

小型水电站防洪应急预案是针对突发事件、超标准洪水等导致厂房及引水系统面临重大险情威胁，影响全厂设备、设施、人员等安全的前提下，依据“电调服从水调”的原则，采取有效措施防止和减轻灾害损失，保证电厂安全度汛而制定的科学合理、可操作性强的应急预案。

2. 编制依据

本防洪度汛应急预案根据《中华人民共和国防洪法》《中华人民共和国水法》《中华人民共和国防汛条例》等有关法律、法规编制。

3. 编制原则

认真执行“安全第一、预防为主、综合治理、规范操作、持续改进、安全发展”的安全生产方针，在当地政府和学院领导下，全面动员，统一指挥，统一调度，服从大局，团结抗洪，立足于防大汛、抢大险、抗大灾的原则。

4. 电厂概况

某小型水电厂是集水力发电、教学科研、学生实训、师资培养、合作交流为一体的校内生产性实训基地。电厂位于四川省都江堰市，是都江堰灌渠梯级开发电厂，建成于1994年11月，装设三台轴流定桨式水轮发电机组，原设计水头9.2m，引用流量$44m^3/s$。电厂于2006年完成微机监控改造；2010年完成“5·12”地震灾后重建；2015年7月完成增效扩容改造工程，设计水头8.7m，引用流量$51m^3/s$，装机容量达到3×1250kW。

电厂取水口拦河坝为闸坝式结构，溢流坝长度15m，三道泄洪闸采用平板式，配三台卷扬式启闭机，三道平板式进水闸配螺杆式启闭机。地上式引水明渠长998m，渠道内壁为浆砌石抹面，外壁干砌石，中间及渠顶为土石方回填，渠顶最高处高出地面约7m；引水渠道左岸下方主要为农田和村舍，常住人口约300人；引水渠右岸有一机械加工厂，职工人数约100人，下游有一学校有在校师生约1000人。前池有长30m溢流堰，三台机平板式快速闸配卷扬式启闭机，中控室可实现远控和保护联动。该电站装设三台轴流定桨式水轮发电机，两台主变压器，通过一回长2.8km的35kV架空输电线路上地方电网，站内设有35kV和6.3kV两级高压母线，双电源互为备用的厂用电系统，厂用电系统采用双层辐射的单母线分段结构，其中，取水口为一回400V低压线路，备一台柴油发电机。

5. 汛情险情分析

根据本厂工程特点和可能发生的重大突发事件主要有以下几种：

第一种：首部枢纽漫堤或坍塌。

第二种：引水明渠（含前池）漫堤或坍塌。

第三种：尾水明渠坍塌。

第四种：前池或厂区围墙坍塌导致水淹厂区。

第五种：洪水引起35kV输电线路杆塔倒塌。

第六种：由于是教学实训电厂，地处教学实训校区，外来人员较多，易造成生产区域人员落水。

二、度汛工作方案

（一）成立机构、明确职责

1．成立防洪度汛领导小组

下设预警组、抢险队、后勤保障组，负责全厂防洪度汛工作，其职责为：在学院的领导下，负责起草防洪抢险预案，全面组织、协调本厂的防洪度汛工作，在出现重大汛情、险情时，准确判断，果断决策，规范、有效地组织抗洪抢险，并立即上报相关情况，必要时请求支援。

2．预警组

在汛期运行期间，预警组24h监控全厂设备设施，即时发现汛情、险情，并报告领导小组。

3．抢险队

发生重大险情，在领导小组统一指挥下。抢险队长带领全体队员在保证人员安全的情况下，发扬不怕苦、不怕累的精神，科学、有效地开展抢险救灾工作；如无汛情预警时，在抢险队长的组织下，进行汛前设备设施排查、维护、疏通，按预案进行演练并做好记录。

4．后勤保障组

清理、采购防洪抢险设备、设施、物资，保证抢险经费充足，确保抢险车辆车况良好，保障抢险期间通信联络，开展受伤人员救护。

（二）预警为主、联合度汛

各部门、各班组根据工作性质切实履行各自的安全职责，保证全方位、全天候的对电站涉水建筑和设备设施进行安全监控。

及时关注气象部门、河道管理部门、政府安全管理部门的通知，并与上下游兄弟电站、当地村组及时通报信息，尽可能在洪水来临之前做好充分的准备工作。

（三）主次分明、多重管控

以运行监控为主，各岗位密切配合。运行班组24h轮流值班，随时监视电站所在区域的汛情，并根据发展情况作出相应的响应。其他岗位根据站要求及时进行检查巡视，发现险情及时通报运行班组，作出相应响应。生技科和厂部负责度汛的安排、监督、指挥。

（四）以人为主、设备为辅

在汛前对控制洪水的各闸门、启闭机及自动控制系统设备进行检查调试，确保各设备能正常工作。检查应急设备物资，应急电源是否能正常启动提供应急电源。特别是取水口

泄洪闸必须有两套相互独立测量系统的自动提闸，确保超过汛限水位时能自动控制提闸泄洪。同时取水口运行值班人员现场值班，监视取水口汛情情况，必要时人为操作闸门泄洪；厂区运行值班人员在中控室通过远方视频和水位监控，可调度取水口人员或远方操控闸门泄洪；生技科和厂部管理人员可通过网络访问或手机视频了解汛情，必要时远方调度取水口人员泄洪。

（五）统一指挥、全员参与

全厂员工根据自身工作性质和特长，分别按预案完成相应的工作职责，并执行汛期从5月1日起到9月30日止，全厂执行汛期劳动纪律；在非汛期，如出现重大涉水险情、事故，将启动防洪度汛预案，各岗位人员必须及时到位参加防汛抢险工作。

领导小组统一指挥全厂防汛工作。领导小组成员及其他防洪抢险人员必须服从于防洪抢险工作的需要，随时听从调遣；如在抗洪抢险中相互推诿、扯皮，造成严重后果要追究相关人员责任，造成重大责任事故，按相关法律法规处理。

（六）闲练急战、练战结合

全厂每年汛前集中进行防汛预案培训和演练，模拟发生险情在厂用电源消失的情况下应急恢复操作电源，提闸泄洪。分班进行演练确保每个班组都能独立处置汛情。遇到险情时自动按照预案进行处置和报告，保证全厂安全度汛。

三、应急组织机构

为了切实抓好防洪度汛工作，明确各岗位职责，确保2017年度安全度汛，结合我厂实际情况，经厂务会研究决定，成立四川水利职业技术学院双合教学科研电厂防洪度汛领导小组，统一指挥全厂防洪抢险工作。本防洪度汛领导小组下设预警组、抢险队和后勤保障组。在出现重大汛情、险情时，领导小组在都江堰市人民政府防汛抗旱指挥部和四川水利职业技术学院安全生产领导小组的领导下开展工作，同时还需要得到聚源镇、大合村、金江村、上下游电站等部门或单位的协调与配合。

1. 领导小组

组　长：厂长

副组长：副厂长

成　员：中层管理、技术及安全管理人员

职　责：负责起草防洪度汛预案，全面组织、协调本厂的防洪度汛工作，在出现重大汛情、险情时，准确判断，果断决策，规范、有效组织抗洪抢险，并立即上报相关情况，必要时请求支援。

2. 预警组

组　长：生产副厂长

副组长：技术管理人员

成　员：各班组值班长

职　责：在汛期运行期间，预警组24h监控全厂设备设施，即时发现汛情、险情，并报告领导小组。

3. 抢险队

队　　长：生产负责人

副 队 长：安全负责人

成　　员：全体职工

后备人员：组织防洪抢险队45人，村民20人（编笼）。

职　　责：如出现重大险情，在领导小组统一指挥下。抢险队长带领全体队员在保证人员安全的情况下，发扬不怕苦、不怕累的精神，科学、有效地开展抢险救灾工作；如无汛情预警时，在抢险队长的组织下，进行汛前设备设施排查、维护、疏通，按预案进行演练并做好记录。

4. 后勤保障组

组　长：行政后勤副厂长

副组长：后勤管理人员

成　员：财务、司机

职　责：清理、采购防洪抢险设备、设施、物资，保证抢险经费充足，确保抢险车辆车况良好，保障抢险期间通信联络，开展受伤人员救护。

5. 工作纪律要求

汛期从5月1日起到9月30日止，全厂执行汛期劳动纪律；在非汛期，如出现重大涉水险情、事故，也将启动防洪度汛预案。

领导小组成员及其他防洪抢险人员必须服从于防洪抢险工作的需要，随时听从调遣；如在抗洪抢险中相互推诿、扯皮，造成严重后果要追究相关人员责任，造成重大责任事故，按相关法律法规处理。

四、预防与预警

1. 安全员和检修人员预警

(1) 定期检查水工建筑物运行情况，即时发现局部漏水、渗水、坍塌等险情。

(2) 定期查看排水沟的水量，如发现水量猛涨或通道堵塞等险情。

(3) 恶劣天气应加强主要危险点的监控，预防险情况发生。

2. 取水口工作人员预警

(1) 全天候有人值班，随时监视取水口来水量，确认取水口水位在警戒线以下。

(2) 随时监视来水水质情况，即时发现、排除垃圾堵塞拦污栅的险情。

(3) 随时监视取水口两侧河堤，即时发现两侧河堤可能出现的险情。

(4) 定期检查引水渠涵洞，及时排查涵洞排水不畅因素，避免水淹农田的险情。

3. 运行人员预警

(1) 全天候值班，随时监视取水口、引水渠、尾水渠的水位和水量，即时发现全厂的防洪险情。

(2) 通过视频监控系统，随时监视厂区围墙外排水沟水位，即时发现厂外来水倒灌入厂区的险情。

4. 生技科人员

（1）在暴雨或恶劣天气时，组织、协调全厂生产岗位人员，监视全厂主要危险点，及时发现险情。

（2）加强与上级防洪主管部门的联系，了解未来一段时间内的降雨、雷电情况。

（3）加强与上游电站的联系，及时了解上游的来水量，为险情预警赢得时间。

五、响应程序

1. 险情报告

无论是检修人员、安全人员、运行人员、生技科人员在汛期预警时发现险情时，应立即向防洪领导小组报告。

2. 应急指挥

防洪领导小组成员接到险情报告后，须在5min内或最快的时间内赶到事故现场，指挥开展应急救援行动，并通知抢险队到场。

3. 紧急处置

现场预警人员一旦发现险情，在保证人员安全的前提下，为防止险情事故扩大，确保生命财产安全，应立即做好以下紧急处置措施：

（1）操作相关设备，及时消除或减小危险源，防止事故扩大。

（2）迅速组织撤离、疏散现场人员，封锁事故区域，按规定实施警戒和警示。

（3）根据现场情况决定是否立即拨打120或119等。

4. 应急避险

现场预警人员一旦发现险情，除上报情况外，如发现险情危及自身生命安全，应立即撤离到险情附近的安全区域，但必须做好力所能及的本职工作，组织现场其他人员撤至安全区域。

5. 防洪抢险

防洪抢险队员到达现场后应在防洪领导小组的统一指挥下，按照事故预案安全、科学、规范、有效地进行抗洪抢险工作。

六、应急处置措施

1. 取水口漫堤或坍塌的处置措施

（1）值班人员应立即依次全开三道泄洪闸泄水，并立即通知当班运行班长。

（2）班长立即向防洪领导小组主要领导报告，与副值值守中控室保证厂用电。

（3）班长负责通知安全员到场，正值立即增援出事地点。

（4）防洪领导小组接到报告后应通知全体抢险队员，并立即赶到现场，组织抢险队员进行现场抢险和救护工作。

（5）抢险现场人员无论是谁，如发现严重威胁人员及房屋建筑安全险情时，应立即呼叫报警，并紧急组织人员撤离至安全地带，如发现人员受伤立即拨打120请求急救。

（6）消除安全威胁后，取水口人员、安全员和检修等人员应全面检查首部枢纽建筑物，确认现场损坏情况。

2. 引水明渠漫堤或坍塌的处置措施

（1）取水口值班人员应立即依次全开三道泄洪闸泄水，关闭三道进水闸，同时报告防洪领导小组。

（2）运行班长通知安全员到现场，副值负责尽快将渠道内的水拖空后停机。

（3）班长和副值值守中控室保证厂用电，正值立即增援出事地点。

（4）领导小组接到报告后应立即通知全体抢险队员，并立即赶到险情现场，组织抢险队员进行现场抢险和救护工作。

（5）抢险现场人员无论是谁，如发现严重威胁人员及房屋建筑安全险情时，应立即呼叫报警，并紧急组织人员撤离至安全地带，如发现人员受伤立即拨打120请求急救。

（6）消除安全威胁后，取水口人员、安全员和检修等人员应全面检查水工建筑物，确认现场损坏情况。

（7）防洪领导小组或组织的专家组分析事故原因，确定修复方案，尽快修复损毁设施，验收合格后方可恢复生产。

3. 前池或厂区围墙坍塌导致水淹厂区的处置措施

（1）运行人员立即通知取水口人员依次全开三道泄洪闸泄水，关闭取水口三道进水闸，同时报告防洪领导小组。

（2）如水流已进入开关室或主厂房，运行班立即跳开303断路器，并紧急停机将三台停下来。

（3）机组停完后立即关闭全部直流屏电源开关，人员撤到安全地带避险，并提醒现场其他人员避险。

（4）领导小组接到报告后应通知全体抢险队员立即赶到险情现场，组织抢险队员进行现场抢险和救护工作。

（5）防洪领导小组应指挥抢险队及时抢救人员和设备，如发现人员受伤，应立即拨打120请求急救。

（6）防洪领导小组或组织的专家组分析事故原因，确定修复方案，尽快修复损毁设施，验收合格后方可恢复生产。

4. 尾水渠坍塌的处置措施

（1）取水口值班人员应立即依次全开三道泄洪闸泄水，关闭取水口三道进水闸，同时报告防洪领导小组。

（2）班长与副值值守中控室，在保证引水渠道安全的前提下尽快全部停机，停机完成后关闭三道前池进水闸。

（3）班长负责通知安全员到现场，正值立即增援出事地点。

（4）领导小组接到报告后应通知全体抢险队员立即赶到险情现场，组织抢险队员进行现场抢险和救护工作。

（5）抢险现场人员无论是谁，如发现严重威胁人员及房屋建筑安全险情时，应立即呼叫报警，并紧急组织人员撤离至安全地带，如发现人员受伤立即拨打120请求急救。

（6）防洪领导小组或组织的专家组分析事故原因，确定修复方案，尽快修复损毁设施，验收合格后方可恢复生产。

5. 洪水引起35kV输电线路杆塔倒塌的处置措施

（1）预警人员发现或接到附近村民报告35kV倒杆断线情况时后，立即报告运行班长和防洪领导小组。

（2）预警人员做好人员疏散和现场安全监护，防止造成扩大事故。

（3）当班运行班长立即命令正值跳开303开关，并迅速向电力调度部门打电话报告，请求立即断开对侧312开关。

（4）运行班在303手车挂牌“禁止合闸，有人工作”。

（5）在接到调度部门停电抢险许可后，当班班长和正值应立即拉开出线刀闸3032，验电并确认无电后投入线路接地刀闸30320。

（6）防洪领导小组到现场组织进行救护、灭火、疏散等处理。

（7）防洪领导小组或组织的专家组分析事故原因，确定修复方案，尽快修复损毁设施，验收合格后方可恢复生产。

6. 渠道发生人员落水的处置措施

（1）发现险情后，现场人员应立即取下预备的救生圈扔到落水者的前方，并报告运行班长和防洪领导小组。

（2）引水渠道发生人员落水，取水口人员应迅速全开泄洪闸，全关进水闸以减少渠道水量和流速。

（3）当班运行班长和班员迅速停三台机，正值马上到前池准备救人。

（4）机组停稳后副值坚守中控室，监控全厂视频和接电话，班长和正值到前池实施营救工作。

（5）防洪领导接到电话后迅速赶到现场，并同时联系消防、公安、120等相关单位。

（6）如落水人员已淹没入水底，应及时开机放水，将渠放空后实施营救。

（7）如尾水渠道发生人员落水，应立即取下预备的救生圈扔到落水者的前方，并立即停机后实施营救，并及时通知下游电站请求协助。

7. 后期处置措施

（1）组织人员尽快清理现场，检修受损设备。

（2）做好伤亡人员的善后处理工作。

（3）防洪领导小组或组织的专家组分析事故原因，确定修复方案，尽快修复损毁设施，验收合格后方可恢复生产。

（4）协助有关部门进行事故调查，事故原因的调查、分析、处置，按照“四不放过”的原则处理。

（5）将事故总结报告和处置情况报送相关主管部门，总结事故应急处置经验，对应急预案进行修改完善。

七、应急保障

1. 通信保障

（1）中控室和办公室固定电话保证24h畅通。

（2）厂部、生技科、中控室、取水口配备对讲机供防洪专用。

（3）固定电话不通的情况下，用移动电话、对讲机进行通信。

（4）如果防洪抢险无线、有线通信中断，与外界失去联系时，取水口与中控室间应由后勤保障组专人负责通信传递，同时安排专用车辆交通与外界保持联系。

2. 物资保障

（1）物资储备。根据防洪工作的实际需要，配置相应的防洪抢险物资。

（2）物资管理。防洪物资属专用储备，禁止挪作他用，由专人负责管理和维护，保证正常的使用性能。

3. 经费保障

双合电厂将从安全生产专用经费中，拨出专项资金用于应急物资的添置、维护、保养，出现重大险情时，及时组织资金用于抗洪抢险。

八、培训与演练

1. 宣传

（1）在安全公告栏做好度汛安全宣传标语。

（2）汛前做好安全动员，汛后及时总结。

（3）通过公告栏、短信、微信、QQ等渠道及时向职工通报汛情。

（4）编制本年度防洪度汛预案，并及时公布。

2. 培训

（1）每年在5月1日汛期到来之前，组织全厂人员认真学习本预案，保证一旦险情发生能准确执行预案。

（2）在每年的汛前安全培训期间，结合生产实际情况进行安全、防洪、技能操作培训，并进行考核。

3. 演练

（1）聘请专业安全专家进行溺水、触电、外伤等急救演练。

（2）雷击事故造成的厂用电消失应急演练。

（3）取水口溃堤应急演练。

（4）引水明渠溃堤演练。

九、附件

附件1：电厂防洪物资储备管理表。

附件2：电厂防洪度汛对外联络通讯录。

附件3：电厂应急抢险通讯录。

附件1　　**电厂防洪物资储备管理表**

序号	物资名称	规格型号	数量	存放地点	管理人员	责任人	备注
1	抢险车	川A××××××	1	厂区			商务车
2	抢险车	川A××××××	1	厂区			越野车
3	抢险车	川A××××××	1	设计院			越野车

续表

序号	物资名称	规格型号	数量	存放地点	管理人员	责任人	备注
4	抢险车	川A×××××	1	监理公司			越野车
5	柴油发电机	30kW	1	取水口			
6	铁丝		300kg	取水口			编笼篼
7	编织袋		200条	取水口			
8	电缆		100m	取水口			
9	照明灯具	移动式	1套	取水口			
10	绝缘粘胶带		2卷	取水口			
11	铁锹		2把	取水口			
12	十字镐		1把	取水口			
13	钢钎		1根	取水口			
14	锄头		1把	取水口			
15	防洪石		50m^3	取水口			
16	对讲机		4台	厂区			
17	潜水泵		5台	厂区			
18	铁楸		10把	厂区			
19	十字镐		5把	厂区			
20	钢钎		5根	厂区			
21	锄头		5把	厂区			
22	电缆		200m	厂区			
23	照明灯具	移动式	2套	厂区			
24	绝缘粘胶带		10卷	厂区			
25	雨衣		25件	厂区			
26	胶鞋		13双	厂区			
27	绝缘靴		1双	厂区			
28	救生圈		5个	前池、尾水、取水口			
29	救生绳	20m	6个	前池、尾水、取水口			

附件2　　**电厂防洪度汛对外联络通讯录**

序号	部　门	联系人	性别	电　话	备　注
1	市防洪办				
2	市经信局		男		科长
3	调水处		男		处长
4	东风渠		男		站长
5	供电公司				
6	镇政府		男		镇长
7	镇派出所		男		副所长

续表

序号	部　门	联系人	性别	电　话	备　注
8	镇政府		女		经安办主任
9	大合村		男		书记
10	上级领导		男		分管领导
11	上级安办		男		主任
12	院工厂		男		厂长
13	设计院		女		主任
14	电站		男		上一级电站
15	电站		男		上二级电站
16	电站		女		下一级电站

附件3　　**电厂应急抢险通讯录**

序号	姓　名	性　别	联系电话	职务/职责
1				厂长
2				副厂长
3				生技科科长
4				办公室主任
5				生技科值班员
6				生技科值班员
7				会计
8				出纳
9				专职司机
10				检修维护
11				取水口运行班
12				
13				运行一班
14				
15				
16				运行二班
17				
18				
19				运行三班
20				
21				
22				运行四班
23				
24				

续表

序号	姓　名	性　别	联系电话	职务/职责
25				门卫
26				保洁
27				食堂
28	生技科			值班
29	中控室			值班
30	厂办公室			值班

附录C　小型水电站生产反事故典型预案实例

预　案　一

名称：系统解列

现象：电厂303或变电站312开关因事故跳闸，造成厂用电消失，微机监控系统通信可能中断。

反事故措施：

一、运行班长重新开机恢复厂用电

(1) 运行班长立即向生技科值班人员通报并值守中控室，检查上位机、保护屏、厂用屏、直流屏等，初步确认事故情况，通知取水口启动柴油发电机待命；如果35kV线路侧有电，应在保证安全的前提下首先合上303开关恢复厂用电。

(2) 正值现场检查301、302、303、611、602、603、604、605是否在分闸位置，如不在分闸位置，应现场手动分闸。

(3) 副值检查主厂房机组有无异常，确认调速器油压应在11～15MPa之间，刹车屏气压应在0.5～0.8MPa之间，判断其是否满足开机要求。

(4) 副值现场确认1F、2F、3F前池快速闸门的实际位置。

(5) 运行班长检查并复归各类事故信号，将可复归的事故信号消除。

(6) 正、副值人员现场检查、操作完毕后到中控室汇总情况，班长根据全厂的检查结果和事故信号情况，选择状态良好的机组作为恢复厂用电的机组。

(7) 副值值守中控室监盘，班长、正值迅速到主厂房，班长监视，正值操作，现地手动开机、建压至空载。

(8) 正值值守机组，班长在确保安全的情况下，将机组切至自动远程控制位置，回到中控室合上发电机出口开关带上厂用电。

(9) 班长在中控室依次恢复厂用电，在主厂房完成油、气、水系统的检查和操作，恢复油压、气压、水压等开机必备条件。

(10) 在确保安全的情况，依次开启另外两台机组空载拖水。

二、启动取水口柴油发电机倒厂用电

(1) 如6min内不能重新开机恢复厂用电，班长必须马上断开取水口厂用电源开关，通知取水口值班人员按操作规程投入柴油发电机发电，依次提起三台泄洪闸泄水。

(2) 如果中控室不能在15min内开机恢复厂用电，且油、气、水系统已经不能保证机组开机时，运行班应断开全部厂用电负荷开关，通知取水口值班人员向厂区倒供柴油发电机电源。

(3) 副值监盘、班长监护、正值操作，依次开启各机组的厂用电源打油、打气等，保

证开机条件满足要求。

（4）断开取水口电源开关，选择状态良好的机组开机恢复厂用电。

三、向电网申请供电

上述两方案均失败时，运行班长应立即向电网调度求救，请求在保证电网安全的情况下尽快向我厂倒送电，并做好倒送电准备。

四、汇报总结

（1）在事故处理过程中，应首先保证人员的人身安全。

（2）无论事故是否处理完成，运行班长必须向安全领导小组汇报情况。

（3）安全领导小组应及时了解事故情况，必要时组织人员分析事故原理及处置情况，总结经验训，并在运行分析会上进行情况通报。

预　案　二

名称：电气火灾

现象：发电机、变压器或其他电气设备着火。

反事故措施：

（1）班长立即向生技科值班人员报告，并监护正值切断着火设备的各侧电源，确保着火设备全部断电，副值在中控室监盘。

（2）班长、正值和其他救援人员进行灭火，灭火设备应选择1211灭火器或者用干燥的消防沙对变压器或其他注油设备灭火。

（3）如果发电机着火，应立即停机，并采用二氧化碳或1211灭火器灭火。

预　案　三

名称：触电急救

现象：人员触电昏迷。

反事故措施：

（1）中控室立即切断各侧电源，确认触电者全部脱离电源。

（2）副值负责监盘并立即报告厂领导、生技科，通知厂级安全员到场，尽可能增加救援力度。

（3）救援人员将触电者转移至通风地带，平放仰卧，松开领扣、皮带，取出义齿，头部后仰，使气道畅通。

（4）现场最高负责人指定受过专门培训的人员对触电者进行心肺复苏操作。

（5）副值报告120请专业救护人员到现场施救并检查损害情况，在专业急救人员未到之前不得停止抢救。

预　案　四

名称：取水口、引水渠建筑物坍塌

现象：江安河洪水或久雨造成河堤或渠道决口（坍塌）。

反事故措施：

（1）取水值班人员应立即依次全开三道泄洪闸泄水，关闭三道进水闸，向中控室通报情况，并报告厂领导、生技科。

（2）厂领导决定启动应急预案，生技科通知全场抢险队员赶赴出事地点。

（3）班长与副值值守中控室保厂用电。

（4）班长通知安全员到厂，副值尽快将引水渠内的水拖空并停机，生技科、正值立即增援出事地点。

（5）厂领导应迅速赶到出事地点，组织抢险人员进行现场抢险。

（6）现场人员无论是谁，如发现威胁周边人员或建筑物出现安全危险情况，应立即呼叫报警并紧急组织人员撤离至安全地带，如发现有人员受伤应立即拨打120请求急救。

（7）安全威胁消除后，取水口和检修人员应立即全面检查河堤、引水渠等水工建筑物情况。

（8）安全领导小组根据水工建筑检查情况决定采用处理方案。

预　案　五

名称：输电线路断线

现象：35kV线路断杆或断线。

反事故措施：

（1）当发生35kV线路断杆或断线时，立即报告运行班长、生技科及厂领导。

（2）生技科立即安排生技科、检修、安全员等到出事地点，做好人员疏散和现场安全监护，防止误入事故区域扩大事故。

（3）班长立即命令正值班员跳开303开关，并在303手车挂牌“禁止合闸、有人工作”。

（4）班长向调度部门打电话报告，请求立即断开金江变电站312开关，并做好挂牌接地工作。

（5）班长和正值退出3035互感器手后在出线刀闸上验电。

（6）在接到系统完成工作并确认无电后，班长和正值断开线路隔离开关3032，投入线路接地刀闸30320。

（7）正值在完成安全措施后通知现场人员进行救护、灭火、疏散等处理。

预　案　六

名称：黑启动

现象：35kV金双线无法来电、全厂交流电源消失、三台机调速器油压下降、气压不够、三台机导叶全关、直流电源正常等。

反事故措施：

（1）职责分工：生技科人员负责指挥发令，并选定黑启动机组，班长负责监护，正值负责操作，副值负责值守中控室监盘。

（2）断开中控室和主厂房厂用屏所有交流电源开关，尤其注意断开至取水口电源

开关。

(3) 生技科通知取水口人员迅速启动柴油发电机，依次开启泄洪闸泄水。

(4) 在中控室调度下，取水工作人员在确认安全后，进行切换操作，将电源倒送至中控室。

(5) 在中控室投入取水口电源开关。

(6) 在中控室2C厂用屏合上43QF。

(7) 投入选定机组的1#油泵电源开关，启动1#油泵打油；同时启动空压机打气。

(8) 手动开机至空载。

(9) 断开中控室至取水口电源开关，合上41QF，立即合上发电机出口断路器，投入41T厂变。

(10) 依次投入厂区各回路电源开关。

(11) 取水口值班人员停运柴油发电机。

(12) 合上取水口电源开关，对取水口送电。

附录 D　常用工作票通用表格

一、电气第一种工作票

<table>
<tr><td>单位</td><td colspan="2"></td><td>编号</td><td></td></tr>
<tr><td colspan="5">工作负责人（监护人）：　　　　班组：</td></tr>
<tr><td colspan="5">工作班人员（不包括工作负责人）：
共　人</td></tr>
<tr><td colspan="5">工作的电站名称及设备双重名称：</td></tr>
<tr><td rowspan="5">工作任务</td><td colspan="2">工作地点及设备双重名称</td><td colspan="2">工作内容</td></tr>
<tr><td colspan="2"></td><td colspan="2"></td></tr>
<tr><td colspan="2"></td><td colspan="2"></td></tr>
<tr><td colspan="2"></td><td colspan="2"></td></tr>
<tr><td colspan="2"></td><td colspan="2"></td></tr>
<tr><td colspan="5">计划工作时间：自　年　月　日　时　分至　年　月　日　时　分</td></tr>
<tr><td rowspan="21">安全措施（必要时可附页绘图说明）</td><td colspan="3">应拉断路器（开关）、隔离开关（刀闸）</td><td>已执行[①]</td></tr>
<tr><td colspan="3"></td><td></td></tr>
<tr><td colspan="3"></td><td></td></tr>
<tr><td colspan="3"></td><td></td></tr>
<tr><td colspan="3"></td><td></td></tr>
<tr><td colspan="3"></td><td></td></tr>
<tr><td colspan="3"></td><td></td></tr>
<tr><td colspan="3">应装接地线、应合接地刀闸（确定地点、名称及接地线编号[①]）</td><td>已执行</td></tr>
<tr><td colspan="3"></td><td></td></tr>
<tr><td colspan="3"></td><td></td></tr>
<tr><td colspan="3"></td><td></td></tr>
<tr><td colspan="3"></td><td></td></tr>
<tr><td colspan="3"></td><td></td></tr>
<tr><td colspan="3">应设遮拦、应挂标示牌及防止二次回路误碰措施</td><td></td></tr>
<tr><td colspan="3"></td><td></td></tr>
<tr><td colspan="3"></td><td></td></tr>
<tr><td colspan="3"></td><td></td></tr>
<tr><td colspan="3"></td><td></td></tr>
<tr><td colspan="3"></td><td></td></tr>
<tr><td colspan="3"></td><td></td></tr>
</table>

续表

单位		编号	
安全措施（必要时可附页绘图说明）	工作地点保留带电部分或注意事项（签发人填写）		补充工作地点保留带电部分和安全措施（许可人填写）
	工作票签发人签名：		签发日期：　年　月　日　时　分

收到工作票时间：　年　月　日　时　分

运行值班人员签名：　　　　工作负责人签名：

确认本工作票上述各项内容：

许可开始工作时间：　年　月　日　时　分

工作负责人签名：　　　　工作许可人签名：

确认工作负责人布置的工作任务和安全措施：

工作班组人员签名：

工作负责人变动情况：

原工作负责人　　　离去，变更　　　为工作负责人。

工作票签发人：　　　　日期：　年　月　日　时　分

工作许可人：　　　　日期：　年　月　日　时　分

工作人员变动情况（变动人员姓名、日期及时间）：

工作负责人签名：

工作票延期：

有效期延长到：　年　月　日　时　分

工作负责人签名：　　　　日期：　年　月　日　时　分

工作许可人签名：　　　　日期：　年　月　日　时　分

每天开工和收工时间（使用一天的工作票不必填写）	开工时间				工作负责人	工作许可人	收工时间				工作负责人	工作许可人
	月	日	时	分			月	日	时	分		

工作票终结：

1. 全部工作于　年　月　日　时　分结束，设备及安全措施已恢复至开工前状态，工作人员已全部撤离，材料工具已清理完毕。

2. 临时遮拦、标示牌已拆除，常设遮拦已恢复。未拆除或拉开的接地线编号　　　　等共　组、接地刀闸（小车）共　副（台）已汇报调度值班员。

工作负责人签名：　　　　日期：　年　月　日　时　分

工作许可人签名：　　　　日期：　年　月　日　时　分

备注：

（1）指定专责监护人　　　负责监护　　　　（地点及具体工作）

（2）其他事项：

①已执行栏目及接地线编号由工作许可人填写。

二、电气第二种工作票

单位		编号	

工作负责人（监护人）： 班组：

工作班人员（不包括工作负责人）：

共 人

工作的电站名称及设备双重名称：

工作任务	工作地点或地段	工作内容

计划工作时间：自 年 月 日 时 分至 年 月 日 时 分

工作条件（停电或不停电，或邻近及保留带电设备名称）：

注意事项（安全措施）：

工作票签发人签名： 日期： 年 月 日 时 分

补充安全措施（工作许可人填写）：

确认本工作票上述各项内容：

工作负责人签名： 工作许可人签名：

许可工作时间： 年 月 日 时 分

确认工作负责人布置的工作任务和安全措施：

工作班组签名：

工作票延期：

有效期延长到： 年 月 日 时 分

工作负责人签名： 日期： 年 月 日 时 分

工作许可人签名： 日期： 年 月 日 时 分

工作票终结：

全部工作于 年 月 日 时 分结束，工作人员已全部撤离，材料工具已清理完毕。

工作负责人签名： 日期： 年 月 日 时 分

工作许可人签名： 日期： 年 月 日 时 分

备注：

三、操作票

<table>
<tr><td>单位</td><td colspan="3"></td><td>编号</td><td></td></tr>
<tr><td>发令人</td><td></td><td>受令人</td><td></td><td>发令时间</td><td>年　月　日　时　分</td></tr>
<tr><td colspan="4">操作开始时间：
年　月　日　时　分</td><td colspan="2">操作结束时间：
年　月　日　时　分</td></tr>
<tr><td colspan="6">（　）监护操作　　（　）单人操作</td></tr>
<tr><td colspan="6">操作任务：</td></tr>
</table>

顺序	操作项目	√

<table>
<tr><td colspan="3">备注：</td></tr>
<tr><td>操作人：</td><td>监护人：</td><td>值班负责人（值长）：
日期：　年　月　日　时　分</td></tr>
</table>

附录 E　小型水电站的主要生产管理图（实例）

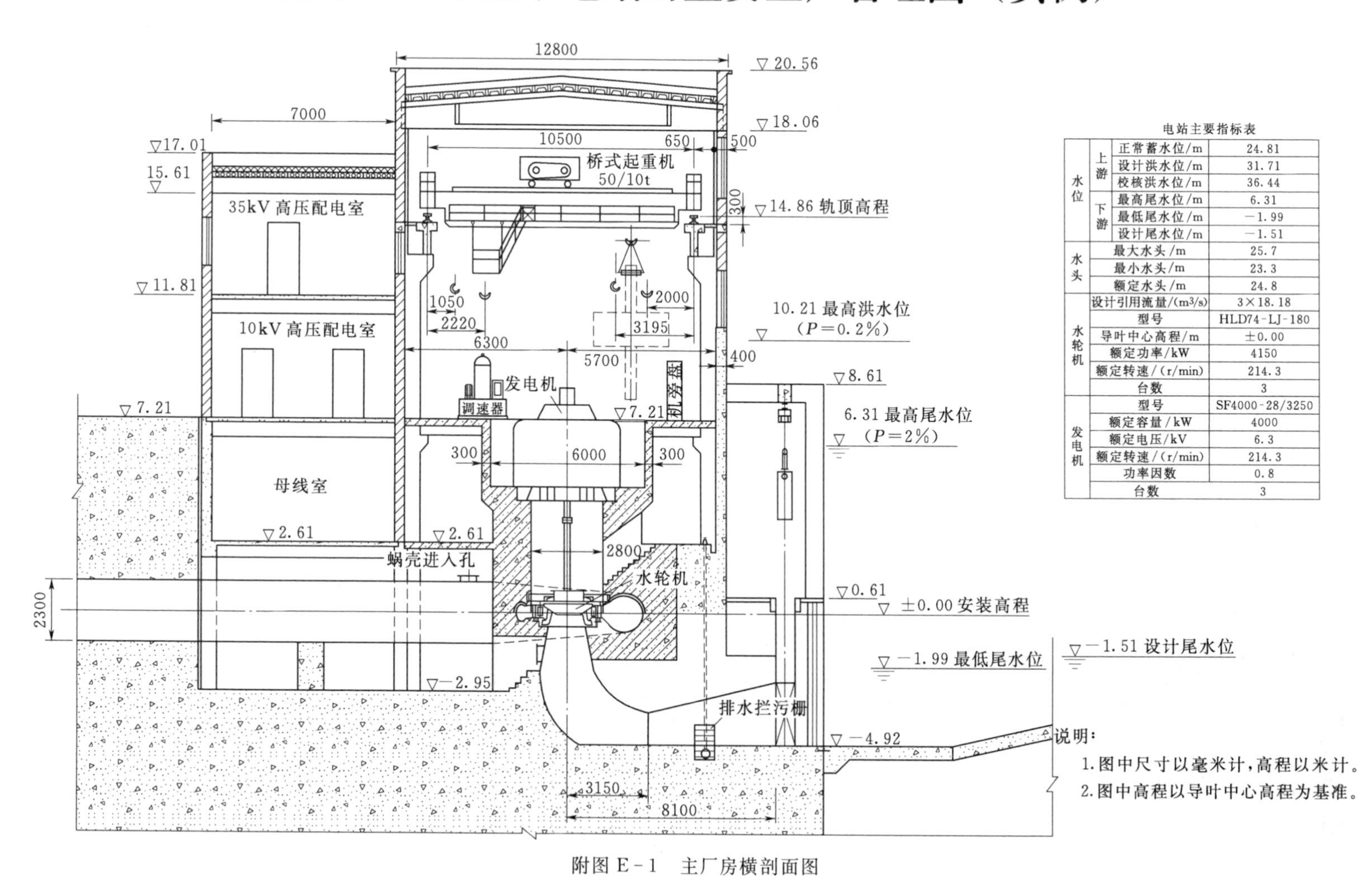

电站主要指标表

水位	上游	正常蓄水位/m	24.81
		设计洪水位/m	31.71
		校核洪水位/m	36.44
	下游	最高尾水位/m	6.31
		最低尾水位/m	−1.99
		设计尾水位/m	−1.51
水头		最大水头/m	25.7
		最小水头/m	23.3
		额定水头/m	24.8
设计引用流量/(m³/s)			3×18.18
水轮机		型号	HLD74-LJ-180
		导叶中心高程/m	±0.00
		额定功率/kW	4150
		额定转速/(r/min)	214.3
		台数	3
发电机		型号	SF4000-28/3250
		额定容量/kW	4000
		额定电压/kV	6.3
		额定转速/(r/min)	214.3
		功率因数	0.8
		台数	3

说明：

1. 图中尺寸以毫米计，高程以米计。
2. 图中高程以导叶中心高程为基准。

附图 E-1　主厂房横剖面图

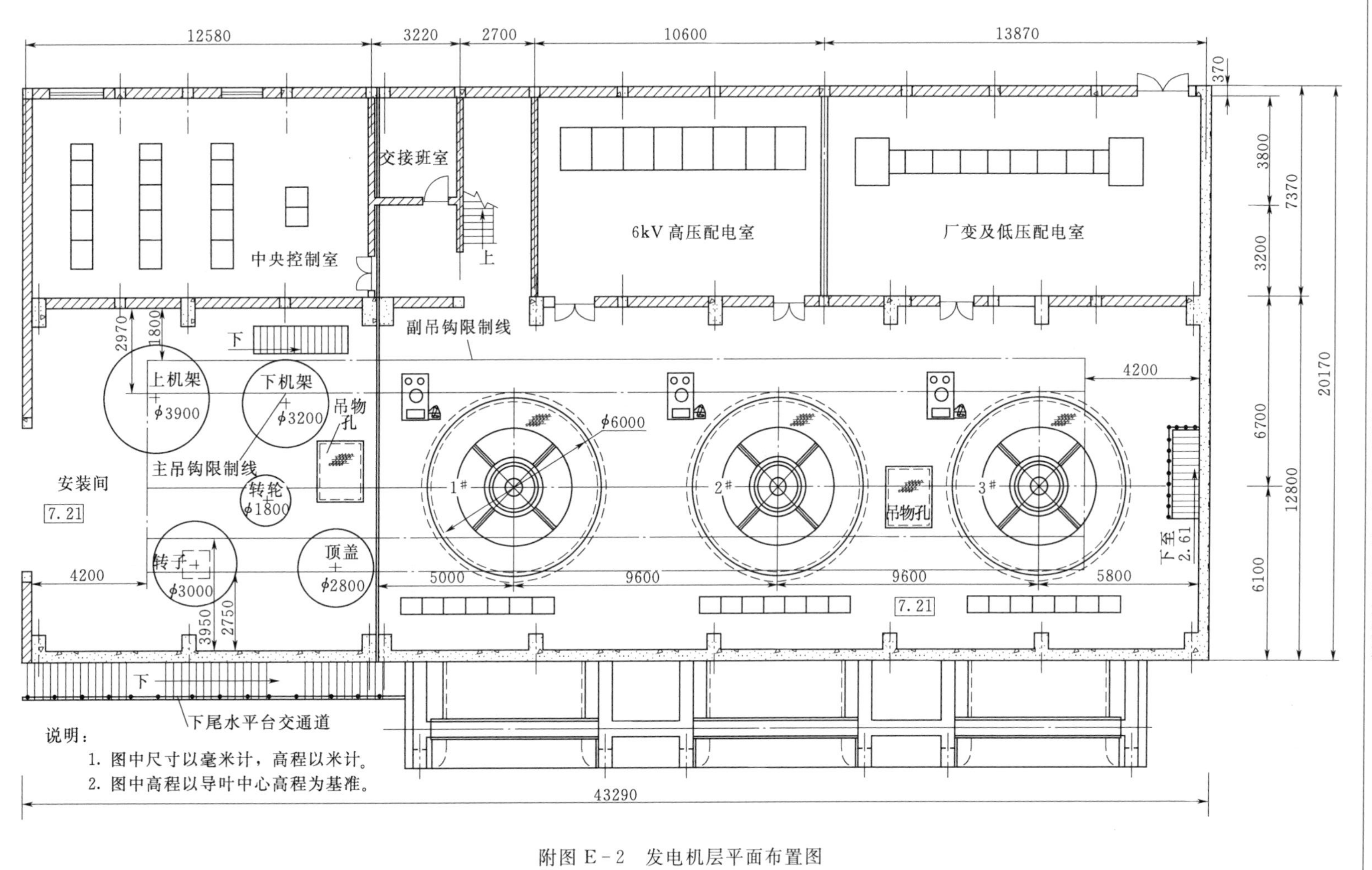

附图 E-2　发电机层平面布置图

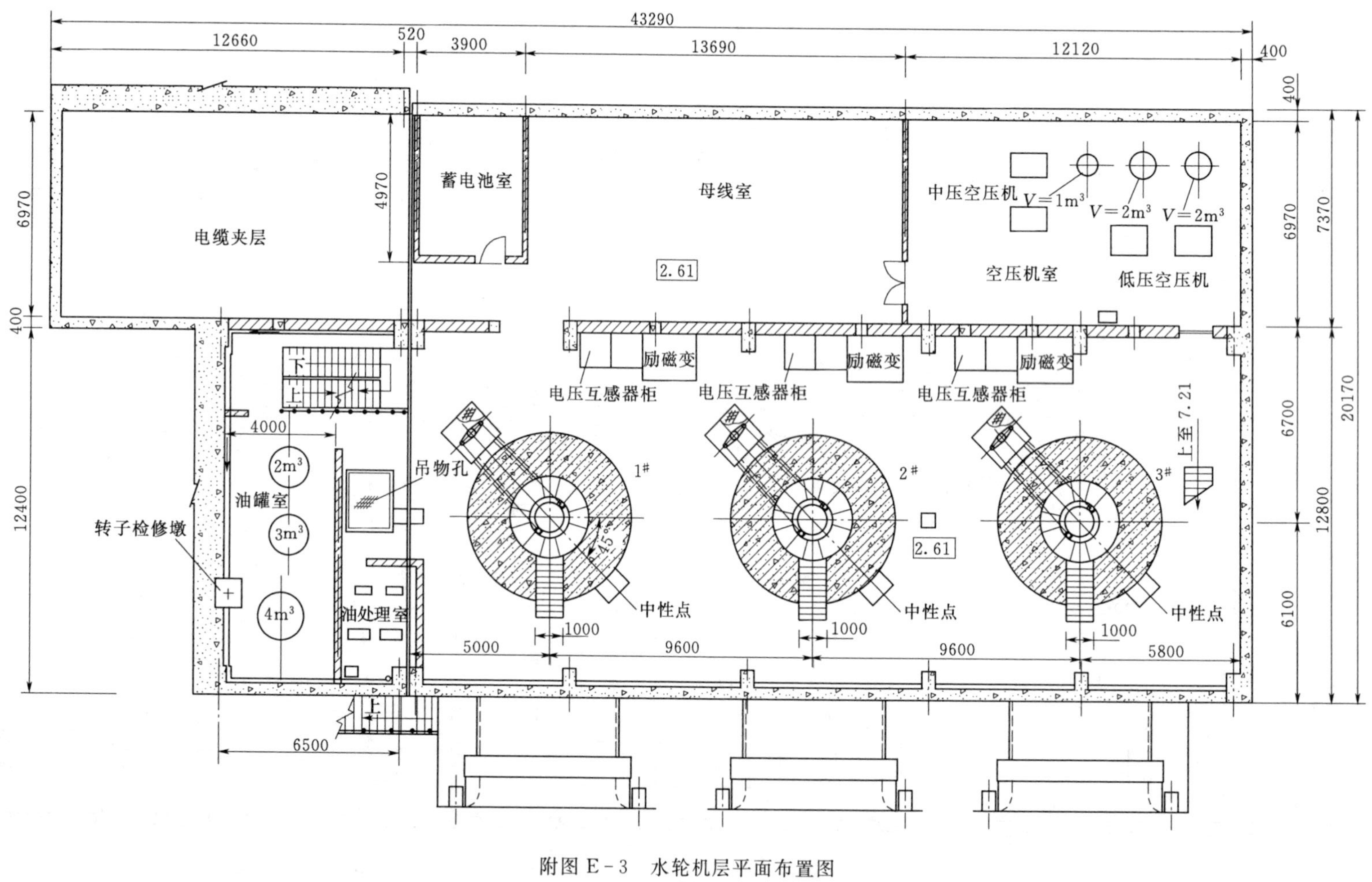

附图 E-3　水轮机层平面布置图

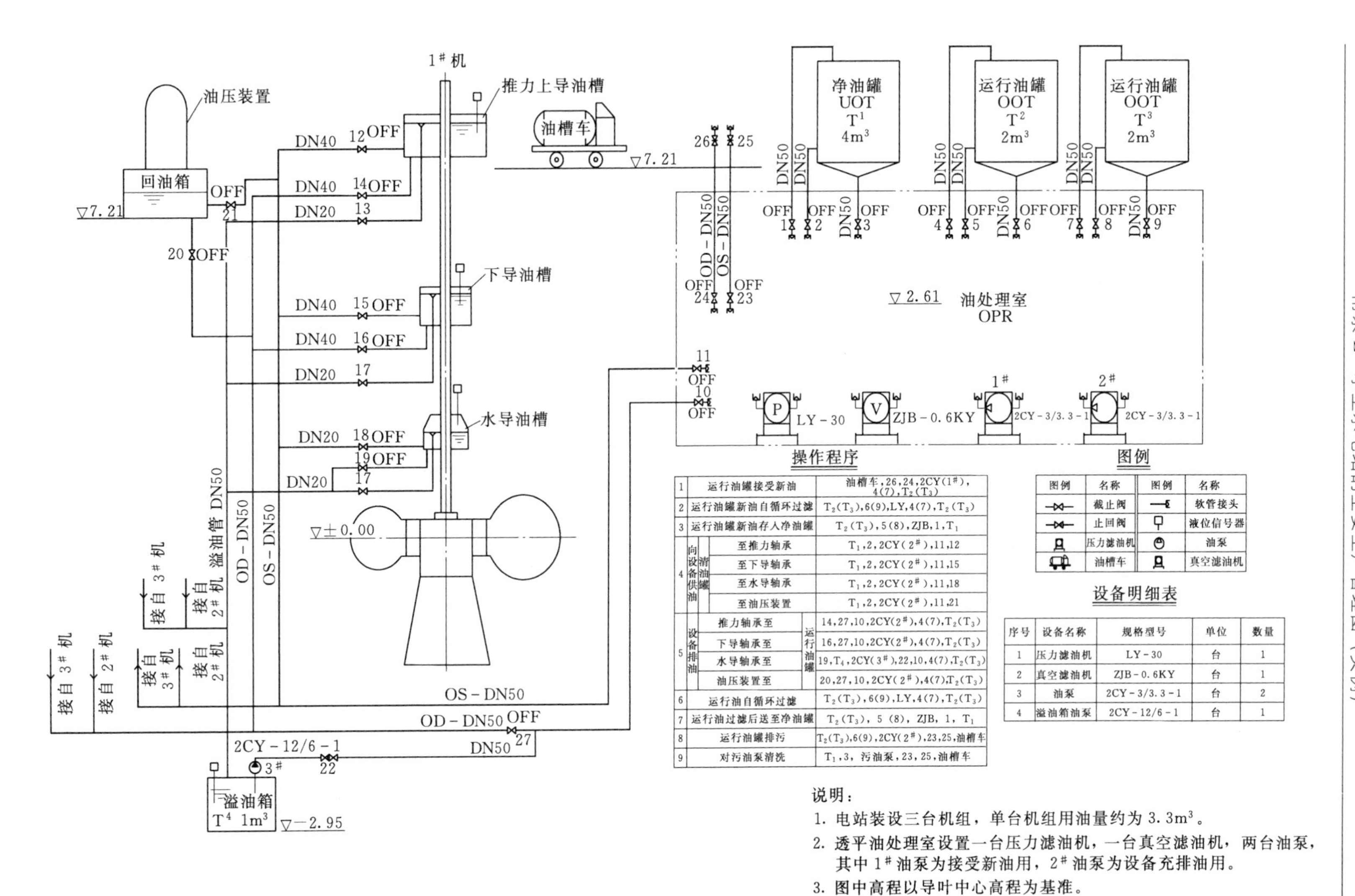

操作程序

序号	操作内容		程序
1	运行油罐接受新油		油槽车，26，24，2CY(1#)，4(7)，$T_2(T_3)$
2	运行油罐新油自循环过滤		$T_2(T_3)$，6(9)，LY，4(7)，$T_2(T_3)$
3	运行油罐新油存入净油罐		$T_2(T_3)$，5(8)，ZJB，1，T_1
4	向设备供油	清油罐至推力轴承	T_1，2，2CY(2#)，11，12
		清油罐至下导轴承	T_1，2，2CY(2#)，11，15
		清油罐至水导轴承	T_1，2，2CY(2#)，11，18
		清油罐至油压装置	T_1，2，2CY(2#)，11，21
5	设备排油	推力轴承至运行油罐	14，27，10，2CY(2#)，4(7)，$T_2(T_3)$
		下导轴承至运行油罐	16，27，10，2CY(2#)，4(7)，$T_2(T_3)$
		水导轴承至运行油罐	19，T_4，2CY(3#)，22，10，4(7)，$T_2(T_3)$
		油压装置至运行油罐	20，27，10，2CY(2#)，4(7)，$T_2(T_3)$
6	运行油自循环过滤		$T_2(T_3)$，6(9)，LY，4(7)，$T_2(T_3)$
7	运行油过滤后送至净油罐		$T_2(T_3)$，5(8)，ZJB，1，T_1
8	运行油罐排污		$T_2(T_3)$，6(9)，2CY(2#)，23，25，油槽车
9	对污油泵清洗		T_1，3，污油泵，23，25，油槽车

图例

图例	名称	图例	名称
—⋈—	截止阀	—•	软管接头
—⋈—	止回阀	□	液位信号器
⊓	压力滤油机	⊙	油泵
⊓	油槽车	⊓	真空滤油机

设备明细表

序号	设备名称	规格型号	单位	数量
1	压力滤油机	LY－30	台	1
2	真空滤油机	ZJB－0.6KY	台	1
3	油泵	2CY－3/3.3－1	台	2
4	溢油箱油泵	2CY－12/6－1	台	1

说明：

1. 电站装设三台机组，单台机组用油量约为 3.3m^3。
2. 透平油处理室设置一台压力滤油机，一台真空滤油机，两台油泵，其中 1# 油泵为接受新油用，2# 油泵为设备充排油用。
3. 图中高程以导叶中心高程为基准。

附图 E－4　油系统图

说明：

1. 系统包括厂内中压和低压两个系统，中压供油压装置用气，低压供机组制动、检修密封空气围带及吹扫用气等。
2. 油压装置工作压力为 2.5MPa，中压空压机压力为 3.0MPa。
3. 低压系统工作压力为 0.7MPa，低压空压机压力为 0.86MPa。
4. 图中高程以导叶中心高程为基准。

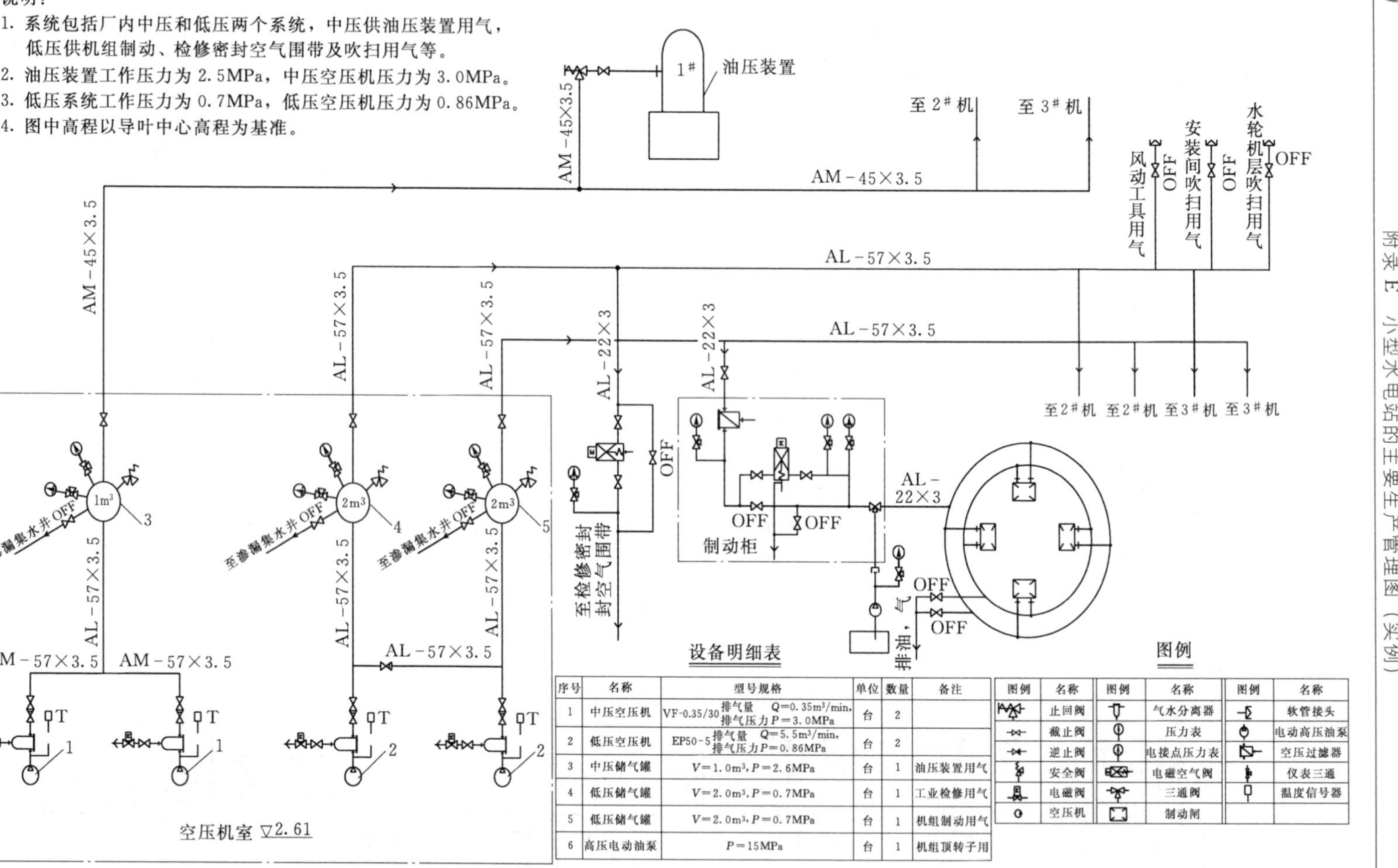

设备明细表

序号	名称	型号规格	单位	数量	备注
1	中压空压机	VF-0.35/30 排气量 $Q=0.35m^3/min$，排气压力 $P=3.0MPa$	台	2	
2	低压空压机	EP50-5 排气量 $Q=5.5m^3/min$，排气压力 $P=0.86MPa$	台	2	
3	中压储气罐	$V=1.0m^3$，$P=2.6MPa$	台	1	油压装置用气
4	低压储气罐	$V=2.0m^3$，$P=0.7MPa$	台	1	工业检修用气
5	低压储气罐	$V=2.0m^3$，$P=0.7MPa$	台	1	机组制动用气
6	高压电动油泵	$P=15MPa$	台	1	机组顶转子用

图例

图例	名称	图例	名称	图例	名称
	止回阀		气水分离器		软管接头
	截止阀		压力表		电动高压油泵
	逆止阀		电接点压力表		空压过滤器
	安全阀		电磁空气阀		仪表三通
	电磁阀		三通阀		温度信号器
	空压机		制动闸		

附图 E－5 压缩空气系统图

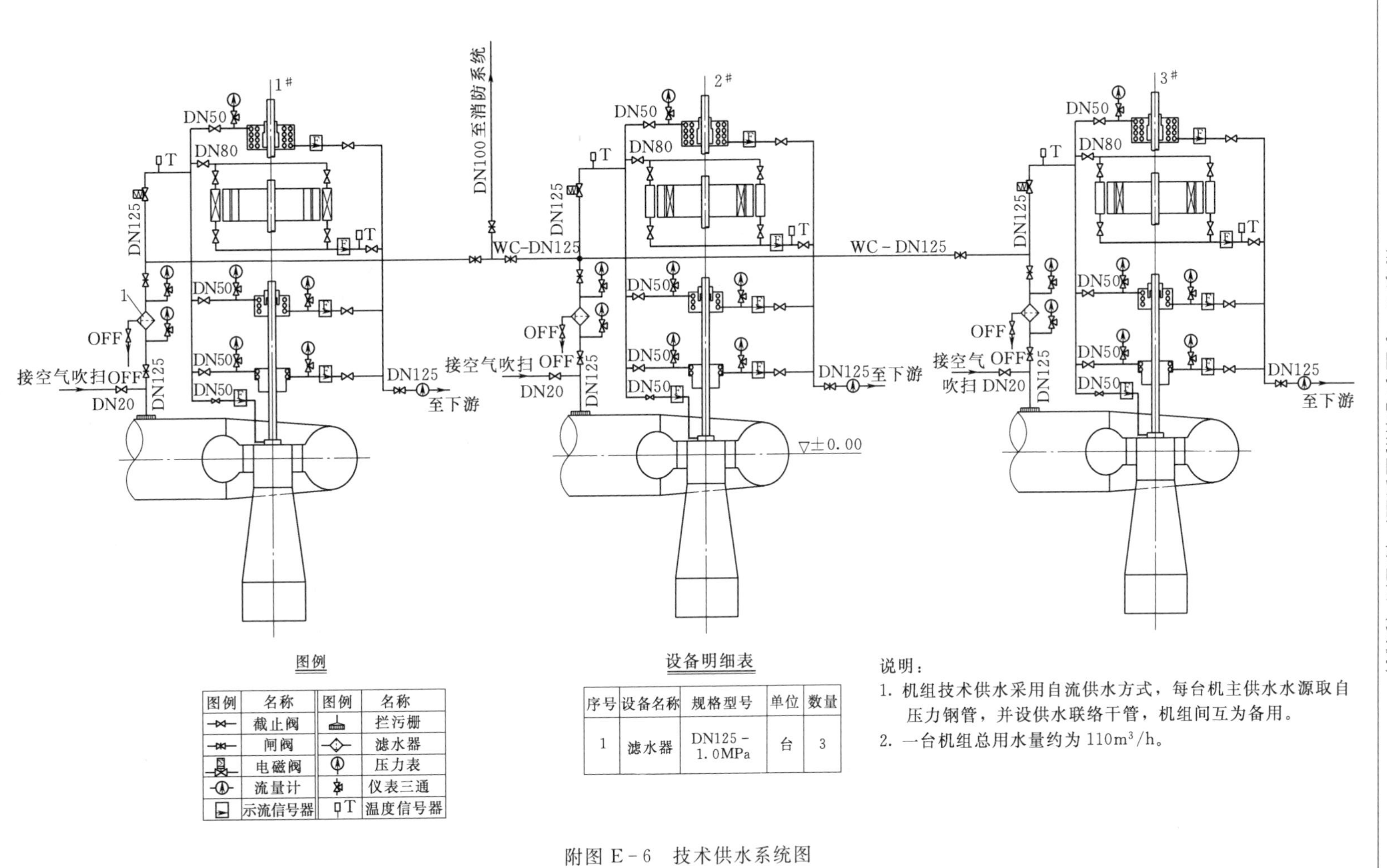

图例

图例	名称	图例	名称
	截止阀		拦污栅
	闸阀		滤水器
	电磁阀		压力表
	流量计		仪表三通
	示流信号器	T	温度信号器

设备明细表

序号	设备名称	规格型号	单位	数量
1	滤水器	DN125－1.0MPa	台	3

说明：
1. 机组技术供水采用自流供水方式，每台机主供水水源取自压力钢管，并设供水联络干管，机组间互为备用。
2. 一台机组总用水量约为110m³/h。

附图 E－6 技术供水系统图

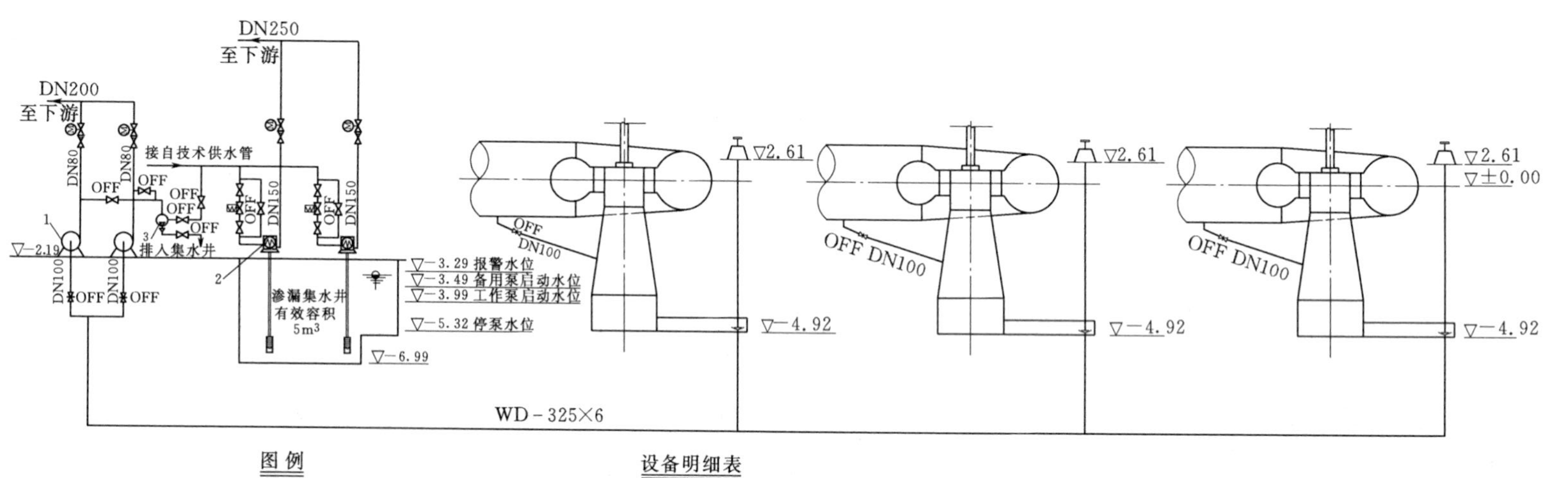

图例

图例	名称	图例	名称
	截止阀		离心泵
	闸阀		真空泵
+	盘形阀		立式深井泵
	逆止阀		水位传感器
	电磁阀		电动阀

设备明细表

序号	设备名称	规格型号	单位	数量
1	检修排水泵	SB100－100 Q=70～130m³/h H=13.6～11.0m	台	2
2	渗漏排水泵	300SG210－10.5×2 Q=210m³/h H=21m	台	2
3	真空泵	SK－1.5 760mm汞柱时抽气1.5m³/min	台	1

说明：

1. 检修排水采用直接排水方式，设置2台排水泵，每台泵都可满足一台机组检修时排出上下游闸门漏水量的要求。
2. 渗漏排水设置渗漏集水井及两台排水泵，其中一台工作，一台备用，两台泵均可自动启动。
3. 图中高程以导叶中心高程为基准。

附图 E－7　排水系统图

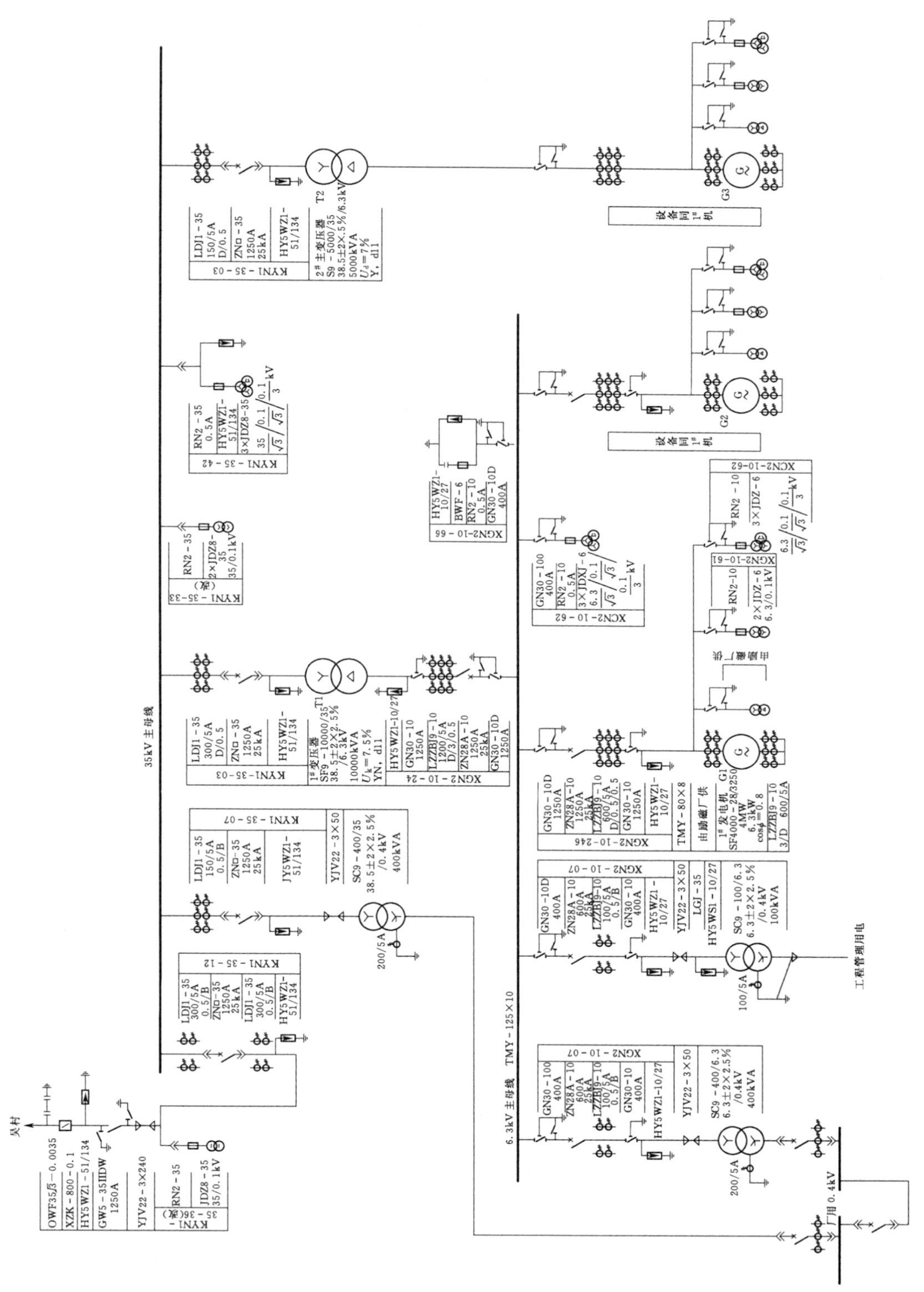
35kV 主母线
6.3kV 主母线　TMY-125×10
厂用 0.4kV
工程管理用电
KYN1-35-03
KYN1-35-42
KYN1-35-33
KYN1-35-07
KYN1-35-12
XGN2-10-66
XGN2-10-62
XGN2-10-24
XGN2-10-246
XGN2-10-07
XGN2-10-61

附图 E-8　电气主接线图

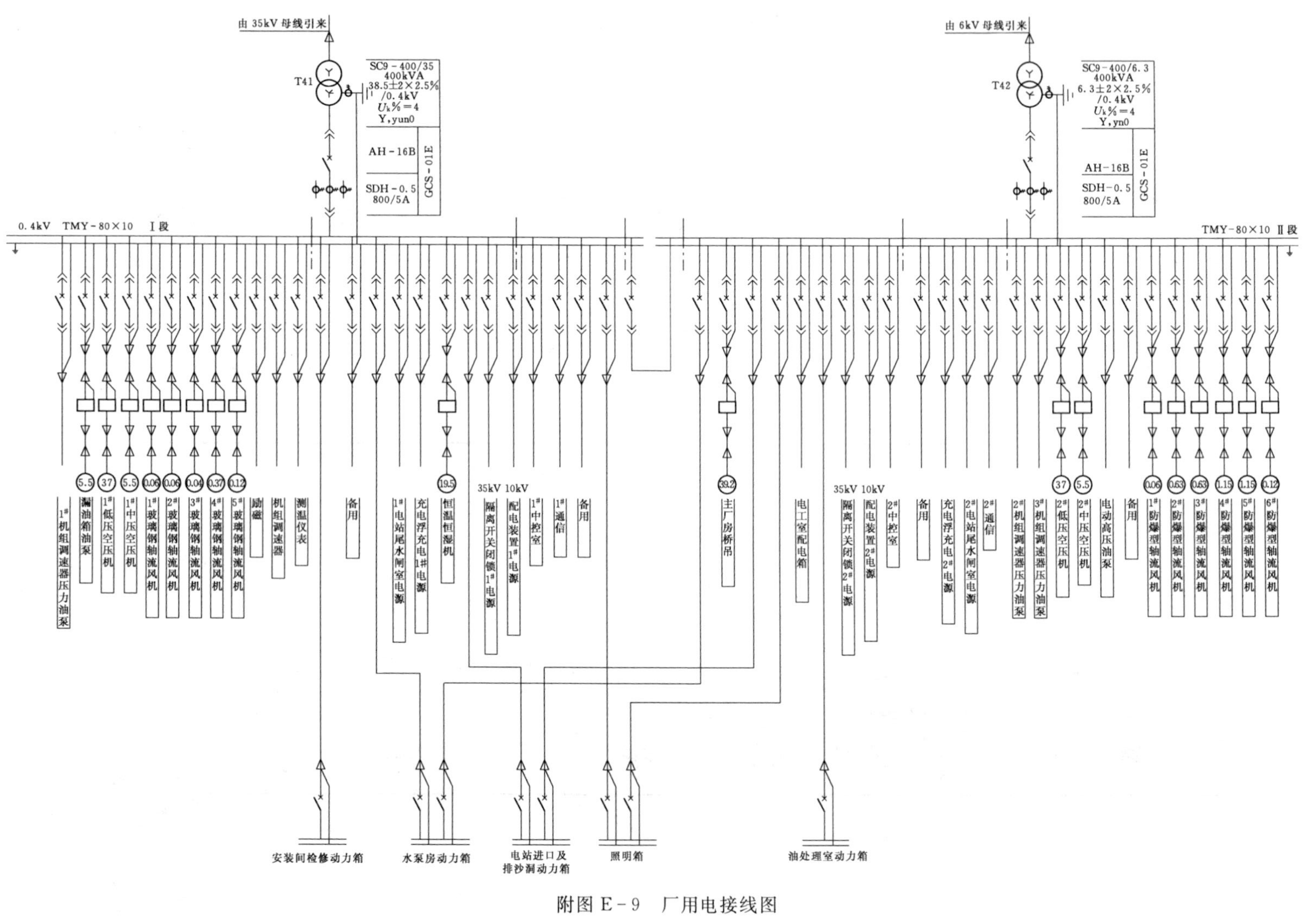
由35kV母线引来
T41
SC9-400/35
400kVA
38.5±2×2.5%/0.4kV
U_k%=4
Y,yun0
AH-16B
SDH-0.5
800/5A
GCS-01E
由6kV母线引来
T42
SC9-400/6.3
400kVA
6.3±2×2.5%/0.4kV
U_k%=4
Y,yn0
AH-16B
SDH-0.5
800/5A
GCS-01E
0.4kV TMY-80×10 Ⅰ段
TMY-80×10 Ⅱ段
5.5
37
5.5
0.06
0.06
0.04
0.37
0.12
19.5
39.2
37
5.5
0.06
0.63
0.63
1.15
1.15
0.12
1#机组调速器压力油泵
漏油箱油泵
1#低压空压机
1#中压空压机
1#玻璃钢轴流风机
2#玻璃钢轴流风机
3#玻璃钢轴流风机
4#玻璃钢轴流风机
5#玻璃钢轴流风机
励磁
机组调速器
测温仪表
备用
1#电站尾水闸室电源
充电浮充电1#电源
恒温恒湿机
35kV 10kV
隔离开关闭锁1#电源
配电装置1#电源
1#中控室
1#通信
备用
主厂房桥吊
电工室配电箱
35kV 10kV
隔离开关闭锁2#电源
配电装置2#电源
2#中控室
备用
充电浮充电2#电源
2#电站尾水闸室电源
2#通信
2#机组调速器压力油泵
3#机组调速器压力油泵
2#低压空压机
2#中压空压机
电动高压油泵
备用
1#防爆型轴流风机
2#防爆型轴流风机
3#防爆型轴流风机
4#防爆型轴流风机
5#防爆型轴流风机
6#防爆型轴流风机
安装间检修动力箱
水泵房动力箱
电站进口及排沙洞动力箱
照明箱
油处理室动力箱

附图E-9　厂用电接线图

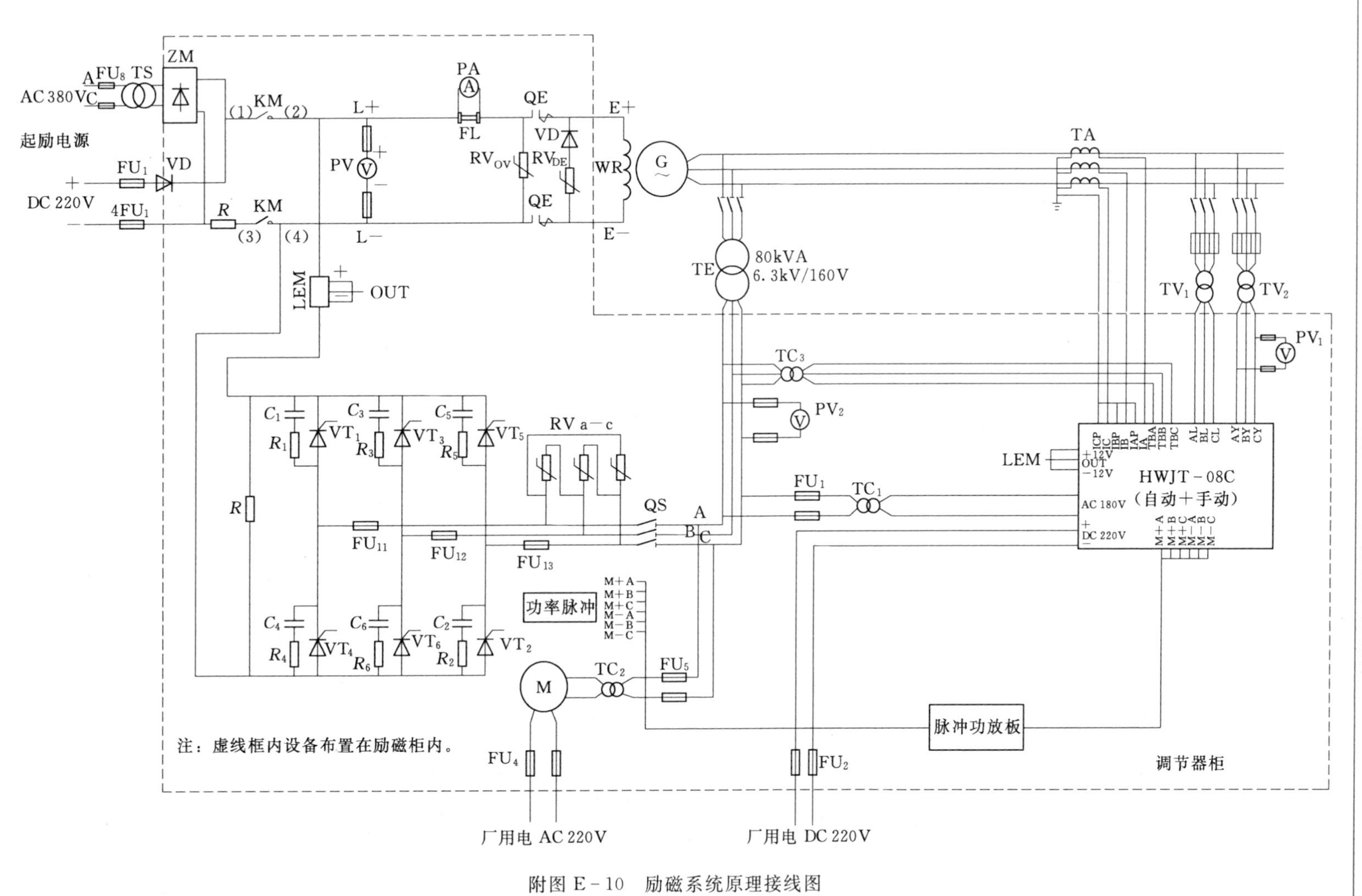

附图 E-10　励磁系统原理接线图

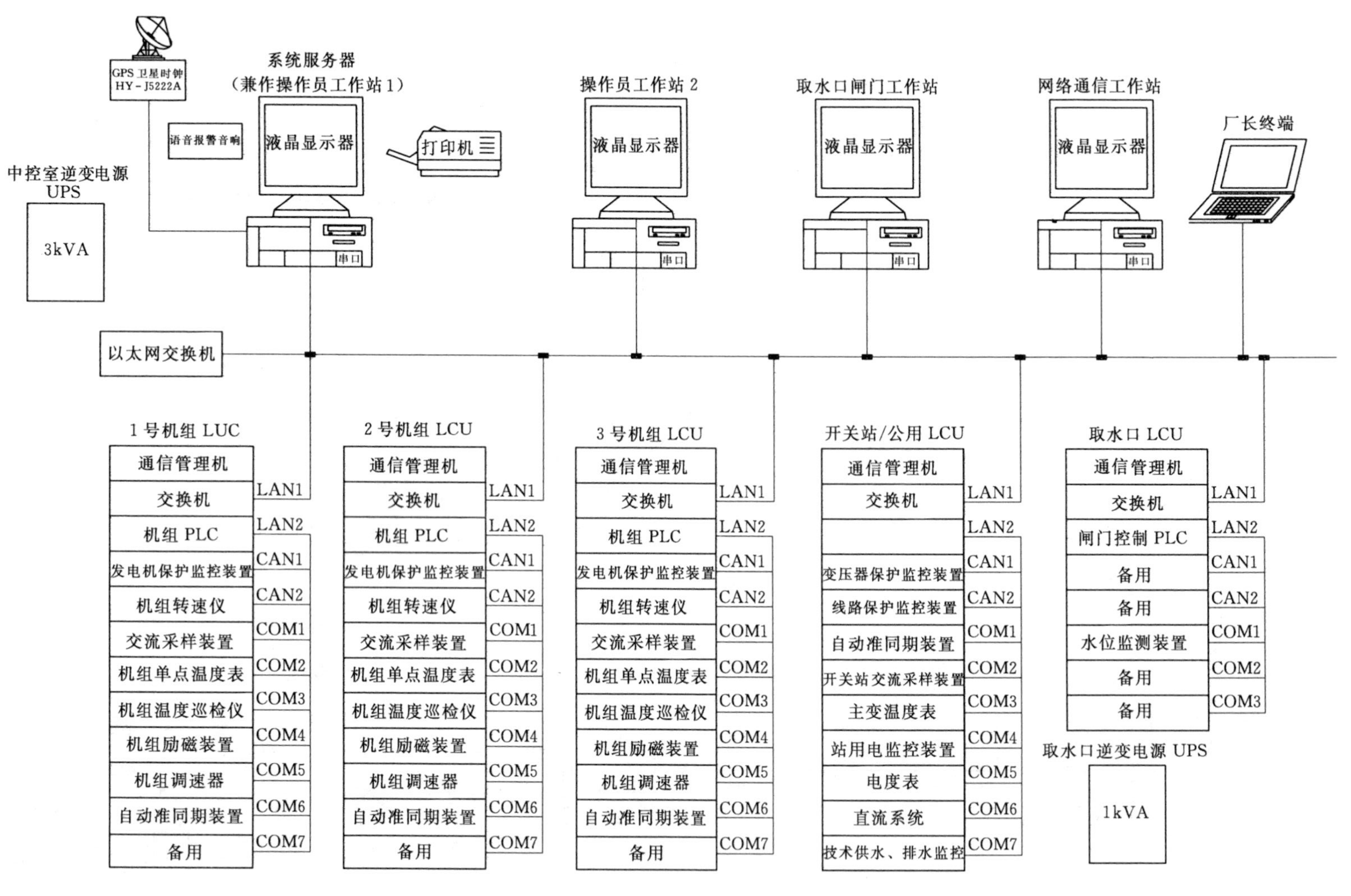

附图 E-11　微机监控系统网络图

参 考 文 献

[1] 李前杰，龙建明. 水电站 [M]. 郑州：黄河水利出版社，2011.
[2] 刘洪林，肖海平. 水电站运行规程与设备管理 [M]. 北京：中国水利水电出版社，2006.
[3] 程远楚. 中小型水电站运行维护与管理 [M]. 北京：中国电力出版社，2006.
[4] 王福岭，陈德新. 中小型水电站运行维护与安全管理 [M]. 郑州：黄河水利出版社，2014.
[5] 左光壁. 水轮机 [M]. 北京：中国水利水电出版社，1996.
[6] 陈建农，方勇耕. 水轮机及辅助设备运行与维护 [M]. 南京：河海大学出版社，1991.
[7] 郭建业. 高油压水轮机调速器技术及应用 [M]. 武汉：长江出版社，2007.
[8] 周泰经，吴应文. 水轮机调速器实用技术 [M]. 北京：中国水利水电出版社，2010.
[9] 吴甲铨. 调速器的运行与故障分析 [M]. 北京：中国水利水电出版社，1997.
[10] 蔡燕生，王剑锋. 现代水轮机调速器及其调整与试验 [M]. 北京：中国电力出版社，2012.
[11] 陈化钢. 水电站电气设备运行与维修 [M]. 北京：中国水利水电出版社，2006.
[12] 赵福祥. 中小型水电站电气设备运行 [M]. 北京：中国水利水电出版社，2005.
[13] 陈铁华. 水轮发电机原理及运行 [M]. 北京：中国水利水电出版社，2009.
[14] 杨传文. 电气一次设备及运行 [M]. 北京：中国电力出版社，2012.
[15] 桂家章. 低压水轮发电机组运行与维修 [M]. 北京：中国水利水电出版社，2014.
[16] 吴长利. 水轮发电机组典型案例分析 [M]. 北京：中国电力出版社，2016.
[17] 袁兴惠. 电气设备运行与维护 [M]. 北京：中国水利水电出版社，2014.
[18] 袁兴惠. 电气运行 [M]. 北京：中国水利水电出版社，2004.
[19] 王清葵. 送电线路运行和检修 [M]. 北京：中国电力出版社，2003.
[20] 王以礼. 电力网 [M]. 北京：中国水利水电出版社，1992.
[21] 刘孟桦. 水轮发电机组辅助设备运行与维修 [M]. 北京：中国水利水电出版社，2014.
[22] 谢云敏. 水电站计算机监控技术 [M]. 北京：中国水利水电出版社，2014.
[23] 刘洪林. 水电站运行规程与设备管理 [M]. 北京：中国水利水电出版社，2014.
[24] 童建栋. 小型水电站设备运行与操作规程 [M]. 北京：中国计划出版社，1999.
[25] 金永琪. 小型水电站运行规程与管理 [M]. 南京：河海大学出版社，2004.
[26] 刘锡蓝. 水电站自动装置 [M]. 北京：中国水利水电出版社，2007.
[27] 葛捍东. 农村水电站安全管理标准化创建指导手册 [M]. 北京：中国电力出版社，2014.